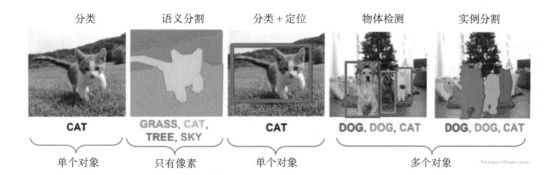

| 分类 | 语义分割 | 分类+定位 | 物体检测 | 实例分割 |

CAT GRASS, CAT, TREE, SKY **CAT** **DOG**, DOG, CAT **DOG**, DOG, CAT

单个对象　　　只有像素　　　单个对象　　　　多个对象

http://cs231n.stanford.edu/slides/2017/cs231n_2017_lecture11.pdf

图 5-1　不同的计算机视觉任务。资料来源：人工智能和计算机视觉革命简介（https://www.slideshare.net/darian_f/introduction-to-the-artificial-intelligence-and-computer-vision-revolution）

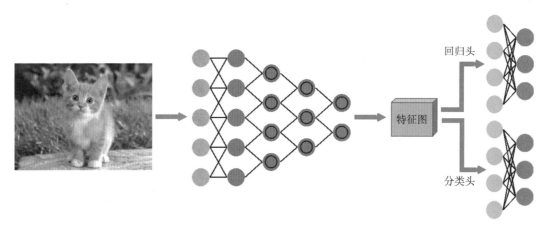

回归头　　分类头　　特征图

图 5-2　用于图像分类和定位的网络架构

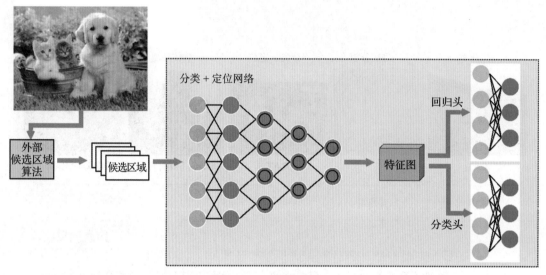

图 5-5　R-CNN 网络

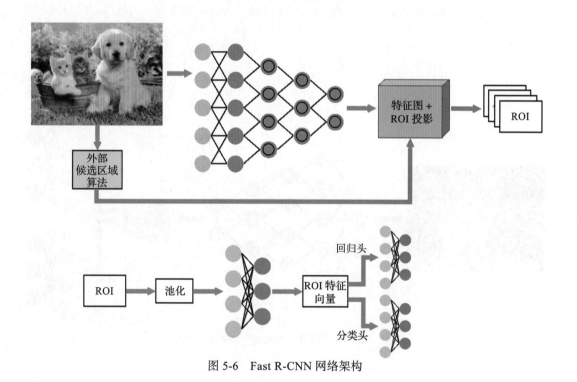

图 5-6　Fast R-CNN 网络架构

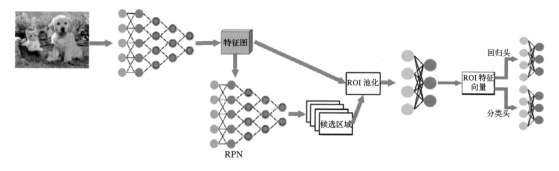

图 5-7　Faster R-CNN 网络架构

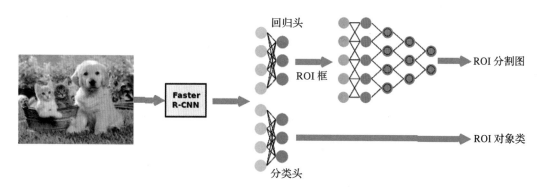

图 5-8　Maks R-CNN 架构

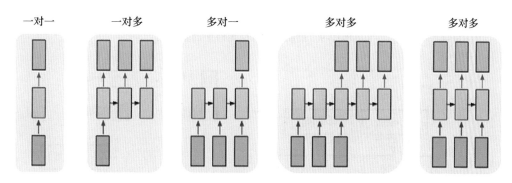

图 8-4　常见的 RNN 拓扑结构。图像来源：Andrej Karpathy

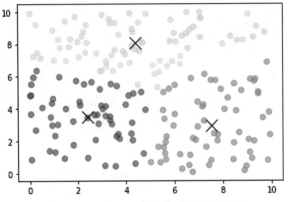

图 10-5　经过 100 次迭代后的最终质心

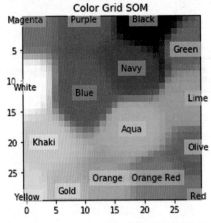

图 10-9　绘制 2D 神经元格子的颜色图

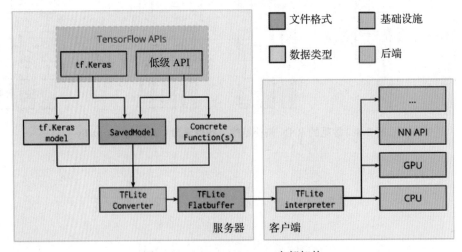

图 13-2　TensorFlow Lite 内部架构

智能系统与技术丛书

Deep Learning with TensorFlow 2 and Keras
Second Edition

深度学习实战
基于TensorFlow 2和Keras
（原书第2版）

[意] 安东尼奥·古利（Antonio Gulli）

[印] 阿米塔·卡普尔（Amita Kapoor） 著

[美] 苏吉特·帕尔（Sujit Pal）

刘尚峰 刘冰 译

机械工业出版社
China Machine Press

图书在版编目（CIP）数据

深度学习实战：基于 TensorFlow 2 和 Keras：原书第 2 版 /（意）安东尼奥·古利（Antonio Gulli），（印）阿米塔·卡普尔（Amita Kapoor），（美）苏吉特·帕尔（Sujit Pal）著；刘尚峰，刘冰译 .-- 北京：机械工业出版社，2021.7

（智能系统与技术丛书）

书名原文：Deep Learning with TensorFlow 2 and Keras ,Second Edition
ISBN 978-7-111-68771-9

I. ① 深… II. ①安… ②阿… ③苏… ④刘… ⑤刘… III. ① 人工智能 ② 机器学习 ③ 人工神经网络 IV. ① TP18

中国版本图书馆 CIP 数据核字（2021）第 150056 号

本书版权登记号：图字 01-2020-1941

深度学习实战
基于 TensorFlow 2 和 Keras（原书第 2 版）

出版发行：机械工业出版社（北京市西城区百万庄大街 22 号 邮政编码：100037）

责任编辑：王春华 李忠明　　　　　　　　　责任校对：殷 虹

印　　刷：北京诚信伟业印刷有限公司　　　　版　　次：2021 年 8 月第 1 版第 1 次印刷

开　　本：186mm×240mm　1/16　　　　　　印　　张：30.25（含 0.25 印张彩插）

书　　号：ISBN 978-7-111-68771-9　　　　　定　　价：149.00 元

客服电话：（010）88361066　88379833　68326294　　　投稿热线：（010）88379604
华章网站：www.hzbook.com　　　　　　　　　　　　　读者信箱：hzit@hzbook.com

前　　言

本书简洁且全面地介绍了现代神经网络、人工智能和深度学习技术，专门为软件工程师和数据科学家设计。它是另外两本著作 *Deep Learning with Keras*[1] 和 *TensorFlow 1.x Deep Learning Cookbook*[2] 的延续。

本书目标

本书对过去几年中深度学习技术的演进做了概括，并给出了用 Python 写的数十种可运行的深度神经网络代码，它们都是用基于类 Keras[1] API 的模块化深度网络库 TensorFlow 2.0 实现的。

本书将循序渐进地介绍有监督学习算法，包括简单线性回归、经典多层感知器，以及更为复杂的深度卷积网络和生成对抗网络。本书还涵盖无监督学习算法，包括自编码器和生成网络，并对循环网络和长短期记忆网络进行详细解释。此外，本书还会对深度强化学习进行全面介绍，并涵盖深度学习加速器（GPU 和 TPU）、云开发以及在桌面系统、云服务、移动设备/物联网（IoT）和浏览器上的多环境部署。

实际应用包括将文本分类为预定义类别、语法分析、语义分析、文本合成以及词性标注。书中我们还会探讨图像处理，包括手写数字图像识别、图像分类以及具有相关图像注释的高级对象识别。

声音分析包括识别来自多个扬声器的离散语音。本书还介绍使用自编码器和 GAN 生成图像，使用强化学习技术构建能够自主学习的深度 Q 学习网络。实验是本书的精髓。每个网络都增加了多种变体，这些变体通过更改输入参数、网络形状、损失函数和优化算法来逐步提高学习性能。本书还提供在 CPU、GPU 和 TPU 上进行训练的对比。本书将介绍新领域 AutoML，在该领域中，我们将学习如何高效和自动地构建深度学习模型。第 15 章专门介绍机器学习相关的数学知识。

机器学习、人工智能和深度学习寒武纪爆炸

人工智能（Artificial Intelligence，AI）为本书讨论的所有内容奠定了基础。**机器学习**（Machine Learning，ML）是 AI 的一个分支，而**深度学习**（Deep Learning，DL）又是 ML 中的一个子集。下面简要讨论本书中经常出现的这三个概念。

AI 表示机器模仿人类通常表现出的智能行为的任何活动。更正式地说，这是一个研究领域，机器旨在复制认知能力，例如学习行为、与环境的主动交互、推理和演绎、计算机视觉、语音识别、问题求解、知识表示和感知。AI 建立在计算机科学、数学和统计学以及心理学和其他研究人类行为的科学的基础上。建立 AI 有多种策略。在 20 世纪 70 年代和 20 世纪 80 年代，"专家"系统变得非常流行。这些系统的目标是通过用大量手动定义的 if-then 规则表示知识来解决复杂的问题。这种方法适用于非常特定的领域中的小问题，但无法扩展到较大的问题和多领域中。后来，AI 越来越关注基于统计的方法。

ML 是 AI 的一个子学科，它专注于教授计算机如何对特定任务进行学习而无须编程。ML 背后的关键思想是可以创建从数据中学习并做出预测的算法。ML 有三类：

- ❑ **有监督学习**，向机器提供输入数据及期望输出，目的是从这些训练实例中学习，以使机器可以对从未见过的数据做出有意义的预测。
- ❑ **无监督学习**，仅向机器提供输入数据，机器随后必须自己寻找一些有意义的结构，而无须外部监督或输入。
- ❑ **增强学习**，机器充当代理，与环境交互。如果机器的行为符合要求，就会有"奖励"；否则，就会受到"惩罚"。机器试图通过学习相应地发展其行为来最大化奖励。

DL 在 2012 年席卷全球。在那一年，ImageNet 2012 挑战赛[3] 发起，其目的是使用大型手工标记数据集的子集来预测照片的内容。名为 AlexNet[4] 的深度学习模型达到了 15.3% 的 top-5 错误率，这与早前的结果相比有了显著改进。根据《经济学人》[5] 的说法，"突然之间，人们开始关注深度学习，不仅是在 AI 社区内部，而且是整个技术行业。"自 2012 年以来，我们看到了对 ImageNet 图像进行分类的多个模型的持续进展 [5]（见图 1），错误率低于 2%，优于 5.1% 的预计人为错误率。

那仅仅是开始。如今，DL 技术已成功应用于异构领域，包括但不限于医疗保健、环境工程、绿色能源、计算机视觉、文本分析、多媒体、金融、零售、游戏、模拟、工业、机器人技术和自动驾驶汽车。在每一个领域中，DL 技术都可以以一定的准确度解决问题，而这是以前的方法无法实现的。

毫无疑问，人们对 DL 的兴趣也在增加。有报告 [9] 显示，"每 20 分钟就会有新的 ML 论文发表。机器学习论文的增长率约为每月 3.5%，每年 50%"。在过去的三年中，我们好像生活在 DL 的寒武纪大爆炸中，arXiv 上论文数量的增长速度超过了摩尔定律（见图 2）。正如评论所说："这使你感到人们相信这是计算的未来价值的来源。"

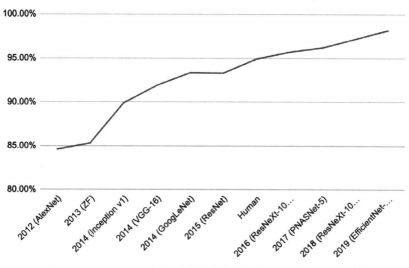

图 1 ImageNet 2012 上不同的深度学习模型实现的 top-5 准确度

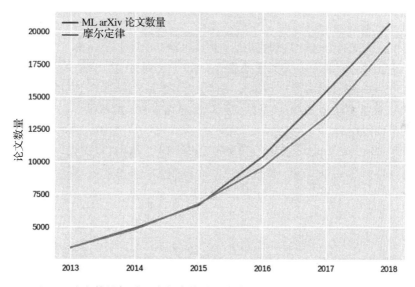

图 2 arXiv 上 ML 论文数量似乎比摩尔定律增长更快（源自：https://www.kdnuggets.com/2018/12/deep-learning-major-advances-review.html）

 arXiv 是电子预印本的存储库，预印本尚未进行完整的同行评审。

深度学习模型的复杂性也在增加。ResNet-50 是一种图像识别模型（参见第 4 章和第 5 章），具有约 2600 万个参数。每个参数都是用于微调模型的权重。Transformer、gpt-1、bert 和 gpt-2[7] 都是自然语言处理模型（参见第 8 章），具备在文本上执行各种任务的能力。这些模型的参数从 3.4 亿个逐渐增加到 15 亿个（见图 3）。近期，Nvidia 声称自己能够在短短 53

分钟内训练出具有 83 亿个参数的已知最大模型。这项训练使 Nvidia 可以构建最强大的模型来处理文本信息 (https://devblogs.nvidia.com/training-bert-with-gpus/)。

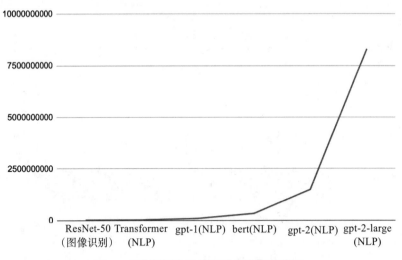

图 3　多种深度学习模型的参数数量增长

除此之外，计算能力也在显著提升。GPU 和 TPU（参见第 16 章）是深度学习加速器，它们使得在较短时间内训练出大型模型成为可能。TPU3 于 2018 年 5 月发布，计算能力约为 360 TFLOPS（每秒万亿次浮点运算），是 2017 年 5 月发布的 TPU2 的两倍。一个完整的 TPU3 pod 可以提供 100 PFLOPS（每秒千万亿次浮点运算）的机器学习性能，而 TPU2 pod 只能达到 11.5 TFLOPS。

仅仅不到一年，每个 pod 就提升了 10 倍（见图 4），从而可以更快地进行训练。

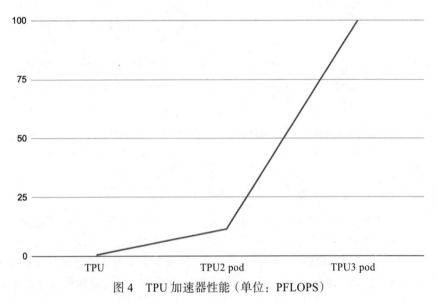

图 4　TPU 加速器性能（单位：PFLOPS）

然而，DL 的增长不仅仅在于更高的准确度、更多的研究论文、更大的模型以及更快的加速器，在过去的四年中，还观察到了一些其他趋势。

第一，灵活的编程框架的使用率增加，例如 Keras[1]、TensorFlow[2]、PyTorch[8] 和 fast. ai。这些框架在 ML 和 DL 社区中激增，并提供了一些令人印象深刻的结果，正如我们将在本书中看到的那样。根据 2019 年 Kaggle 的 "State of the Machine Learning and Data Science"，基于 19 717 位 Kaggle (https://www.kaggle.com/) 用户的回复，Keras 和 TensorFlow 无疑是最受欢迎的选择（见图 5）。TensorFlow 2.0 是本书讨论的框架，该框架融合了 Keras 和 TensorFlow 1.x 的强大功能。

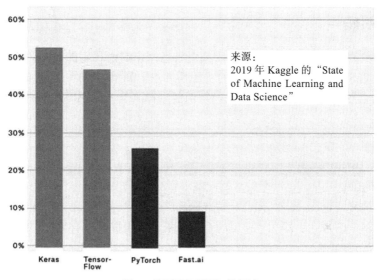

图 5　深度学习框架使用率

第二，云上使用带有加速器（参见第 16 章）的托管服务（参见第 12 章）的可能性增加。这让数据科学家无须管理基础设施开销，而可以专注于 ML 问题。

第三，在更多异构系统中部署模型的能力不断增强：移动设备、物联网设备，甚至是台式机和笔记本电脑中通常使用的浏览器（参见第 13 章）。

第四，对如何使用越来越复杂的 DL 架构的理解加深，这些 DL 架构有稠密网络（参见第 1 章）、卷积网络（参见第 4 章和第 5 章）、生成对抗网络（参见第 6 章）、词嵌入（参见第 7 章）、循环网络（参见第 8 章）、自编码器（参见第 9 章）以及强化学习（参见第 11 章）等。

第五，新的 AutoML 技术的出现可以使不熟悉 ML 技术的领域专家轻松而有效地使用 ML 技术（参见第 14 章）。AutoML 可以减轻为特定应用领域找到正确模型的负担，缩短模型微调以及确定作为 ML 模型输入的正确特征集（针对特定应用问题）的时间。

以上 5 个趋势在 2019 年达到顶峰，三位深度学习之父 Yoshua Bengio、Geoffrey Hinton 和 Yann LeCun 因为概念和工程方面的突破已使深度神经网络成为计算的重要组成部分而获得了图灵奖，ACM A. M. 图灵奖旨在奖励那些对计算机领域做出持久和重大技术贡献的个人（引自 ACM 网站：https://awards.acm.org/）。许多人认为该奖项是计算机科学的诺贝尔奖。

回顾过去的 10 年，DL 对科学和工业界的贡献令人着迷和激动。有理由相信，今后 DL 的贡献会不断增加。的确，随着 DL 领域的不断发展，我们期望 DL 会提供更多令人兴奋和令人着迷的贡献。

本书旨在涵盖以上 5 个趋势，展示深度学习的"魔力"。我们将从简单的模型开始，然后逐步引入越来越复杂的模型。

本书读者对象

如果你是具有 ML 经验的数据科学家或对神经网络有所了解的 AI 程序员，那么你会发现本书是使用 TensorFlow 2.0 作为 DL 的实用切入点。如果你是对 DL 风潮感兴趣的软件工程师，那么你会发现本书是你扩展该主题知识的基础平台。本书要求读者具备 Python 的基本知识。

本书内容

本书的目的是讨论 TensorFlow 2.0 的特性和库，给出有监督和无监督机器学习模型的概述，并提供对深度学习和机器学习模型的全面分析。书中提供了有关云、移动设备和大型生产环境的切实可行的示例。

第 1 章将逐步介绍神经网络。你将学习如何在 TensorFlow 2.0 中使用 tf.keras 层来构建简单的神经网络模型。然后将讨论感知器、多层感知器、激活函数和稠密网络。最后将对反向传播进行直观介绍。

第 2 章将比较 TensorFlow 1.x 和 TensorFlow 2.0 编程模型。你将学习如何使用 TensorFlow 1.x 的较低级别的计算图 API，以及如何使用 tf.keras 的较高级别的 API。新功能将包括动态计算、AutoGraph、tf.Datasets 和分布式训练。该章还将提供 tf.keras 与估算器（estimator）之间的简要比较，以及 tf.keras 与 Keras 之间的比较。

第 3 章将重点介绍最流行的 ML 技术：回归。你将学习如何使用 TensorFlow 2.0 估算器来构建简单模型和多回归模型。你将学习使用逻辑回归来解决多类分类问题。

第 4 章将介绍卷积神经网络（CNN）及其在图像处理中的应用。你将学习如何使用 TensorFlow 2.0 构建简单的 CNN 来识别 MNIST 数据集中的手写字符，以及如何对 CIFAR 图像进行分类。最后，你将了解如何使用预训练的网络，例如 VGG16 和 Inception。

第 5 章将讨论 CNN 在图像、视频、音频和文本处理方面的高级应用。该章将详细讨论图像处理（迁移学习、DeepDream）、音频处理（WaveNet）和文本处理（情感分析、Q&A）的示例。

第 6 章将重点介绍生成对抗网络。我们将从第一个提出的 GAN 模型开始，并使用它来伪造 MNIST 字符。该章将使用深度卷积 GAN 来创建名人图像，将讨论 SRGAN、InfoGAN 和 CycleGAN 等各种 GAN 架构，涵盖一系列出色的 GAN 应用程序。最后，该章以用于转换冬季夏季图像的 CycleGAN 的 TensorFlow 2.0 实现结束。

第 7 章将描述什么是词嵌入，并特别参考两个传统的流行嵌入：Word2Vec 和 GloVe。该章将介绍这两个嵌入背后的核心思想，如何从你自己的语料库生成它们，以及如何在你自己的网络中将它们用于自然语言处理（NLP）应用程序。然后，该章将介绍基本嵌入方法的各种扩展，例如，使用字符三元统计模型代替单词（fastText），用神经网络（ELMO、Google Universal Sentence Encoder）替换静态嵌入来保留单词上下文，语句嵌入（InferSent、SkipThoughts），以及用预训练的语言模型进行嵌入（ULMFit、BERT）。

第 8 章将描述循环神经网络（RNN）的基本架构，以及它如何很好地适应序列学习任务（如 NLP 中的序列学习任务）。该章将涵盖各种类型的 RNN、LSTM、**门控循环单元**（Gated Recurrent Unit，GRU）、peephole LSTM 和双向 LSTM，还将深入介绍如何将 RNN 用作语言模型。然后将介绍 seq2seq 模型，这是一种最初用于机器翻译的基于 RNN 的编码器 - 解码器架构。接下来将介绍注意力机制，以增强 seq2seq 架构的性能，最后将介绍 Transformer 架构（BERT、GPT-2），该架构来自论文"Attention is all you need"。

第 9 章将介绍自编码器，这是一类试图将输入重新创建为目标的神经网络。该章将涵盖各种自编码器，例如，稀疏自编码器和降噪自编码器。本章将训练降噪自编码器，以消除输入图像中的噪声。之后将演示如何使用自编码器来创建 MNIST 数字。最后，将介绍构建 LSTM 自编码器以生成句子向量所涉及的步骤。

第 10 章深入研究无监督学习模型。该章将涵盖聚类和降维所需的技术，例如，PCA、k- 均值和自组织图。该章将详细介绍玻尔兹曼机及其 TensorFlow 实现。涵盖的概念将扩展到构建**受限玻尔兹曼机**（Restricted Boltzmann Machine，RBM）。

第 11 章将重点介绍强化学习。从 Bellman Ford 等式开始，该章将涵盖折扣奖励以及折扣因子等概念。然后将解释基于策略和基于模型的强化学习。最后，将建立一个**深度 Q 学习网络**（Deep Q-learning Network，DQN）来玩 Atari 游戏。

第 12 章将讨论云环境以及如何利用它来训练和部署模型。该章将介绍为 DL 设置 Amazon Web Services（AWS）所需的步骤，还将介绍为 DL 应用设置谷歌云平台所需的步骤以及如何为 DL 应用设置微软 Azure。该章将包括各种云服务，使你可以直接在云上运行 Jupyter Notebook。最后，该章将介绍 TensorFlow Extended。

第 13 章将介绍用于移动设备和物联网的 TensorFlow 技术。首先将简要介绍 TensorFlow Mobile，然后将更详细地介绍 TensorFlow Lite。该章将讨论 Android、iOS 和 Raspberry Pi(树莓派) 应用程序的一些示例，以及部署预训练模型的示例，例如 MobileNet v1、v2、v3（为移动和嵌入式视觉应用程序设计的图像分类模型）、用于姿势估计的 PoseNet（估计图像或视频中人物姿势的视觉模型）、DeepLab 分割（将语义标签（例如狗、猫、汽车）分配给输入图像中每个像素的图像分割模型）和 MobileNet SSD 对象检测（使用边框检测多个对象的图像分类模型）。该章将以一个联合学习的示例作为结尾，该联合学习示例是一种新的机器学习框架，分布在数百万个移动设备上。

第 14 章将介绍令人兴奋的领域——AutoML。该章将讨论自动数据准备、自动特征工程和自动模型生成，还将介绍 AutoKeras 和 Google Cloud AutoML 及其针对 Tables、Vision、Text、Translation 和 Video 的多种解决方案。

第 15 章将讨论深度学习相关的数学知识。该章将深入探讨进行深度学习时发生了什么。该章以有关深度学习编程和反向传播起源的简短历史开始，接下来介绍一些数学工具和推导过程，这有助于我们理解概念。该章的其余部分将详细介绍反向传播及其在 CNN 和 RNN 中的一些应用。

第 16 章将介绍 TPU，TPU 是 Google 开发的一种特殊芯片，用于超快速执行神经网络数学运算。在该章中，我们将比较三代 TPU、边缘 TPU 与 CPU 和 GPU。该章将包含使用 TPU 的代码示例。

软硬件准备

为了能够顺利地阅读各章，你将需要以下软件：

❑ TensorFlow 2.0 或更高版本
❑ Matplotlib 3.0 或更高版本
❑ scikit-learn 0.18.1 或更高版本
❑ NumPy 1.15 或更高版本

硬件要求如下：

❑ 32 位或 64 位架构
❑ 2 GHz 以上 CPU
❑ 4 GB RAM
❑ 至少 10 GB 的可用硬盘空间

下载示例代码

本书的示例代码可以从 http://www.packtpub.com 通过个人账号下载，也可以访问华章图书官网 http://www.hzbook.com，通过注册并登录个人账号下载。

排版约定

本书中使用以下排版约定。

代码体：表示文本、数据库表名、文件夹名、文件名、文件扩展名、路径名、虚拟 URL、用户输入和 Twitter 的内容，如下所示："此外，我们将真实标签分别加载到 Y_train 和 Y_test 中并对它们执行独热编码。"

代码块及命令行如下：

```
from TensorFlow.keras.models import Sequential
model = Sequential()
model.add(Dense(12, input_dim=8, kernel_initializer='random_uniform'))
```

粗体：表示新术语和重要单词。例如："我们的简单网络开始时的**准确度**为 92.22%，这意味着在 100 个字符中，不能正确识别的字符大约有 8 个。"

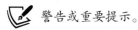 警告或重要提示。

 提示和小技巧。

参考文献

1. *Deep Learning with Keras: Implementing deep learning models and neural networks with the power of Python*, Paperback – 26 Apr 2017, Antonio Gulli, Sujit Pal

2. *TensorFlow 1.x Deep Learning Cookbook: Over 90 unique recipes to solve artificial-intelligence driven problems with Python*, Antonio Gulli, Amita Kapoor

3. Large Scale Visual Recognition Challenge 2012 (ILSVRC2012) `https://www.kdnuggets.com/2018/12/deep-learning-major-advances-review.html`

4. *ImageNet Classification with Deep Convolutional Neural Networks*, Krizhevsky, Sutskever, Hinton, NIPS, 2012

5. *From not working to neural networking*, The Economist `https://www.economist.com/special-report/2016/06/23/from-not-working-to-neural-networking`

6. *State-of-the-art Image Classification on ImageNet* `https://paperswithcode.com/sota/image-classification-on-imagenet`

7. *Language Models are Unsupervised Multitask Learners*, Alec Radford, Jeffrey Wu, Rewon Child, David Luan, Dario Amodei, Ilya Sutskever `https://github.com/openai/gpt-2`

8. PyTorch: An open source machine learning framework that accelerates the path from research prototyping to production deployment, `https://pytorch.org/`

9. *State of Deep Learning and Major Advances: H2 2018 Review*, `https://www.kdnuggets.com/2018/12/deep-learning-major-advances-review.html`

作者简介

安东尼奥·古利（Antonio Gulli）热衷于培养和管理世界级科技人才。他在云计算、深度学习和搜索引擎方面有很深的造诣。目前，他任职于 Google Cloud，担任 Engineering Director for the Office 的 CTO。他曾担任 Google Warsaw Site 负责人，使工程网站的规模翻了一番。

迄今为止，安东尼奥拥有在欧洲 4 个国家或地区的任职经历，并在 6 个国家管理团队，包括在阿姆斯特丹担任爱思唯尔（Elsevier，世界领先的科技及医学出版公司）副总裁，在伦敦先后担任微软伦敦办公室 Bing 搜索引擎负责人和 Ask.com 公司的 CTO，也曾合资创业，创办的公司包括欧洲首批网页搜索引擎公司之一。

安东尼奥与他人共同发明了很多有关搜索引擎、智能电源、环境科学和人工智能的新技术，已发布或申请了 20 多项专利。同时，他出版了多部有关编码和机器学习的书籍，并被译为日文和中文。另外，他精通西班牙语、英语和意大利语，现在正在学习波兰语和法语。他还是一位自豪的父亲，有两个儿子和一个女儿。

感谢我的孩子 Aurora、Leonardo 和 Lorenzo，他们在我生命中每时每刻都激励和支持着我。特别要感谢我的父母 Elio 和 Maria，他们始终陪伴着我。我还要特别感谢我生命中一些非常重要的人：Eric、Francesco、Antonello、Antonella、Ettore、Emanuela、Laura、Magda 和 Nina。

感谢我在 Google 的所有同事：Behshad、Wieland、Andrei、Brad、Eyal、Becky、Rachel、Emanuel、Chris、Eva、Fabio、Jerzy、David、Dawid、Piotr、Alan、Jonathan 和 Will。谢谢他们在我写作本书和之前几本拙作时给予的鼓励和建议，也谢谢他们陪我共同度过的珍贵时光。

感谢我的高中同学和教授（特别是 D'africa 和 Ferragina），多年来他们一直激励着我。感谢所有审校者极富见解的评论，以及为改进本书所付出的努力。另外，非常感谢本书的合著者。

阿米塔·卡普尔（Amita Kapoor）是德里大学 SRCASW（一个学院）的电子系副教授，

在过去的 20 年中，她一直在讲授神经网络和人工智能课程。她热衷于写代码和教学，并享受解决有挑战性难题的过程，曾获得 2008 年 DAAD Sandwich 计划的奖学金与 2008 年光电子国际会议的最佳报告奖。她还是一名热心的读者和学者，与他人合著了多本有关深度学习的书籍，并在国际期刊和会议上发表了 50 多篇文章。她目前的研究领域主要包括机器学习、深度强化学习、量子计算机和机器人。

感谢我已故的亲人，包括：祖母 Kailashwati Maini，她给予我毫无保留的爱与关怀；另一位祖母 Kesar Kapoor，她奇妙新奇的故事点燃了我的想象力；母亲 Swarnlata Kapoor，她永远相信我的能力和梦想；继母 Anjali Kapoor，她教会我人生中每个坎坷都可能是一块垫脚石。

感谢我生命中的诸位老师，包括 Parogmna Sen 教授、Wolfgang Freude 教授、Enakshi Khullar Sharma 教授、S Lakshmi Devi 博士、Rashmi Saxena 博士和 Rekha Gupta 博士，是他们激励我、鼓励我和教导我。

非常感谢整个 Packt 团队自本书开始编写以来所付出的努力，感谢审校者耐心细致地通读全书并验证代码，他们的评论和建议帮助改进了本书。感谢本书的两位合著者 Antonio Gulli 和 Sujit Pal。

感谢德里大学行政部门、管理机构和校长 Payal Mago 博士批准休假，使我能够专心写书。我还要感谢各位同事的支持和鼓励，特别是 Punita Saxena 博士、Jasjeet Kaur 博士、Ratnesh Saxena 博士、Daya Bhardwaj 博士、Sneha Kabra 博士、Sadhna Jain 博士、Projes Roy 先生、Venika Gupta 女士和 Preeti Singhal 女士。

感谢我的家人和朋友：Krishna Maini、Suraksha Maini、已故的 HCD Maini、Rita Maini、Nirjara Jain、Geetika Jain、Rashmi Singh，以及我的父亲 Anil Mohan Kapoor。

特别感谢 Narotam Singh，他在我的生活中给予我极其宝贵的建议、灵感和无条件的支持。

本书版税的一部分将会捐赠给 smilefoundation.org。

苏吉特·帕尔（Sujit Pal）是 Reed-Elsevier 集团的爱思唯尔实验室的技术研究总监，他的研究领域包括语义搜索、自然语言处理、机器学习和深度学习。在爱思唯尔，他参与了多个机器学习项目，包括大型图像和文本语料库，还有其他有关推荐系统和知识图谱开发的项目。他还与安东尼奥·古利合著了另一本有关深度学习的书，并在他的博客 Salmon Run 上发表了许多技术文章。

感谢本书的合著者，是他们使我感受到一次富有成效和令人愉快的写作体验。也感谢 Packt 的编辑团队一直为我们提供建设性的意见和支持。感谢家人的耐心。感谢所有为本书的出版提供帮助的人。

审校者简介

Haesun Park 是 Google 的一名机器学习开发专家，担任软件工程师超过 15 年，撰写和翻译了多本有关机器学习的书籍。他还是一名企业家，目前经营着自己的公司。

Haesun 还参与了 *Hands-On Machine Learning with Scikit-Learn and TensorFlow*、*Python Machine Learning* 和 *Deep Learning with Python* 等多本书籍的翻译工作。

感谢 Suresh Jain 请我审校本书，同时感谢 Janice Gonsalves 在我审校本书的过程中为我提供了很多帮助。

Simeon Bamford 博士拥有 AI 研究背景，专注于神经和神经形态工程，涉及神经修复、用于脉冲学习的混合信号 CMOS 设计，以及基于事件驱动传感器的机器视觉。他使用 TensorFlow 进行自然语言处理，拥有在无服务器云平台上部署 TensorFlow 模型的经验。

CONTENTS

目　录

第 1 章

基于 TensorFlow 2.0 的神经网络基础

本章我们将学习 TernsorFlow 的基本内容，它是 Google 开发的用于机器学习和深度学习的开源框架。另外，我们也会介绍一些神经网络和深度学习的基础概念，近年来这两个机器学习领域取得了难以置信的寒武纪式增长⊖。通过学习本章，希望你能了解动手实践深度学习所需的所有工具。

1.1　TensorFlow 是什么

TensorFlow（TF）是一个功能强大的开源软件库，它由 Google 的布莱恩（Brain）团队开发，主要用于深度神经网络。它自 2015 年 11 月使用 Apache 2.0 开源协议首次发布后飞速发展，截至 2019 年 5 月，它在 Github 的项目仓库（`https://github.com/tensor-flow/tensorflow`）上已经有超过 51 000 条提交，大约 1830 个贡献者。这些数据说明了它自身的流行度。

我们先来看看 TensorFlow 到底是什么，以及它为何在众多深度神经网络研究人员和工程师中如此流行。Google 称它为"机器智能的开源软件库"，但随着很多深度学习库的出现，比如 PyTorch（`https://pytorch.org/`）、Caffe（`https://caffe.berkeleyvision.org/`）和 MxNet（`https://mxnet.apache.org/`），是什么使得 TensorFlow 仍然与众不同呢？大多数深度学习库（如 TensorFlow）都有自动求导工具（一种用于优化的数学工具），许多是开源平台，其中大多数提供 CPU/GPU 选项，有预训练模型，支持常用的神经网络架构（比如循环神经网络、卷积神经网络和深度信念网络）。

⊖　寒武纪生命大爆发是地球生命进化史上的一大奇观，这里指神经网络和深度学习的发展速度非常之快。——编辑注

除此之外，TensorFlow 还有以下重要的功能：

- ❑ 它适用于所有流行的编程语言，比如，Python、C++、Java、R 和 Go。
- ❑ Keras 作为高阶神经网络 API 集成到了 TensorFlow 中（自 2.0 开始，Keras 成为与 TensorFlow 交互的标准 API）。该 API 指定了软件组件间的交互方式。
- ❑ TensorFlow 允许部署模型且易于在生产中使用。
- ❑ TensorFlow 2.0 在基于静态图的图计算基础上，增加了动态计算（见第 2 章）。
- ❑ 最重要的是，TensorFlow 拥有非常好的社区支持。

对于所有开源项目，Github 上的五角星数量是衡量其流行度的重要途径（见图 1-1）。截至 2019 年 3 月，TensorFlow、Keras 和 PyTorch 的星数分别为 123 000、39 100 和 25 800。可见，TensorFlow 成了机器学习中最受欢迎的框架。

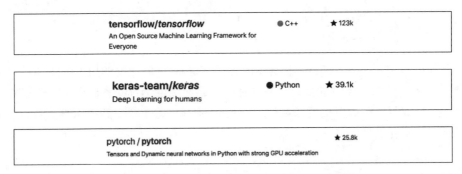

图 1-1   Github 上各种深度学习项目的星数

Google Trends（趋势）是另一种衡量流行度的途径，结果再次证明 TensorFlow 和 Keras 分列一二位（截至 2019 年底），而 PyTorch 紧随其后（见图 1-2）。

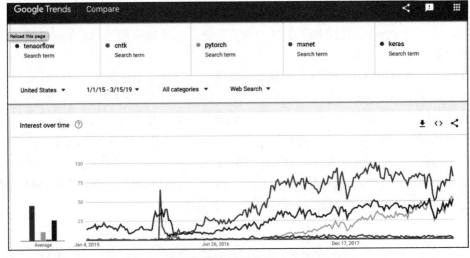

图 1-2   各种深度学习项目的 Google Trends

1.2　Keras 是什么

Keras 是一个设计优美的 API，它组合了各类用于建立和训练深度学习模型的构建模块。Keras 可以集成到很多不同的深度学习引擎中，包括 Google TensorFlow、Microsoft CNTK、Amazon MxNet 和 Theano。从 TensorFlow 2.0 开始，Keras 被采用为标准高阶 API，大幅简化了编码，并使编程更为直观。

1.3　TensorFlow 2.0 有哪些重要的改动

TensorFlow 2.0 包含大量的改动。Keras 现在已经是 TensorFlow 的一部分。`tf.keras` 是 TensorFlow 对 Keras 的具体实现，使用它替换掉 Keras，可以更好地与其他 TensorFlow API（比如动态图 `tf.data`）集成，还有很多其他好处。这点我们将在第 2 章中详细讨论。

TensorFlow[⊖]可以使用 `pip` 安装。

 更多 TensorFlow 安装选项可参考 `https://www.tensorflow.org/install`。

支持 CPU 版本：

`pip install tensorflow`

支持 GPU 版本：

`pip install tensorflow-gpu`

为了理解 TensorFlow 2.0 有哪些新特性，首先可以看一看在 TensorFlow 1.0 中编写神经网络的传统方法：

```
import tensorflow.compat.v1 as tf

in_a = tf.placeholder(dtype=tf.float32, shape=(2))

def model(x):
  with tf.variable_scope("matmul"):
    W = tf.get_variable("W", initializer=tf.ones(shape=(2,2)))
    b = tf.get_variable("b", initializer=tf.zeros(shape=(2)))
    return x * W + b

out_a = model(in_a)

with tf.Session() as sess:
  sess.run(tf.global_variables_initializer())
  outs = sess.run([out_a],
                  feed_dict={in_a: [1, 0]})
```

下面安装 TensorFlow 2.0。

⊖　此处指 TensorFlow 1.x 的安装。——译者注

支持 CPU 版本:

pip install tensorflow==2.0.0-alpha0

支持 GPU 版本:

pip install tensorflow-gpu==2.0.0-alpha0

在 TensorFlow 2.0 中编写神经网络的代码实现如下所示:

```
import tensorflow as tf
W = tf.Variable(tf.ones(shape=(2,2)), name="W")
b = tf.Variable(tf.zeros(shape=(2)), name="b")

@tf.function
def model(x):
  return W * x + b
out_a = model([1,0])

print(out_a)
```

很明显,代码更加简洁美观。事实上,TensorFlow 2.0 的核心思想是使 TensorFlow 更易学易用。若你直接开始学习 TensorFlow 2.0,则你是幸运的。如果你已经很熟悉 1.x,那么就需要理解两者间的不同点,同时,你可能还需要借助一些自动化迁移工具来重写代码,这一点将会在第 2 章中讨论。现在,我们先介绍 TensorFlow 支持的最强大的学习范式之一:神经网络。

1.4　神经网络概述

人工神经网络(Artificial Neural Network,ANN)表示一类机器学习模型,其灵感来自对哺乳动物中枢神经系统的研究。单个人工神经网络由多个互联的"神经元"组成,组织形式为"层"。某一层的神经元会将消息传递到其下一层神经元(术语为"发射"),这即是神经网络的运行方式。始于 20 世纪 50 年代初的早期研究提出了一种可进行简单运算的双层网络——"感知器"[1]。随后,20 世纪 60 年代末期进一步扩大了研究成果,提出了"反向传播"算法[2, 3],可用于更为高效的多层网络训练。

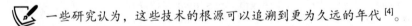 一些研究认为,这些技术的根源可以追溯到更为久远的年代[4]。

截至 20 世纪 80 年代,神经网络一直是学术热点之一,之后,其他一些更简单的实现方法受到了更多的重视。到了 21 世纪第一个十年的中期,人们重新唤起了对神经网络的兴趣,这主要得益于三个因素:G. Hinton 提出了一种突破性的快速学习算法[3, 5-6];2011 年前后提出了将 GPU 用于大规模数值计算;大量可供训练的可用数据集。

这些改进措施为现代"深度学习"开辟了道路,它是一类神经元层数非常大的神经网络,并能够基于渐进式抽象层学习一些相当复杂的模型。几年前,人们起初会将一些使用了 3~5 层的神经元层数称为"深层",而如今,200 层以上的网络已经司空见惯!

基于渐进式抽象的学习方式与人类大脑中进化了数百万年的视觉模型很类似。事实上,人类视觉系统就是由不同的层组合而成的。比如，我们的眼睛首先连接到称为视觉皮层（V1）的大脑区域（位于大脑后下部），该区域在许多哺乳动物中很常见，主要用于区分物体的基本属性，例如视觉方向、空间频率和颜色等方面的微小变化。

据估计，V1 视觉皮层由大约 1.4 亿个神经元组成，它们之间有数百亿个连接。进而，V1 会连接到其他区域（V2、V3、V4、V5 和 V6），逐渐进行更复杂的图像处理及识别更复杂的概念，例如形状、面部、动物等。有人估计人类大脑皮层神经元总共约 160 亿个，其中的 10%～25% 用于视觉[7]。人类视觉系统的这种基于层的组织方式使深度学习获得了一些启发：前置的人工神经元层学习图像的基本属性，而更深的层则学习更复杂的概念。

本书将提供一些在 TensorFlow 2.0 中可工作的神经网络，其涵盖神经网络的几个主要方面。让我们从感知器开始吧！

1.5 感知器

感知器是一种简单的算法，其输入向量（通常称为输入特征，简称为特征）为 x（x_1，x_2，$\cdots$，x_m，共 m 个值），输出为 1（"是"）或 0（"否"）。数学上，我们据此定义一个函数：

$$f(x) = \begin{cases} 1 & wx+b > 0 \\ 0 & \text{否则} \end{cases}$$

其中 w 是权重向量，wx 是点积 $\sum\limits_{j=1}^{m} w_j x_j$，$b$ 是偏置。$wx+b$ 实际上定义了一个边界超平面，由 w 和 b 的值改变位置。

注意，超平面是一个子空间，其维数比它周围空间的维数少 1。示例如图 1-3 所示。

该算法简洁且行之有效。例如，给定三个输入特征，如红色、绿色和蓝色的数值，感知器可以尝试确定该颜色是否为白色。

需要注意的是，感知器无法表示"也许"结论。假设我们已经掌握了如何确定感知器的 w 和 b，那么它只能回答"是"（1）或"否"（0）。这就是所谓的"训练"过程，将在以下各节中讨论。

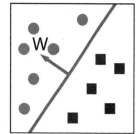

图 1-3　超平面示例

TensorFlow 2.0 代码的第一个例子

在 tf.keras 中创建模型的方式有 3 种：序列（Sequential）API、功能（Functional）API 和模型（Model）子类。在本章中，我们将使用最简单的 Sequential()，在第 2 章中再讨论另外两个。Sequential() 模型是神经网络层的线性管道（栈）。以下代码定义了一个含有 10 个人工神经元的单层模型，期望输入变量（特征）个数为 784。请留意，该网络是稠密的（dense），意味着每层中的每个神经元都连接到上一层的所有神经元，以及下一层的所有神经元：

```
import tensorflow as tf
from tensorflow import keras
NB_CLASSES = 10
RESHAPED = 784
model = tf.keras.models.Sequential()
model.add(keras.layers.Dense(NB_CLASSES,
        input_shape=(RESHAPED,), kernel_initializer='zeros',
        name='dense_layer', activation='softmax'))
```

通过参数 `kernel_initializer`，每个神经元都能用特定的权重值初始化。有多种参数值可供选择，常见如下：

- ❑ `random_uniform`：权重初始化值在 −0.05～0.05 的小范围内均匀随机分布。
- ❑ `random_normal`：权重初始化值服从均值为零、标准差为 0.05 的高斯分布。若对高斯分布不太熟悉，可以将其想象成一个对称的"钟形曲线"形状。
- ❑ `zero`：所有权重初始化为 0。

完整的参数列表可访问线上文档：`https://www.tensorflow.org/api_docs/python/tf/keras/initializers`。

1.6　多层感知器——第一个神经网络示例

在本章中，我们将展示第一个具有多个稠密层的神经网络示例。由于历史原因，感知器专指具有单个线性层的模型，因此，如果模型中含有多个线性层，则称之为**多层感知器（MLP）**。需要注意，输入层或输出层从外部可见，而所有其他中间层都是隐藏的，统称为隐藏层。在这种情况下，每个线性层对应一个线性函数，而多层感知器将多个线性层依次堆叠，如图 1-4 所示。

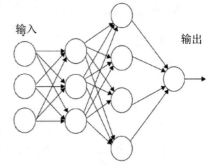

图 1-4　多层感知器示例

在图 1-4 中，第一个隐藏层中的每个节点接收输入，并根据其关联线性函数的计算值"发射"（0，1）信号。然后，第一个隐藏层的输出传递到第二层，在第二层应用另一个线性函数，其结果传递到由单个神经元组成的输出层。有趣的是，这个分层的组织结构很像我们前面讨论的人类视觉系统。

1.6.1　感知器训练的问题及对策

考虑一个神经元：权重 w 和偏差 b 的最佳选择是什么？理想情况下，我们希望提供一组训练示例，在计算机保证输出误差最小的前提下调整权重和偏差。

再具体一点，假设有一组猫的图片和另一组不包含猫的图片。同时，假设每个神经元的输入为图片中每个像素的值。那么，当计算机处理这些图像时，我们希望每个神经元都能调整其权重和偏差，以使错误识别的图片越来越少。

　　这种方法乍看起来非常直观，但是要求权重（或偏差）的小幅度改变只会导致期望输出产生细微变化。想想看：如果我们的期望输出是阶跃式的，那就无法实现渐进式学习。当然，孩子是可以一点一点地学习的。但感知器还没有学会这种"点滴积累"的办法。例如，感知器的输出非 0 即 1，这就是一个阶跃，对学习没有帮助（见图 1-5）。

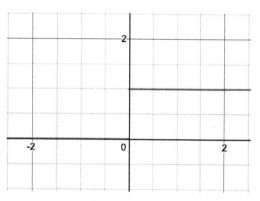

图 1-5　感知器示例——非 0 即 1

　　我们需要一个能够不间断地从 0 到 1 渐变的函数。从数学上讲，这意味着需要一个可求导的连续函数。导数是函数在给定点的改变量。对输入为实数的函数而言，导数是图上某点的切线斜率。在本章的后面谈论梯度下降时，将再次讨论导数。

1.6.2　激活函数——sigmoid 函数

　　sigmoid 函数（也称为 S 型函数）定义为 $\sigma(x) = \dfrac{1}{1+e^{-x}}$ ，当输入在范围 $(-\infty, \infty)$ 变化时，它的输出在区间（0，1）内微小改变。在数学上，该函数是连续的。典型的 sigmoid 函数如图 1-6 所示。

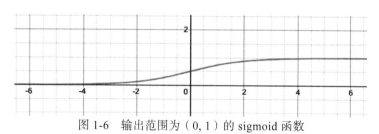

图 1-6　输出范围为（0，1）的 sigmoid 函数

　　神经元可用 sigmoid 函数计算非线性函数 $\sigma(z = wx + b)$。注意，如果 $z = wx + b$ 非常大且为正，则 $e^{-z} \to 0$，所以 $\sigma(z) \to 1$；如果 $z = wx + b$ 非常大且为负，则 $e^{-z} \to \infty$，所以 $\sigma(z) \to 0$。换言之，具有 sigmoid 激活函数的神经元的表现行为与感知器类似，但其变化是渐进的，输出值（例如 0.553 9 或 0.123 191）也是完全符合要求的。从这个意义上讲，sigmoid 函数神经元可以回答"也许"。

1.6.3　激活函数——tanh 函数

　　另一个实用的激活函数是 tanh 函数（也称为双曲正切函数）。它的定义为 $\tanh(z) = \dfrac{e^z - e^{-z}}{e^z + e^{-z}}$，形状如图 1-7 所示，其输出范围为 $-1 \sim 1$。

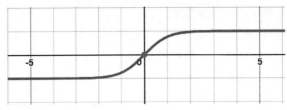

图 1-7   tanh 激活函数

1.6.4   激活函数——ReLU 函数

sigmoid 函数不是唯一一个用于神经网络的平滑激活函数。近年来，ReLU 函数（Rectified Linear Unit，线性整流函数，又称修正线性单元）变得非常流行，因为它有助于解决使用 sigmoid 函数观察到的一些优化问题。在第 9 章中谈到梯度消失（vanishing gradient）时，将更详细地讨论这些问题。ReLU 函数可由 $f(x) = \max(0, x)$ 简洁地定义，非线性函数如图 1-8 所示。正如你看到的，函数对负值取零，对正值按线性增长。ReLU 函数的实现也非常简单（通常，三条指令就足够了），而 sigmoid 函数则要高几个数量级。这有助于将神经网络应用到一些早期的 GPU 上。

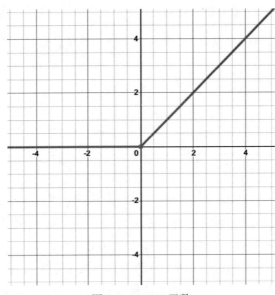

图 1-8   ReLU 函数

1.6.5   两个拓展激活函数——ELU 函数和 LeakyReLU 函数

除了 sigmoid 函数和 ReLU 函数之外，还有其他可用于学习的激活函数。

ELU 函数定义为 $f(\alpha, x) = \begin{cases} \alpha(e^x - 1) & \text{如果} x \leq 0 \\ x & \text{如果} x > 0 \end{cases}$，其中 $\alpha > 0$。它的图形表示如图 1-9 所示。

LeakyReLU 函数定义为 $f(\alpha, x) = \begin{cases} \alpha x & \text{如果} x \leq 0 \\ x & \text{如果} x > 0 \end{cases}$，其中 $\alpha > 0$。它的图形表示如图 1-10 所示。

如果 x 为负，上述两个函数都允许进行小幅度更新，这在特定情况下可能是有用的。

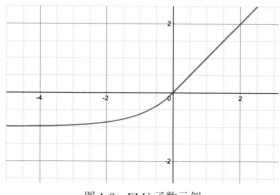

图 1-9　ELU 函数示例　　　　图 1-10　LeakyReLU 函数示例

1.6.6　激活函数总结

sigmoid、tanh、ELU、LeakyReLU 和 ReLU 在神经网络术语中统称为激活函数。在梯度下降部分中，你将看到 sigmoid 函数和 ReLU 函数的典型渐进变化是开发一个学习算法的基础构建模块，该学习算法通过逐步减少网络所犯的错误来一点一点地适应。图 1-11 给出了使用激活函数 σ 的示例，涵盖它的输入向量 $(x_1, x_2, \cdots, x_m)$、权重向量 $(w_1, w_2, \cdots, w_m)$、偏差 b 以及求和运算 $\sum$。值得一提的是，TensorFlow 2.0 支持多种激活函数，完整的列表可参考线上文档。

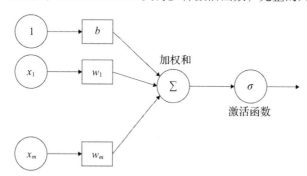

图 1-11　在线性函数之后应用激活函数的示例

1.6.7　神经网络到底是什么

用一句话来概括，机器学习模型是指一种计算函数（该函数将某些输入映射到对应的输出）的方法。该函数仅涉及一些加法和乘法运算，但是，当它与一个非线性激活函数结合，并堆叠成多层后，这些函数几乎可以学习任何东西 [8]。另外，你还需要用来捕获待优化内容（这是稍后将介绍的损失函数）的有效的度量指标、足够的可用学习数据以及充足的计算能力。

现在，停下来思考一下，"学习"的真正本质是什么？从我们自身的目的出发，学习本质上是一个旨在概括已建立的观察结果[9]以便预测未来结果的过程。简而言之，这正是我们要通过神经网络实现的目标。

1.7　示例——识别手写数字

在本节中，我们将构建一个可以识别手写数字的神经网络。为此，我们将使用 MNIST（http://yann.lecun.com/exdb/mnist/），它是一个手写数字数据库，由 60 000 个训练示例集和 10 000 个测试示例集组成。训练示例通过人工加了正确的标签。例如，如果手写数字是数字"3"，那么 3 就是与该示例关联的标签。

在机器学习中，当数据集包含可用的正确标签时，我们即可执行某种形式的有监督学习。此时，可以用训练实例来改善网络。测试实例也包含每个数字对应的正确标签。但是，为了学习，我们的想法是假装标签是未知的，让网络进行预测，然后再重新考察并比较标签，以评估神经网络识别数字的能力。测试实例仅用于测试网络的性能。

每个 MNIST 图片均为灰度图，由 28 × 28 像素组成。这些数字图片的某个子集如图 1-12 所示。

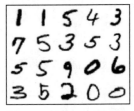

图 1-12　MNIST 图片集

1.7.1　独热编码

我们将使用独热编码（One-Hot Encoding，OHE）来对神经网络的内部信息进行编码。在许多应用中，将分类（非数值）特征转换为数值变量后处理起来会更方便。例如，分类特征 [0–9] 的任一样本"数字"d，可被编码为一个含 10 位的二进制向量，第 d 个位置的值为 1，其余位置的值为 0。

比如，数字 3 可以编码为 [0, 0, 0, 1, 0, 0, 0, 0, 0, 0]。这种表示形式称为独热编码，有时也简称为"one-hot"，这在数据挖掘领域专门处理数值函数的学习算法中非常常见。

1.7.2　在 TensorFlow 2.0 中定义一个简单的神经网络

在本节中，我们将使用 TensorFlow 2.0 定义一个可识别 MNIST 手写数字的神经网络。先从一个最简单的神经网络开始，然后逐步对其改进。

依据 Keras 的风格，TensorFlow 2.0 提供了合适的库（https://www.tensorflow.org/api_docs/python/tf/keras/datasets）来加载数据集并将其拆分为用于调谐网络的训练集 X_train 和用于评估性能的测试集 X_test。当训练神经网络并归一化到 [0, 1] 时，数据转换为 float32 类型，以使用 32 位精度。另外，将正确标签值分别加载到 Y_train 和 Y_test 中，并对它们执行独热编码。下面介绍具体代码。

当下，不要过多地关注为什么某些参数有特定的赋值，这些将在本书的其余部分逐步讨论。直观地讲，EPOCH 定义训练的持续时间，BATCH_SIZE 表示一次输入网络的样本数量，VALIDATION 是为检查或证明训练过程的有效性而保留的数据量。当本章后面探寻不同的值和讨论超参数优化时，你将理解选择参数设置 EPOCHS=200、BATCH_SIZE=128、VALIDATION_SPLIT=0.2 和 N_HIDDEN=128 的原因。TensorFlow 中神经网络的第一个代码片段如下所示：

```python
import tensorflow as tf
import numpy as np
from tensorflow import keras

# Network and training parameters.
EPOCHS = 200
BATCH_SIZE = 128
VERBOSE = 1
NB_CLASSES = 10    # number of outputs = number of digits
N_HIDDEN = 128
VALIDATION_SPLIT = 0.2 # how much TRAIN is reserved for VALIDATION

# Loading MNIST dataset.
# verify
# You can verify that the split between train and test is 60,000, and
10,000 respectively.
# Labels have one-hot representation.is automatically applied
mnist = keras.datasets.mnist
(X_train, Y_train), (X_test, Y_test) = mnist.load_data()

# X_train is 60000 rows of 28x28 values; we  --> reshape it to
# 60000 x 784.
RESHAPED = 784
#
X_train = X_train.reshape(60000, RESHAPED)
X_test = X_test.reshape(10000, RESHAPED)
X_train = X_train.astype('float32')
X_test = X_test.astype('float32')

# Normalize inputs to be within in [0, 1].
X_train /= 255
X_test /= 255
print(X_train.shape[0], 'train samples')
print(X_test.shape[0], 'test samples')

# One-hot representation of the labels.
Y_train = tf.keras.utils.to_categorical(Y_train, NB_CLASSES)
Y_test = tf.keras.utils.to_categorical(Y_test, NB_CLASSES)
```

从上面的代码中看到，输入层的神经元与图像中每个像素关联，总共有 $28 \times 28 = 784$ 个神经元，与 MNIST 图片中的像素一一对应。

通常，每个像素对应的输入值需要归一化到 [0, 1] 范围内（这意味着将每个像素的强度除以最大强度值 255）。输出值是 10 个类别之一，每个类别对应一个数字。

最后一层是使用激活函数 softmax 的单个神经元，它是 sigmoid 函数的通用形式。如前所述，当输入在（-∞, ∞）范围内变化时，sigmoid 函数的输出在（0, 1）范围内。类似地，softmax 函数将任意实值的实值 K 维向量"挤压"为（0, 1）范围内的实值 K 维向量，并使所有数值求和为 1。在我们的代码例子中，它将前一层 10 个神经元提供的 10 个结果进行聚合。上述描述内容的具体实现代码如下所示：

```
# Build the model.
model = tf.keras.models.Sequential()
model.add(keras.layers.Dense(NB_CLASSES,
    input_shape=(RESHAPED,),
    name='dense_layer',
    activation='softmax'))
```

定义完模型后，我们需要编译模型，从而让 TensorFlow 2.0 执行。编译时需要确定一些选择项。首先，要选择一个优化器，它是在训练模型时更新权重的特定算法。其次，要选择一个目标函数，优化器要用它来导航权重空间（通常，目标函数称为损失函数或成本函数，而优化过程定义为损失最小化过程）。第三，要评估训练后的模型。

 完整的优化器列表可参考 https://www.tensorflow.org/api_docs/python/tf/keras/optimizers。

目标函数的一些常见选择项是：

❑ MSE，它定义了预测值与真实值之间的均方误差。数学上，如果 d 是预测向量，而 y 是 n 个值的观测向量，则 $\mathrm{MSE} = \dfrac{1}{n}\sum_{i=1}^{n}(d-y)^2$。注意，该目标函数是每个预测中所有误差的平均值。如果预测值与真实值相差甚远，那么平方运算将使该差距更加明显。另外，平方运算可以累加误差结果，无论结果值是正数还是负数。

❑ binary_crossentropy，它定义了二进制对数损失函数。假设模型对目标 c 的预测为 p，则二进制交叉熵（binary cross-entropy）定义为 $L(p, c) = -c\ln(p) - (1-c)\ln(1-p)$。注意，该目标函数适用于二进制标签预测。

❑ categorical_crossentropy（分类交叉熵），它定义了多类对数损失函数。分类交叉熵比较预测值与真实值两者之间的分布特征，具体是将真实值类的概率设置为 1，其他类的概率设置为 0。假设真实值类是 c 并且预测是 y，则分类交叉熵定义为：

$$L(c, p) = -\sum_{i} c_i \ln(p_i)$$

一种理解多类对数损失函数的思路是将真实值类想象成独热编码向量的表示形式，模型的输出越接近该向量，损失就越小。注意，这种目标函数适用于多类标签预测。它同时也是与 softmax 激活函数的默认关联选项。

☀ 完整的函数列表可见 https://www.tensorflow.org/api_docs/python/tf/
keras/losses。

度量指标[⊖]的一些常见选择是：
- ❑ 准确度（Accuracy），是正确预测目标的比例
- ❑ 精度（Precision），是与多标签分类相关的选定项的个数
- ❑ 召回率（Recall），是与多标签分类相关的选定项的个数

☀ 完整的度量指标列表可见 https://www.tensorflow.org/api_docs/python/
tf/keras/metrics。

度量指标类似于目标函数，唯一的不同是它仅用于评估模型，而不用于训练模型。不过，理解度量指标和目标函数之间的差异很重要。如前所述，损失函数用于优化网络，所选的优化器对其最小化。而度量指标则用来判定网络的性能，仅用于网络评估过程，这应与优化过程分离。在某些特定条件下，理想情况是直接对特定度量指标进行优化。然而，某些度量指标对于输入而言是不可微的，这使它们无法被直接使用。

在 TensorFlow 2.0 中编译模型时，可以为给定模型选择一并使用的优化器、损失函数和度量指标：

```
# Compiling the model.
model.compile(optimizer='SGD',
              loss='categorical_crossentropy',
              metrics=['accuracy'])
```

随机梯度下降（Stochastic Gradient Descent，SGD）（参见第 15 章）是一种特殊的优化算法，用于减少神经网络在每次训练周期后的误差。在下一章中将回顾 SGD 和其他优化算法。一旦模型被编译，即可用 `fit()` 方法对其训练，该方法指定了一些参数：
- ❑ epochs 是模型使用训练集的次数。在每次迭代中，优化器都会尝试调整权重，以便最小化目标函数。
- ❑ batch_size 是优化器更新权重前，观察的训练实例数。通常每个周期包含多个批次。

在 TensorFlow 2.0 中训练一个模型很简单：

```
# Training the model.
model.fit(X_train, Y_train,
          batch_size=BATCH_SIZE, epochs=EPOCHS,
          verbose=VERBOSE, validation_split=VALIDATION_SPLIT)
```

⊖　准确度、精度、召回率的形象解释见 https://www.jianshu.com/p/1506df45357e?from=group
　　message。——编辑注

注意，这里保留了一部分训练集用于验证。主要想法是利用保留的部分训练数据，从而在训练时评测验证的性能。这对任何机器学习任务来说都是一个很好的实践，将在后续所有示例中采用。在本章稍后讨论过拟合时会再谈论验证。

模型训练完成后，可以用测试集对其进行评估，测试集中包括它在训练阶段未用到的新实例。

注意，训练集和测试集必须是严格分离的。在训练中已经用过的实例上评估模型是毫无意义的。在 TensorFlow 2.0 中，我们可以使用方法 validate(X_test, Y_test) 计算 test_loss 和 test_acc：

```
#evaluate the model
test_loss, test_acc = model.evaluate(X_test, Y_test)
print('Test accuracy:', test_acc)
```

至此，恭喜！你刚刚在 TensorFlow 2.0 中定义了你的第一个神经网络。几行代码，你的计算机就应该能识别手写数字。让我们运行代码，看看性能如何。

1.7.3 运行一个简单的 TensorFlow 2.0 神经网络并建立测试基线

代码运行结果如图 1-13 所示。

图 1-13 神经网络测试示例的代码运行结果

首先输出的是神经网络的架构，可以看出层的类型（Layer(type)）、输出形状（Output Shape）、待优化的参数数量（即权重（Param#））以及它们的连接方式。然后，使用 48 000 个样本训练网络，并保留 12 000 个样本进行验证。一旦神经模型创建完成，就用 10 000 个样本对其进行测试。目前，我们不会深入讨论训练的实现方式，但是可以看出

程序运行了 200 次迭代，每次准确度都有所提高。训练结束后，在测试集上测试模型，训练集
达到了约 89.96% 的准确度，验证集达到了 90.70%，测试集达到了 90.71%。如图 1-14 所示。

```
Epoch 199/200
48000/48000 [==============================] - 1s 22us/sample - loss: 0.3684 - a
ccuracy: 0.8995 - val_loss: 0.3464 - val_accuracy: 0.9071
Epoch 200/200
48000/48000 [==============================] - 1s 23us/sample - loss: 0.3680 - a
ccuracy: 0.8996 - val_loss: 0.3461 - val_accuracy: 0.9070
10000/10000 [==============================] - 1s 54us/sample - loss: 0.3465 - a
ccuracy: 0.9071
Test accuracy: 0.9071
```

图 1-14   测试模型和准确度的结果图

这意味着将近十分之一的图片被错误分类。我们当然可以做得更好。

1.7.4   使用隐藏层改进 TensorFlow 2.0 的简单神经网络

好的，目前的准确度基线是训练集 89.96%、验证集 90.70%、测试集 90.71%。这是一
个很好的起点，但还可以改善。让我们看看如何做到。

初步改进是向神经网络中添加额外的层，因为这些额外的神经元可能直接有助于它在
训练数据中学习更复杂的模式。换句话说，额外层会加入更多参数，从而可能使模型存储
更复杂的模式。这样的话，在输入层之后，加入第一个带有 N_HIDDEN 个神经元和激活函
数 ReLU 的稠密层。该层是隐藏的，因为它不直接与输入和输出相关联。在第一个隐藏层
之后，再加入第二个含有 N_HIDDEN 个神经元的隐藏层，紧随其后的即是含有 10 个神经
元的输出层，当识别出某个数字时，输出层的相关神经元会被触发。以下代码定义了这个
新网络：

```
import tensorflow as tf
from tensorflow import keras

# Network and training.
EPOCHS = 50
BATCH_SIZE = 128
VERBOSE = 1
NB_CLASSES = 10    # number of outputs = number of digits
N_HIDDEN = 128
VALIDATION_SPLIT = 0.2 # how much TRAIN is reserved for VALIDATION

# Loading MNIST dataset.
# Labels have one-hot representation.
mnist = keras.datasets.mnist
(X_train, Y_train), (X_test, Y_test) = mnist.load_data()

# X_train is 60000 rows of 28x28 values; we reshape it to 60000 x 784.
RESHAPED = 784
#
```

```
X_train = X_train.reshape(60000, RESHAPED)
X_test = X_test.reshape(10000, RESHAPED)
X_train = X_train.astype('float32')
X_test = X_test.astype('float32')

# Normalize inputs to be within in [0, 1].
X_train, X_test = X_train / 255.0, X_test / 255.0
print(X_train.shape[0], 'train samples')
print(X_test.shape[0], 'test samples')

# Labels have one-hot representation.
Y_train = tf.keras.utils.to_categorical(Y_train, NB_CLASSES)
Y_test = tf.keras.utils.to_categorical(Y_test, NB_CLASSES)

# Build the model.
model = tf.keras.models.Sequential()
model.add(keras.layers.Dense(N_HIDDEN,
          input_shape=(RESHAPED,),
          name='dense_layer', activation='relu'))
model.add(keras.layers.Dense(N_HIDDEN,
          name='dense_layer_2', activation='relu'))
model.add(keras.layers.Dense(NB_CLASSES,
          name='dense_layer_3', activation='softmax'))

# Summary of the model.
model.summary()

# Compiling the model.
model.compile(optimizer='SGD',
              loss='categorical_crossentropy',
              metrics=['accuracy'])

# Training the model.
model.fit(X_train, Y_train,
          batch_size=BATCH_SIZE, epochs=EPOCHS,
          verbose=VERBOSE, validation_split=VALIDATION_SPLIT)

# Evaluating the model.
test_loss, test_acc = model.evaluate(X_test, Y_test)
print('Test accuracy:', test_acc)
```

注意，to_categorical(Y_train, NB_CLASSES) 将数组 Y_train 转换为矩阵，矩阵的列数等于分类结果的个数，而行数保持不变。因此，如果有

```
> labels
array([0, 2, 1, 2, 0])
```

那么

```
to_categorical(labels)
array([[ 1.,  0.,  0.],
```

```
[ 0.,   0.,   1.],
[ 0.,   1.,   0.],
[ 0.,   0.,   1.],
[ 1.,   0.,   0.]], dtype=float32)
```

运行代码，结果如图 1-15 所示。

```
-----------------------------------------------------------------
Layer (type)                  Output Shape              Param #
=================================================================
dense_layer (Dense)           (None, 128)               100480
-----------------------------------------------------------------
dense_layer_2 (Dense)         (None, 128)               16512
-----------------------------------------------------------------
dense_layer_3 (Dense)         (None, 10)                1290
=================================================================
Total params: 118,282
Trainable params: 118,282
Non-trainable params: 0
-----------------------------------------------------------------
Train on 48000 samples, validate on 12000 samples
Epoch 1/200
48000/48000 [==============================] - 3s 63us/sample - loss: 2.2507 - a
ccuracy: 0.2086 - val_loss: 2.1592 - val_accuracy: 0.3266
```

图 1-15　多层神经网络的代码运行结果

图 1-15 显示了运行的初始步骤，图 1-16 显示了最终结果。图 1-16 显示，通过添加两个隐藏层，准确度在训练集上达到了 90.81%，在验证集上达到了 91.40%，在测试集上达到了 91.18%。测试准确度较之前提高了，并且迭代次数从 200 次降到 50 次。这很好，但是我们还希望提升更多。

如果有想法，你可以自己试试，看看如果不添加两个隐藏层，而是仅添加一个隐藏层或者多个隐藏层，会发生什么情况。这个实验留作练习。

```
Epoch 49/50
48000/48000 [==============================] - 1s 30us/sample - loss: 0.3347 - a
ccuracy: 0.9075 - val_loss: 0.3126 - val_accuracy: 0.9136
Epoch 50/50
48000/48000 [==============================] - 1s 28us/sample - loss: 0.3326 - a
ccuracy: 0.9081 - val_loss: 0.3107 - val_accuracy: 0.9140
10000/10000 [==============================] - 0s 40us/sample - loss: 0.3164 - a
ccuracy: 0.9118
Test accuracy: 0.9118
```

图 1-16　增加两个隐藏层后的准确度结果

注意，在经过一定次数的迭代后，性能改进将不再奏效（或变得几乎不可察觉）。在机器学习中，这种现象称为收敛（convergence）。

1.7.5　利用随机失活进一步改进 TensorFlow 2.0 的简单神经网络

现在我们的准确度基线是训练集 90.81%、验证集 91.40% 和测试集 91.18%。第二种改进措施非常简单，即在训练过程中随机丢弃（以 DROPOUT 概率）一些在内部稠密的隐藏层网络中传播的值。在机器学习中，这是一种众所周知的正则化形式。令人惊讶的是，这种随机丢弃一些值的办法能改进网络性能。这种改进背后的思想是，随机失活有助于迫使网络去学习一些更具泛化能力的冗余模式：

```
import tensorflow as tf
import numpy as np
from tensorflow import keras

# Network and training.
EPOCHS = 200
BATCH_SIZE = 128
VERBOSE = 1
NB_CLASSES = 10    # number of outputs = number of digits
N_HIDDEN = 128
VALIDATION_SPLIT = 0.2 # how much TRAIN is reserved for VALIDATION
DROPOUT = 0.3

# Loading MNIST dataset.
# Labels have one-hot representation.
mnist = keras.datasets.mnist
(X_train, Y_train), (X_test, Y_test) = mnist.load_data()

# X_train is 60000 rows of 28x28 values; we reshape it to 60000 x 784.
RESHAPED = 784
#
X_train = X_train.reshape(60000, RESHAPED)
X_test = X_test.reshape(10000, RESHAPED)
X_train = X_train.astype('float32')
X_test = X_test.astype('float32')

# Normalize inputs within [0, 1].
X_train, X_test = X_train / 255.0, X_test / 255.0
print(X_train.shape[0], 'train samples')
print(X_test.shape[0], 'test samples')

# One-hot representations for labels.
Y_train = tf.keras.utils.to_categorical(Y_train, NB_CLASSES)
Y_test = tf.keras.utils.to_categorical(Y_test, NB_CLASSES)

# Building the model.
model = tf.keras.models.Sequential()
model.add(keras.layers.Dense(N_HIDDEN,
          input_shape=(RESHAPED,),
          name='dense_layer', activation='relu'))
model.add(keras.layers.Dropout(DROPOUT))
```

```
model.add(keras.layers.Dense(N_HIDDEN,
        name='dense_layer_2', activation='relu'))
model.add(keras.layers.Dropout(DROPOUT))
model.add(keras.layers.Dense(NB_CLASSES,
        name='dense_layer_3', activation='softmax'))

# Summary of the model.
model.summary()

# Compiling the model.
model.compile(optimizer='SGD',
            loss='categorical_crossentropy',
            metrics=['accuracy'])

# Training the model.
model.fit(X_train, Y_train,
        batch_size=BATCH_SIZE, epochs=EPOCHS,
        verbose=VERBOSE, validation_split=VALIDATION_SPLIT)

# Evaluating the model.
test_loss, test_acc = model.evaluate(X_test, Y_test)
print('Test accuracy:', test_acc)
```

像之前一样运行代码迭代 200 次，可看到该网络的准确度达到了训练集 91.70%、验证集 94.42% 以及测试集 94.15%。如图 1-17 所示。

```
Epoch 199/200
48000/48000 [==============================] - 2s 45us/sample - loss: 0.2850 - a
ccuracy: 0.9177 - val_loss: 0.1922 - val_accuracy: 0.9442
Epoch 200/200
48000/48000 [==============================] - 2s 42us/sample - loss: 0.2845 - a
ccuracy: 0.9170 - val_loss: 0.1917 - val_accuracy: 0.9442
10000/10000 [==============================] - 1s 61us/sample - loss: 0.1927 - a
ccuracy: 0.9415
Test accuracy: 0.9415
```

图 1-17　神经网络改进测试的准确度结果

注意，内部隐藏层中含有随机失活的网络可以更好地"泛化"测试集中的未见实例。直观地讲，出现这种现象，一是由于每个神经元深谙它的邻近节点不可靠而变得越来越有能力；二是由于每个神经元强制存储了冗余信息。在测试过程中不存在随机失活，所以神经网络使用了所有高度调谐的神经元。简而言之，测试神经网络性能的好办法是对其使用随机失活。

除此之外，要注意训练集的准确度须高于测试集的准确度，否则，可能是训练时间不够长。上述示例即是此类情况，需要通过增加 epoch 数来解决。但是，在开始尝试解决之前，需要引入一些其他概念，以使训练过程更快地收敛。先讨论优化器。

1.7.6　测试 TensorFlow 2.0 的不同优化器

先聚焦一个流行的训练技术——**梯度下降**（Gradient Descent, GD）。试想单个变量 w

的通用成本函数 $C(w)$，如图 1-18 所示。

梯度下降可看作一个沿着陡峭的峡谷山坡走到谷底的远足者。斜率表示通用成本函数 C，谷底则表示其最小值 C_{min}。远足者的出发点在 w_0，他一点一点地移动，梦想抵达斜率为 0 的目的地，由于他无法预见目的地的准确位置，所以只能以锯齿状的路线前进。在每个步骤 r，梯度是增量最大的方向。

数学上，此方向是在步骤 r 时，在点 w_r 处的偏导数 $\frac{\partial c}{\partial w}$ 的值。因此，通过方向取反 $-\frac{\partial c}{\partial w}(w_r)$，远足者即可向谷底接近。

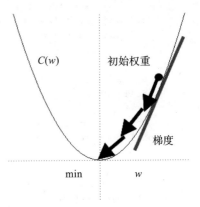

图 1-18 梯度下降优化示例

每一步中，远足者可决定到下一个停顿点前走多远路程。在梯度下降术语中，这是所谓的 "学习率"（$\eta \geqslant 0$）。注意，如果 η 太小，则将移动缓慢。如果 η 过大，则可能会越过谷底。

你应该记得，sigmoid 函数是一个连续函数且可导。可以证明，sigmoid 函数 $\sigma(x) = \frac{1}{1+e^{-x}}$ 的导数为 $\frac{d\sigma(x)}{d(x)} = \sigma(x)(1-\sigma(x))$。

ReLU 函数在 0 处不可导，但可通过将 0 处的一阶导数定义为 0 或 1，扩展为全域可导。

ReLU 函数 $y = \max(0, x)$ 的分段导数为 $\frac{dy}{dx} = \begin{cases} 0 & x \leqslant 0 \\ 1 & x > 0 \end{cases}$。一旦获得它的导数，就可以使用梯度下降技术优化神经网络。TensorFlow 负责计算导数值，因此我们无须担心具体实现或实际计算。

神经网络本质上是多个可导函数的组合，这些函数中包含数千甚至数百万个参数。每个网络层计算一个函数，并负责将其误差最小化，以提升在学习阶段的准确度。当讨论反向传播时，会发现误差最小化过程远比这个入门示例更为复杂。但是，它仍然基于下坡到达谷底的初衷。

TensorFlow 实现了一种称作 SGD 的快速梯度下降派生算法，以及许多更高阶的优化技术，比如 RMSProp 和 Adam。这两种算法除了具有 SGD 的加速度分量外，还具有动量（速度分量）。这可以实现以更多计算量为代价的快速收敛。这个过程可以想象成一个远行者朝某个方向移动时突然决定改变方向，但他仍然记得之前的若干次移动决策。可以证明，动量有助于在相关方向上加速 SGD 并抑制振荡[10]。

完整的优化器列表可参考：https://www.tensorflow.org/api_docs/python/tf/keras/optimizers。

SGD 一直是我们刚才构建网络的默认选择。现在，让我们试试其他两个。只需要更改几行代码：

```
# Compiling the model.
model.compile(optimizer='RMSProp',
              loss='categorical_crossentropy', metrics=['accuracy'])
```

仅此而已。测试一下，结果如图 1-19 所示。

```
Layer (type)                 Output Shape              Param #
=================================================================
dense_layer (Dense)          (None, 128)               100480
_____
dropout (Dropout)            (None, 128)               0
_____
dense_layer_2 (Dense)        (None, 128)               16512
_____
dropout_1 (Dropout)          (None, 128)               0
_____
dense_layer_3 (Dense)        (None, 10)                1290
=================================================================
Total params: 118,282
Trainable params: 118,282
Non-trainable params: 0
_____
Train on 48000 samples, validate on 12000 samples
Epoch 1/10
48000/48000 [==============================] - 2s 48us/sample - loss: 0.4715 -
accuracy: 0.8575 - val_loss: 0.1820 - val_accuracy: 0.9471
Epoch 2/10
48000/48000 [==============================] - 2s 36us/sample - loss: 0.2215 -
accuracy: 0.9341 - val_loss: 0.1268 - val_accuracy: 0.9631
Epoch 3/10
48000/48000 [==============================] - 2s 39us/sample - loss: 0.1684 -
accuracy: 0.9497 - val_loss: 0.1198 - val_accuracy: 0.9651
Epoch 4/10
48000/48000 [==============================] - 2s 43us/sample - loss: 0.1459 -
accuracy: 0.9569 - val_loss: 0.1059 - val_accuracy: 0.9710
Epoch 5/10
48000/48000 [==============================] - 2s 39us/sample - loss: 0.1273 -
accuracy: 0.9623 - val_loss: 0.1059 - val_accuracy: 0.9696
Epoch 6/10
48000/48000 [==============================] - 2s 36us/sample - loss: 0.1177 -
accuracy: 0.9659 - val_loss: 0.0941 - val_accuracy: 0.9731
Epoch 7/10
48000/48000 [==============================] - 2s 35us/sample - loss: 0.1083 -
accuracy: 0.9671 - val_loss: 0.1009 - val_accuracy: 0.9715
Epoch 8/10
48000/48000 [==============================] - 2s 35us/sample - loss: 0.0971 -
accuracy: 0.9706 - val_loss: 0.0950 - val_accuracy: 0.9758
Epoch 9/10
48000/48000 [==============================] - 2s 35us/sample - loss: 0.0969 -
accuracy: 0.9718 - val_loss: 0.0985 - val_accuracy: 0.9745
Epoch 10/10
48000/48000 [==============================] - 2s 35us/sample - loss: 0.0873 -
accuracy: 0.9743 - val_loss: 0.0966 - val_accuracy: 0.9762
10000/10000 [==============================] - 0s 37us/sample - loss: 0.0922 -
accuracy: 0.9764
Test accuracy: 0.9764
```

图 1-19　RMSProp 的测试结果

从图中可以看出，RMSProp 的收敛速度比 SDG 快，仅需 10 个迭代后准确度即可达到训练集 97.43%、验证集 97.62% 和测试集 97.64%。这是一个对 SDG 的重大改进。既然有了一个非常快速的优化器，我们便尝试将迭代数大幅增加到 250 次，之后准确度达到了训练集 98.99%、验证集 97.66%、测试集 97.77%，如图 1-20 所示。

```
Epoch 248/250
48000/48000 [==============================] - 2s 40us/sample - loss: 0.0506 -
accuracy: 0.9904 - val_loss: 0.3465 - val_accuracy: 0.9762
Epoch 249/250
48000/48000 [==============================] - 2s 40us/sample - loss: 0.0490 -
accuracy: 0.9905 - val_loss: 0.3645 - val_accuracy: 0.9765
Epoch 250/250
48000/48000 [==============================] - 2s 39us/sample - loss: 0.0547 -
accuracy: 0.9899 - val_loss: 0.3353 - val_accuracy: 0.9766
10000/10000 [==============================] - 1s 58us/sample - loss: 0.3184 -
accuracy: 0.9779
Test accuracy: 0.9779
```

图 1-20   增加 epoch 数量

随着迭代次数增加，准确度在训练集和测试集上逐渐提升（见图 1-12）。图中，两条曲线大约在 15 个 epoch 处交汇，也就是说，无须在该点之后继续训练网络（图像是使用 TensorFlow 标准工具 TensorBoard 生成的）。

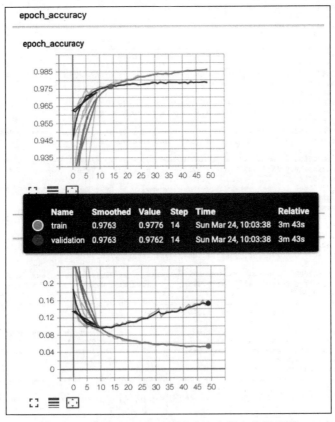

图 1-21   采用 RMSProp 的准确度和损失曲线示图

尝试下另一个简单的优化器 Adam()：

```
# Compiling the model.
model.compile(optimizer='Adam',
```

```
loss='categorical_crossentropy',
metrics=['accuracy'])
```

如图 1-22 所示，`Adam()` 的表现稍微好些。经过 20 次迭代的 Adam 优化器，准确度达到训练集 98.94%、验证集 97.89%、测试集 97.82%。

```
Epoch 49/50
48000/48000 [==============================] - 3s 55us/sample - loss: 0.0313 -
accuracy: 0.9894 - val_loss: 0.0868 - val_accuracy: 0.9808
Epoch 50/50
48000/48000 [==============================] - 2s 51us/sample - loss: 0.0321 -
accuracy: 0.9894 - val_loss: 0.0983 - val_accuracy: 0.9789
10000/10000 [==============================] - 1s 66us/sample - loss: 0.0964 -
accuracy: 0.9782
Test accuracy: 0.9782
```

图 1-22　优化器 Adam 的测试结果

随着 epoch 次数增加，准确度在训练集和测试集的提升情况如图 1-23 所示。注意到，通过选择 Adam 优化器，可在大约 12 个 epoch 或步骤后结束训练。

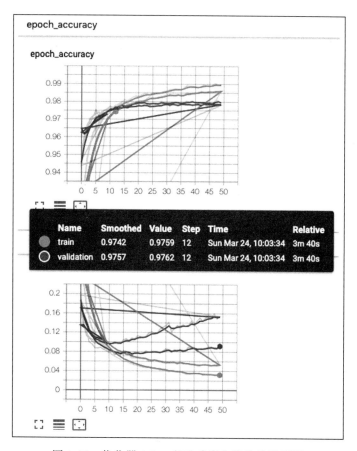

图 1-23　优化器 Adam 的准确度和损失曲线示图

这是介绍的第 5 种派生算法，初始基准为测试集 90.71% 的准确度。截至目前，我们已经做到了逐步改进。然而，增益也越来越难以获得。上述优化采用了 30% 的随机失活。出于完整性，在测试数据集上记录不同随机失活的准确度会很有用处（如图 1-24 所示）。在上述示例中，我们选择 Adam() 作为优化器。还应注意，优化器的选择不能凭空臆定，基于具体问题选择不同的优化器组合会获得不同的性能。

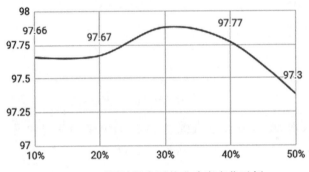

图 1-24   不同随机失活的准确度变化示例

1.7.7   增加 epoch 数

再次尝试：将训练过程的 epoch 数从 20 增加到 200。很不幸，这种改变并没有带来任何增益，但却将计算时间增加了 10 倍。虽然实验失败，但我们也获知，花更多的时间学习并不一定会改善结果。深度学习更侧重于采纳智能技术，而不是增加计算时间。上述 5 个派生算法的结果如图 1-25 所示。

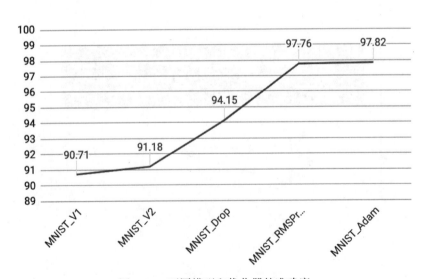

图 1-25   不同模型和优化器的准确度

1.7.8　控制优化器学习率

还有一种方法：改变优化器的学习参数。如图 1-26 所示，三个实验 [lr=0.1，lr=0.01，lr=0.001] 中最佳值是 0.1，这也是优化器的默认学习率。不错！无须配置即可用的 Adam 优化器。

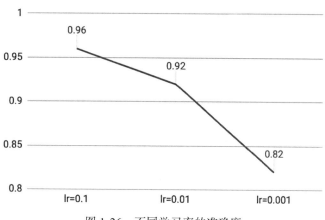

图 1-26　不同学习率的准确度

1.7.9　增加内部隐藏神经元的数量

另一种方法是改变内部隐藏神经元的数量。增加隐藏神经元个数的实验结果显示（如图 1-27、图 1-28 和图 1-29 所示），通过增加模型的复杂度，运行时间显著增加，这是因为需要优化的参数越来越多。然而，随着网络的增长，通过扩大网络规模而获得的增益却越来越少。注意，在增加隐藏神经元的数量至超过某个特定值后，准确度会降低，这是因为神经网络可能无法很好地泛化，如图 1-29 所示。

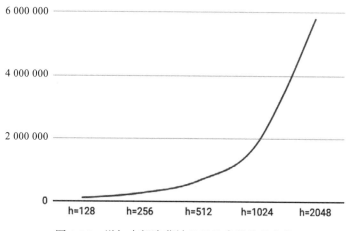

图 1-27　增加内部隐藏神经元的参数数量变化

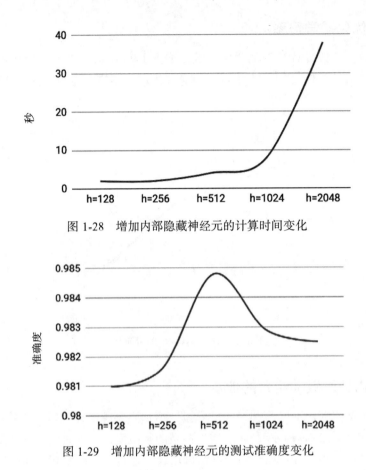

图 1-28　增加内部隐藏神经元的计算时间变化

图 1-29　增加内部隐藏神经元的测试准确度变化

1.7.10　增加批量计算的大小

梯度下降试着最小化训练集中所有实例的损失函数，与此同时，最小化输入样本特性的损失函数。SGD 是一种简便的派生算法，它仅考虑样本实例的 BATCH_SIZE。看看更改此参数时它的行为变化。正如你看到的，在四个实验中，BATCH_SIZE=64 时准确度最佳，如图 1-30 所示。

1.7.11　手写图识别实验总结

至此，总结一下：通过 5 个不同的可变因素，我们将性能从 90.71% 提高到 97.82%（见表 1-1）。首先，我们在 TensorFlow 2.0 中定义了一个单层神经网络。然后，添加隐藏层来提高性能。之后，在网络中添加随机失活，进而试验不同类型的优化器来提高测试集上的性能。

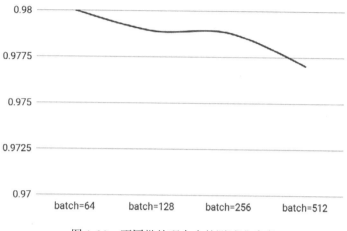

图 1-30　不同批处理大小的测试准确度

表　1-1

模型 / 准确度	训练集	验证集	测试集
简单	89.96%	90.70%	90.71%
2 隐藏层 (128)	90.81%	91.40%	91.18%
随机失活 (30%)	91.70%	94.42%	94.15% (200 个 epoch)
RMSProp	97.43%	97.62%	97.64% (10 个 epoch)
Adam	98.94%	97.89%	97.82% (10 个 epoch)

但是，随后的两个实验（未在表 1-1 中显示）并没有带来显著改进。增加内部神经元的数量会创建出更复杂的模型，用高昂的计算量代价换得些许边界效益。同样的结论也适用于增加训练时间。最后一个实验是改变优化器的 BATCH_SIZE，它也只带来了边界效益。

1.8　正则化

本节将回顾一些改进训练阶段的最佳实践。主要涉及正则化和批量归一化。

1.8.1　采用正则化以避免过拟合

直观地讲，好的机器学习模型应该在训练数据上达到较低的错误率。数学上，这等价于在给定模型的情况下，最小化训练数据的损失函数：

$$\min : \{loss(Training\ Data \mid Model)\}$$

但是，这么做可能还不够。模型为了抓取训练数据原生表达的所有关系，可能变得过于复杂。这种复杂性的增加可能会带来两个负面结果。首先，复杂的模型可能需要大量时

间才能运行。其次，复杂的模型在训练数据上可能会取得很好的性能，但在验证数据上却
表现不佳。这是因为模型在特定的训练上下文中
构造了许多参数之间的关系，但是实际上这些关系
在更一般的上下文中并不存在。我们把这种导致模
型失去泛化的能力称为"过拟合"。如图 1-31 所示。
再次强调，学习更多的是有关泛化而不是记忆。

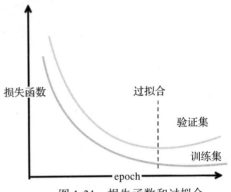

图 1-31　损失函数和过拟合

根据经验，训练时如果看到损失函数值在验
证集上起初减少，之后有所增加，则应该存在模
型复杂性问题，它过拟合训练数据。

为了解决过拟合问题，需要一种方法来捕获模型
复杂性，即模型本身的复杂程度。解决方案是什么？
模型不过是权重向量。除了为零或非常接近零的权重值，每个权重值都会影响输出。因此，模
型的复杂性可简便地由非零权重值个数表示。换句话说，如果有两个模型 M1 和 M2 在损失函数
方面实现了几乎相同的性能，那么我们应该选择最简单的模型，即非零权重值最少的模型。

我们可以使用超参数 λ（$\lambda \geqslant 0$）来控制具有简单模型的重要性，如以下公式所示：

$$\min: \{\text{loss}(\text{Training Data} \mid \text{Model})\} + \lambda * \text{complexity}(\text{Model})$$

机器学习中使用了三种不同类型的正则化：

❑ **L1 正则化**（也称为 LASSO）：模型复杂性表示为权重绝对值的总和。

❑ **L2 正则化**（也称为 Ridge）：模型复杂性表示为权重的平方和。

❑ **弹性正则化**（elastic regularization）：模型复杂性通过结合上述两种技术来捕获。

注意，使用正则化是提高网络性能的好办法，特别是在存在显著过拟合的情况下。这
套实验为有兴趣的读者提供练习。

另外值得注意的是，TensorFlow 支持 L1、L2 和 ElasticNet 正则化。可通过以下代码增
加正则化：

```
from tf.keras.regularizers import l2, activity_l2
model.add(Dense(64, input_dim=64, W_regularizer=l2(0.01),
activity_regularizer=activity_l2(0.01)))
```

完整的正则化器可参考 https://www.tensorflow.org/api_docs/python/tf/
keras/regularizers。

1.8.2　理解批量归一化

BatchNormalization（批量归一化）是正则化的另一种形式，并且是近几年提出的最有
效的改进之一。BatchNormalization 可以加快训练速度，在某些情况下通过减半训练 epoch
数，并提供一些正则化方法。让我们看看其背后的直观思想。

在训练过程中，前置神经元层的权重值会自然而然地改变，而这会致使后置神经元层

的输入产生显著变化。也就是说，每一层必须持续不断地调整其权重以适应每批次的不同分布特征。这可能会大大减缓模型的训练速度。为此，BatchNormalization 的核心思想是使神经元层的输入在分布特征、相邻批次和相邻 epoch 之间更加相似。

另一个问题是，sigmoid 激活函数值在接近零时非常奏效，但当值远大于零时，往往会"卡住"。假设神经元输出偶然波动到远离 sigmoid 函数的零值，那么该神经元就无法更新其自身权重。

因此，BatchNormalization 的另一个核心思想是将神经元层的输出转换为接近零的高斯分布单元。这样，各批次之间的差异将大大减少。数学公式非常简单。通过减去其批次平均值 μ，激活输入 x 将以零为中心。然后，将结果除以 $\sigma + \in$（其中 σ 为批次的方差，$\in$ 为小偏移量），防止除以零。最后，使用线性变换 $y=\lambda x+\beta$ 确保在训练期间应用归一化。

通过上述方法，λ 和 β 作为训练阶段以相似方式在各层得到优化的参数。BatchNormalization 已被证明是提高训练速度和准确度的行之有效的方法，因为它既有助于防止激活函数变得太小而消失，又能防止激活函数变得太大而激增。

1.9　Google Colab——CPU、GPU 和 TPU

Google 提供了一个真正直观的工具，用于训练神经网络和免费使用 TensorFlow（包括 2.x）。你可以在 `https://colab.research.google.com/` 上找到免费访问的 Colab，如果你熟悉 Jupyter notebook，则可在此处找到非常熟悉的基于 Web 的开发环境。Colab 是 Colaboratory 的缩写，它是一个 Google 研究项目，旨在帮助传播普及机器学习领域的教育和研究。

让我们看看它如何工作，notebook 示例如图 1-32 所示。

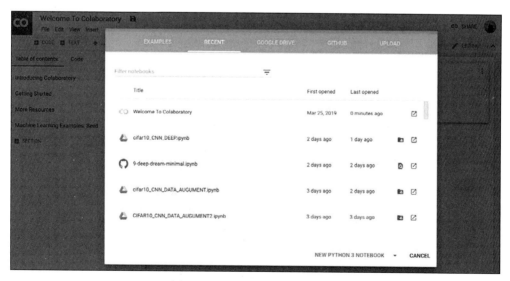

图 1-32　Colab 上 notebook 示例

通过访问 Colab，你可以查看以往生成的 notebook 列表，也可以创建一个新 notebook。它支持不同版本的 Python。

当创建新 notebook 时，还可以选择是否要在 CPU、GPU 或 Google 的 TPU 上运行它，如图 1-33 所示（详见第 16 章）。

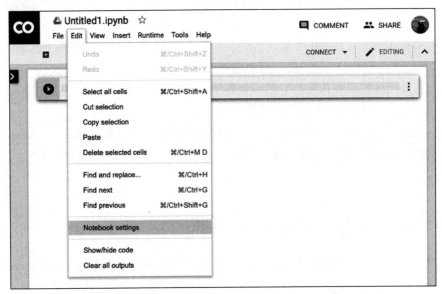

图 1-33　第一步——选择期望的硬件加速器（None、GPU 或者 TPU）

通过访问 Edit 菜单下的 Notebook Settings 选项（如图 1-34 所示），可选择所需的硬件加速器（None、GPU、TPU）。Google 会免费分配资源，尽管这些资源可能在任意时刻被撤回（比如负载过高）。根据我的经验，这是非常罕见的事件，你几乎随时可以访问 Colab。

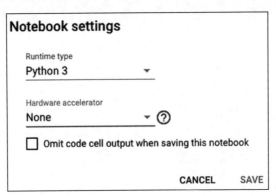

图 1-34　第二步——选择期望的硬件加速器（None、GPU 或者 TPU）

下一步是将代码（见图 1-35）写入合适的 Colab notebook 中，然后执行代码，体验愉快的深度学习之旅。图 1-35 展示了一个在 Google notebook 上的代码示例。

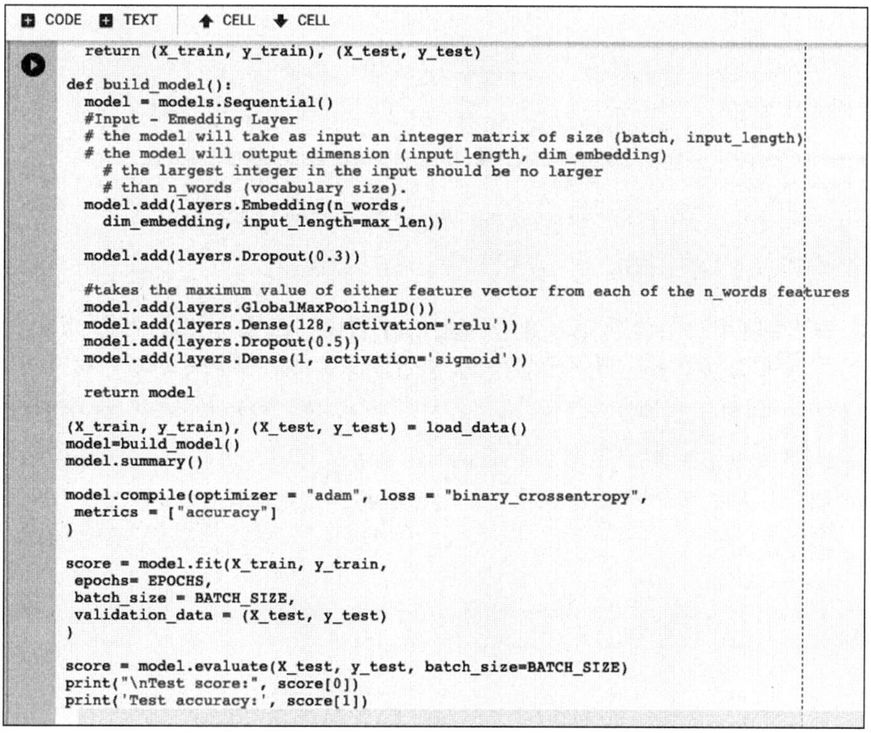

图 1-35　notebook 上的代码示例

1.10　情感分析

我们用基于 IMDb 数据集开发的情感分析示例代码来测试 Colab。IMDb 数据集包括来自 Internet Movie Database 的 50 000 条影评。每条评论可能是正面的或负面的（例如，竖起大拇指或不赞成）。数据集分为 25 000 条训练用评论和 25 000 条测试用评论。我们的目标是构建一个根据给定文本预测二元判断结果的分类器。可通过 `tf.keras` 轻松加载 IMDb，并将评论中的单词序列转换为整数序列，其中每个整数代表字典中的一个特定单词。另外，还有一种简便的方式将所有文本语句长度限制为 `max_len`，从而可将所有句子（无论长短）作为采用固定长度输入向量的神经网络的输入（详见第 8 章）：

```
import tensorflow as tf
from tensorflow.keras import datasets, layers, models, preprocessing
import tensorflow_datasets as tfds

max_len = 200
n_words = 10000
dim_embedding = 256
EPOCHS = 20
BATCH_SIZE = 500
```

```
def load_data():
        # Load data.
        (X_train, y_train), (X_test, y_test) = datasets.imdb.load_
data(num_words=n_words)
        # Pad sequences with max_len.
        X_train = preprocessing.sequence.pad_sequences(X_train,
maxlen=max_len)
        X_test = preprocessing.sequence.pad_sequences(X_test,
maxlen=max_len)
        return (X_train, y_train), (X_test, y_test)
```

现在我们将使用一些将在第 8 章中详细解释的层类型来创建一个模型。目前，假设 Embedding() 层能把评论文本中单词的稀疏空间映射为一个稠密空间。这会使得计算更加容易。另外，还将用到 GlobalMaxPooling1D() 层，该层提取 n_words 个特征中的每个特征向量的最大值。除此之外，还有两个 Dense() 层，最后一个 Dense() 层是由具有 sigmoid 激活函数的单个神经元组成的，用于最终的二元估计：

```
def build_model():
    model = models.Sequential()
    # Input: - eEmbedding Layer.
    # The model will take as input an integer matrix of size (batch,
    # input_length).
    # The model will output dimension (input_length, dim_embedding).
    # The largest integer in the input should be no larger
    # than n_words (vocabulary size).
        model.add(layers.Embedding(n_words,
        dim_embedding, input_length=max_len))

        model.add(layers.Dropout(0.3))

    # Takes the maximum value of either feature vector from each of
    # the n_words features.
        model.add(layers.GlobalMaxPooling1D())
        model.add(layers.Dense(128, activation='relu'))
        model.add(layers.Dropout(0.5))
        model.add(layers.Dense(1, activation='sigmoid'))

        return model
```

现在需要训练上述模型，这段代码与我们之前使用 MNIST 数据集时所做的非常类似：

```
(X_train, y_train), (X_test, y_test) = load_data()
model = build_model()
model.summary()

model.compile(optimizer = "adam", loss = "binary_crossentropy",
 metrics = ["accuracy"]
)

score = model.fit(X_train, y_train,
```

```
epochs = EPOCHS,
batch_size = BATCH_SIZE,
validation_data = (X_test, y_test)
)

score = model.evaluate(X_test, y_test, batch_size=BATCH_SIZE)
print("\nTest score:", score[0])
print('Test accuracy:', score[1])
```

查看神经网络的结构，然后运行几次迭代，结果如图 1-36 所示。

```
_____
Layer (type)                 Output Shape              Param #
=================================================================
embedding (Embedding)        (None, 200, 256)          2560000
_____
dropout (Dropout)            (None, 200, 256)          0
_____
global_max_pooling1d (Global (None, 256)               0
_____
dense (Dense)                (None, 128)               32896
_____
dropout_1 (Dropout)          (None, 128)               0
_____
dense_1 (Dense)              (None, 1)                 129
=================================================================
Total params: 2,593,025
Trainable params: 2,593,025
Non-trainable params: 0
```

图 1-36　若干次迭代后神经网络的结果

如图 1-37 所示，达到了 85% 的准确度，这对于一个简单网络来说还不错。

```
Epoch 20/20
25000/25000 [==============================] - 23s 925us/sample - loss: 0.0053 - accuracy: 0.9991 - val_
loss: 0.4993 - val_accuracy: 0.8503
25000/25000 [==============================] - 2s 74us/sample - loss: 0.4993 - accuracy: 0.8503

Test score: 0.4992710727453232
Test accuracy: 0.85028
```

图 1-37　测试简单神经网络的准确度

1.11　超参数调谐和 AutoML

上述实验为调谐神经网络提供了一些策略。但是，适用于此示例的方法不一定适用于其他示例。对于任一给定网络，确实存在多个可以优化的参数（比如，隐藏神经元的数量、BATCH_SIZE、eopch 数，以及很多依赖网络自身复杂性的参数）。所有这些参数都称为"超参数"，用于将它与网络本身的参数（即，权重和偏差）区分开。

超参数调谐是一个找到使成本函数最小化的超参数的最佳组合的过程。它的关键思想是，假设有 n 个超参数，可想象成它们定义了一个 n 维空间，那么，我们的目标是在该空间中找到与成本函数最优值相对应的点。一种实现方法是在该空间中创建网格，对每个网格顶点的成本函数值进行系统性验证。换句话说，将超参数划分为多个桶，并通过蛮力破解方法验证不同组合值。

如果你觉得调谐超参数的过程是人工的且成本很高，那么你的感觉是完全正确的！不过，近几年我们在 AutoML 中看到了一些显著成果，AutoML 是一系列旨在自动调谐超参数和自动搜索最佳神经网络架构的研究技术。我们将在第 14 章中讨论更多有关此方面的内容。

1.12   预测输出

一旦神经网络训练完成，即可将其用于预测。在 TensorFlow 中，这个操作非常简单。可使用如下方法：

```
# Making predictions.
predictions = model.predict(X)
```

对于给定输入，不同的方法可计算出几种不同类型的输出，包括计算损失值的 `model.evaluate()` 方法，计算分类结果的 `model.predict_classes()` 方法和计算类概率的 `model.predict_proba()` 方法。

1.13   反向传播的实用概述

通过称作反向传播的处理过程，多层感知器从训练数据中进行学习。本节中，我们将介绍一些基础知识，更多详细信息可参见第 15 章。该处理过程可描述为一种边发现误差边渐进式降低误差的方法。让我们看看它是如何工作的。

记住，每个神经网络层都有一组与之关联的权重，这些权重将决定网络层对给定输入的输出值。此外，神经网络可以具有多个隐藏层。

起初，所有权重存在一些随机分配的情况。然后，神经网络由训练集的每个输入进行激活：值从输入层部分经隐藏层部分向前传播到实施预测的输出层部分。注意，为了简化图 1-38，仅用虚线代表少数值，但实际上所有值都经网络向前传播。

由于我们知道训练集中的真实观测值，因此可计算出预测产生的误差。回溯的关键想法是采用适当的优化器算法（比如梯度下降）将误差传播回去（如图 1-39），从而调整神经网络的权重，减小误差（同样，为了简单起见，这里仅表示了少数误差值）。

从输入到输出的前向传播和误差的反向传播的处理过程会重复几次，直到误差降到预定阈值以下。整个过程如图 1-40 所示。

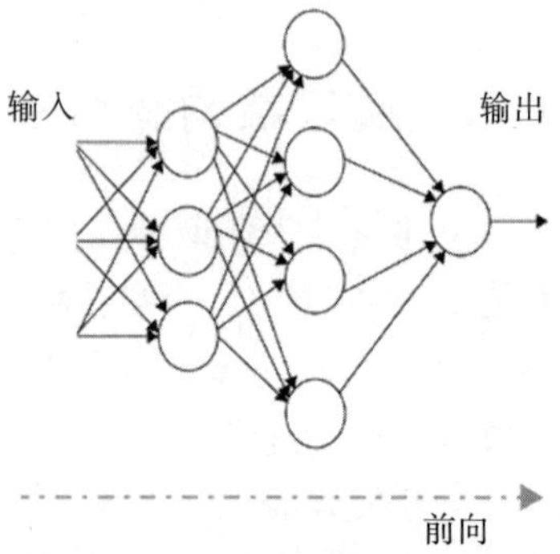

图 1-38   反向传播的前向步骤

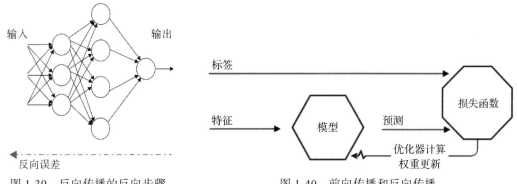

图 1-39　反向传播的反向步骤　　　　图 1-40　前向传播和反向传播

在图 1-40 中，特征代表输入，标签用来驱动学习过程。模型通过损失函数逐渐最小化的方式更新。在神经网络中，真正重要的并不是单个神经元输出，而是每一层调整的权重集。因此，神经网络以此方式渐进地调整其内部权重，以使预测提升正确预测标签的数量。当然，为了最小化学习过程中的偏差，采用正确的特征集并为数据加上高质量标记的标签是至关重要的。

1.14　我们学到了什么

本章我们学习了神经网络的基础知识。具体地讲，学习了：什么是感知器；什么是多层感知器；如何在 TensorFlow2.0 中定义神经网络；一旦确立了良好基线，如何逐步改善指标；如何调谐超参数空间。另外，还学习了一些有用的激活函数（比如 sigmoid 和 ReLU），以及对如何采用基于梯度下降、SGD 或更复杂的方法（比如 Adam 和 RMSProp）的反向传播算法训练神经网络有了一个直观的认识。

1.15　迈向深度学习方式

实现手写数字识别时，我们得出的结论是，准确度越接近 99%，改进难度就越大。如果需要更多的改进，肯定需要一个新的想法。

直观感受是，在目前为止的示例中，我们未利用到图像的局部空间结构。特别地，以下这段代码将表示每个手写数字的位图转换为一个平面向量，其中的局部空间结构（某些像素彼此更靠近）消失了：

```
# X_train is 60000 rows of 28x28 values; we  --> reshape it as in
# 60000 x 784.
X_train = X_train.reshape(60000, 784)
X_test = X_test.reshape(10000, 784)
```

然而，这不是大脑的工作方式。记住，我们的视觉系统基于多个皮层级别，每个级别会识别越来越多的结构化信息，同时还保留了局部性信息。首先看到单个像素，然后从中看到简单的几何形状，进而识别出越来越复杂的元素，比如物体、面部、人体、动物等。

在第 4 章中，我们将看到一种特殊类型的深度学习网络，称为**卷积神经网络**（Convolutional Neural Network，CNN），它既考虑保留图像中局部空间结构信息（不失一般性，具有空间结构的任何类型信息），又考虑通过渐进级别的抽象进行学习：经一层仅能学习一些简单模式；经多层能学习多种模式。在开始讨论 CNN 之前，我们需要详细讨论一些 TensorFlow 架构，并介绍一些机器学习的其他概念。这将是后续几章的主题。

1.16　参考文献

1. F. Rosenblatt, *The perceptron: a probabilistic model for information storage and organization in the brain*, Psychol. Rev., vol. 65, pp. 386–408, Nov. 1958.

2. P. J. Werbos, *Backpropagation through time: what it does and how to do it*, Proc. IEEE, vol. 78, pp. 1550–1560, 1990.

3. G. E. Hinton, S. Osindero, and Y.-W. Teh, *A fast learning algorithm for deep belief nets*, Neural Comput., vol. 18, pp. 1527–1554, 2006.

4. J. Schmidhuber, *Deep Learning in Neural Networks: An Overview*, Neural networks : Off. J. Int. Neural Netw. Soc., vol. 61, pp. 85–117, Jan. 2015.

5. S. Leven, *The roots of backpropagation: From ordered derivatives to neural networks and political forecasting*, Neural Networks, vol. 9, Apr. 1996.

6. D. E. Rumelhart, G. E. Hinton, and R. J. Williams, *Learning representations by back-propagating errors*, Nature, vol. 323, Oct. 1986.

7. S. Herculano-Houzel, *The Human Brain in Numbers: A Linearly Scaled-up Primate Brain*, Front. Hum. Neurosci, vol. 3, Nov. 2009.

8. Hornick, *Multilayer feedforward networks are universal approximators*, Neural Networks Volume 2, Issue 5, 1989, Pages 359-366.

9. Vapnik, *The Nature of Statistical Learning Theory*, Book, 2013.

10. Sutskever, I., Martens, J., Dahl, G., Hinton, G., *On the importance of initialization and momentum in deep learning*, 30th International Conference on Machine Learning, ICML 2013.

第 2 章

TensorFlow 1.x 与 2.x

本章旨在厘清 TensorFlow 1.x 和 TensorFlow 2.0 的区别。我们将先回顾 1.x 的传统编程范式，进而介绍 2.x 所有可用的新功能和范式。

2.1 理解 TensorFlow 1.x

通常来说，学习使用任何计算机语言时，编写的第一个程序都是"Hello World"。在本书中我们也保持惯例！从 Hello World 程序开始：

```
import tensorflow as tf
message = tf.constant('Welcome to the exciting world of Deep Neural
Networks!')
with tf.Session() as sess:
    print(sess.run(message).decode())
```

让我们细看下这段简单的代码。第一行导入了 `tensorflow`，第二行使用 `tf.constant` 定义了变量 `message`，第三行使用 `with` 定义了 `Session()`，第四行使用 `run()` 运行上述会话（session）。注意，这时的运行结果是"字节字符串"（byte string）。为了移除字符串引号和 b（对于字节），使用了 `decode()` 方法。

2.1.1 TensorFlow 1.x 计算图程序结构

TensorFlow 1.x 不同于其他编程语言，需要先为要创建的神经网络构建一个蓝图，具体实现是通过将程序分为两个部分：定义计算图和执行计算图。

计算图

计算图是由节点和边构成的神经网络。在本节中，要使用的数据称为张量对象（常量、变量、占位符）。要执行的计算称为操作对象。每个节点可以有零个或多个输入，但只有一个输出。网络中的节点表示对象（张量和操作），边表示不同操作之间传递的张量。计算图定义了神经网络的蓝图，但其中的张量尚未与"值"关联。

 占位符只是一个变量，随后会为其分配数据。它让我们不需要数据即可构建计算图。

要构建一个计算图，需要定义所有用到的常量、变量和操作。在后续几节中，我们使用一个简单示例来描述计算图的程序结构，定义并执行一个图来添加两个向量。

计算图执行

计算图的执行由会话对象实现，它封装了张量对象和操作对象求值运算的环境。实际的计算过程和信息的层际传递都在此部分发生。在此之前，所有张量对象的值仅仅是被初始化、访问以及保存在会话对象中，这只是一些抽象定义。直至执行时，它们才开始有了"生命"。

为什么要使用计算图

使用计算图有很多原因。首先，计算图是描述（深度）神经网络最自然的隐喻。其次，可通过移除通用子表达式、融合内核以及剪除多余表达式等方法对计算图进行自动优化。再次，在训练过程中可轻松分发计算图，并将其部署到不同的运行环境（比如 CPU、GPU 或 TPU，以及云、物联网、移动或传统服务器）中。总之，如果你熟悉函数式编程，那么计算图就是一个常用概念，可把它看作简单基本类型的组合（这在函数式编程中很常见）。TensorFlow 从计算图中借鉴了很多概念，并做了一些内部优化。

从一个示例开始

对于一个将两个向量相加的简单示例，其计算图如下所示。

定义计算图的相应代码为：

```
v_1 = tf.constant([1,2,3,4])
v_2 = tf.constant([2,1,5,3])
v_add = tf.add(v_1,v_2)  # You can also write v_1 + v_2 instead
```

在会话中执行图：

```
with tf.Session() as sess:
  print(sess.run(v_add))
```

或者：

```
sess = tf.Session()
print(sess.run(v_add))
sess.close()
```

结束后会打印两个向量的和：

```
[3 3 8 7]
```

记住，每个会话都需要使用 `close()` 显式关闭。

计算图的构建非常简便，只需添加变量和运算并将它们传递（使张量流动）。如此你就可以逐层构建神经网络。另外，TensorFlow 还允许使用 `tf.device()` 将特定设备（CPU/GPU）与不同的计算图对象一起使用。在示例中，计算图由三个节点组成。其中，`v_1` 和 `v_2` 表示两个向量，`v_add` 表示要在 `v_1` 和 `v_2` 上执行的操作。现在，为了使该图生效，首先需要使用 `tf.Session()` 定义一个会话对象。我们将会话对象命名为 `sess`。接下来，使用 `Session` 类中定义的 `run` 方法运行它：

```
run (fetches, feed_dict=None, options=None, run_metadata)
```

该方法将评估 `fetches` 参数的张量。示例中 `fetches` 参数的张量为 `v_add`。`run` 方法将执行图中导入 `v_add` 的每个张量和每个操作。假如 `fetches` 是 `v_1` 而不是 `v_add`，则结果将是向量 `v_1` 的值：

```
[1,2,3,4]
```

`fetches` 可以是单个（或多个）张量对象或者操作对象。例如，如果 `fetches` 为 `[v_1，v_2，v_add]`，则输出为：

```
[array([1, 2, 3, 4]), array([2, 1, 5, 3]), array([3, 3, 8, 7])]
```

同一程序代码中可以有许多会话对象。在本节中，我们看到了 TensorFlow 1.x 的计算图程序结构的示例。下面将更详细地介绍 TensorFlow 1.x 的编程结构。

2.1.2　常量、变量和占位符的使用

简而言之，TensorFlow 提供了一个库用来定义和执行带有张量的不同数学运算。张量一般是 n 维数组。所有类型的数据（即标量、向量和矩阵）都是张量的特殊类型：

数据类型	张量	形状
标量	0 维张量	[]
向量	1 维张量	$[D_0]$
矩阵	2 维张量	$[D_0, D_1]$
张量	n 维张量	$[D_0, D_1, ..., D_{n-1}]$

TensorFlow 支持三种类型的张量：

1. **常量**：常量是值不可变的张量。
2. **变量**：当在会话中需要更新值时，应使用变量张量。例如，神经网络在训练期间需要更新权重，这通过将权重声明为变量来实现。变量在使用前需要进行显式初始化。另外要注意，常量存储在计算图定义中，而且每次加载图时都会加载它们，所以会占用大量内存。与之不同，变量是独立存储的，可以存储在参数服务器上。

3. **占位符**：占位符用于将值注入 TensorFlow 的计算图中，通常与参数 `feed_dict` 一起来注入数据。在训练神经网络时，通常用来提供新的训练示例。在会话中运行计算图时，我们将值分配给占位符。它们使我们无须任何数据即可创建操作对象并构建计算图。需要注意的重要细节是，占位符不含任何数据，因此无须初始化。

2.1.3 操作对象示例

让我们看看 TensorFlow 1.x 中一些不同操作对象的示例。

1. 常量

下面是一些常见的常量。

❑ 声明一个标量常量：

```
t_1 = tf.constant(4)
```

示例：形状为 [1, 3] 的常数向量：

```
t_2 = tf.constant([4, 3, 2])
```

❑ 使用 `tf.zeros()` 创建一个所有元素都为零的张量。以下语句创建数据类型为 dtype（int32、float32 等），形状为 [M, N] 的零矩阵：

```
tf.zeros([M,N],tf.dtype)
```

示例：`zero_t = tf.zeros([2,3],tf.int32) ==>[[0 0 0], [0 0 0]]`

❑ 获取张量的形状：

示例：`print(tf.zeros([2,3],tf.int32).shape) ==> (2, 3)`

❑ 还可用以下代码创建与现有 NumPy 数组形状相同的张量变量或张量常量：

```
tf.zeros_like(t_2) # Create a zero matrix of same shape as t_2
tf.ones_like(t_2) # Creates a ones matrix of same shape as t_2
```

❑ 创建一个所有元素为 1 的张量。接下来，创建一个形状为 [M, N] 的 ones 矩阵：

```
tf.ones([M,N],tf.dtype)
```

示例：`ones_t = tf.ones([2,3],tf.int32) ==>[[0 0 0], [0 0 0]]`

❑ 可以用与 NumPy 相似的方式进行广播：

示例：`t = tf.Variable([[0., 1., 2.], [3., 4., 5.], [6., 7., 8]])`

```
print (t*2) ==>
tf.Tensor(
[[ 0.  2.  4.]
 [ 6.  8. 10.]
 [12. 14. 16.]], shape=(3, 3), dtype=float32)
```

2. 序列

❑ 生成在起止区间内均匀间隔，总长度为 **num** 的等距向量序列：

```
tf.linspace(start, stop, num) // The corresponding values differ
by (stop-start)/(num-1)
```

示例：range_t = tf.linspace(2.0,5.0,5) ==> [2.   2.75 3.5
4.25 5.]

❑ 生成从 start（默认为 0）开始、增量为 delta（默认为 1）且不包括 limit 的数字序列：

```
tf.range(start,limit,delta)
```

示例：range_t = tf.range(10) ==> [0 1 2 3 4 5 6 7 8 9]

3. 随机张量

TensorFlow 允许创建具有不同分布特征的随机张量：

❑ 为创建服从形状 [M，N]、均值 mean（默认为 0.0）、标准差 stddev（默认为 1.0）和 seed 的正态分布的随机值，可使用：

```
t_random = tf.random_normal([2,3], mean=2.0, stddev=4, seed=12)
==> [[ 0.25347459  5.37990952  1.95276058], [-1.53760314
1.2588985   2.84780669]]
```

❑ 为创建服从形状 [M，N]、均值 mean（默认为 0.0）、标准差 stddev（默认为 1.0）和 seed 的截断正态分布的随机值，可使用：

```
t_random = tf.truncated_normal([1,5], stddev=2, seed=12) ==> [[-
0.8732627   1.68995488 -0.02361972 -1.76880157 -3.87749004]]
```

❑ 为创建服从形状 [M，N]、区间 [minval（默认为 0），maxval] 和 seed 的 gamma 分布的随机值，可使用：

```
t_random = tf.random_uniform([2,3], maxval=4, seed=12) ==> [[
2.54461002  3.69636583  2.70510912], [ 2.00850058  3.84459829
3.54268885]]
```

❑ 将给定张量随机裁剪为指定大小：

```
tf.random_crop(t_random, [2,5],seed=12) where t_random is an
already defined tensor. This will result in a [2,5] Tensor
randomly cropped from Tensor t_random.
```

❑ 每当需要以随机顺序呈现训练样本时，都可使用 tf.random_shuffle() 方法沿张量的第一维度随机洗牌张量。假设 t_random 是待洗牌的张量，可使用：

```
tf.random_shuffle(t_random)
```

❑ 随机生成的张量会受到初始种子值的影响。为了在多个运行或会话中获得相同的随机数，应将种子设置为一个常量值。在大量使用随机张量时，可用 tf.set_random_seed() 为所有随机生成的张量设置种子。以下命令将所有会话的随机张量的种子设置为 54：

```
tf.set_random_seed(54) //Seed can be any integer value.
```

4. 变量

使用类 tf.Variable 创建变量。定义变量应包括初始化常数或随机值。在下面的代码中，我们创建了两个不同的张量变量 t_a 和 t_b。用形状 [50, 50]、minval=0 和 maxval=10 的随机均匀分布对它们进行初始化：

```
rand_t = tf.random_uniform([50,50], 0, 10, seed=0)
t_a = tf.Variable(rand_t)
t_b = tf.Variable(rand_t)
```

变量常用于表示神经网络的权重和偏差：

```
weights = tf.Variable(tf.random_normal([100,100],stddev=2))
bias = tf.Variable(tf.zeros[100], name = 'biases')
```

此处，我们用可选参数 name 为计算图中定义的变量命名。在上述所有示例中，变量初始化源自一个常量。我们还可以指定另一个变量来初始化变量。以下语句用上面定义的权重初始化 weight2：

```
weight2=tf.Variable(weights.initialized_value(), name='w2')
```

初始化变量：变量的定义需要指定如何初始化，因为必须显式初始化所有声明的变量。在计算图的定义中，通过声明一个操作对象来实现这一点：

```
intial_op = tf.global_variables_initializer()
```

运行计算图时，还可以使用 tf.Variable.initializer 分别初始化每个变量：

```
bias = tf.Variable(tf.zeros([100,100]))
with tf.Session() as sess:
sess.run(bias.initializer)
```

保存变量：可以使用 Saver 类保存所有变量。为此，定义一个操作对象 saver：

```
saver = tf.train.Saver()
```

占位符：采用如下语法定义占位符：

```
tf.placeholder(dtype, shape=None, name=None)
```

dtype 用来指定 placeholder 的数据类型，且须声明时指定。下面，我们将 x 定义为占位符，并使用 `feed_dict` 计算随机 4×5 矩阵的 $y = 2x$（记住，`feed_dict` 用于将值注入 TensorFlow 占位符中）：

```
x = tf.placeholder("float")
y = 2 * x
data = tf.random_uniform([4,5],10)
with tf.Session() as sess:
    x_data = sess.run(data)
    print(sess.run(y, feed_dict = {x:x_data}))
```

所有变量和占位符都在代码的"计算图"部分中确定。如果在定义部分中使用 `print` 语句，则将仅获得有关张量类型的信息，而不是张量的值。

要获知其值，我们需要创建会话图，并使用所需的张量值显式运行 `run` 命令，代码如下所示：

```
print(sess.run(t_1))  # Will print the value of t_1 defined in step 1
```

2.1.4　TensorFlow 2.x 中的 TensorFlow 1.x 示例

我们可以看到 TensorFlow 1.x API 为创建和操控表示（深度）神经网络和其他类型机器学习程序的计算图提供了灵活的方式。相对而言，TensorFlow 2.x 提供了更高级别的 API，这些 API 抽象隐藏了更多的底层实现细节。最后，让我们回到上一章中遇到的 TensorFlow 1.x 程序示例。此处，我们还添加了一行代码来显示计算图：

```
import tensorflow.compat.v1 as tf
tf.disable_v2_behavior()

in_a = tf.placeholder(dtype=tf.float32, shape=(2))

def model(x):
  with tf.variable_scope("matmul"):
    W = tf.get_variable("W", initializer=tf.ones(shape=(2,2)))
    b = tf.get_variable("b", initializer=tf.zeros(shape=(2)))
    return x * W + b

out_a = model(in_a)

with tf.Session() as sess:
  sess.run(tf.global_variables_initializer())
  outs = sess.run([out_a],
             feed_dict={in_a: [1, 0]})
  writer = tf.summary.FileWriter("./logs/example", sess.graph)
```

注意，语句 x*W+b 正是上一章中定义的线性感知器。现在，我们启动一个名为"TensorBoard"的可视化应用程序以显示计算图：

```
tensorboard --logdir=./logs/example/
```

然后打开浏览器访问 `http://localhost:6006/#graphs&run=`。
你应该看到如图 2-1 所示的内容。

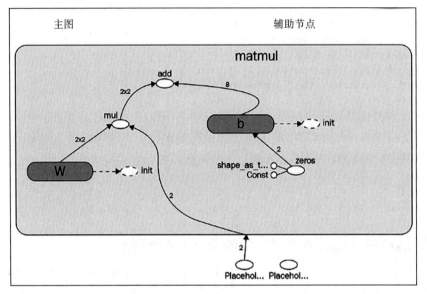

图 2-1   计算图的示例

本节概述了 TensorFlow 1.x 编程范式。现在，让我们将注意力转向 TensorFlow 2.x。

2.2   理解 TensorFlow 2.x

如前所述，TensorFlow 2.x 推荐使用高级 API，例如 `tf.keras`，但当需要对内部细节进行更多控制时，则采用 TensorFlow 1.x 的典型低级 API。`tf.keras` 和 TensorFlow 2.x 带来一些特别的好处。让我们回顾一下。

2.2.1   即刻执行

TensorFlow 1.x 定义了静态计算图。这种声明式编程可能使许多人感到困惑，因为 Python 本身更为动态灵活。为此，遵循 Python 理念，另一个流行的深度学习软件包 PyTorch 以更加命令式和动态化的方式定义事物：你仍然需要一个计算图，但可随时定义、更改和执行节点，而无须任何特殊会话接口或占位符。这就是所谓的**即刻执行**（eager execution），它意味着模型的定义是动态的，且执行是即时生效的。计算图和会话都被视为实现细节。

PyTorch 和 TensorFlow 2 风格都继承自 Chainer，Chainer 是另一种"强大、灵活且直观的神经网络框架"（见 `https://chainer.org/`）。

好消息是 TensorFlow 2.x 原生支持即刻执行。不再需要先静态定义一个计算图然后执行它（除非你真的想要！）。所有模型都可以动态定义并立即执行。更好的消息是，所有 tf.keras 的 API 都与即刻执行兼容。可以看出，TensorFlow 2.x 在核心 TensorFlow 社区、PyTorch 社区和 Keras 社区之间建立了桥梁，并充分利用了它们的优点。

2.2.2　AutoGraph

更多的好消息是 TensorFlow 2.0 原生支持命令式 Python 代码，包括 if-while、print() 和其他 Python 原生特性，并可将其转换为纯 TensorFlow 图代码。为什么这个功能如此有用？因为 Python 编码非常直观，几代程序员都习惯于这种命令式编程，但将该代码转换为运行更快且自动优化的计算图格式非常费神。而这正是 AutoGraph 发挥作用的时候：AutoGraph 接收即刻执行式的 Python 代码，并将其自动转换为生成计算图的代码。因此，可以再次看出，TensorFlow 2.x 在命令式、动态式和即刻执行式 Python 编程风格与高效的图计算之间建立了桥梁，并同时兼顾了两者的优点。

AutoGraph 的使用非常容易，唯一要做的就是用特殊的装饰器 tf.function 来注解 Python 代码，如以下代码所示：

```
import tensorflow as tf
def linear_layer(x):
  return 3 * x + 2
@tf.function
def simple_nn(x):
  return tf.nn.relu(linear_layer(x))

def simple_function(x):
      return 3*x
```

如果我们查看函数 simple_nn，会发现它是用于与 TensorFlow 内部构件交互的特殊处理程序，而 simple_function 则是普通的 Python 处理程序：

```
>>> simple_nn
<tensorflow.python.eager.def_function.Function object at 0x10964f9b0>
>>> simple_function
<function simple_function at 0xb26c3e510>
```

注意，使用 tf.function 时，你仅需要注解某个主要函数，那么，所有其中调用的其他函数将自动且无差别地转换为一个优化过的计算图。例如，在前面的代码中，无须为 linear_layer 函数添加注解。可将 tf.function 视为**即时（Just In Time，JIT）编译**的标记代码。通常，你不需要看到 AutoGraph 自动生成的代码，但是如果你感到好奇，可使用以下代码片段查看：

```
# internal look at the auto-generated code
```

```
print(tf.autograph.to_code(simple_nn.python_function, experimental_
optional_features=None))
```

该代码片段将打印以下自动生成的代码:

```
from __future__ import print_function

def tf__simple_nn(x):
  do_return = False
  retval_ = None
  do_return = True
  retval_ = ag__.converted_call('relu', tf.nn, ag__.ConversionOptions
(recursive=True, verbose=0, strip_decorators=(ag__.convert, ag__.do_
not_convert, ag__.converted_call), force_conversion=False, optional_
features=(), internal_convert_user_code=True), (linear_layer(x),), {})
  return retval_

tf__simple_nn.autograph_info__ = {}
```

让我们看一个示例,该示例显示了一段相同代码在添加 tf.function() 装饰器注解前后的运行速度的差异。此处我们使用 LSTMCell() 层(详见第 8 章,现在将其视为运行某种深度学习的黑盒):

```
import tensorflow as tf
import timeit

cell = tf.keras.layers.LSTMCell(100)

@tf.function
def fn(input, state):
    return cell(input, state)

input = tf.zeros([100, 100])
state = [tf.zeros([100, 100])] * 2
# warmup
cell(input, state)
fn(input, state)

graph_time = timeit.timeit(lambda: cell(input, state), number=100)
auto_graph_time = timeit.timeit(lambda: fn(input, state), number=100)
print('graph_time:', graph_time)
print('auto_graph_time:', auto_graph_time)
```

当执行上述代码片段时,你会看到当调用 tf.function() 时,运行时间会缩短一个数量级:

```
graph_time: 0.4504085020016646
auto_graph_time: 0.07892408400221029
```

简而言之,tf.function 注解可用来装饰 Python 函数和方法,从而将其转换为静态计算图的等效图，并附带所有优化操作。

2.2.3 Keras API 的三种编程模型

TensorFlow 1.x 提供了较低层级的 API。构建模式时，首先需要创建计算图，进而编译并执行。而 `tf.keras` 提供了更高层级的 API，涵盖了三种不同的编程模型：Sequential API、Functional API 和 Model Subclassing。创建学习模型容易得就像 "将乐高积木放在一起" 一样，每块 "乐高积木" 就是一个特定的 `Keras.layer`。让我们看一下何时该使用 Sequential、Funtional 和 Subclassing，并注意如何根据你的特定需求混合和匹配这三种编程模型。

1. Sequential API

Sequential API 是一个非常优雅、直观且简洁的模型，适用于几乎 90% 的场景。在上一章中，当讨论 MNIST 代码时，我们介绍了使用 Sequential API 的示例，代码及图（见图 2-2）如下所示。

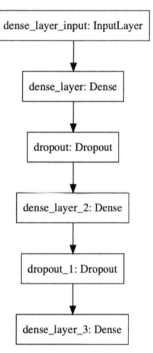

图 2-2 Sequential 模型示例

```
tf.keras.utils.plot_model(model, to_file="model.png")
```

2. Functional API

当你要构建具有更复杂（非线性）拓扑的模型时，Functional API 很适用，它包含多个输入、多个输出、非顺序流的保留连接以及共享和可重用的层。每一层都是可调用的（在输入中带有张量），并且每一层都返回张量作为输出。让我们看一个示例，其中有两个单独的输入、两个单独的逻辑回归输出以及一个中间的共享模块。

现在，你无须了解各层（即乐高积木）在内部进行的操作，而只需观察非线性网络拓扑即可。还要注意，一个模块可以调用另一个模块，就像一个函数可以调用另一个函数一样：

```
import tensorflow as tf

def build_model():
    # variable-length sequence of integers
    text_input_a = tf.keras.Input(shape=(None,), dtype='int32')

    # variable-length sequence of integers
    text_input_b = tf.keras.Input(shape=(None,), dtype='int32')

    # Embedding for 1000 unique words mapped to 128-dimensional vectors
    shared_embedding = tf.keras.layers.Embedding(1000, 128)

    # We reuse the same layer to encode both inputs
```

```
    encoded_input_a = shared_embedding(text_input_a)
    encoded_input_b = shared_embedding(text_input_b)

    # two logistic predictions at the end
    prediction_a = tf.keras.layers.Dense(1, activation='sigmoid',\\
name='prediction_a')(encoded_input_a)
    prediction_b = tf.keras.layers.Dense(1, activation='sigmoid',\\
 name='prediction_b')(encoded_input_b)

    # this model has 2 inputs, and 2 outputs
    # in the middle we have a shared model
    model = tf.keras.Model(inputs=[text_input_a, text_input_b],
    outputs=[prediction_a, prediction_b])

    tf.keras.utils.plot_model(model, to_file="shared_model.png")

build_model()
```

注意，首先创建一个层，然后给它一个输入。通过 tf.keras.layers.Dense(1, activation = 'sig-moid', name ='prediction_a')(encoded_input_a)，这两步合并在一行代码中。

非线性网络拓扑如图 2-3 所示。

在本书的后续章节中，我们将看到多个使用 Functional API 的示例。

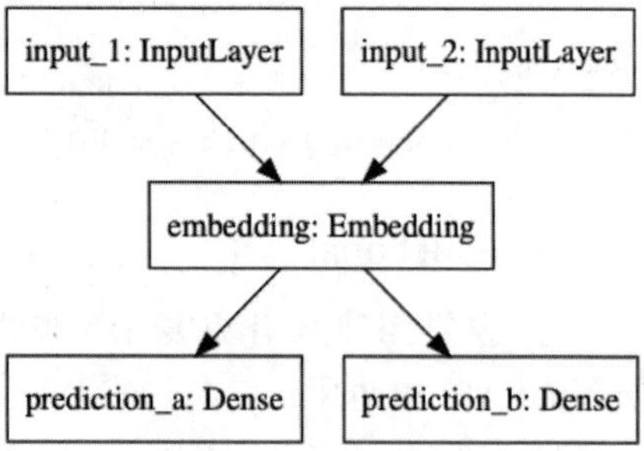

图 2-3　非线性拓扑示例

3. Model subclassing

Model subclassing 提供了极大的灵活性，通常在需要自定义层时使用。换句话说，当你要构建自己的特殊乐高积木，而不是组合一些标准常用的积木时，Model subclassing 很有用。在复杂性方面，它确实存在较高的成本，因此仅在真正需要时才使用。在大多数情况下，Sequential API 和 Functional API 更合适，但是如果你希望像典型的 Python / NumPy 开发人员那样以面向对象的方式进行思考，则可以使用 Model subclassing。

因此，为了创建自定义层，我们可以将 tf.keras.layers.Layer 子类化并实现以下方法：

❑ __init__（可选）：用于定义该层要使用的所有子层。这是构造函数，可在其中声明自定义的模型。
❑ build：用于初始化层的权重。你可以使用 add_weight() 添加权重。
❑ call：用于定义前向传递。这是自定义层被调用，并以函数式链接的地方。
❑（可选）层的序列化和反序列化可分别使用 get_config() 和 from_config() 实现。

让我们看一个定制化层的示例，该层简单地将输入乘以名为 kernel 的矩阵（为简单起见，代码文本忽略了导入行，但在 GitHub 代码示例上是包含的）：

```
class MyLayer(layers.Layer):

  def __init__(self, output_dim, **kwargs):
    self.output_dim = output_dim
    super(MyLayer, self).__init__(**kwargs)

  def build(self, input_shape):
    # Create a trainable weight variable for this layer.
    self.kernel = self.add_weight(name='kernel',
                                  shape=(input_shape[1], self.output_dim),
                                  initializer='uniform',
                                  trainable=True)

  def call(self, inputs):
    # Do the multiplication and return
    return tf.matmul(inputs, self.kernel)
```

一旦定制化模块 MyLayer() 完成定义后，就可以像任何其他模块一样对其进行组合，如下例所示，其中 Sequential 模型通过堆叠 MyLayer 与 softmax 激活函数进行定义：

```
model = tf.keras.Sequential([
    MyLayer(20),
    layers.Activation('softmax')])
```

简而言之，如果你从事构建模块的任务，则可以使用 Model subclassing。

在本节中，我们已经看到 tf.keras 提供了更高层级的 API，它具有三种不同的编程模型：Sequential API、Functional API 和 Model subclassing。现在让我们将注意力转移到回调，这是一个不同的功能，在使用 tf.keras 进行训练时非常有用。

2.2.4　回调

回调（callback）是传递给模型以扩展或修改训练期间的行为的对象。在 tf.keras 中经常使用到以下回调：

❑ tf.keras.callbacks.ModelCheckpoint：此功能用于定期保存模型的检查点，并在出现问题时恢复。

❑ tf.keras.callbacks.LearningRateScheduler：此功能用于在优化过程中动态更改学习率。

❑ tf.keras.callbacks.EarlyStopping：此功能用于在运行一段时间后，当验证性能停止提高时，中断训练。

❑ tf.keras.callbacks.TensorBoard：此功能用于通过 TensorBoard 监视模型的行为。

下例中我们使用了 TensorBoard：

```
callbacks = [
```

```
  # Write TensorBoard logs to './logs' directory
  tf.keras.callbacks.TensorBoard(log_dir='./logs')
]
model.fit(data, labels, batch_size=256, epochs=100,
callbacks=callbacks,
          validation_data=(val_data, val_labels))
```

2.2.5 保存模型和权重

模型训练完成后，需要将权重持久化保存。可以使用以下代码片段轻松实现此目标，该代码片段将权重保存为 TensorFlow 的内部格式：

```
# Save weights to a Tensorflow Checkpoint file
model.save_weights('./weights/my_model')
```

如果希望以 Keras 的格式保存（跨多后端移植），可使用：

```
# Save weights to a HDF5 file
model.save_weights('my_model.h5', save_format='h5')
```

加载权重：

```
# Restore the model's state
model.load_weights(file_path)
```

除了权重之外，还可以通过以下方式将模型序列化为 JSON 格式：

```
json_string = model.to_json()  # save
model = tf.keras.models.model_from_json(json_string) # restore
```

如果愿意，也可以使用以下命令将模型序列化为 YAML 格式：

```
yaml_string = model.to_yaml() # save
model = tf.keras.models.model_from_yaml(yaml_string) # restore
```

如果要将权重和优化参数与模型一起保存，则只需使用：

```
model.save('my_model.h5') # save
model = tf.keras.models.load_model('my_model.h5') #restore
```

2.2.6 使用 tf.data.datasets 训练

使用 TensorFlow 2.x 的另一个好处是引入了 TensorFlow 数据集，它作为处理异构（大型）数据集的一种首选机制，涵盖不同类别的数据（例如音频、图像、视频、文本和翻译）。首先让我们使用 pip 安装 tensorflow-datasets：

pip install tensorflow-datasets

 截至 2019 年 9 月，已有至少 85 种常用数据集，并计划在 https://www.tensorflow.
org/datasets/datasets 中添加更多数据集。

列出所有可用的数据集，并将 MNIST 和元数据一起加载：

```
import tensorflow as tf
import tensorflow_datasets as tfds

# See all registered datasets
builders = tfds.list_builders()
print(builders)

# Load a given dataset by name, along with the DatasetInfo metadata
data, info = tfds.load("mnist", with_info=True)
train_data, test_data = data['train'], data['test']

print(info)
```

获得以下数据集列表：

```
['bair_robot_pushing_small', 'cats_vs_dogs', 'celeb_a', 'celeb_a_hq',
'cifar10', 'cifar100', 'coco2014', 'diabetic_retinopathy_detection',
'dummy_dataset_shared_generator', 'dummy_mnist', 'fashion_mnist', 'image_
label_folder', 'imagenet2012', 'imdb_reviews', 'lm1b', 'lsun', 'mnist',
'moving_mnist', 'nsynth', 'omniglot', 'open_images_v4', 'quickdraw_
bitmap', 'squad', 'starcraft_video', 'svhn_cropped', 'tf_flowers', 'wmt_
translate_ende', 'wmt_translate_enfr']
```

另外也获得了 MNIST 的元信息：

```
tfds.core.DatasetInfo(
    name='mnist',
    version=1.0.0,
    description='The MNIST database of handwritten digits.',
    urls=['http://yann.lecun.com/exdb/mnist/'],
    features=FeaturesDict({
        'image': Image(shape=(28, 28, 1), dtype=tf.uint8),
        'label': ClassLabel(shape=(), dtype=tf.int64, num_classes=10)
    },
    total_num_examples=70000,
    splits={
        'test': <tfds.core.SplitInfo num_examples=10000>,
        'train': <tfds.core.SplitInfo num_examples=60000>
    },
    supervised_keys=('image', 'label'),
    citation='"""
        @article{lecun2010mnist,
          title={MNIST handwritten digit database},
          author={LeCun, Yann and Cortes, Corinna and Burges, CJ},
          journal={ATT Labs [Online]. Available: http://yann. lecun.
com/exdb/mnist},
          volume={2},
          year={2010}
        }
```

```
        """,
)
```

有时候，从 NumPy 数组创建数据集也很有用。让我们看看如何在以下代码片段中使用 `tf.data.Dataset.from_tensor_slices()`：

```
import tensorflow as tf
import numpy as np

num_items = 100
num_list = np.arange(num_items)

# create the dataset from numpy array
num_list_dataset = tf.data.Dataset.from_tensor_slices(num_list)
```

我们还可以下载数据集，对数据进行洗牌和批处理，然后从生成器中获取一个切片，如下例所示：

```
datasets, info = tfds.load('imdb_reviews', with_info=True, as_
supervised=True)

train_dataset = datasets['train']
train_dataset = train_dataset.batch(5).shuffle(50).take(2)

for data in train_dataset:
    print(data)
```

注意，`shuffle()` 是对输入数据集随机洗牌的变换，而 `batch()` 则是批量创建张量。以下代码将返回可供立即便捷使用的元组：

```
(<tf.Tensor: id=249, shape=(5,), dtype=string, numpy=
array([b'If you are a Crispin Glover fan, you must see this...'],
      dtype=object)>, <tf.Tensor: id=250, shape=(5,), dtype=int64,
numpy=array([1, 0, 1, 1, 0])>)
(<tf.Tensor: id=253, shape=(5,), dtype=string, numpy=
array([b'And I really mean that.'],
      dtype=object)>, <tf.Tensor: id=254, shape=(5,), dtype=int64,
numpy=array([1, 1, 1, 1, 1])>)
```

数据集是用于以原则性方式处理输入数据的库。操作包括：

1）创建

    a. 通过 `from_tensor_slices()`，接收单个（或多个）NumPy（或张量）并支持批处理

    b. 通过 `from_tensors()`，与上面类似，但不支持批处理

    c. 通过 `from_generator()`，从生成器函数获取输入

2）变换

　　a. 通过 `batch()` 将数据集按指定大小进行顺序划分

　　b. 通过 `repeat()` 复制数据

　　c. 通过 `shuffle()`，随机洗牌数据

　　d. 通过 `map()`，用一个函数对数据做映射变换

　　e. 通过 `filter()`，用一个函数对数据进行过滤处理

3）迭代器

　　a. 通过 `next_batch = iterator.get_next()`

数据集采用 TFRecord 格式，它是（任意格式）数据的一种表示方式，可轻松跨多系统移植，并独立于待训练的特定模型。简而言之，数据集相对于使用 `feed-dict` 的 TensorFlow 1.0 而言，灵活性更高。

2.2.7　tf.keras 还是估算器

除了直接图计算和 `tf.keras` 高阶 API 外，TensorFlow 1.x 和 2.x 还包括一系列称为估算器（estimator）的高阶 API。通过使用估算器，你无须担心如何创建计算图或处理会话，因为估算器会帮助你以类似 `tf.keras` 的方式处理这些问题。

但估算器到底是什么呢？简而言之，它们是另一种创建或使用预制模块的方法。一个比较长的解释是，它们是针对大规模准生产环境的高效学习模型，可在单机或分布式多服务器上进行训练，并在 CPU、GPU 或 TPU 上运行，且无须重新编写模型。这些模型包括线性分类器、深度学习分类器、梯度提升树（Gradient Boosted Trees）等，将在接下来的章节中进行讨论。

让我们看一个估算器示例，该估算器用来构建含 2 个稠密隐藏层的分类器，每个隐藏层具有 10 个神经元和 3 个输出类：

```
# Build a DNN with 2 hidden layers and 10 nodes in each hidden layer.
classifier = tf.estimator.DNNClassifier(
    feature_columns=my_feature_columns,
    # Two hidden layers of 10 nodes each.
    hidden_units=[10, 10],
    # The model must choose between 3 classes.
    n_classes=3)
```

代码 `feature_columns=my_feature_columns` 是特征列的列表，每个特征列描述了你希望模型用到的某个特征。比如，一种典型的使用方法是：

```
# Fetch the data
(train_x, train_y), (test_x, test_y) = load_data()

# Feature columns describe how to use the input.
my_feature_columns = []
for key in train_x.keys():
  my_feature_columns.append(tf.feature_column.numeric_column(key=key))
```

此处，`tf.feature_column.numeric_column()` 表示实值或数字特征（https://
www.tensorflow.org/api_docs/python/tf/feature_column/numeric_
column）。训练高效的估算器应使用 `tf.Datasets` 作为输入。下例中对 MNIST 进行了
加载、缩放、洗牌和批处理操作：

```
import tensorflow as tf
import tensorflow_datasets as tfds

BUFFER_SIZE = 10000
BATCH_SIZE = 64

def input_fn(mode):
  datasets, info = tfds.load(name='mnist',
                             with_info=True,
                             as_supervised=True)
  mnist_dataset = (datasets['train'] if mode == tf.estimator.ModeKeys.
TRAIN else datasets['test'])

  def scale(image, label):
    image = tf.cast(image, tf.float32)
    image /= 255
    return image, label

  return mnist_dataset.map(scale).shuffle(BUFFER_SIZE).batch(BATCH_SIZE)

test = input_fn('test')
train = input_fn(tf.estimator.ModeKeys.TRAIN)
print(test)
print(train)
```

接下来，使用 `tf.estimator.train_and_evaluate()` 方法，并将遍历数据的
`input_fn` 作为参数传入该方法，以对估算器进行训练和评估。

```
tf.estimator.train_and_evaluate(
    classifier,
    train_spec=tf.estimator.TrainSpec(input_fn=input_fn),
    eval_spec=tf.estimator.EvalSpec(input_fn=input_fn)
)
```

TensorFlow 包含用于回归和分类的估算器，这些估算器已被社区广泛采用，并将至少
在整个 TensorFlow 2.x 的生命周期内获得支持。

然而，TensorFlow 2.x 的建议是如果已经采用了它们，则应继续使用。但如果仅仅
是一些程序脚本，则可使用 `tf.keras`。截至 2019 年 4 月，估算器是完全支持分布式训
练的，而对 `tf.keras` 的支持是有限的。鉴于此，可能的解决方案是使用 `tf.keras.
estimator.model_to_estimator()` 将 `tf.keras` 模型转换为估算器，然后再利用
其对分布式训练的完全支持特性。

2.2.8　不规则张量

在继续讨论 TensorFlow 2.x 的优点之前，我们应该注意到 TensorFlow 2.x 增加了对"不规则"张量的支持，不规则张量是一种特殊的稠密张量，其大小不均匀。这在处理维度随批次变化的序列和其他数据问题（例如文本句子和分层数据）时特别有用。注意，不规则张量比填充 tf.Tensor 更有效，因为它不会浪费计算时间或存储空间：

```
ragged = tf.ragged.constant([[1, 2, 3], [3, 4], [5, 6, 7, 8]]) ==>
<tf.RaggedTensor [[1, 2, 3], [3, 4], [5, 6, 7, 8]]>
```

2.2.9　自定义训练

TensorFlow 可以为我们计算梯度（自动微分），这使得开发机器学习模型变得非常容易。如果你使用 tf.keras，则可直接使用 fit() 训练模型，无须深入研究内部如何计算梯度的细节。但是，当你想更好地控制优化过程时，自定义训练会很有用。

目前存在多种计算梯度的方法：

1）tf.GradientTape()：该类用于记录自动微分的操作。举个例子，其中用到参数 persistent=True（一个布尔值，用于控制是否创建持久化梯度记录，这意味着可以多次调用该对象的 gradient() 方法）：

```
import tensorflow as tf

x = tf.constant(4.0)
with tf.GradientTape(persistent=True) as g:
  g.watch(x)
  y = x * x
  z = y * y
dz_dx = g.gradient(z, x)  # 256.0 (4*x^3 at x = 4)
dy_dx = g.gradient(y, x)  # 8.0
print (dz_dx)
print (dy_dx)
del g  # Drop the reference to the tape
```

2）tf.gradient_function()：这将返回一个函数，该函数计算其输入函数参数在指定自变量值处的导数。

3）tf.value_and_gradients_function()：这将返回输入函数的值，以及它在指定自变量处的导数列表。

4）tf.implicit_gradients()：它计算输入函数的输出的梯度，结果与输出依赖的所有可训练变量有关。

让我们看一个自定义梯度计算的结构，其中，模型作为输入，训练步骤是计算 total_loss=pred_loss+regularization_loss。装饰器 @tf.function 用于 AutoGraph，tape.gradient() 和 apply_gradients() 用于计算和应用梯度：

```
@tf.function
def train_step(inputs, labels):
  with tf.GradientTape() as tape:
    predictions = model(inputs, training=True)
    regularization_loss = // TBD according to the problem
    pred_loss = // TBD according to the problem
    total_loss = pred_loss + regularization_loss

    gradients = tape.gradient(total_loss, model.trainable_variables)
    optimizer.apply_gradients(zip(gradients, model.trainable_variables))
```

将训练步骤 `train_step(inputs, labels)` 应用在每个 epoch 以及 `train_data` 中的每个输入及其关联的标签上：

```
for epoch in range(NUM_EPOCHS):
  for inputs, labels in train_data:
    train_step(inputs, labels)
  print("Finished epoch", epoch)
```

简单来说，`GradientTape()` 允许我们控制和更改内部训练过程的执行方式。在第 9 章中，你将看到一个更具体的使用 `GradientTape()` 训练自编码器的示例。

2.2.10 TensorFlow 2.x 中的分布式训练

TensorFlow 2.x 的一个非常有用的新增功能是以简单的几行额外代码，使用分布式 GPU、多机器和 TPU 来训练模型。`tf.distribute.Strategy` 正是用于此处的 TensorFlow API，它同时支持 `tf.keras` 和 `tf.estimator` API 以及即刻执行。你只需更改策略实例即可在 GPU、TPU 和多机器之间切换。策略可以是同步的，其中所有 worker 都以同步数据并行计算的方式在输入数据的不同切片上进行训练。策略也可以是异步的，其中优化器的更新不会同步进行。所有策略均要求数据由 `tf.data.Dataset` API 批量加载。

注意，分布式训练的支持功能仍处于试验阶段。路线图如图 2-4 所示。

训练 API	Mirrored-Strategy	TPUStrategy	MultiWorkerMirrored-Strategy	CentralStorage-Strategy	ParameterServer-Strategy
Keras API	支持	实验性支持	实验性支持	实验性支持	计划于 2.0 后支持
自定义训练循环	实验性支持	实验性支持	计划于 2.0 后支持	计划于 2.0 后支持	不支持
Estimator API	有限支持	不支持	有限支持	有限支持	有限支持

图 2-4 分布式训练对不同策略和 API 的支持

接下来详细讨论图 2-4 中列出的不同策略。

1. 多 GPU

我们讨论了 TensorFlow 2.x 如何利用多个 GPU。如果我们想在单台机器的多个 GPU 上进行同步分布式训练，则需要做两件事：◎1）以一种可分发到 GPU 中的方式加载数据；

2）将一些计算分配到 GPU 中：

1）以分发到 GPU 中的方式加载数据需要使用 `tf.data.Dataset`（见 2.2.6 节）。如果没有 `tf.data.Dataset` 但有一个普通的张量，那么可用 `tf.data.Dataset.from_tensors_slices()` 将后者轻松转换为前者。这将在内存中继续使用张量，并返回源数据集，其元素是给定张量的切片。

在下面的简单示例中，我们使用 NumPy 生成训练数据 x 和标签 y，然后使用 `tf.data.Dataset.from_tensor_slices()` 将其转换为 `tf.data.Dataset`。接下来，应用洗牌以避免在跨 GPU 训练时产生偏差，然后生成 `SIZE_BATCHES` 批处理：

```
import tensorflow as tf
import numpy as np
from tensorflow import keras

N_TRAIN_EXAMPLES = 1024*1024
N_FEATURES = 10
SIZE_BATCHES = 256

# 10 random floats in the half-open interval [0.0, 1.0).
x = np.random.random((N_TRAIN_EXAMPLES, N_FEATURES))
y = np.random.randint(2, size=(N_TRAIN_EXAMPLES, 1))
x = tf.dtypes.cast(x, tf.float32)
print (x)
dataset = tf.data.Dataset.from_tensor_slices((x, y))
dataset = dataset.shuffle(buffer_size=N_TRAIN_EXAMPLES).
batch(SIZE_BATCHES)
```

2）为了将一些计算分配到 GPU 中，我们实例化了一个对象 `distribution=tf.distribute.MirroredStrategy()`，该对象支持在单台机器的多 GPU 上执行同步分布式训练。然后，将 Keras 模型的创建和编译移入 `strategy.scope()` 中。注意，模型中的每个变量都在所有副本上做了镜像操作。示例如下所示：

```
# this is the distribution strategy
distribution = tf.distribute.MirroredStrategy()

# this piece of code is distributed to multiple GPUs
with distribution.scope():
  model = tf.keras.Sequential()
  model.add(tf.keras.layers.Dense(16, activation='relu', input_
shape=(N_FEATURES,)))
  model.add(tf.keras.layers.Dense(1, activation='sigmoid'))
  optimizer = tf.keras.optimizers.SGD(0.2)
  model.compile(loss='binary_crossentropy', optimizer=optimizer)

model.summary()

# Optimize in the usual way but in reality you are using GPUs.
model.fit(dataset, epochs=5, steps_per_epoch=10)
```

注意，每一批次的给定输入在多 GPU 之间均匀分配。例如，如果将 Mirrored-Strategy() 策略与双 GPU 一起使用，那么每批大小为 256 的输入将在两个 GPU 之间分配，每个 GPU 每步收到 128 个输入样例。另外注意，每个 GPU 都会对收到的批次数据进行优化，而 TensorFlow 后台会帮助我们合并这些独立的优化结果。如果你想了解更多信息，可以在线查看 notebook（https://colab.research.google.com/drive/1mf-PK0a20CkObnT0hCl9VPEje1szhHat#scrollTo=wYar3A0vBVtZ），我将解释如何在 Colab（其中有针对 MNIST 分类而构建的 Keras 模型）中使用 GPU。该 notebook 可在 GitHub 库中找到。

简而言之，使用多 GPU 非常容易，只需对用于单个服务器的 tf.keras 代码进行少量的更改即可。

2. 多工镜像策略

该策略在多个 worker 上实现同步分布式训练，每个 worker 都可能具有多个 GPU。截至 2019 年 9 月，该策略仅适用于估算器，并且为 tf.keras 提供了实验性支持。如果你的目标是扩展到高性能的单台机器之外，则应使用此策略。数据必须通过 tf.Dataset 加载并在 worker 之间共享，以便每个 worker 都能读取唯一子集。

3. TPU 策略

此策略在 TPU 上实施同步分布式训练。TPU 是 Google 的专用 ASIC 芯片，旨在以比 GPU 更高效的方式显著加速机器学习负载。第 16 章将讨论有关 TPU 的更多信息。可参考此公开信息（https://github.com/tensorflow/tensorflow/issues/24412）：

"要点是我们打算与 TensorFlow 2.1 一起宣布对 TPUStrategy 的支持。TensorFlow2.0 将在有限用例下继续工作，但包含 TensorFlow 2.1 中的很多改进（bug 修复、性能提升），因此我们不认为 TPUStrategy 已经准备好了。"

4. 参数服务器策略

该策略可实现多 GPU 同步本地训练或异步多机训练。对于单机本地训练，模型的变量存放在 CPU 上，并在所有本地 GPU 上复制操作。

对于多机训练，一些机器将指定为 worker，还有一些机器将指定为参数服务器，并把模型变量放置在参数服务器上。计算工作在所有 worker 的所有 GPU 之间复制。可以用环境变量 TF_CONFIG 设置多个 worker，示例如下所示：

```
os.environ["TF_CONFIG"] = json.dumps({
    "cluster": {
        "worker": ["host1:port", "host2:port", "host3:port"],
        "ps": ["host4:port", "host5:port"]
    },
    "task": {"type": "worker", "index": 1}
})
```

在本节中，我们已经看到了如何使用分布式 GPU、多机器和 TPU 以非常简单的方式以及很少的额外代码来训练模型。现在，让我们看看 1.x 和 2.x 之间的另一个区别：命名空间。

2.2.11　命名空间的改动

TensorFlow 2.x 付出了巨大的努力来清理 TensorFlow 1.x 中极为拥挤的命名空间，尤其是根命名空间，这使得搜索变得困难。以下是主要的更改：

- ❏ `tf.keras.layers`：包含以前在 `tf.layers` 下的所有符号
- ❏ `tf.keras.losses`：包含以前在 `tf.losses` 下的所有符号
- ❏ `tf.keras.metrics`：包含以前在 `tf.metrics` 下的所有符号
- ❏ `tf.debugging`：用于调试的新命名空间
- ❏ `tf.dtypes`：数据类型的新命名空间
- ❏ `tf.io`：I/O 的新命名空间
- ❏ `tf.quantization`：用于量化的新命名空间

TensorFlow 1.x 当前总共提供了 2000 多个端点，其中根命名空间中有 500 多个端点。TensorFlow 2.x 删除了 214 个端点，其中根命名空间中删除了 171 个端点。TensorFlow 2.x 添加了一个转换脚本，以帮助实现从 1.x 到 2.x 的转换并高亮显示已弃用的端点。

 新增端点和已弃用端点的完整描述可在 https://github.com/tensorflow/ community/blob/master/rfcs/20180827-api-names.md 中找到。

2.2.12　1.x 至 2.x 的转换

TensorFlow 1.x 脚本无法直接与 TensorFlow 2.x 一起使用，需要进行转换。从 1.x 转换为 2.x 的第一步是使用随 2.x 一起安装的自动转换脚本。对于单个文件，可以使用以下命令运行它：

```
tf_upgrade_v2 --infile tensorfoo.py --outfile tensorfoo-upgraded.py
```

对于目录中的多个文件，语法为：

```
tf_upgrade_v2 --intree incode --outtree code-upgraded
```

该脚本将尝试自动升级到 2.x，并在无法升级的地方显示错误消息。

2.2.13　高效使用 TensorFlow 2.x

2.x 原生代码应遵循许多最佳实践：

1）默认使用 `tf.keras`（或在某些情况下为估算器）之类的高阶 API，除非有自定义操作需要，否则应避免使用直接操作计算图的低阶 API。因此，通常不使用 `tf.Session` 和 `tf.Session.run`。

2）添加装饰器 `tf.function`，从而在基于 AutoGraph 的图模式下高效运行。仅用 `tf.function` 装饰高阶计算。由高阶计算调用的所有函数都将自动添加注解。如此一来，你可以做到一箭双雕：获得支持即刻执行的高阶 API，以及计算图的效率。

3）使用 Python 对象来跟踪变量和损失。为此，使用 Python 语言，并使用 `tf.Variable` 而不是 `tf.get_variable`。这样，变量将被视为普通 Python 作用域。

4）使用 `tf.data` 数据集进行数据输入，并将这些对象直接提供给 `tf.keras.Model.fit`。这样，你将拥有一组用于处理数据的高性能类，并将采用最佳方法从磁盘上流式传输训练数据。

5）只要有可能，就使用 `tf.layers` 模块来组合预定义的"乐高积木"，不管是使用 Sequential API、Functional API 还是 Subclassing 编程模型。如果你需要具有准生产的模型，尤其是这些模型需要在多个 GPU、CPU 或多个服务器上扩展时，需使用估算器。必要时，考虑将 `tf.keras` 模型转换为估算器。

6）考虑在 GPU、CPU 和多个服务器上使用分布式策略。用 `tf.keras` 实现很容易。

还可以提出很多其他建议，但前述建议是最靠前的 6 个。TensorFlow 2.x 使初始学习步骤变得非常容易，而采用 `tf.keras` 对初学者来说则非常容易。

2.3　TensorFlow 2.x 生态系统

如今，TensorFlow 2.x 是一个丰富的学习生态系统，除了核心学习引擎外，这里还有大量可免费使用的工具。尤其是：

❑ **TensorFlow.js**（`https://www.tensorflow.org/js`）是 API 的集合，可直接在浏览器或 Node.js 中训练和运行推断（inference）。

❑ **TensorFlow Lite**（`https://www.tensorflow.org/lite`）是用于嵌入式和移动设备的 TensorFlow 的轻量级版本。当前，Java 和 C ++ 支持 Android 和 iOS。

❑ **TensorFlow Hub**（`https://www.tensorflow.org/hub`）是一个完整的库，支持最常见的机器学习架构。截至 2019 年 4 月，Hub 仅部分支持 `tf.Keras` API，但此问题（`https://github.com/tensorflow/tensorflow/issues/25362`）即将解决。我们将在第 5 章中看到一个 Hub 示例。

❑ **TensorFlow Extended（TFX）**（`https://github.com/tensorflow/tfx`）是一个完整的端到端学习平台，其中包括转换工具（TfTransform）、分析工具（TensorFlow Model Analysis）和推断期间学习模型的高效伺服（TensorFlow Serving）。TFX 管道可用 Apache Airflow 和 Kubeflow Pipelines 进行编排。

❑ **TensorBoard** 是用于检查、调试和优化模型及指标的可视化环境。

❑ **Sonnet** 是一个类似于 Keras 的库，由 DeepMind 开发，用于训练其模型。

❑ **TensorBoard Federated** 是一个在去中心化数据上使用机器学习和其他计算工作的框架。

❑ **TensorBoard Probability** 是一个将概率模型与深度学习相结合的框架。

❑ **TensorBoard Playground** 是一个不错的 UI，用于可视化、调试和检查神经网络。常用于教育教学。

❑ **加速线性代数**（Accelerated Linear Algebra，XLA）是线性代数的特定领域编译器，可优化 TensorFlow 计算。

❑ **MLPerf** 是一个 ML 基准套件，用于测量 ML 软件框架、ML 硬件加速器和 ML 云平台的性能。

❑ **Colab** 是免费的 Jupyter Notebook 环境，无须设置，完全在云上运行。用户可以通过浏览器免费编写和执行代码，保存和共享分析，以及访问强大的计算资源。

❑ **TensorFlow Datasets** 是 TensorFlow 中包含的官方数据集。此外，还有可通过 Google Research 和 Google 支持的数据集搜索（`https://toolbox.google.com/datasetsearch`）免费获得的数据集。

资源、库和工具的清单很长，每个工具都需要单独的一章（在某些情况下，需要用一整本书来介绍！）。在本书中，我们使用 Colab、TensorBoard、Hub 和 Lite，并给读者留下线上查看其他资源的任务。研究人员还可以使用 TensorFlow Research Cloud（TFRC）计划，该计划使你可以申请访问包含 1000 多个 Cloud TPU 的集群。

 模型、数据集、工具、库和扩展插件可在 `https://www.tensorflow.org/resources/tools` 找到。

语言绑定

Python 是 TensorFlow 的首选语言。但是，存在与许多其他语言的绑定，包括 JavaScript、C++、Java、Go 和 Swift。该社区还维护与其他语言的绑定，包括 C#、Haskell、Julia、Ruby、Rust 和 Scala。通常，C 语言的 API 用于构建对其他语言的绑定。

2.4 Keras 还是 tf.keras

另一个合理的问题是，你应该将 Keras 与 TensorFlow 一起用作后端，还是使用在 TensorFlow 中直接可用的 `tf.keras` 中的 API。注意，Keras 与 `tf.keras` 之间并没有 1∶1 的对应关系。Keras 并未实现 `tf.keras` 中的许多端点，而 `tf.keras` 不像 Keras 那样支持多个后端。那么，到底选择 Keras 还是 `tf.keras`？我的建议是后者。`tf.keras` 与 Keras 相比具有多个优点，包括本章中讨论的 TensorFlow 增强功能（即刻执行；对分布式训练的原生支持，包括基于 TPU 训练；以及对 TensorFlow SavedModel 交换格式的支持）。

但是，如果你打算编写可在多个后端（包括 Google TensorFlow、Microsoft CNTK、Amazon MXnet 和 Theano）上运行的高度可移植的代码，则推荐 Keras。注意，Keras 是一个独立的开源项目，其开发不依赖于 TensorFlow。因此，Keras 仍将在可预见的未来继续发展。注意，Keras 2.3.0（于 2019 年 9 月 17 日发布）是支持 TensorFlow 2.0 的多后端 Keras 的第 1 版。它保持与 TensorFlow 1.14 和 1.13 以及 Theano 和 CNTK 的兼容性。

让我们以新的比较结果来结束本章：Kaggle 上每次竞赛的前 5 名团队使用的主流机器学习软件工具。图 2-5 是 Francois Chollet 于 2019 年 4 月初在 Twitter 上进行的一项调查（感谢 Francois 同意将其纳入本书！）。

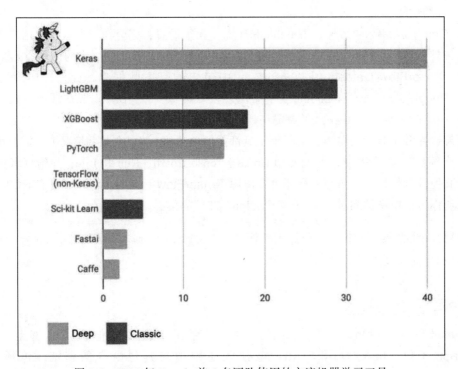

图 2-5   2019 年 Kaggle 前 5 名团队使用的主流机器学习工具

本节中，我们已经看到了 Keras 和 tf.keras 之间的主要区别。

2.5 小结

TensorFlow 2.0 是一个丰富的生态开发系统，由两个主要部分组成：训练和伺服。训练包括一组用于处理数据集的库（tf.data）、一组用于构建模型的库（包括高阶库（tf.keras 和估算器）、低阶库（tf.*））和一个预训练模型（tf.hub）的集合，这将在第 5 章中进行讨论。训练可通过分布式策略在 CPU、GPU 和 TPU 上进行，并可使用适当的库来保存结果。伺服可在多种平台上进行，包括本地、云、Android（安卓）、iOS、Raspberry Pi

（树莓派）、任何支持 JavaScript 的浏览器和 Node.js。TensorFlow 2.0 支持多语言绑定，包括 Python、C、C＃、Java、Swift、R 等。图 2-6 总结了本章中讨论的 TensorFlow 2.0 的架构：

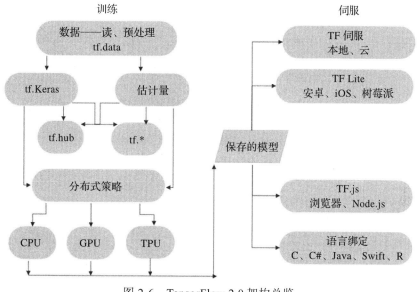

图 2-6　TensorFlow 2.0 架构总览

- ❑ **tf.data** 用于高效加载模型。
- ❑ **tf.keras** 和估算器是高阶库，TensorFlow 1.x 的功能仍可通过 **tf.*** 低阶库访问。**tf.keras** 支持即刻计算，并通过 **tf.function** 保持了低阶计算图的性能。**tf.hub** 是一个很好的预训练模型集合，可以立即使用。
- ❑ **分布式策略**允许训练在 CPU、GPU 和 TPU 上运行。
- ❑ **SavedModel** 可以在多个平台上兼容。

在本章中，我们讨论了 TensorFlow 1.x 和 2.x 之间的主要区别，并回顾了 2.x 中最新可用的强大功能。本章讨论的关键主题是 TensorFlow 1.x 的计算图以及 TensorFlow 2.x 的优点，例如支持即刻执行、分布式和 TPU 训练。下一章将介绍回归，它是功能非常强大的工具，可用于数学建模、分类和预测。

第 3 章

回　　归

回归是用于数学建模、分类和预测的最古老的工具之一。它的功能强大，应用在工程、物理科学、生物学、金融市场以及社会科学等各个领域，是统计人员和数据科学家常用的基本工具。在本章中，我们将涵盖以下主题：

❑ 线性回归
❑ 不同类型的线性回归
❑ logistic 回归
❑ 应用线性回归来估算房屋价格
❑ 应用 logistic 回归来识别手写数字

让我们首先理解回归是什么。

3.1　什么是回归

回归通常是人们在机器学习中用到的首个算法。它使我们能够从数据中学习给定的一组因变量和自变量的关系来进行预测。它几乎使用在每个领域，对描绘两个或多个事物间关系感兴趣的任何地方都可以用到回归。

以估算房屋价格为例。影响房价的可能因素有很多：房间数量、建筑面积、位置、周围的便利设施、停车位等。回归分析可以帮助我们找到这些因素与房价之间的数学关系。

让我们想象一个相对简单的世界，其中房价仅由房屋面积决定。通过回归，我们可以确定房屋面积（**自变量**：这类变量不依赖于其他任何变量）与房价（**因变量**：这类变量依赖于一个或多个自变量）之间的关系。随后，我们可以使用这种关系来预测任何给定房屋面积的房屋价格。在机器学习中，通常自变量是模型输入，因变量是模型输出。

根据自变量的数量、因变量的数量以及关系类型，有许多不同的回归类型。回归有两个重要组成部分：自变量和因变量之间的关系，以及不同自变量对因变量的影响强度。下面我们将详细了解广泛使用的线性回归技术。

3.2　使用线性回归进行预测

线性回归是最广为人知的建模技术之一。它已有两百多年的历史，几乎被人们从所有可能的角度进行过探索。线性回归假设输入变量（X）和输出变量（Y）存在线性关系。它牵涉找到以下形式预测值 Y 的线性方程：

$$Y_{hat} = W^T X + b$$

其中 $X = \{x_1,\ x_2,\ \cdots,\ x_n\}$ 是 n 个输入变量，$W = \{w_1,\ w_2,\ \cdots w_n\}$ 是线性系数，b 是偏置项。偏置项允许回归模型即使无任何输入时仍可提供输出。它为我们提供了平移数据（可向左也可向右）从而更好地拟合数据的一种选项。输入样本 i 的观测值（Y）和预测值（$\hat{y}$）之间的误差为：

$$e_i = Y_i - \hat{Y}_i$$

目标是找到系数 W 和偏置项 b 的最佳估计，以使观测值 Y 和预测值 $\hat{y}$ 之间的误差最小。让我们来看一些示例，以便更好地理解这一点。

3.2.1　简单线性回归

如果只考虑一个自变量和一个因变量，我们得到的是一个简单的线性回归。考虑上一节中定义的房价预测示例，房屋面积（A）是自变量，房屋价格（Y）是因变量。我们想要找到预测价格 $\hat{Y}$ 和 A 之间的线性关系，其形式为：

$$\hat{Y} = A.W + b$$

其中 b 是偏置项。为此，我们需要确定 W 和 b，以使价格 Y 和预测价格 $\hat{Y}$ 之间的误差最小。用于估计 W 和 b 的标准方法称为最小二乘法，即，我们尝试最小化误差平方和（S）。对于上述情况，表达式变为：

$$S(W,b) = \sum_{i=1}^{N}(Y_i - \hat{Y})^2 = \sum_{i=1}^{N}(Y_i - A_i W - b)^2$$

我们希望估计回归系数 W 和 b，以使 S 最小。基于函数的导数在其极小值处为 0 的事实，得出以下两个等式：

$$\frac{\partial S}{\partial W} = -2\sum_{i=1}^{N}(Y_i - A_i W - b)A_i = 0$$

$$\frac{\partial S}{\partial b} = -2 \sum_{i=1}^{N} (Y_i - A_i W - b) = 0$$

求解这两个方程可找到两个未知数。为此，我们首先在第二个等式中展开求和公式：

$$\sum_{i=1}^{N} Y_i - \sum_{i=1}^{N} A_i W - \sum_{i=1}^{N} b = 0$$

看一下公式左侧的最后一项，它只是对一个常量做了 N 次求和。因此，可以将其重写为：

$$\sum_{i=1}^{N} Y_i - W \sum_{i=1}^{N} A_i - Nb = 0$$

整理公式各项，得到：

$$b = \frac{1}{N} \sum_{i=1}^{N} Y_i - \frac{W}{N} \sum_{i=1}^{N} A_i$$

公式右边的两项可分别用平均价格（输出）$\bar{Y}$ 和平均面积（输入）$\bar{A}$ 表示，因此得到：

$$b = \bar{Y} - W\bar{A}$$

以类似的方式，展开 S 对权重 W 的偏微分方程：

$$\sum_{i=1}^{N} \left(Y_i A_i - W A_i^2 - b A_i \right) = 0$$

用表达式替换偏置项 b：

$$\sum_{i=1}^{N} \left(Y_i A_i - W A_i^2 - (\bar{Y} - W\bar{A}) A_i \right) = 0$$

整理：

$$\sum_{i=1}^{N} (Y_i A_i - \bar{Y} A_i) - W \sum_{i=1}^{N} (A_i^2 - \bar{A} A_i) = 0$$

运用均值定义，我们可以从中得出权重 W 的值：

$$W = \frac{\sum_{i=1}^{N} Y_i (A_i - \bar{A})}{\sum_{i=1}^{N} (A_i - \bar{A})^2}$$

式中 $\bar{Y}$ 和 $\bar{A}$ 分别是平均价格和平均面积。让我们用一些简单的样本数据试一下：

1）导入必要的模块。这是一个简单的示例，因此我们将仅使用 NumPy、pandas 和
Matplotlib：

```
import tensorflow as tf
import numpy as np
import matplotlib.pyplot as plt
import pandas as pd
```

2）生成具有线性关系的随机数据。为了使其更真实，我们还添加了随机噪声。你可以
看到两个变量（诱因：`area`，效果：`price`）遵循线性正相关关系：

```
#Generate a random data
np.random.seed(0)
area = 2.5 * np.random.randn(100) + 25
price = 25 * area + 5 + np.random.randint(20,50, size = len(area))


data = np.array([area, price])
data = pd.DataFrame(data = data.T, columns=['area','price'])

plt.scatter(data['area'], data['price'])
plt.show()
```

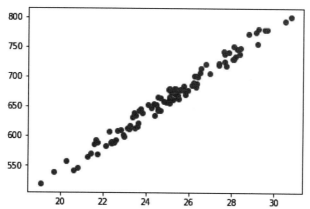

3）使用刚定义的方程计算两个回归系数。你可以看到结果非常接近我们模拟的线性关系：

```
W = sum(price*(area-np.mean(area))) / sum((area-np.mean(area))**2)
b = np.mean(price) - W*np.mean(area)
print("The regression coefficients are", W,b)
----------------------------------------------
----------------------------------------------

The regression coefficients are 24.815544052284988
43.4989785533412
```

4）用得到的权重和偏差值来预测新价格：

```
y_pred = W * area + b
```

5）将预测价格与实际价格一起绘制出来。你可以看到预测价格在域内呈线性关系：

```
plt.plot(area, y_pred, color='red',label="Predicted Price")
plt.scatter(data['area'], data['price'], label="Training Data")
plt.xlabel("Area")
plt.ylabel("Price")
plt.legend()
```

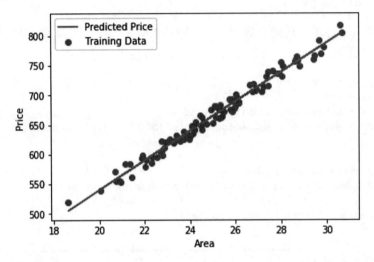

3.2.2　多线性回归

前面的例子很简单，但事实并非如此。在大多数问题中，因变量取决于多个自变量。多线性回归可找到多个输入自变量（X）与输出因变量（Y）之间的线性关系，以使它们满足以下形式的预测值 $\hat{y}$：

$$\hat{Y}=W^{\mathrm{T}}X+b$$

其中 $X=\{x_1,\ x_2,\ \cdots,\ x_n\}$ 是 n 个输入自变量，$W=\{w_1,\ w_2,\ \cdots w_n\}$ 是线性系数，b 为偏置项。

如前所述，使用最小二乘法来估计线性系数 W，即最小化预测值（$\hat{y}$）和观测值（Y）之间的平方差之和。因此，我们尝试最小化损失函数：

$$损失函数=\sum_i(Y_i-\hat{Y}_i)^2$$

式中，求和覆盖所有训练样本。可能正如你已猜到的，现在不是两个，而是有 $n+1$ 个方程需要同时求解。一个更简单的选择是使用 TensorFlow Estimator API。我们将很快学习如何使用 TensorFlow Estimator API。

3.2.3　多元线性回归

在某些情况下，自变量会影响多个因变量。多元线性回归就是这种情况。从数学上讲，

多元回归模型可以表示为:

$$\hat{Y}_{ij} = w_{0j} + \sum_{k=1}^{p} w_{kj}x_{ik}$$

式中 $i \in [1, \cdots, n]$, $j \in [1, \cdots, m]$。项 $\hat{y}_{ij}$ 代表与第 i 个输入样本相对应的第 j 个预测输出值,w 代表回归系数,x_{ik} 是第 i 个输入样本的第 k 个特征。在这种情况下,需要求解的方程式数为 $n \times m$。尽管我们可以使用矩阵来求解这些方程,但该过程在计算上是昂贵的,因为它涉及求解逆矩阵和求解行列式。一种更简单的方法是使用最小二乘误差之和的梯度下降作为损失函数,并使用 TensorFlow API 提供的某个优化器。

下面我们将深入研究 TensorFlow Estimator,这是一种通用的高阶 API,可轻松开发模型。

3.3　TensorFlow Estimator

TensorFlow 将 Estimator 作为高阶 API,以提供可扩展且面向产品的解决方案。它们负责所有的幕后活动,例如创建计算图、初始化变量、训练模型、保存检查点和记录 TensorBoard 文件。TensorFlow 提供两种类型的估算器:

❏ Canned Estimator:TensorFlow 估算器模块中提供的预制 Estimator。这些是装在盒子里的模型,你只需将输入特征传递给它们即可使用。示例有线性分类器、线性回归器、DNN 分类器等。

❏ Custom Estimator(自定义估算器):用户还可以根据在 TensorFlow Keras 中构建的模型创建自己的估算器。这些是用户定义的 Estimator。

在使用 TensorFlow Estimator 之前,让我们了解估算器流水线的两个重要组件:特征列与输入函数

3.3.1　特征列

TensorFlow 2.0 的 `feature_column` 模块充当输入数据和模型之间的桥梁。用于估算器训练的输入参数作为特征列传递。它们在 TensorFlow `feature_column` 中定义,并指定模型如何解析数据。为了创建特征列,我们需要从 `tensorflow.feature_columns` 调用函数。特征列提供了 9 种函数:

❏ `categorical_column_with_identity`:每个类目都是 One-Hot(独热)编码的,因此具有唯一标识。它只适用于数字值。

❏ `categorical_column_with_vocabulary_file`:当分类输入是字符串且类目在文件中给出时,使用此函数。字符串首先会转换为数字值,然后进行 One-Hot 编码。

- ❏ categorical_column_with_vocabulary_list：当分类输入是字符串且类目在列表中明确定义时，使用此函数。字符串首先会转换为数字值，然后进行 One-Hot 编码。
- ❏ categorical_column_with_hash_bucket：如果类目的数量非常大，且不可能进行 One-Hot 编码时，我们使用哈希。
- ❏ crossed_column：当我们希望将两列合并成单个特征来使用时，使用此函数。例如，对基于地理位置的数据，将经度值和纬度值合并为一项特征是合理的。
- ❏ numeric_column：当特征为数字时使用，它可以是单个值，甚至是矩阵。
- ❏ indicator_column：我们不直接使用它。当且仅当类目数量有限并可由 One-Hot 编码表示时，将其与分类列一起使用。
- ❏ embedding_column：我们不直接使用它。当且仅当类目数量非常大且不能由 One-Hot 编码表示时，将其与分类列一起使用。
- ❏ bucketized_column：当我们根据数据本身的值（而不是特定的数值）将数据划分为不同的类别时，使用此函数。

前 6 个函数继承自 Categorical Column 类，后 3 个函数继承自 Dense Column 类，最后一个函数同时继承自这两个类。在以下示例中，我们将使用 numeric_column 和 categorical_column_ with_vocabulary_list 函数。

3.3.2　输入函数

用于训练、评估和预测的数据需要由输入函数提供。输入函数返回一个 tf.data. Dataset 对象，该对象返回一个包含特征和标签的元组。

3.3.3　使用 TensorFlow Estimator API 的 MNIST

让我们用一个简单的数据集构建一个简单的 TensorFlow 估计器，以解决多元回归问题。继续刚才的房屋价格预测问题，但现在有了两个特征，即有两个自变量：房屋面积及其类型（平房或公寓）：

1）导入必要的模块。我们需要 TensorFlow 及其 feature_column 模块。由于我们的数据集同时包含数字数据和分类数据，因此需要使用函数来处理这两种类型的数据：

```
import tensorflow as tf
from tensorflow import feature_column as fc
numeric_column = fc.numeric_column
categorical_column_with_vocabulary_list = fc.categorical_column_
with_vocabulary_list
```

2）定义将用于训练回归器的特征列。正如我们提到的那样，数据集包含两个特征：area 表示房屋面积的数字值；type 表示房屋是"平房"还是"公寓"：

```
featcols = [
tf.feature_column.numeric_column("area"),
tf.feature_column.categorical_column_with_vocabulary_list("type",[
"bungalow","apartment"])
]
```

3）定义一个输入函数以提供训练的输入。该函数返回一个包含特征和标签的元组：

```
def train_input_fn():
        features = {"area":[1000,2000,4000,1000,2000,4000],
            "type":["bungalow","bungalow","house",
                "apartment","apartment","apartment"]}
        labels = [ 500 , 1000 , 1500 , 700 , 1300 , 1900 ]
        return features, labels
```

4）使用预制的 `LinearRegressor` 估计器，并用训练数据集对其进行拟合：

```
model = tf.estimator.LinearRegressor(featcols)
model.train(train_input_fn, steps=200)
```

5）现在估计器已经训练过，让我们看看预测的结果：

```
def predict_input_fn():
    features = {"area":[1500,1800],
                "type":["house","apt"]}
    return features

predictions = model.predict(predict_input_fn)

print(next(predictions))
print(next(predictions))
-------------------------------------------------
```

6）结果：

```
{'predictions': array([692.7829], dtype=float32)}
{'predictions': array([830.9035], dtype=float32)}
```

3.4　使用线性回归预测房价

现在我们已经了解了基础知识，让我们将这些概念应用于实际数据集。以 Harrison 和 Rubinfield 在 1978 年收集的波士顿住房价格数据集（`http://lib.stat.cmu.edu/datasets/boston`）为例。该数据集包含 506 个样本。每个房屋都有以下 13 个属性：

❑ CRIM ——城镇人均犯罪率
❑ ZN ——划定面积超过 25 000 平方英尺⊖的住宅用地比例
❑ INDUS ——每个城镇非零售业务的用地比例
❑ CHAS ——查尔斯河（Charles River）虚拟变量（dummy variable）（如果比邻河边则为 1；否则为 0）

⊖　1 平方英尺 = 0.092 903 平方米。——编辑注

❑ NOX ——一氧化氮浓度（百万分之几）

❑ RM ——每个住宅的平均房间数

❑ AGE ——1940 年之前建造的自有住房的比例

❑ DIS ——到 5 个波士顿就业中心的加权距离

❑ RAD ——径向公路的可达性指数

❑ TAX ——每 10 000 美元的全值财产税率

❑ PTRATIO ——各镇师生比例

❑ LSTAT ——收入较低的公民在人口中的百分比

❑ MEDV ——拥有住房的中位数，单位为 $1000

我们将使用 TensorFlow 估计器来构建线性回归模型。

1）导入所需的模块：

```
import tensorflow as tf
import pandas as pd
import tensorflow.feature_column as fc
from tensorflow.keras.datasets import boston_housing
```

2）下载数据集：

```
(x_train, y_train), (x_test, y_test) = boston_housing.load_data()
```

3）定义数据中的特征，并为了易于处理和可视化将其转换为 pandas DataFrame：

```
features = ['CRIM', 'ZN',
            'INDUS','CHAS','NOX','RM','AGE',
            'DIS', 'RAD', 'TAX', 'PTRATIO', 'B', 'LSTAT']

x_train_df = pd.DataFrame(x_train, columns= features)
x_test_df = pd.DataFrame(x_test, columns= features)
y_train_df = pd.DataFrame(y_train, columns=['MEDV'])
y_test_df = pd.DataFrame(y_test, columns=['MEDV'])
x_train_df.head()
```

4）目前，我们正在使用所有特征。我们建议你检查不同特征之间的相关性以及预测标签 MEDV，以选择最佳特征并重复实验：

```
feature_columns = []
for feature_name in features:
        feature_columns.append(fc.numeric_column(feature_name,
dtype=tf.float32))
```

5）为估算器创建输入函数。该函数返回带有元组的 tf.Data.Dataset 对象：批量化的特征和标签。用该输入函数来创建 train_input_fn 和 val_input_fn：

```
def estimator_input_fn(df_data, df_label, epochs=10, shuffle=True,
batch_size=32):
    def input_function():
```

```
        ds = tf.data.Dataset.from_tensor_slices((dict(df_data), df_
        label))
            if shuffle:
                ds = ds.shuffle(100)
            ds = ds.batch(batch_size).repeat(epochs)
            return ds
        return input_function


train_input_fn = estimator_input_fn(x_train_df, y_train_df)
val_input_fn = estimator_input_fn(x_test_df, y_test_df, epochs=1,
shuffle=False)
```

6）实例化 `LinearRegressor` 估计器。用训练数据和 `train_input_fn` 对其进行训练，并通过 `val_input_fn` 评估训练后的模型来得到验证数据集的结果：

```
linear_est = tf.estimator.LinearRegressor(feature_columns=feature_
columns)
linear_est.train(train_input_fn, steps=100)
result = linear_est.evaluate(val_input_fn)
```

7）进行预测，结果如图 3-1 所示。

```
result = linear_est.predict(val_input_fn)
for pred,exp in zip(result, y_test[:32]):
    print("Predicted Value: ", pred['predictions'][0], "Expected:
", exp)
```

```
Predicted Value:    4.862152 Expected:    7.2
Predicted Value:   24.582247 Expected:   18.8
Predicted Value:   22.695276 Expected:   19.0
Predicted Value:   25.028057 Expected:   27.0
Predicted Value:   23.408998 Expected:   22.2
Predicted Value:   22.616102 Expected:   24.5
Predicted Value:   31.214731 Expected:   31.2
Predicted Value:   26.755243 Expected:   22.9
Predicted Value:   21.516464 Expected:   20.5
Predicted Value:   25.032785 Expected:   23.2
Predicted Value:   10.023388 Expected:   18.6
Predicted Value:   24.031082 Expected:   14.5
Predicted Value:   24.334019 Expected:   17.8
Predicted Value:   23.74925 Expected:    50.0
Predicted Value:   19.785368 Expected:   20.8
Predicted Value:   25.875463 Expected:   24.3
Predicted Value:   21.2129 Expected:     24.2
Predicted Value:   22.197586 Expected:   19.8
Predicted Value:   24.870373 Expected:   19.1
Predicted Value:   27.759129 Expected:   22.7
Predicted Value:   20.700903 Expected:   12.0
Predicted Value:    5.7440314 Expected:  10.2
Predicted Value:   22.404785 Expected:   20.0
Predicted Value:   25.772366 Expected:   18.5
Predicted Value:   33.465168 Expected:   20.9
Predicted Value:   25.10161 Expected:    23.0
Predicted Value:   26.143686 Expected:   27.5
```

图 3-1　基于 LinearRegression 估算器产生的预测值

```
Predicted Value:   35.51015 Expected:    30.1
Predicted Value:   8.041798 Expected:    9.5
Predicted Value:   24.381145 Expected:   22.0
Predicted Value:   24.351122 Expected:   21.2
Predicted Value:   9.700583 Expected:    14.1
```

图 3-1 （续）

线性回归器的 TensorBoard 图如图 3-2 所示。

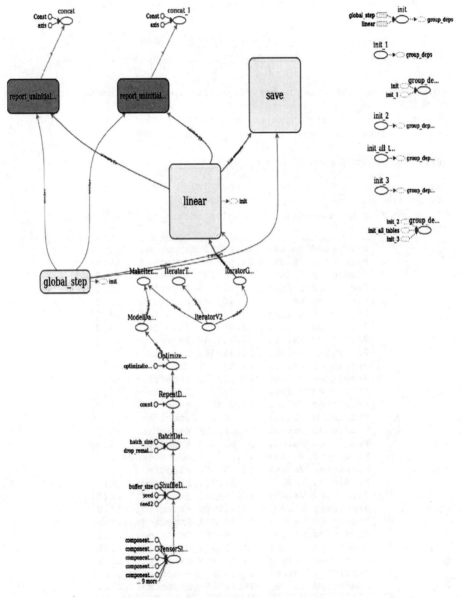

图 3-2　线性回归器 TensorBoard 图

该图显示了整个过程中使用的数据、操作和节点的流程。要获取估算器的 TensorBoard 图，你只需在实例化 Estimator 类时定义 model_dir 即可：

```
linear_est = tf.estimator.LinearRegressor(feature_columns=feature_
columns, model_dir = 'logs/func/')
```

3.5　分类任务和决策边界

在上一节中，我们了解了回归或预测任务。在本节中，我们将讨论另一个重要任务：分类任务。首先介绍回归（有时也称为预测）与分类之间的区别：

- ❑ 在分类中，数据被分组为类别/类目，而在回归中，目的是获得给定数据的连续性数值。
- ❑ 例如，识别手写数字是一项分类任务。所有手写数字都属于 0～9 之间的十个数字之一。而根据不同的输入变量来预测房屋价格的任务是回归任务。
- ❑ 在分类任务中，模型用来找到某一类与另一类分开的决策边界。在回归任务中，模型用来近似拟合输入输出关系的函数。
- ❑ 分类是回归的子集。此处，我们正在预测类别，但回归更为普遍。

下图显示了分类任务和回归任务两者之间的区别。在分类中，我们需要找到一条线（或多维空间中的平面或超平面）以分隔各类。

在回归中，目的是找到适合给定输入点的线（或平面或超平面）。

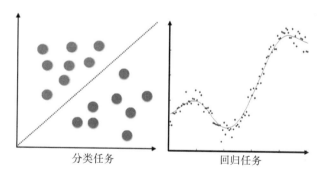

分类任务　　　　　　　　回归任务

下面我们将说明 logistic 回归是一种非常普遍且有用的分类技术。

3.5.1　logistic 回归

logistic 回归用于确定事件的概率。按照惯例，事件表示为类别因变量。事件的概率使用 sigmoid（或 logit）函数表示：

$$P(\hat{Y} = 1 | X = x) = \frac{1}{1 + e^{-(b + w^\mathrm{T} x)}}$$

现在的目标是估计权重 $W = \{w_1, w_2, \cdots w_n\}$ 和偏置项 b。在 logistic 回归中，使用最大

似然估计器或随机梯度下降法估计系数。如果 p 是输入数据点的总数,则损失通常定义为由以下公式得出的交叉熵项:

$$\sum_{i=1}^{p} Y_i \log(\hat{Y}_i) + (1 - Y_i)\log(1 - \hat{Y}_i)$$

logistic 回归用于分类问题。例如,当查看医学数据时,我们可以使用 logistic 回归来对一个人是否患有癌症进行分类。如果输出分类变量具有两个或多个层级,则可以使用多项 logistic 回归。另一种常用于两个或多个输出变量的技术是 "一对多"(one versus all)。

对于多类 logistic 回归,将交叉熵损失函数修改为:

$$\sum_{i=1}^{p}\sum_{j=1}^{k} Y_{ij} \log(\hat{Y}_{ij})$$

其中 K 是类别总数。你可以在 https://en.wikipedia.org/wiki/Logistic_regression 上了解有关 logistic 回归的更多信息。

现在,你对 logistic 回归有了一些了解,让我们看看如何将其应用于任意数据集。

3.5.2　MNIST 数据集上的 logistic 回归

接下来,使用 TensorFlow 估计器中可用的 Estimator 分类器对手写数字进行分类。我们将用到 MNIST(Modified National Institute of Standards and Technology)数据集。对于从事深度学习领域的人员来说,MNIST 并不是什么新鲜事物,它就像机器学习的 ABC。它包含了手写数字的图像和每个图像的标签(图像里的数字)。标签包含一个介于 0 到 9 之间的值,具体取决于手写数字。

分类器估计器采用特征和标签。它将它们转换为独热编码向量,也就是说,我们有 10 位表示输出。每个位的值可以为 0 或 1,对于独热意味着每个标签为 Y 的图像,在这 10 位中只有 1 位的值为 1,其余为 0。在下图中,你可以看到手写数字 5 的图像及其 One-Hot 编码的值 [0 0 0 0 0 0 0 0 1 0]。

估计器输出对数概率、10 个类的 softmax 概率以及相应的标签。

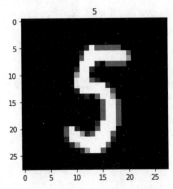

让我们建立模型。

1）导入所需的模块：

```
# TensorFlow and tf.keras
import tensorflow as tf
from tensorflow import keras

# Helper libraries
import numpy as np
import matplotlib.pyplot as plt

print(tf.__version__)
```

2）从 tensorflow.keras 数据集中获取 MNIST 的输入数据：

```
# Load training and eval data
((train_data, train_labels),
 (eval_data, eval_labels)) = tf.keras.datasets.mnist.load_data()
```

3）预处理数据：

```
train_data = train_data/np.float32(255)
train_labels = train_labels.astype(np.int32)

eval_data = eval_data/np.float32(255)
eval_labels = eval_labels.astype(np.int32)
```

4）使用 TensorFlow 的 feature_column 模块定义大小为 28×28 的数字特征：

```
feature_columns = [tf.feature_column.numeric_column("x",
shape=[28, 28])]
```

5）创建 logistic 回归估计器。我们使用一个简单的 LinearClassifier。我们也建议你尝试 DNNClassifier：

```
classifier = tf.estimator.LinearClassifier(
    feature_columns=feature_columns,
    n_classes=10,
    model_dir="mnist_model/"
)
```

6）构建一个 input_function 作为估计器输入：

```
train_input_fn = tf.compat.v1.estimator.inputs.numpy_input_fn(
        x={"x": train_data},
        y=train_labels,
            batch_size=100,
            num_epochs=None,
            shuffle=True)
```

7）训练分类器：

```
classifier.train(input_fn=train_input_fn, steps=10)
```

8）为验证数据创建输入函数：

```
val_input_fn = tf.compat.v1.estimator.inputs.numpy_input_fn(
        x={"x": eval_data},
        y=eval_labels,
        num_epochs=1,
        shuffle=False)
```

9）在验证数据集上评估训练好的线性分类器：

```
eval_results = classifier.evaluate(input_fn=val_input_fn)
print(eval_results)
```

10）经过 130 个时间步长，我们的准确度达到 89.4%。还不错。注意，由于我们已经指定了时间步长，因此模型会针对指定的步长进行训练，并在 10 个时间步长（指定的步数）后记录值。现在，如果我们再次运行 train，那么它将从第十步的状态开始。该时间步长会随着上述提到的步骤数的增加而增加。

上述模型的图如图 3-3 所示。

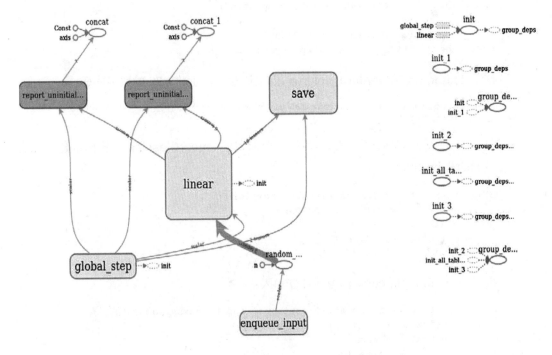

图 3-3   生成模型的 TensorBoard 图

通过 TensorBoard，我们还可以直观地看到准确度和平均损失的变化，这是线性分类器以十步为单位学习的，如图 3-4 所示。

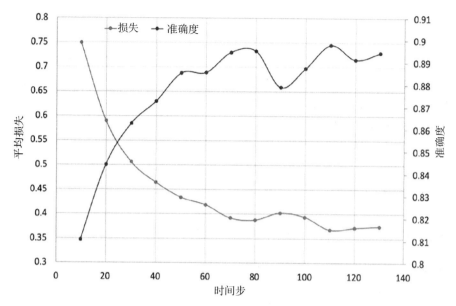

图 3-4　准确度和平均损失的可视化表示

人们还可以使用 TensorBoard 来查看网络训练时模型权重和偏置的更新。在图 3-5 中可以看到，随着时间的推移，偏置会发生变化。可以看出，随着模型的学习（x 轴为时间），偏置从初始值 0 开始扩展。

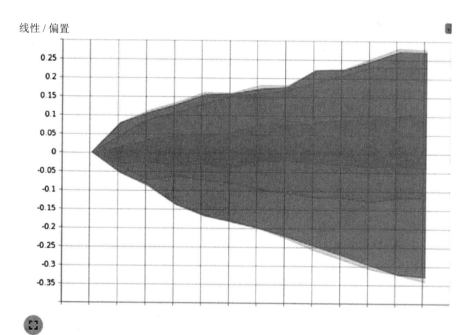

图 3-5　偏置的更新

3.6　小结

本章介绍了不同类型的回归算法。我们从线性回归开始，并用它来预测一个简单的单个输入变量情形和多个输入变量情形的房价。然后，本章转向 logistic 回归，这是一种非常重要且有用的分类技术。本章介绍了 TensorFlow Estimator API，并使用它对一些经典数据集实现了线性和 logistic 回归。下一章将向你介绍卷积神经网络，这是商业上最成功的神经网络模型。

3.7　参考文献

如果你有兴趣进一步了解本章介绍的概念，可以使用以下资源：

- `https://www.tensorflow.org/`
- `https://www.khanacademy.org/math/statistics-probability/describing-relationships-quantitative-data`
- `https://onlinecourses.science.psu.edu/stat501/node/250`

第 4 章

卷积神经网络

在前面的章节中，我们讨论了 DenseNet，其中每一层都完全连接到相邻的层。我们研究了这些稠密网络在 MNIST 手写字符数据集分类中的一个应用。在该应用中，将输入图像中的每个像素分配给一个神经元，总共有 784（28×28 像素）个输入神经元。但是，此策略没有利用每个图像之间的空间结构和关系。值得一提的是，这段代码是基于 DenseNet 的，它将代表每个手写数字的位图转换为平面向量，在该向量中移除了局部空间结构。移除空间结构是一个问题，因为重要信息丢失了：

```
#X_train is 60000 rows of 28x28 values --> reshaped in 60000 x 784
X_train = X_train.reshape(60000, 784)
X_test = X_test.reshape(10000, 784)
```

卷积神经网络（Convolutional Neural Network，CNN）利用空间信息，因此非常适合对图像进行分类。这些网络使用的 ad hoc 架构受到视觉皮层上生理实验获得的生物学数据的启发。正如我们在第 2 章中讨论的那样，我们的视觉感知是基于多个皮层的，每个皮层识别出越来越多的结构化信息。首先，我们看到了单个像素，然后从中识别出简单的几何形式，然后识别出越来越复杂的元素，例如物体、面部、人体、动物等。

卷积神经网络是一个令人着迷的主题。在很短的时间内，它们已经证明自己是一种突破性技术，打破了从文本、视频到语音的多个领域的性能记录，远远超出了最初设想的图像处理领域。

在本章中，我们将介绍 CNN 的概念，这是一种对深度学习非常重要的特殊类型的神经网络。

4.1　深度卷积神经网络

深度卷积神经网络（Deep Convolutional Neural Network，DCNN）由许多神经网络

层组成。卷积层和池化层（即二次采样）这两种不同类型的层通常会交替使用。网络中每个过滤器的深度从左到右增加。最后一级通常由一个或多个全连接层组成。如图 4-1 所示。

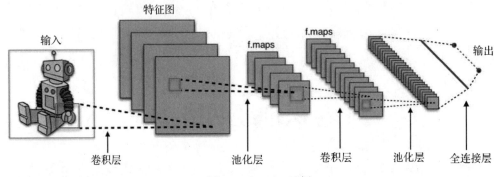

图 4-1 DCNN 示例

卷积网络有三个关键的基础概念：局部感受野、共享权重和池化。让我们一起回顾一下。

4.1.1 局部感受野

如果我们要保留图像或其他形式数据的空间信息，则使用像素矩阵表示每个图像会很方便。鉴于此，编码局部结构的一种简单方法是将相邻输入神经元的子矩阵连接到属于下一层的单个隐藏神经元中。单个隐藏的神经元代表一个局部感受野。注意，此操作称为卷积，这是此类网络名称的由来。你可以将卷积视为一个矩阵（称为核）对原矩阵的处理。

当然，我们可以通过重叠子矩阵来编码更多信息。例如，假设每个子矩阵的大小为 5×5，并且这些子矩阵与 28×28 像素的 MNIST 图像一起使用，则我们将能够在隐藏层中生成 24×24 的局部感受野神经元。

实际上，在接触到图像边界前，可将子矩阵仅滑动 23 个位置。在 Keras 中，核大小就是沿着核或子矩阵的某个边的像素数，而步幅长度是核在卷积的每个步骤中移动的像素数。

让我们定义从一层到另一层的特征图。显然，我们可从每个隐藏层中得到若干个独立学习的特征图。例如，从 28×28 个输入神经元开始处理 MINST 图像，然后在下一个隐藏层中生成 k 个大小为 24×24 的神经元的特征图（步幅为 5×5）。

4.1.2 共享权重和偏差

假设我们想摆脱原始图像中的像素表示，而要获得一种检测某个特征，且独立其在输入图像中所处位置的能力。一种简单的方法是对隐藏层中的所有神经元使用相同的权重和偏差集。这样，每层将学习到一组位置无关、派生自图像的潜在特征。记住，每层由一组并行的核组成，而每个核仅学习一个特征。

4.1.3 数学示例

一种了解卷积的简单方法是考虑应用于矩阵的滑动窗口函数。在以下示例中,给定输入矩阵 *I* 和核 *K*,我们得到卷积输出。将 3×3 核 *K*(有时称为过滤器或特征检测器)与输入矩阵逐元素相乘,以在输出矩阵中获得一个像元。通过在 *I* 上滑动窗口可得到所有其他像元,如图 4-2 所示。

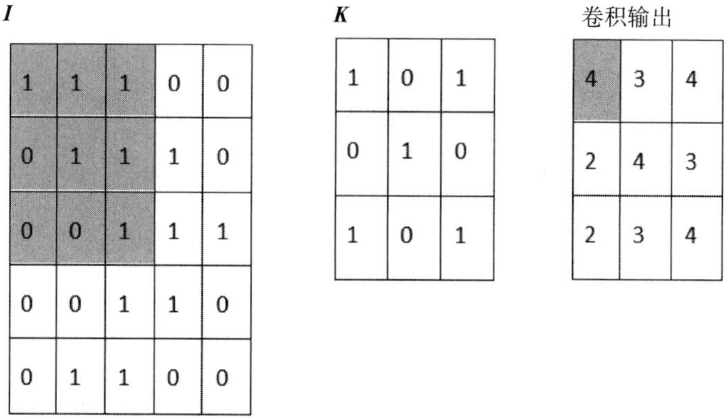

图 4-2 输入矩阵 *I* 和核 *K* 产生卷积输出

在示例中,我们决定在触抵 *I* 的边界时立即停止滑动窗口(因此输出为 3×3)。或者,我们可以选择对输入进行零填充(因此输出为 5×5)。该决定与应用的填充选择有关。注意,核深度等于输入深度(通道)。

另一个选择是关于每一步滑动窗口的滑动距离。这被称为步进。较大的步进将生成较少的核应用和较小的输出大小,而较小的步进将生成更多输出并保留更多信息。

过滤器的大小、步进和填充类型是超参数,可以在网络训练期间进行微调。

4.1.4 TensorFlow 2.x 中的 ConvNets

在 TensorFlow 2.x 中,如果我们要添加一个具有 32 个并行特征和 3×3 过滤器的卷积层,可以这样写:

```
import tensorflow as tf
from tensorflow.keras import datasets, layers, models
model = models.Sequential()
model.add(layers.Conv2D(32, (3, 3), activation='relu', input_
shape=(28, 28, 1)))
```

这意味着我们在 28×28 的单输入通道(或输入过滤器)图像上应用 3×3 卷积,从而得到 32 个输出通道(或输出过滤器)。

图 4-3 提供了一个卷积示例。

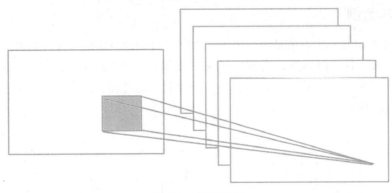

图 4-3　卷积示例

4.1.5　池化层

假设我们要总结特征图的输出。同样地，我们可以用从单个特征图中生成的输出的空间连续性，并将子矩阵的值聚合为一个单输出值，综合描述与该物理区域关联的"意义"。

1. 最大池化

一种简单而常见的选择是最大池化运算符，它简单地输出该观察区域中的最大激活值。在 Keras 中，如果要定义大小为 2×2 的最大池化层，可写成：

```
model.add(layers.MaxPooling2D((2, 2)))
```

图 4-4 给出了最大池化操作的示例。

图 4-4　最大池化示例

2. 平均池化

另一个选择是平均池化，它简单地将某区域聚合为该观察区域中激活值的平均值。

注意，Keras 实现了大量的池化层，完整的列表可在线获得（https://keras.io/layers/pooling/）。简而言之，所有池化的操作不过是对给定区域的汇总运算。

3. ConvNets 小结

到目前为止，我们已经描述了 ConvNets 的基本概念。CNN 对单维的（时间）音频和文本数据、对二维的（高度 × 宽度）图像数据、对三维的（高度 × 宽度 × 时间）视频数据，都应用了卷积和池化操作。对于图像，在输入矩阵上滑动过滤器会生成一个特征图，该特征图提供每个空间位置的过滤器响应。

换句话说，CNN 具有多个堆叠的过滤器，这些过滤器学习独立地从其图像位置上识别特定的视觉特征。在网络初始层中，这些视觉特征很简单，而在深层网络中变得越来越复杂。CNN 的训练需要为每个过滤器标识正确的值，从而当输入经多个隐藏层时能激活末层的特定神经元，并正确预测值。

4.2 DCNN 的示例——LeNet

曾经获得图灵奖的 Yann LeCun 提出了一个名为 LeNet 的卷积网络系列，该卷积网络经过训练，可以识别 MNIST 手写字符，对简单的几何变换和变形具有鲁棒性。LeNet 的核心思想是使低阶隐藏层交替进行卷积与最大池化操作。卷积操作基于精心选择的局部感受野，并具有针对多个特征图的共享权重。然后，高阶隐藏层基于传统的 MLP 全连接，并把 softmax 作为输出层。

4.2.1 TensorFlow 2.0 中的 LeNet 代码

为了在代码中定义 LeNet，我们使用卷积 2D 模块：

```
layers.Convolution2D(20, (5, 5), activation='relu', input_shape=input_
shape))
```

其中第一个参数是卷积中输出过滤器的数量，元组是每个过滤器的大小。一个有意思的可选参数是 `padding`，它有两个选项：`padding='valid'` 表示仅在输入和过滤器完全重叠且因此输出小于输入的情况下才计算卷积；`padding='same'` 表示输出与输入大小相同，输入以外的区域用零填充。

 注意，tf.keras.layers.Conv2D 是 tf.keras.layers.Convolution2D 的别名，因此两者可以互换使用。见 https://www.tensorflow.org/api_docs/python/tf/keras/layers/Conv2D。

另外，我们使用 MaxPooling2D 模块：

```
layers.MaxPooling2D(pool_size=(2, 2), strides-(2, 2))
```

其中 `pool_size=(2,2)` 是由两个整数构成的元组，表示图像在垂直和水平方向上的缩小因子。因此，(2, 2) 将图像在每个维度上减半，而 `stride=(2,2)` 是步进。

现在，让我们回顾一下代码。导入所需模块：

```
import tensorflow as tf
from tensorflow.keras import datasets, layers, models, optimizers
# network and training
EPOCHS = 5
BATCH_SIZE = 128
VERBOSE = 1
OPTIMIZER = tf.keras.optimizers.Adam()
VALIDATION_SPLIT=0.95

IMG_ROWS, IMG_COLS = 28, 28 # input image dimensions
INPUT_SHAPE = (IMG_ROWS, IM   G_COLS, 1)
NB_CLASSES = 10  # number of outputs = number of digits
```

定义 LeNet 网络：

```
#define the convnet
```

```
def build(input_shape, classes):
    model = models.Sequential()
```

我们有了第一个卷积阶段，包括 ReLU 激活及最大池化。我们的网络将学习 20 个卷积滤波器，每个滤波器的大小为 5×5。输出维度与输入形状相同，因此将为 28×28。注意，由于 Convolution2D 是整个流程的第一阶段，因此还需要定义其 input_shape。最大池化操作实现了一个滑动窗口，该窗口在隐藏层上滑动，并且在垂直和水平方向上步长为 2 个像素：

```
# CONV => RELU => POOL
model.add(layers.Convolution2D(20, (5, 5), activation='relu', input_
shape=input_shape))
model.add(layers.MaxPooling2D(pool_size=(2, 2), strides=(2, 2)))
```

然后是具有 ReLU 激活的第二个卷积阶段，接着的也是最大池化层。在这种情况下，我们将学习的卷积滤波器的数量从之前的 20 个增加到 50 个。增加深层滤波器的数量是深度学习中常用的技术：

```
# CONV => RELU => POOL
model.add(layers.Convolution2D(50, (5, 5), activation='relu'))
model.add(layers.MaxPooling2D(pool_size=(2, 2), strides=(2, 2)))
```

然后增加一个非常标准的展开（压平）和一个由 500 个神经元组成的稠密网络，以及一个具有 10 个分类的 softmax 分类器：

```
# Flatten => RELU layers
model.add(layers.Flatten())
model.add(layers.Dense(500, activation='relu'))
# a softmax classifier
model.add(layers.Dense(classes, activation="softmax"))
return model
```

恭喜你，你已经定义了你的第一个深度卷积学习网络！它的可视化如图 4-5 所示。

现在我们需要一些额外的代码来训练网络，代码与我们在第 1 章中已经见过的非常相似。这次我们还展示了打印损失的代码：

```
# data: shuffled and split between train and test sets
(X_train, y_train), (X_test, y_test) = datasets.mnist.load_data()

# reshape
X_train = X_train.reshape((60000, 28, 28, 1))
X_test = X_test.reshape((10000, 28, 28, 1))

# normalize

X_train, X_test = X_train / 255.0, X_test / 255.0

# cast
X_train = X_train.astype('float32')
```

```
X_test = X_test.astype('float32')

# convert class vectors to binary class matrices
y_train = tf.keras.utils.to_categorical(y_train, NB_CLASSES)
y_test = tf.keras.utils.to_categorical(y_test, NB_CLASSES)

# initialize the optimizer and model
model = build(input_shape=INPUT_SHAPE, classes=NB_CLASSES)
model.compile(loss="categorical_crossentropy", optimizer=OPTIMIZER,
              metrics=["accuracy"])
model.summary()

# use TensorBoard, princess Aurora!
callbacks = [
  # Write TensorBoard logs to './logs' directory
  tf.keras.callbacks.TensorBoard(log_dir='./logs')
]

# fit
history = model.fit(X_train, y_train,
                    batch_size=BATCH_SIZE, epochs=EPOCHS,
                    verbose=VERBOSE, validation_split=VALIDATION_SPLIT,
                    callbacks=callbacks)

score = model.evaluate(X_test, y_test, verbose=VERBOSE)
print("\nTest score:", score[0])
print('Test accuracy:', score[1])
```

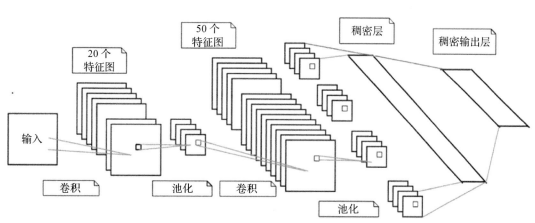

图 4-5　LeNet 的可视化图

现在运行代码。如你在图 4-6 中看到的，耗时显著增加，该深度神经网络的每次迭代花费约 28 秒，而在第 1 章中定义的网络仅花费了 1～2 秒。

但是，准确度达到了训练集 99.991%、验证集 99.91% 和测试集 99.15% 的新峰值！

让我们看一下 20 个 epoch 的完整执行过程，如图 4-7 所示。

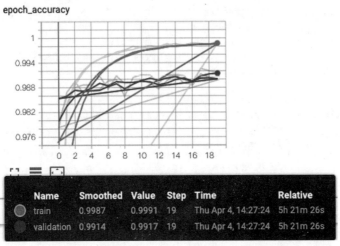

图 4-6   LeNet 准确度

```
Model: "sequential"

Layer (type)                    Output Shape            Param #
=================================================================
conv2d (Conv2D)                 (None, 24, 24, 20)      520
_____
max_pooling2d (MaxPooling2D)    (None, 12, 12, 20)      0
_____
conv2d_1 (Conv2D)               (None, 8, 8, 50)        25050
_____
max_pooling2d_1 (MaxPooling2    (None, 4, 4, 50)        0
_____
flatten (Flatten)               (None, 800)             0
_____
dense (Dense)                   (None, 500)             400500
_____
dense_1 (Dense)                 (None, 10)              5010
=================================================================
Total params: 431,080
Trainable params: 431,080
Non-trainable params: 0
_____
Train on 48000 samples, validate on 12000 samples
Epoch 1/20
[2019-04-04 14:18:28.546158: I tensorflow/core/profiler/lib/profiler_session.cc:164] Profile Session started.
48000/48000 [==============================] - 28s 594us/sample - loss: 0.2035 - accuracy: 0.9398 - val_loss: 0.0739 - val_accuracy: 0.9783
Epoch 2/20
48000/48000 [==============================] - 26s 534us/sample - loss: 0.0520 - accuracy: 0.9839 - val_loss: 0.0435 - val_accuracy: 0.9868
Epoch 3/20
48000/48000 [==============================] - 27s 564us/sample - loss: 0.0343 - accuracy: 0.9893 - val_loss: 0.0365 - val_accuracy: 0.9895
Epoch 4/20
48000/48000 [==============================] - 27s 562us/sample - loss: 0.0248 - accuracy: 0.9921 - val_loss: 0.0452 - val_accuracy: 0.9868
Epoch 5/20
48000/48000 [==============================] - 27s 562us/sample - loss: 0.0195 - accuracy: 0.9939 - val_loss: 0.0428 - val_accuracy: 0.9873
Epoch 6/20
48000/48000 [==============================] - 28s 588us/sample - loss: 0.0153 - accuracy: 0.9950 - val_loss: 0.0417 - val_accuracy: 0.9876
Epoch 7/20
48000/48000 [==============================] - 26s 537us/sample - loss: 0.0134 - accuracy: 0.9955 - val_loss: 0.0388 - val_accuracy: 0.9896
Epoch 8/20
[48000/48000 [==============================] - 29s 598us/sample - loss: 0.0097 - accuracy: 0.9966 - val_loss: 0.0347 - val_accuracy: 0.9899
Epoch 9/20
48000/48000 [==============================] - 29s 607us/sample - loss: 0.0091 - accuracy: 0.9971 - val_loss: 0.0515 - val_accuracy: 0.9859
Epoch 10/20
48000/48000 [==============================] - 27s 565us/sample - loss: 0.0062 - accuracy: 0.9980 - val_loss: 0.0376 - val_accuracy: 0.9904
Epoch 11/20
48000/48000 [==============================] - 30s 627us/sample - loss: 0.0068 - accuracy: 0.9976 - val_loss: 0.0366 - val_accuracy: 0.9911
Epoch 12/20
48000/48000 [==============================] - 24s 505us/sample - loss: 0.0079 - accuracy: 0.9975 - val_loss: 0.0389 - val_accuracy: 0.9910
Epoch 13/20
48000/48000 [==============================] - 28s 584us/sample - loss: 0.0057 - accuracy: 0.9978 - val_loss: 0.0531 - val_accuracy: 0.9890
Epoch 14/20
48000/48000 [==============================] - 28s 580us/sample - loss: 0.0045 - accuracy: 0.9984 - val_loss: 0.0409 - val_accuracy: 0.9911
Epoch 15/20
48000/48000 [==============================] - 26s 537us/sample - loss: 0.0039 - accuracy: 0.9986 - val_loss: 0.0436 - val_accuracy: 0.9911
Epoch 16/20
48000/48000 [==============================] - 25s 513us/sample - loss: 0.0059 - accuracy: 0.9983 - val_loss: 0.0480 - val_accuracy: 0.9890
Epoch 17/20
[48000/48000 [==============================] - 24s 499us/sample - loss: 0.0042 - accuracy: 0.9988 - val_loss: 0.0535 - val_accuracy: 0.9888
Epoch 18/20
[48000/48000 [==============================] - 24s 505us/sample - loss: 0.0042 - accuracy: 0.9986 - val_loss: 0.0349 - val_accuracy: 0.9926
Epoch 19/20
48000/48000 [==============================] - 29s 599us/sample - loss: 0.0052 - accuracy: 0.9984 - val_loss: 0.0377 - val_accuracy: 0.9920
Epoch 20/20
48000/48000 [==============================] - 25s 524us/sample - loss: 0.0028 - accuracy: 0.9991 - val_loss: 0.0477 - val_accuracy: 0.9917
10000/10000 [==============================] - 2s 240us/sample - loss: 0.0383 - accuracy: 0.9915
[
Test score: 0.03832608199457617
Test accuracy: 0.9915
```

图 4-7   20 个 epoch 后的执行模型

通过输出模型准确度和模型损失的变化，可以发现只需 10 次迭代训练就能达到近似 99.1% 的准确度，如图 4-8 所示。

```
------------------------------------------------
Train on 48000 samples, validate on 12000 samples
Epoch 1/10
2019-04-04 15:57:17.848186: I tensorflow/core/profiler/lib/profiler_session.cc:164] Profile Session started.
48000/48000 [==============================] - 26s 544us/sample - loss: 0.2134 - accuracy: 0.9361 - val_loss: 0.0688 - val_accuracy: 0.9783
Epoch 2/10
48000/48000 [==============================] - 30s 633us/sample - loss: 0.0550 - accuracy: 0.9831 - val_loss: 0.0533 - val_accuracy: 0.9843
Epoch 3/10
48000/48000 [==============================] - 30s 621us/sample - loss: 0.0353 - accuracy: 0.9884 - val_loss: 0.0410 - val_accuracy: 0.9874
Epoch 4/10
48000/48000 [==============================] - 37s 767us/sample - loss: 0.0276 - accuracy: 0.9910 - val_loss: 0.0381 - val_accuracy: 0.9887
Epoch 5/10
48000/48000 [==============================] - 24s 509us/sample - loss: 0.0200 - accuracy: 0.9932 - val_loss: 0.0406 - val_accuracy: 0.9881
Epoch 6/10
48000/48000 [==============================] - 31s 641us/sample - loss: 0.0161 - accuracy: 0.9950 - val_loss: 0.0423 - val_accuracy: 0.9881
Epoch 7/10
48000/48000 [==============================] - 29s 613us/sample - loss: 0.0129 - accuracy: 0.9955 - val_loss: 0.0396 - val_accuracy: 0.9894
Epoch 8/10
48000/48000 [==============================] - 27s 554us/sample - loss: 0.0107 - accuracy: 0.9965 - val_loss: 0.0454 - val_accuracy: 0.9871
Epoch 9/10
48000/48000 [==============================] - 24s 510us/sample - loss: 0.0082 - accuracy: 0.9973 - val_loss: 0.0388 - val_accuracy: 0.9902
Epoch 10/10
48000/48000 [==============================] - 26s 542us/sample - loss: 0.0083 - accuracy: 0.9970 - val_loss: 0.0440 - val_accuracy: 0.9892
10000/10000 [==============================] - 2s 196us/sample - loss: 0.0327 - accuracy: 0.9910

Test score: 0.03265062951518773
Test accuracy: 0.991
```

图 4-8　10 次迭代后的模型准确度

让我们看一些 MNIST 图像，以了解 99.1% 的成绩有多好！例如，人们有很多种书写数字 9 的方式，图 4-9 中包含了其中的一种。数字 3、7、4 和 5 也如此，但图中的数字 1 难以识别。

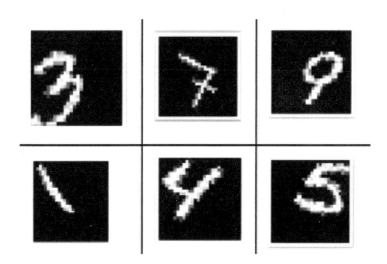

图 4-9　MNIST 手写字符的示例

在图 4-10 中，我们总结下目前为止在使用不同的模型下所取得的进展。我们的简单网络的准确度从 90.71% 开始，这意味着大约 100 个手写字符中的 9 个不能被正确识别。然后，我们通过使用深度学习框架，准确度提升了 8%，达到了 99.2%，这意味着每 100 个字符中少于一个的手写字符会被错误地识别。

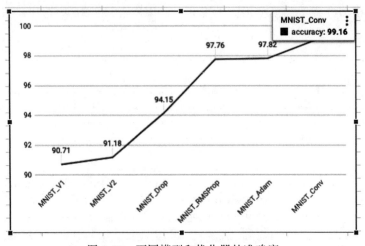

图 4-10　不同模型和优化器的准确度

4.2.2　理解深度学习的力量

为了更好地理解深度学习和卷积网络，我们可以运行的另一个测试是减少训练集的大小并观察由此导致的性能下降。一种方法是将 50 000 个实例的训练集分为两个不同的集：

1）用于训练模型的训练集，它将以 5900、3000、1800、600 和 300 的实例数逐渐减小。

2）用于估计模型训练水平的验证集，它将由剩余实例组成。测试集的大小是固定的，它包含 10 000 个示例。

通过此设置，我们将上面定义的深度学习卷积网络与第 1 章中定义的第一个神经网络示例进行比较。如图 4-11 所示，当有更多数据可用时，深度网络总是优于简单网络。当包含 5900 个训练实例时，深度学习网络的准确度为 97.23%，而简单网络的准确度为 94%。

通常来说，深度网络需要更多可用的训练数据来充分体现其能力（见图 4-11）。

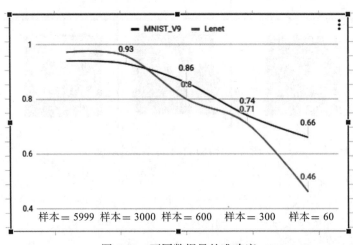

图 4-11　不同数据量的准确度

MNIST 的最新技术成果（比如，可获得的最高性能）列表可线上查看（`http://rodri-gob.github.io/are_we_there_yet/build/classification_datasets_results.html`）。截至 2019 年 3 月，最佳成果的错误率为 0.21%[2]。

4.3　通过深度学习识别 CIFAR-10 图像

CIFAR-10 数据集包含 60 000 张 32×32 像素的 3 通道彩色图像，并被划分为 10 个类别，每个类别包含 6000 张图像。训练集包含 50 000 张图像，测试集包含 10 000 张图像。图 4-12 展示了一些来自上述 10 个类别的随机实例。

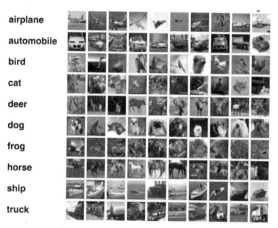

图 4-12　CIFAR-10 图像示例

我们的目标是识别之前未曾见过的图像，并将其指定为上述 10 个类别之一。让我们定义一个合适的深度网络。

首先导入一些有用的模块，定义一些常量，然后加载数据集：

```
import tensorflow as tf
from tensorflow.keras import datasets, layers, models, optimizers

# CIFAR_10 is a set of 60K images 32x32 pixels on 3 channels
IMG_CHANNELS = 3
IMG_ROWS = 32
IMG_COLS = 32

# constant
BATCH_SIZE = 128
EPOCHS = 20
CLASSES = 10
VERBOSE = 1
VALIDATION_SPLIT = 0.2
OPTIM = tf.keras.optimizers.RMSprop()
```

网络将学习 32 个卷积滤波器，每个滤波器的大小为 3×3。输出维度与输入形状相同，因此将为 32×32，并且用到的激活函数为 ReLU 函数，这也是引入非线性的一种简单方法。之后，我们进行了最大池化操作，池的大小为 2×2，Dropout 为 25%：

```
# define the convnet
def build(input_shape, classes):
    model = models.Sequential()
    model.add(layers.Convolution2D(32, (3, 3), activation='relu',
              input_shape=input_shape))
    model.add(layers.MaxPooling2D(pool_size=(2, 2)))
    model.add(layers.Dropout(0.25))
```

深度流程的下一个阶段是一个稠密网络，它具有 512 个单元和 ReLU 激活，接着是一个随机失活率为 50% 的随机失活层和一个带有 10 个类别输出的 softmax 层，每个类别表示一个分类：

```
model.add(layers.Flatten())
model.add(layers.Dense(512, activation='relu'))
model.add(layers.Dropout(0.5))
model.add(layers.Dense(classes, activation='softmax'))
return model
```

定义完神经网络后，开始训练模型。在本例中，我们拆分数据，并同时计算训练集、测试集和验证集。训练集用于构建模型，验证集用于选择性能最佳的方法，而测试集使用全新且未见过的数据来检验最优模型的性能：

```
# use TensorBoard, princess Aurora!
callbacks = [
  # Write TensorBoard logs to './logs' directory
  tf.keras.callbacks.TensorBoard(log_dir='./logs')
]

# train
model.compile(loss='categorical_crossentropy', optimizer=OPTIM,
              metrics=['accuracy'])

model.fit(X_train, y_train, batch_size=BATCH_SIZE,
          epochs=EPOCHS, validation_split=VALIDATION_SPLIT,
          verbose=VERBOSE, callbacks=callbacks)
score = model.evaluate(X_test, y_test,
                       batch_size=BATCH_SIZE, verbose=VERBOSE)
print("\nTest score:", score[0])
print('Test accuracy:', score[1])
```

运行代码。该网络经过 20 次迭代后，达到了 66.8% 的测试准确度。如图 4-13 与图 4-14 所示，我们还打印了准确度和损失变化图，并通过 model.summary() 转储（dump）模型。

```
Epoch 17/20
40000/40000 [==============================] - 112s 3ms/sample - loss: 0.6282 - accuracy: 0.7841 - val_loss: 1.0296 -
 val_accuracy: 0.6734
Epoch 18/20
40000/40000 [==============================] - 76s 2ms/sample - loss: 0.6140 - accuracy: 0.7879 - val_loss: 1.0789 -
val_accuracy: 0.6489
Epoch 19/20
40000/40000 [==============================] - 74s 2ms/sample - loss: 0.5931 - accuracy: 0.7958 - val_loss: 1.0461 -
val_accuracy: 0.6811
Epoch 20/20
40000/40000 [==============================] - 71s 2ms/sample - loss: 0.5724 - accuracy: 0.8042 - val_loss: 1.0527 -
val_accuracy: 0.6773
10000/10000 [==============================] - 5s 472us/sample - loss: 1.0423 - accuracy: 0.6686

Test score: 1.0423416819572449
Test accuracy: 0.6686
```

图 4-13　准确度和损失的打印输出

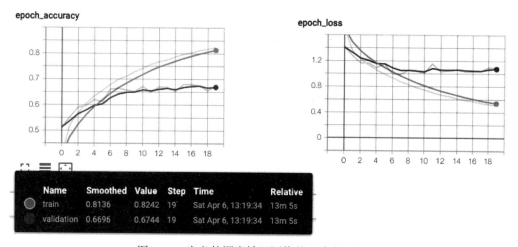

图 4-14　定义的深度神经网络的准确度和损失

4.3.1　用更深的网络提高 CIFAR-10 的性能

　　一种提高性能的方法是定义具有多个卷积运算的更深的网络。如下例所示，我们有一系列模块：

　　第一模块：（CONV + CONV + MaxPool + DropOut）

　　第二模块：（CONV + CONV + MaxPool + DropOut）

　　第三模块：（CONV + CONV + MaxPool + DropOut）

　　这些模块之后都是标准的稠密输出层。所有使用的激活函数均为 ReLU 函数。我们在第 1 章中也讨论过一个新网络层 `BatchNormalization()`，它用于为多模块引入一种归一化形式：

```python
def build_model():
    model = models.Sequential()

    # 1st block
    model.add(layers.Conv2D(32, (3,3), padding='same',
```

```
                 input_shape=x_train.shape[1:], activation='relu'))
      model.add(layers.BatchNormalization())
      model.add(layers.Conv2D(32, (3,3), padding='same',
activation='relu'))
      model.add(layers.BatchNormalization())
      model.add(layers.MaxPooling2D(pool_size=(2,2)))
      model.add(layers.Dropout(0.2))

      # 2nd block
      model.add(layers.Conv2D(64, (3,3), padding='same',
activation='relu'))
      model.add(layers.BatchNormalization())
      model.add(layers.Conv2D(64, (3,3), padding='same',
activation='relu'))
      model.add(layers.BatchNormalization())
      model.add(layers.MaxPooling2D(pool_size=(2,2)))
      model.add(layers.Dropout(0.3))

      # 3d block
      model.add(layers.Conv2D(128, (3,3), padding='same',
activation='relu'))
      model.add(layers.BatchNormalization())
      model.add(layers.Conv2D(128, (3,3), padding='same',
activation='relu'))
      model.add(layers.BatchNormalization())
      model.add(layers.MaxPooling2D(pool_size=(2,2)))
      model.add(layers.Dropout(0.4))

      # dense
      model.add(layers.Flatten())
      model.add(layers.Dense(NUM_CLASSES, activation='softmax'))
      return model

      model.summary()
```

恭喜你！你已定义了更深的网络。运行代码，经过 40 次迭代后达到了 82% 的准确度！为了完整起见，让我们加上代码的其余部分。第一部分是加载和归一化数据：

```
import tensorflow as tf
from tensorflow.keras import datasets, layers, models, regularizers,
optimizers
from tensorflow.keras.preprocessing.image import ImageDataGenerator
import numpy as np

EPOCHS=50
NUM_CLASSES = 10

def load_data():
    (x_train, y_train), (x_test, y_test) = datasets.cifar10.load_data()
    x_train = x_train.astype('float32')
    x_test = x_test.astype('float32')
```

```
# normalize
mean = np.mean(x_train,axis=(0,1,2,3))
std = np.std(x_train,axis=(0,1,2,3))
x_train = (x_train-mean)/(std+1e-7)
x_test = (x_test-mean)/(std+1e-7)

y_train = tf.keras.utils.to_categorical(y_train,NUM_CLASSES)
y_test = tf.keras.utils.to_categorical(y_test,NUM_CLASSES)

return x_train, y_train, x_test, y_test
```
Then we need to have a part to train the network:
```
(x_train, y_train, x_test, y_test) = load_data()
model = build_model()
model.compile(loss='categorical_crossentropy',
              optimizer='RMSprop',
              metrics=['accuracy'])

# train
batch_size = 64
model.fit(x_train, y_train, batch_size=batch_size,
          epochs=EPOCHS, validation_data=(x_test,y_test))
score = model.evaluate(x_test, y_test, batch_size=batch_size)
print("\nTest score:", score[0])
print('Test accuracy:', score[1])
```

因此，相较之前的简单深度网络，获得了 15.14% 的提升。为了完整起见，我们还打印了训练期间的准确度和损失。

4.3.2　用数据增强提高 CIFAR-10 的性能

提高性能的另一种方法是为训练提供更多的图像。具体地，可采用标准的 CIFAR 训练集，再通过多种变换来扩展该集合，比如旋转、尺寸变换、水平或垂直翻转、缩放、通道移位（channel shift）等。让我们看看应用于上节定义的同一网络上的代码：

```
from tensorflow.keras.preprocessing.image import ImageDataGenerator


#image augmentation
datagen = ImageDataGenerator(
    rotation_range=30,
    width_shift_range=0.2,
    height_shift_range=0.2,
    horizontal_flip=True,
    )
datagen.fit(x_train)
```

其中，rotation_range 是随机旋转图片的度数（0～180），width_shift 和 height_shift 是垂直或水平随机转换图片的范围，zoom_range 用于随机缩放图片，horizontal_flip 用于在水平方向上随机翻转半图，fill_mode 是在旋转或移位后，填充新像素点的策略。

数据增强后，我们从标准 CIFAR-10 集生成了更多的训练图像，如图 4-15 所示。

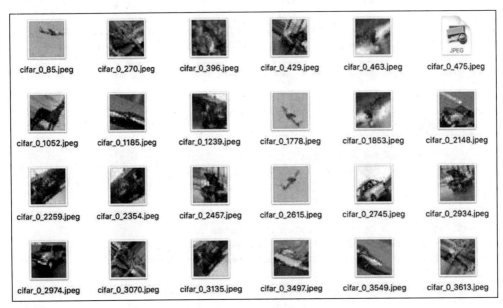

图 4-15　图像增强示例

现在，我们可将这种想法直接应用于训练。使用之前定义的相同 CNN，我们只需生成更多增强图像，然后进行训练。为了提高效率，图像生成器与模型并行运行。这样能做到在 CPU 上增强图像的同时，在 GPU 上并行训练模型。代码如下：

```
# train
batch_size = 64
model.fit_generator(datagen.flow(x_train, y_train,
                                 batch_size=batch_size),
                    epochs=EPOCHS,
                    verbose=1,validation_data=(x_test,y_test))
# save to disk
model_json = model.to_json()
with open('model.json', 'w') as json_file:
    json_file.write(model_json)
model.save_weights('model.h5')

# test
scores = model.evaluate(x_test, y_test, batch_size=128, verbose=1)
print('\nTest result: %.3f loss: %.3f' % (scores[1]*100,scores[0]))
```

现在，每次迭代都变得更加耗费资源，这是因为我们拥有了更多的训练数据。为此，我们仅运行 50 次迭代。如图 4-16 与图 4-17 所示，这样做后获得了 85.91% 的准确度。

```
Epoch 46/50
50000/50000 [==============================] - 36s 722us/sample - loss: 0.2440 - acc: 0.9183 - val_loss: 0.4918 - val_acc: 0.8546
Epoch 47/50
50000/50000 [==============================] - 34s 685us/sample - loss: 0.2338 - acc: 0.9208 - val_loss: 0.4884 - val_acc: 0.8574
Epoch 48/50
50000/50000 [==============================] - 32s 643us/sample - loss: 0.2383 - acc: 0.9189 - val_loss: 0.5106 - val_acc: 0.8556
Epoch 49/50
50000/50000 [==============================] - 37s 734us/sample - loss: 0.2285 - acc: 0.9212 - val_loss: 0.5017 - val_acc: 0.8581
Epoch 50/50
50000/50000 [==============================] - 36s 712us/sample - loss: 0.2263 - acc: 0.9228 - val_loss: 0.4911 - val_acc: 0.8591
```

图 4-16   50 次迭代结果

```
10000/10000 [==============================] - 2s 160us/sample - loss: 0.4911 - acc: 0.8591

Test score: 0.4911323667049408
Test accuracy: 0.8591
```

图 4-17   最终准确度显示为 85.91%

图 4-18 总结了我们实验过程中得到的成果。

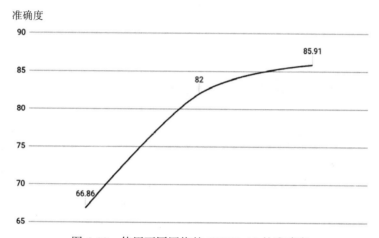

图 4-18   使用不同网络的 CIFAR-10 的准确度

可在线获得 CIFAR-10 的最新技术成果列表（`http://rodrigob.github.io/are_we_there_yet/build/classification_datasets_results.html`）。截至 2019 年 4 月，最佳成果的准确度为 96.53%[3]。

4.3.3   基于 CIFAR-10 预测

假设我们想用上述训练好的 CIFAR-10 深度学习模型进行图像的批量评估。由于保存了模型和权重，因此不需要每次都训练：

```
import numpy as np
import scipy.misc
from tf.keras.models import model_from_json
from tf.keras.optimizers import SGD

# load model
```

```
model_architecture = 'cifar10_architecture.json'
model_weights = 'cifar10_weights.h5'
model = model_from_json(open(model_architecture).read())
model.load_weights(model_weights)

# load images
img_names = ['cat-standing.jpg', 'dog.jpg']
imgs = [np.transpose(scipy.misc.imresize(scipy.misc.imread(img_name),
(32, 32)), (2, 0, 1)).astype('float32')
          for img_name in img_names]
imgs = np.array(imgs) / 255

# train
optim = SGD()
model.compile(loss='categorical_crossentropy', optimizer=optim,
              metrics=['accuracy'])
# predict
predictions = model.predict_classes(imgs)
print(predictions)
```

现在让我们预测猫和狗。

得到输出类别 3（猫）和 5（狗），与期望相符。我们成功创建了一个用于 CIFAR-10 图像分类的 CNN。接下来，我们将研究 VGG-16——深度学习的突破性进展。

4.4　用于大规模图像识别的超深度卷积网络

2014 年，K. Simonyan 和 A. Zisserman[4] 在论文 " *Very Deep Convolutional Networks for Large-Scale Image Recognition* " 中提出了一种对图像识别的有趣贡献。该论文表明 "通过将深度增加到 16～19 权重层，可以实现对现有技术配置的重大改进"。文中一个表示为 D 或 VGG-16 的模型具有 16 个深层。

一种基于 Java Caffe（http://caffe.berkeleyvision.org/）的实现在 ImageNet ILSVRC-2012（http://image-net.org/challenges/LSVRC/2012/）数据集上训练模型，该数据集包涵 1000 个类别的图像，并分为三个集合：训练集（130 万张图像）、验

证集（50 000 张图像）和测试集（100 000 张图像）。每个图像均为 3 个通道（224×224）。该模型在 ILSVRC-2012-val 上获得了 7.5% 的 top-5 错误率，在 ILSVRC-2012-test 上获得了 7.4% 的 top-5 错误率。

援引自 ImageNet 网站，"本次比赛是为了数据检索和基于大型手工标记 ImageNet 数据集（1000 万张带标签的图片，描绘了 1 万多个对象类别）的子集训练的自动标注而进行的图像内容评估。测试图像将不带有任何初始标注，也不会出现分段或标签，并且算法要产生能指出哪些物体存在于图像中的标签。"

在 Caffe 中实现的模型学习的权重已在 tf.Keras 中直接转换（https://gist.github.com/baraldilorenzo/07d7802847aaad0a35d3），使用时可通过将其预加载到指定 tf.Keras 模型，具体实现如下（论文中作了描述）：

```python
import tensorflow as tf
from tensorflow.keras import layers, models

# define a VGG16 network

def VGG_16(weights_path=None):
    model = models.Sequential()
    model.add(layers.ZeroPadding2D((1,1),input_shape=(224,224, 3)))
    model.add(layers.Convolution2D(64, (3, 3), activation='relu'))
    model.add(layers.ZeroPadding2D((1,1)))
    model.add(layers.Convolution2D(64, (3, 3), activation='relu'))
    model.add(layers.MaxPooling2D((2,2), strides=(2,2)))

    model.add(layers.ZeroPadding2D((1,1)))
    model.add(layers.Convolution2D(128, (3, 3), activation='relu'))
    model.add(layers.ZeroPadding2D((1,1)))
    model.add(layers.Convolution2D(128, (3, 3), activation='relu'))
    model.add(layers.MaxPooling2D((2,2), strides=(2,2)))

    model.add(layers.ZeroPadding2D((1,1)))
    model.add(layers.Convolution2D(256, (3, 3), activation='relu'))
    model.add(layers.ZeroPadding2D((1,1)))
    model.add(layers.Convolution2D(256, (3, 3), activation='relu'))
    model.add(layers.ZeroPadding2D((1,1)))
    model.add(layers.Convolution2D(256, (3, 3), activation='relu'))
    model.add(layers.MaxPooling2D((2,2), strides=(2,2)))

    model.add(layers.ZeroPadding2D((1,1)))
    model.add(layers.Convolution2D(512, (3, 3), activation='relu'))
    model.add(layers.ZeroPadding2D((1,1)))
    model.add(layers.Convolution2D(512, (3, 3), activation='relu'))
    model.add(layers.ZeroPadding2D((1,1)))
    model.add(layers.Convolution2D(512, (3, 3), activation='relu'))
    model.add(layers.MaxPooling2D((2,2), strides=(2,2)))

    model.add(layers.ZeroPadding2D((1,1)))
```

```
model.add(layers.Convolution2D(512, (3, 3), activation='relu'))
model.add(layers.ZeroPadding2D((1,1)))
model.add(layers.Convolution2D(512, (3, 3), activation='relu'))
model.add(layers.ZeroPadding2D((1,1)))
model.add(layers.Convolution2D(512, (3, 3), activation='relu'))
model.add(layers.MaxPooling2D((2,2), strides=(2,2)))

model.add(layers.Flatten())

#top layer of the VGG net
model.add(layers.Dense(4096, activation='relu'))
model.add(layers.Dropout(0.5))
model.add(layers.Dense(4096, activation='relu'))
model.add(layers.Dropout(0.5))
model.add(layers.Dense(1000, activation='softmax'))

if weights_path:
    model.load_weights(weights_path)

return model
```

我们已经实现了 VGG16。接下来将使用它。

4.4.1　基于 VGG16 神经网络识别猫

现在让我们测试一张含有一只猫的图像。

注意，我们将用到预定义权重：

```
import cv2
im = cv2.resize(cv2.imread('cat.jpg'), (224, 224).astype(np.float32))
#im = im.transpose((2,0,1))
im = np.expand_dims(im, axis=0)

# Test pretrained model
model = VGG_16('/Users/antonio/.keras/models/vgg16_weights_tf_dim_
ordering_tf_kernels.h5')
model.summary()
```

```
model.compile(optimizer='sgd', loss='categorical_crossentropy')
out = model.predict(im)
print(np.argmax(out))
```

如图 4-19 所示，当代码执行后，返回类别 285，该类别与埃及猫（Egyptian cat）对应（https://gist.github.com/yrevar/942d3a0ac09ec9e5eb3a）：

```
Total params: 138,357,544
Trainable params: 138,357,544
Non-trainable params: 0
----------------------------------------------------
285
```

图 4-19　使用 VGG16 Net 的图像识别结果

令人赞叹，不是吗？我们的 VGG-16 网络可以成功识别猫的图像！这是深度学习的第一步。距论文[4]仅仅五年时间，但却改变了游戏规则。

4.4.2　使用 tf.keras 内置的 VGG16 Net 模块

tf.Keras 应用是预构建和预训练后的深度学习模型。当实例化模型时，权重会自动下载并存储在 ~/.keras/models/ 下。使用内置代码非常容易：

```
import tensorflow as tf
from tensorflow.keras.applications.vgg16 import VGG16
import matplotlib.pyplot as plt
import numpy as np
import cv2

# prebuild model with pre-trained weights on imagenet
model = VGG16(weights='imagenet', include_top=True)
model.compile(optimizer='sgd', loss='categorical_crossentropy')

# resize into VGG16 trained images' format
im = cv2.resize(cv2.imread('steam-locomotive.jpg'), (224, 224)
.astype(np.float32))
im = np.expand_dims(im, axis=0)

# predict
out = model.predict(im)
index = np.argmax(out)
print(index)

plt.plot(out.ravel())
plt.show()
# this should print 820 for steaming train
```

现在，让我们测试一列火车。

如果运行代码，则结果为 820，这正是"蒸汽火车"的图像网络代码。很重要的一点是支撑所有其他类别的可能性都很弱，如下图所示。

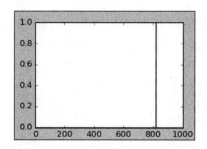

注意，VGG16 只是 `tf.Keras` 预构建的模块之一。可在线获得预训练模型的完整列表（https://www.tensorflow.org/api_docs/python/tf/keras/applications）。

4.4.3   复用预建深度学习模型以提取特征

一个非常简单的想法是使用 VGG16（更具一般性的是 DCNN）进行特征提取。以下代码通过从某个特定层提取特征来实现该想法。注意，我们需要切换到 Functional API，因为 Sequential 模型仅接受图层输入：

```
import tensorflow as tf
from tensorflow.keras.applications.vgg16 import VGG16
from tensorflow.keras import models
from tensorflow.keras.preprocessing import image
from tensorflow.keras.applications.vgg16 import preprocess_input
import numpy as np
import cv2

# prebuild model with pre-trained weights on imagenet
base_model = VGG16(weights='imagenet', include_top=True)
print (base_model)
for i, layer in enumerate(base_model.layers):
    print (i, layer.name, layer.output_shape)

# extract features from block4_pool block
model = models.Model(inputs=base_model.input,
```

```
         outputs=base_model.get_layer('block4_pool').output)
img_path = 'cat.jpg'
img = image.load_img(img_path, target_size=(224, 224))
x = image.img_to_array(img)
x = np.expand_dims(x, axis=0)
x = preprocess_input(x)

# get the features from this block
features = model.predict(x)
print(features)
```

你可能会好奇为什么要从 DCNN 的中间层提取这些特征。原因是随着深度网络学习图像分类，各层都将学习如何标识特征，这些特征会用于完成最终的分类。较低的层标识较低阶的特征（例如颜色和边缘），而较高的层将这些较低阶的特征组合为较高阶的特征（例如形状或对象）。因此，中间层具有从图像中提取重要特征的能力，并且这些特征更有可能有助于不同种类的分类。

这样做有很多优点。首先，我们可以依靠公开提供的大规模训练，并将这种学习转移到新颖的领域。其次，我们可以为昂贵的大型训练节省时间。第三，即使我们没有针对该领域的大量训练示例，也可以提供合理的解决方案。我们也可以很好地应对即将开始的任务，建立一个良好的网络雏形，而不是猜测它。

至此，我们将对 VGG-16 CNN 作个总结概述，它是本章定义的最后一个深度学习模型。在下一章中，你将看到更多 CNN 示例。

4.5　小结

在本章中，我们学习了如何使用深度学习卷积网络以高准确度识别 MNIST 手写字符。我们使用了 CIFAR-10 数据集来构建具有 10 个类别的深度学习分类器，并使用 ImageNet 数据集来构建具有 1000 个类别的精确分类器。此外，我们研究了如何使用大型深度学习网络（例如 VGG16）和超深度网络（例如 InceptionV3）。最后，我们讨论了迁移学习。在下一章中，我们将看到如何调整在大型数据集上训练的预建模型，以便它们能胜任新领域的工作。

4.6　参考文献

1.　Y. LeCun and Y. Bengio, *Convolutional Networks for Images, Speech, and Time-Series*, Handb. brain Theory Neural networks, vol. 3361, 1995.

2.　L. Wan, M. Zeiler, S. Zhang, Y. L. Cun, and R. Fergus, *Regularization of Neural Networks using DropConnect*, Proc. 30th Int. Conf. Mach. Learn., pp. 1058–1066, 2013.

3.　B. Graham, *Fractional Max-Pooling*, arXiv Prepr. arXiv: 1412.6071, 2014.

4.　K. Simonyan and A. Zisserman, *Very Deep Convolutional Networks for Large-Scale Image Recognition*, arXiv ePrints, Sep. 2014.

CHAPTER 5

第 5 章

高级卷积神经网络

本章将介绍卷积神经网络的一些更高级用法，探索如何将 CNN 应用于计算机视觉、视频、文本文档、音频和音乐领域，并通过总结卷积运算作为结束。我们将从图像处理开始研究 CNN。

5.1　计算机视觉

在本节中，我们将研究在图像处理领域应用 CNN 架构的方式，以及产生的有趣结果。

5.1.1　复杂任务的 CNN 组合

在上一章中，我们已经对 CNN 进行了广泛讨论，在这一点上，你可能已经确信 CNN 架构对于图像分类任务的有效性。但是，你可能会觉得惊讶的是，基础 CNN 架构可通过多种方式进行组合和扩展，从而解决更多、更复杂的任务。

本节中，我们将考虑图 5-1 所列的计算机视觉任务，并展示如何通过将 CNN 组合成更大、更复杂的架构来解决它们。

1. 分类和定位

在分类和定位任务中，你不仅需要说出在图像中找到的物体的类别，而且还需指出物体显现在图像中的边界框坐标。这类任务假设在图像中只有一个物体实例。

这个任务可通过在典型的分类网络上附加分类头（classification head）和回归头（regression head）来实现。回想一下，在分类网络中，卷积和池化操作的最终输出称为特征图，它被馈送到一个全连接的网络中，该网络产生一个类别概率向量。这个全连接的网络称为分类头，并用类别损失函数（L_c）（例如分类交叉熵）对其进行调整。

图 5-1　不同的计算机视觉任务。资料来源：人工智能和计算机视觉革命简介（https://www.slideshare.net/darian_f/introduction-to-the-artificial-intelligence-and-computer-vision-revolution)(附彩图)

类似地，回归头是另一个全连接的网络，该网络接收特征图，并输出向量 (x, y, w, h)，表征边界框左上角的 x 和 y 坐标以及宽度和高度。它用连续损失函数（L_r）进行调整，比如均方误差。这样，整个网络将用两个损失函数的线性组合来进行调整，即

$$L = \alpha L_c + (1 - \alpha) L_r$$

式中，α 是一个超参数，取值范围在 0 到 1 之间。除非该值由该问题相关的某些领域知识确定，否则默认设置为 0.5。

图 5-2 显示了典型的分类和定位网络架构。与典型的 CNN 分类网络相比，唯一的区别是右上方增加了回归头。

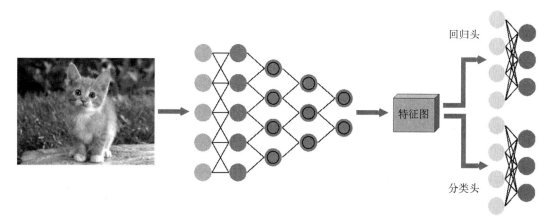

图 5-2　用于图像分类和定位的网络架构（附彩图）

2. 语义分割

另一类基于基本分类思想的问题是语义分割 (semantic segmentation)。该问题的目的是将图像上的每个像素归属到某个单一类别中。

最初的实现方法是为每个像素构建一个分类器网络，其中输入是每个像素周围的小邻域像素。实际上，此方法不是很有效，一种对该实现的改进方案是通过卷积来处理图像，这将增加特征深度，并同时保持图像宽度和高度不变。届时，每个像素都会有一个特征图，并将其发送给用于预测该像素类别的全连接网络。不过在实践中这也是相当昂贵的，通常不采用。

第三种方法是使用 CNN 编码器 - 解码器网络，其中编码器用于减小图像的宽度和高度，但增加其深度（特征数量），而解码器使用转置卷积（transposed convolution）运算来增大图像的大小并减小其深度。转置卷积（或上采样（upsampling））是与常规卷积反向的处理过程。此网络的输入是图像，输出是分割图（segmentation map）。

一种对编码器 - 解码器架构的流行实现方案是 U-Net（一种好的具体实现可访问 https://github.com/jakeret/tf_unet），它最初是为生物医学图像分割而研发的，其在编码器和解码器的对应层间存在跳跃连接（skip-connection）。U-Net 架构如图 5-3 所示。

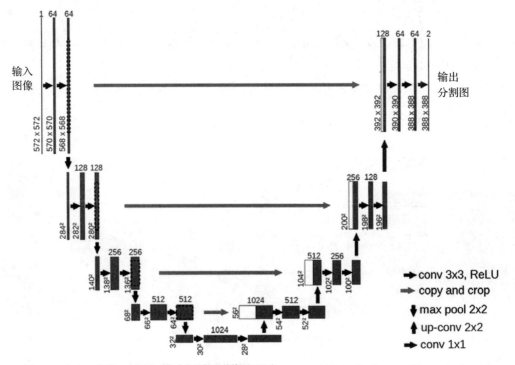

图 5-3   U-Net 架构。来源：模式识别和图像处理（https://lmb.informatik.uni-freiburg.de/people/ronneber/u-net/）

3. 物体检测

物体检测任务类似于分类和定位任务。最大的区别是图像中现在有多个物体，对于每个物体，我们都需要找到其对应的类别和边界框坐标。另外，物体的数量或大小都事先不知道。可以想象，这是一个难题，而且已经有了大量的研究。

解决该问题的第一种方法是对输入图像做大量随机裁切（crop），并对每个裁切应用前述的分类和定位网络。但是，这种方法在计算方面非常浪费，而且不太可能成功。

一种更实用的方法是用 Selective Search（*Selective Search for Object Recognition*，Uijlings 等人著，`http://www.huppelen.nl/publications/selectiveSearchDraft.pdf`）这样的工具，它使用传统的计算机视觉技术来找出图像中可能包含物体的区域。这些区域称为 "候选区域（Region Proposal）"，而用于检测它们的网络称为 "候选区域网络（Region Proposal Network）" 或 R-CNN。在原始 R-CNN 中，这些区域被调整大小，然后被馈入网络以产生图像向量。如图 5-4 所示。

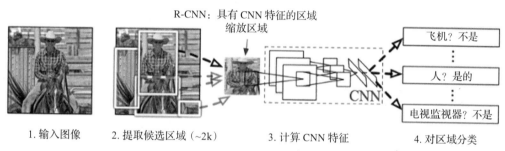

1. 输入图像　　2. 提取候选区域（~2k）　　3. 计算 CNN 特征　　4. 对区域分类

图 5-4　区域提取和区域缩放，具体描述可参考 "Rich feature hierarchies for accurate object detection and semantic segmentation"，Ross Girshick、Jeff Donahue、Trevor Darrell、Jitendra Malik（均来自 UC Berkeley）

然后使用基于 SVM 的分类器（`https://en.wikipedia.org/wiki/Support-vector_machine`）对这些向量进行分类，并用线性回归网络对外部工具提出的候选边界框在图像向量上进行校正。R-CNN 网络在概念上的表示如图 5-5 所示。

R-CNN 网络的下一个迭代版本称为 Fast R-CNN。Fast R-CNN 仍然是从外部工具获取候选区域，但不同于通过 CNN 只馈送每个候选区域，而是通过 CNN 馈送整个图像，并将候选区域投影到生成的特征图上。每个感兴趣区域都经由一个感兴趣区域（Region of Intereset, ROI）池化层，然后被馈送到一个全连接网络，从而为 ROI 生成特征向量。

ROI 池化是一种卷积神经网络在物体检测任务中广泛使用的操作。ROI 池化层使用最大池化将任一有效的感兴趣区域的特征转换为一个小特征图，该特征图具有 $H \times W$ 的固定空间范围，其中 H 和 W 是两个超参数。然后，特征向量馈入两个全连接网络，一个用于预测 ROI 的类别，另一个用于校正候选区域里的边界框坐标。如图 5-6 所示。

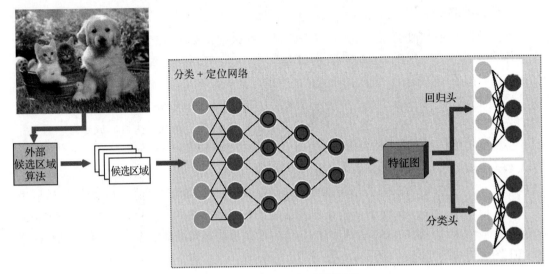

图 5-5　R-CNN 网络（附彩图）

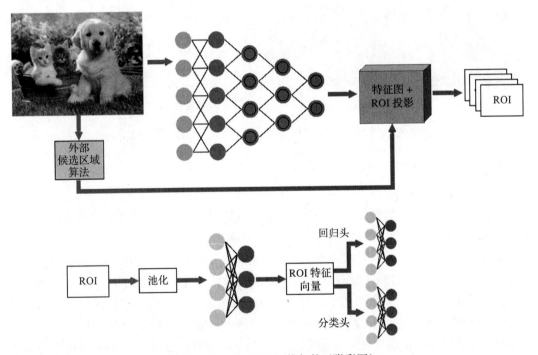

图 5-6　Fast R-CNN 网络架构（附彩图）

Fast R-CNN 比 R-CNN 快 25 倍。更进一步的改进称为 Faster R-CNN（具体实现可参考 https://github.com/tensorpack/tensorpack/tree/master/examples/FasterRCNN），它移除了由外部工具提出候选区域的机制，取而代之的是一个可训练的组

件，称为**区域候选网络**（Region Propasal Network，RPN），属于深度神经网络本身。

该网络的输出由特征图组成，经过类流水线方式传递给 Fast R-CNN 网络，如图 5-7 所示。Faster R-CNN 网络比 Fast R-CNN 网络速度快约 10 倍，比 R-CNN 网络速度快约 250 倍。

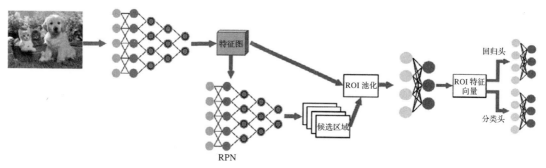

图 5-7　Faster R-CNN 网络架构（附彩图）

另一类稍微不同的物体检测网络是 Single Shot Detectors(SSD)，比如 You Only Look Once（YOLO）。在这些情况下，每个图像都用网格划分为预定义个数的片段。在 YOLO 中，使用 7×7 网格产生了 49 个子图像。将一组具有不同纵横比的预定义裁切用在每个子图像上。假设有 B 个边界框和 C 个对象类，则每个图像的输出为一个大小为（7×7 ×（5B + C））的向量。每个边界框都有一个置信度和坐标向量（x，y，w，h），而每个网格都有针对其中检测到的不同物体的预测概率。

YOLO 网络是个完成转换的 CNN。最终的预测答案和边界框通过汇总上述向量的结果后确定。在 YOLO 中，单个卷积网络可预测边界框和对应的类别概率。YOLO 是物体检测中更快的解决方案，但是该算法可能无法检测到较小的物体（具体实现可参考 https://www.kaggle.com/aruchomu/yolo-v3-object-detection-in-tensorflow）。

4. 实例分割

实例分割与语义分割（将图像的每个像素与类别标签相关联的过程）相似，但有一些重要的区别。首先，它需要区分图像中同一类的不同实例。其次，不需要标记图像中的每个像素。从某些方面看，实例分割也类似于物体检测，只是我们希望找到的不是边界框，而是一个涵盖每个物体的二进制掩码。

这与 Mask R-CNN 网络背后的直观想法是相通的。如图 5-8 所示，Mask R-CNN 是在 Faster R-CNN 的基础上，在回归头前面增加一个额外的 CNN，用于把每个 ROI 的边界框坐标作为输入，并将其转换为一个二进制掩码 [11]。

2019 年 4 月，Google 开源发布了经过 TPU 预训练的 Mask R-CNN（https://colab.research.google.com/github/tensorflow/tpu/blob/master/models/official/mask_rcnn/mask_rcnn_demo.ipynb）。我建议用 Colab notebook 查看结果。图 5-9 中，我们可以看到一个图像分割的示例。

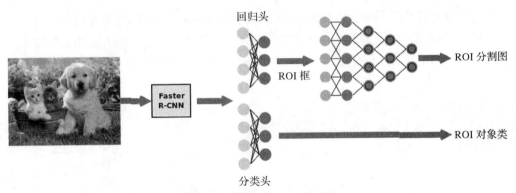

图 5-8 Maks R-CNN 架构（附彩图）

图 5-9 图像分割示例

Google 还发布了另一个在 TPU 上训练过的模型，称为 DeepLab，你可从演示中看到一幅图片，如图 5-10 所示。

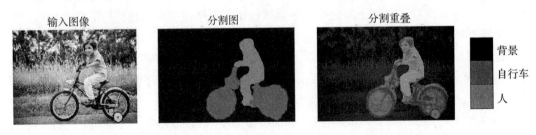

图 5-10 图像分割示例

在本节中，我们以某种程度的宏观角度介绍了计算机视觉中流行的各种网络架构。注意，它们全部由相同的基本 CNN 和全连接的架构组合而成。这种可组合性是深度学习最强大的功能之一。希望这为你提供了一些适用于你自己的计算机视觉用例的网络构想。

5.1.2　用 tf.keras-estimator 模型对 Fashion-MNIST 分类

　　Estimator 是 TensorFlow 中可用的另一个 API 集。在本节中，我们将看到如何创建它们。在许多情况下，Estimator 在性能和转换为分布式训练的易用性上是更可取的。在示例中，我们将使用 Fashion-MNIST，它是 Zalando 发布的 MNIST 数据集的直接替代品（更多信息可参考 `https://github.com/zalandoresearch/fashion-mnist`）。每个示例都是一个 28×28 的灰度图像，与来自 10 个类别的标签关联。图 5-11 提供了一个示例。

图 5-11　Fashion-MNIST 示例

　　导入所需内容并按照以下注释中的描述进行准备：

```
import os
import time
import tensorflow as tf
import numpy as np
# How many categories we are predicting from (0-9)
LABEL_DIMENSIONS = 10

(train_images, train_labels), (test_images, test_labels) =
    tf.keras.datasets.fashion_mnist.load_data()
TRAINING_SIZE = len(train_images)
TEST_SIZE = len(test_images)

train_images = np.asarray(train_images, dtype=np.float32) / 255

# Convert the train images and add channels
train_images = train_images.reshape((TRAINING_SIZE, 28, 28, 1))
```

```
test_images = np.asarray(test_images, dtype=np.float32) / 255

# Convert the train images and add channels
test_images = test_images.reshape((TEST_SIZE, 28, 28, 1))
train_labels - tf.keras.utils.to_categorical(train_labels, LABEL_
DIMENSIONS)
test_labels = tf.keras.utils.to_categorical(test_labels, LABEL_
DIMENSIONS)

# Cast the labels to float
train_labels = train_labels.astype(np.float32)
test_labels = test_labels.astype(np.float32)
print (train_labels.shape)
print (test_labels.shape)
```

使用 tf.Keras functional API 构建卷积模型：

```
inputs = tf.keras.Input(shape=(28,28,1))
x = tf.keras.layers.Conv2D(filters=32, kernel_size=(3, 3),
activation='relu')(inputs)
x = tf.keras.layers.MaxPooling2D(pool_size=(2, 2), strides=2)(x)
x = tf.keras.layers.Conv2D(filters=64, kernel_size=(3, 3),
activation='relu')(x)
x = tf.keras.layers.MaxPooling2D(pool_size=(2, 2), strides=2)(x)
x = tf.keras.layers.Conv2D(filters=64, kernel_size=(3, 3),
activation='relu')(x)
x = tf.keras.layers.Flatten()(x)
x = tf.keras.layers.Dense(64, activation='relu')(x)
predictions = tf.keras.layers.Dense(LABEL_DIMENSIONS,
activation='softmax')(x)
model = tf.keras.Model(inputs=inputs, outputs=predictions)
model.summary()
```

编译：

```
optimizer = tf.keras.optimizers.SGD()
model.compile(loss='categorical_crossentropy',
              optimizer=optimizer,
              metrics=['accuracy'])
```

定义一个策略，由于我们首先在 CPU 上运行，所以暂时用 None：

```
strategy = None
#strategy = tf.distribute.MirroredStrategy()
config = tf.estimator.RunConfig(train_distribute=strategy)
```

将 tf.keras 模型转换为便捷的 Estimator：

```
estimator = tf.keras.estimator.model_to_estimator(model,
config=config)
```

使用 tf.data 定义用于训练和测试的输入函数：

```
def input_fn(images, labels, epochs, batch_size):
    # Convert the inputs to a Dataset
    dataset = tf.data.Dataset.from_tensor_slices((images, labels))

    # Shuffle, repeat, and batch the examples.
    SHUFFLE_SIZE = 5000
    dataset = dataset.shuffle(SHUFFLE_SIZE).repeat(epochs).
batch(batch_size)
    dataset = dataset.prefetch(None)

    # Return the dataset.
    return dataset
```

开始训练：

```
BATCH_SIZE = 512
EPOCHS = 50
estimator_train_result = estimator.train(input_fn=lambda:input_
fn(train_images, train_labels,
                epochs=EPOCHS,
                batch_size=BATCH_SIZE))
print(estimator_train_result)
```

进行评估：

```
estimator.evaluate(lambda:input_fn(test_images,
                                test_labels,
                                epochs=1,
                                batch_size=BATCH_SIZE))
```

如果我们在 Colab 中运行代码（Colab 代码可在 `https://colab.research.google.com/drive/1mf-PK0a20CkObnT0hCl9VPEje1szhHat` 上找到），会得到如图 5-12 所示结果。

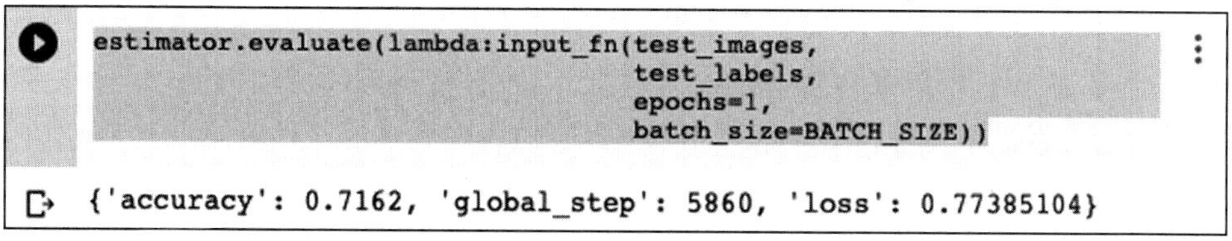

图 5-12　Colab 上的结果

5.1.3　在 GPU 上运行 Fashion-MNIST tf.keras-estimator 模型

在本节中，我们的目的是在 GPU 上运行 estimator。如图 5-13 所示，所有需要做的改变就是将原先的策略更改为 `MirroredStrategy()`。该策略将让每个设备使用一个副本，并在使用多 GPU 版本时同步副本：

```
[8]  #strategy = None
     strategy = tf.distribute.MirroredStrategy()
     config = tf.estimator.RunConfig(train_distribute=strategy)
```

图 5-13　实施 MirroredStrategy 策略

至此，我们可以开始训练，如图 5-14 所示。

```
BATCH_SIZE = 512
EPOCHS = 50

#time_hist = TimeHistory()

estimator_train_result = estimator.train(input_fn=lambda:input_fn(train_images,
                                         train_labels,
                                         epochs=EPOCHS,
                                         batch_size=BATCH_SIZE))
print(estimator_train_result)
```

图 5-14　使用 MirroredStrategy 进行训练

评估训练后的模型，如图 5-15 所示。

```
[12]  estimator.evaluate(lambda:input_fn(test_images,
                                         test_labels,
                                         epochs=1,
                                         batch_size=BATCH_SIZE))

 ⤷   {'acc': 0.8215, 'global_step': 5860, 'loss': 0.48483768}
```

图 5-15　训练模型的评估

我们已经成功创建了一个 estimator。下一节我们将讨论一种新的深度学习技术：迁移学习。

5.1.4　用于迁移学习的 Deep Inception-v3 Net

迁移学习是一种非常强大的深度学习技术，已在许多不同领域中得到了应用。迁移学习背后的思想非常简单，可以用一个类比来解释。假设你想学习一种新的语言（例如西班牙语），那么从另一种语言（例如英语）的已知知识开始可能会很有用。

按照这种思路，计算机视觉研究人员现在通常使用预训练的 CNN 来生成新任务的表示 [1]，其中数据集可能不足以从头训练整个 CNN。另一个常见的策略是采用 ImageNet 数据集预训练网络，然后将整个网络微调使之适应新任务。例如，我们可以训练一个网络来识别音乐的 10 个类别，然后对其进行微调使其可以识别电影的 20 个类别。

Inception-v3 Net 是一个 Google 开发的超深 CNN[2]。tf.keras 实现了图 5-16 中描述的完整网络，且在 ImageNet 数据集上进行了预训练。该模型的默认输入大小为 299 × 299（三个通道）。

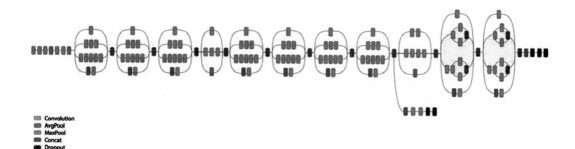

图 5-16　Inception-v3 深度学习模型

以下示例是受到线上可用方案的启发（https://keras.io/applications/）。假设我们有一个训练数据集 D，它属于与 ImageNet 数据集不同的领域。D 的输入有 1024 个特征，输出有 200 个类别。让我们看一下代码段：

```
import tensorflow as tf
from tensorflow.keras.applications.inception_v3 import InceptionV3
from tensorflow.keras.preprocessing import image
from tensorflow.keras import layers, models
# create the base pre-trained model
base_model = InceptionV3(weights='imagenet', include_top=False)
```

我们使用训练过的 Inception-v3：不要包含全连接层（具有 1024 个输入的稠密层），因为我们要在 D 上进行微调。上述代码段将下载预训练权重，如图 5-17 所示。

```
Downloading data from https://github.com/fchollet/deep-learning-models/releases/download/v0.5/inception_
v3_weights_tf_dim_ordering_tf_kernels_notop.h5
87916544/87910968 [==============================] - 26s 0us/step
```

图 5-17　从 GitHub 下载预训练权重

因此，如果查看最后四层（include_top=True），则会看到以下网络层形状：

```
# layer.name, layer.input_shape, layer.output_shape
('mixed10', [(None, 8, 8, 320), (None, 8, 8, 768), (None, 8, 8, 768),
(None, 8, 8, 192)], (None, 8, 8, 2048))
('avg_pool', (None, 8, 8, 2048), (None, 1, 1, 2048))
('flatten', (None, 1, 1, 2048), (None, 2048))
('predictions', (None, 2048), (None, 1000))
```

当 include_top=False 时，将删除最后三层并暴露 mixed_10 层。GlobalAveragePooling2D 层会把（None，8，8，2048）转换为（None，2048），其中（None，2048）张量中的每个元素是（None，8，8，2048）张量中对应的（8,8）子张量的平均值。None 表示未指定尺寸，在定义占位符时非常有用：

```
x = base_model.output
# let's add a fully connected layer as first layer
x = layers.Dense(1024, activation='relu')(x)
# and a logistic layer with 200 classes as last layer
predictions = layers.Dense(200, activation='softmax')(x)
# model to train
model = models.Model(inputs=base_model.input, outputs=predictions)
```

所有卷积层级都是预训练过的，因此在训练完全模型时，我们将其冻结：

```
# i.e. freeze all convolutional InceptionV3 layers
for layer in base_model.layers:
    layer.trainable = False
```

然后编译模型并训练几个 epoch，以用于训练顶层。为了简单起见，这里我们省略了训练代码：

```
# compile the model (should be done *after* setting layers to non-
trainable)
model.compile(optimizer='rmsprop', loss='categorical_crossentropy')

# train the model on the new data for a few epochs
model.fit_generator(...)
```

冻结 Inception 网络的顶层，并微调一些 Inception 层。在此示例中，我们冻结前 172 层（这是一个可调的超参数）：

```
# we chose to train the top 2 inception blocks, i.e. we will freeze
# the first 172 layers and unfreeze the rest:
for layer in model.layers[:172]:
    layer.trainable = False
for layer in model.layers[172:]:
    layer.trainable = True
```

重新编译模型以进行微调优化：

```
we need to recompile the model for these modifications to take effect
# we use SGD with a low learning rate
from keras.optimizers import SGD
model.compile(optimizer=SGD(lr=0.0001, momentum=0.9),
loss='categorical_crossentropy')

# we train our model again (this time fine-tuning the top 2 inception
# blocks

# alongside the top Dense layers
model.fit_generator(...)
```

现在，我们有了一个新的深度网络，它重用了标准的 Inception-v3 网络，但通过迁移学习在新的域（D）上进行了训练。当然，还有许多微调参数可用于获得高准确度。无论如何，我们现在通过迁移学习重用了一个非常庞大的预训练网络作为起点。基于此做法，通过重

用 `tf.keras` 的可用资源，我们省去了对机器进行训练的需要。

5.1.5 迁移学习：分类人和马

让我们来看一个迁移学习的具体示例。该代码改编自 François Chollet 的示例（见 `https://www.tensorflow.org/alpha/tutorials/images/transfer_learning`）。我们调整它的用途，用于对人和马进行分类。我们将用到一个数据集，它由 500 张不同品种的马的图像，以及 527 张人类的图像组成，图像中的姿势和位置多种多样，并用 `tf.data` 加载。基础模型采用 MobileNetV2[3]，这是一个 Google 创建的预训练网络，初衷是比 Inception 模型更小、更轻便，从而适合在移动设备上运行。MobileNet2 已在 ImageNet 数据集上进行了预训练，该数据集是一个包含 140 万张图像和 1000 个类别的 Web 图像的大型数据集。让我们开始加载数据并拆分为 80% 用于训练，10% 用于验证和 10% 用于测试（notebook 可在 `https://colab.research.google.com/drive/1g8CKbjBFwlYz9W6vrvC5K2DpC8W2z_Il` 上找到）：

```
import os
import time
import tensorflow as tf
import numpy as np
import tensorflow_datasets as tfds
import matplotlib.pyplot as plt

SPLIT_WEIGHTS = (8, 1, 1)
splits = tfds.Split.TRAIN.subsplit(weighted=SPLIT_WEIGHTS)
(raw_train, raw_validation, raw_test), metadata = tfds.load(
    'horses_or_humans', split-list(splits),
    with_info=True, as_supervised=True)
```

使用合适的函数来查看一些图像：

```
get_label_name = metadata.features['label'].int2str

def show_images(dataset):
  for image, label in dataset.take(10):
    plt.figure()
    plt.imshow(image)
    plt.title(get_label_name(label))

show_images(raw_train)
```

将图像的大小调整为（160×160），颜色值在 [-1,1] 范围内，这是 MobileNetV2 期望输入的值：

```
IMG_SIZE = 160 # All images will be resized to 160x160

def format_example(image, label):
```

```
    image = tf.cast(image, tf.float32)
    image = (image/127.5) - 1
    image = tf.image.resize(image, (IMG_SIZE, IMG_SIZE))
    return image, label

train = raw_train.map(format_example)
validation = raw_validation.map(format_example)
test = raw_test.map(format_example)
```

对训练集进行洗牌和批处理，然后对验证集和测试集进行批处理：

```
BATCH_SIZE = 32
SHUFFLE_BUFFER_SIZE = 2000
train_batches = train.shuffle(SHUFFLE_BUFFER_SIZE).batch(BATCH_SIZE)
validation_batches = validation.batch(BATCH_SIZE)
test_batches = test.batch(BATCH_SIZE)
```

现在，我们可将 MobileNet 与输入（160, 160, 3）一起使用，其中 3 是彩色通道的个数。鉴于我们将使用自己的顶层，所以省略了原顶层（include_top=False），并冻结了所有内部层，因为我们使用了 ImageNet 预训练的权重：

```
IMG_SHAPE = (IMG_SIZE, IMG_SIZE, 3)
base_model = tf.keras.applications.MobileNetV2(input_shape=IMG_SHAPE,
                                 include_top=False,
                                 weights='imagenet')
base_model.trainable = False
base_model.summary()
```

检查一个批处理结果，看看形状是否正确：

```
    for image_batch, label_batch in train_batches.take(1):
      pass
    print (image_batch.shape)
```

(32, 160, 160, 3)

（32, 160, 160, 3）是正确的形状！

MobileNetV2 将每个 $160 \times 160 \times 3$ 图像转换为 $5 \times 5 \times 1280$ 的特征块。例如，让我们看看应用于批处理的转换：

```
    feature_batch = base_model(image_batch)
    print(feature_batch.shape)
```

(32, 5, 5, 1280)

至此，我们可用 GlobalAveragePooling2D() 对 5×5 空间位置进行平均，并得到大小为（32, 1280）的特征块：

```
global_average_layer = tf.keras.layers.GlobalAveragePooling2D()
feature_batch_average = global_average_layer(feature_batch)
print(feature_batch_average.shape)
```

最后一层是线性激活的稠密层：如果预测为正，则类别为 1；如果预测为负，则类别为 0。代码如下所示：

```
prediction_layer = tf.keras.layers.Dense(1)
prediction_batch = prediction_layer(feature_batch_average)
print(prediction_batch.shape)
```

我们的模型已准备好将 base_model（预训练过的 MobileNetv2）和 global_average_layer 合并，从而得到正确的形状输出，并作为最终 prediction_layer 的输入：

```
model = tf.keras.Sequential([
  base_model,
  global_average_layer,
  prediction_layer
])
```

用 RMSProp() 优化器编译模型：

```
base_learning_rate = 0.0001
model.compile(optimizer=tf.keras.optimizers.RMSprop(lr=base_learning_
rate), loss='binary_crossentropy',
    metrics=['accuracy'])
```

如果显示组合后的模型，则会发现有超过 200 万个冻结参数，而仅有约 1000 个可训练参数，如图 5-18 所示。

```
model.summary()

Model: "sequential"

Layer (type)                 Output Shape              Param #
=================================================================
mobilenetv2_1.00_160 (Model) (None, 5, 5, 1280)        2257984
_____
global_average_pooling2d (Gl (None, 1280)              0
_____
dense (Dense)                (None, 1)                 1281
=================================================================
Total params: 2,259,265
Trainable params: 1,281
Non-trainable params: 2,257,984
```

图 5-18　显示组合后的模型。注意，可训练参数仅为 1281 个

让我们计算训练、验证和测试示例的数量，然后计算由预训练的 MobileNetV2 给出的初始准确度：

```
num_train, num_val, num_test = (
  metadata.splits['train'].num_examples*weight/10
  for weight in SPLIT_WEIGHTS
)
```

```
initial_epochs = 10
steps_per_epoch = round(num_train)//BATCH_SIZE
validation_steps = 4

loss0,accuracy0 = model.evaluate(validation_batches, steps =
validation_steps)
```

我们得到的初始准确度为 50%。

现在，我们通过训练几个迭代并优化非冻结层来微调这个组合网络：

```
history = model.fit(train_batches,
                    epochs=initial_epochs,
                    validation_data=validation_batches)
```

如图 5-19 所示。受助于迁移学习，我们使用了 ImageNet 上训练过的 Google Mobile-NetV2，从而使网络达到了 98% 的准确度。迁移学习通过重用现成的预训练过的图像分类模型，并仅对网络的顶层进行再训练来确定每个图像所属的类别，从而加快了训练速度。

```
Epoch 18/20
26/26 [==============================] - 5s 198ms/step - loss: 0.1675 - accuracy: 0.9661 - val_loss: 0.0451 - val_accuracy: 0.9800
Epoch 19/20
26/26 [==============================] - 6s 223ms/step - loss: 0.1222 - accuracy: 0.9722 - val_loss: 0.0381 - val_accuracy: 0.9800
Epoch 20/20
26/26 [==============================] - 6s 225ms/step - loss: 0.1087 - accuracy: 0.9807 - val_loss: 0.0359 - val_accuracy: 0.9800
```

图 5-19　使用迁移学习的模型准确度

在本节中，我们学习了如何使用预训练模型。下一节将介绍在哪里能找到含大量模型的存储库。

5.1.6　基于 tf.keras 和 TensorFlow Hub 的 Application Zoo

迁移学习的好处之一是可重用经过预训练的网络，从而节省时间和资源。市面上有很多现成的网络集合，以下两个是最常用的。

1. Keras pplication

Keras pplication 包含图像分类的诸多模型，其权重在 ImageNet 上训练过，比如 Xception、VGG16、VGG19、ResNet、ResNetV2、ResNeXt、InceptionV3、InceptionResNetV2、MobileNet、MobileNetV2、DenseNet 和 NASNet。此外，社区中还有其他一些参考实现，用于物体检测和分割、序列学习（Sequence Learning）(参见第 8 章)、强化学习（Reinforcement Learning)(参见第 11 章）和 GAN（参见第 6 章)。

2. TensorFlow Hub

TensorFlow Hub（见 https://www.tensorflow.org/hub）是预训练模型的可选集合。然而，截至 2019 年 9 月，Hub 尚未与 TensorFlow 2.0 实现完全的集成，但在 2.0 的最终版本中此问题肯定会得到解决（截至 2019 年 7 月，已经支持即刻计算）。TensorFlow

Hub 包括多种不同用途的模块，比如文本分类、语句编码（参见第 9 章）、图像分类、特征提取、使用 GAN 生成图像（参见第 6 章）和视频分类。目前，Google 和 DeepMind 都致力于发布工作。

> 关于即刻执行可查看 https://github.com/tensorflow/hub/issues/124，全面集成可查看 https://github.com/tensorflow/tensorflow/issues/25362。

让我们来看一个使用 TF.Hub 的示例。示例中会用到一个 MobileNetV2 的简单图像分类器：

```
import matplotlib.pylab as plt
import tensorflow as tf
import tensorflow_hub as hub
import numpy as np
import PIL.Image as Image

classifier_url ="https://tfhub.dev/google/tf2-preview/mobilenet_v2/
classification/2" #@param {type:"string"}
IMAGE_SHAPE = (224, 224)
# wrap the hub to work with tf.keras
classifier = tf.keras.Sequential([
    hub.KerasLayer(classifier_url, input_shape=IMAGE_SHAPE+(3,))
])
grace_hopper = tf.keras.utils.get_file('image.jpg','https://storage.
googleapis.com/download.tensorflow.org/example_images/grace_hopper.
jpg')
grace_hopper = Image.open(grace_hopper).resize(IMAGE_SHAPE)
grace_hopper = np.array(grace_hopper)/255.0
result = classifier.predict(grace_hopper[np.newaxis, ...])
predicted_class = np.argmax(result[0], axis=-1)
print (predicted_class)
```

确实很简单吧。只需记得用 hub.KerasLayer() 来包裹任意 Hub 层。本节我们讨论了如何使用 TensorFlow Hub。接下来，我们将专注于其他 CNN 架构。

5.1.7 其他 CNN 架构

在本节中，我们将讨论许多其他不同的 CNN 架构，包括 AlexNet、残差网络、Highway-Net、DenseNet 和 Xception。

1. AlexNet

AlexNet[4] 是最早的卷积网络之一，它仅由 8 层组成：前 5 层是含最大池化层的卷积层，后 3 层是全连接层。参考文献 [4] 被引用超过了 35 000 次，它开启了深度学习的变革（用于计算机视觉）。深度网络开始变得越来越深，不断有新想法被提出。

2. 残差网络

残差网络（ResNet）基于一个有趣的想法，即允许较浅层直接馈入更深层。这就是所谓的跳跃连接（或快速前向连接（fast-forward connection））。关键思想是最大限度地降低深层网络的梯度消失或梯度爆炸的风险（参见第 9 章）。ResNet 的构造块称为残差块或恒等块，它既包括前向连接又包括快速前向连接。

在此示例（见图 5-20）中，将较浅层与较深层的输出相加，然后再发送给 ReLU 激活函数。

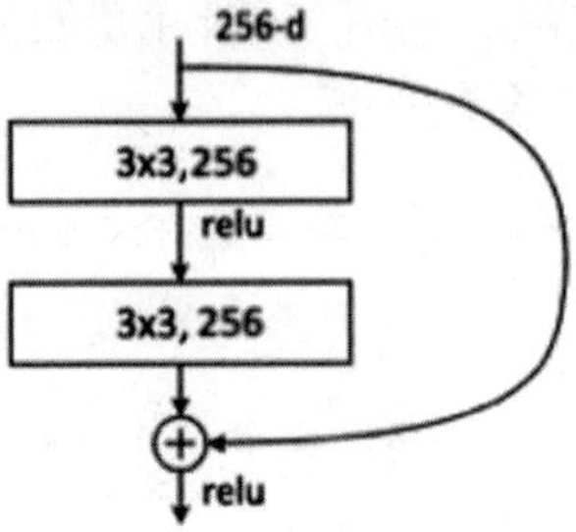

3. HighwayNet and DenseNet

可以使用一个附加的权重矩阵来学习跳跃权重，这些模型通常表示为 HighwayNet。相反，具有多个并行跳跃的模型称为 DenseNet[5]。人的大脑可能具有与残差网络类似的模式，因为大脑皮层 VI 层神经元从 I 层获得输入，从而跳过了中间层。另外，残差网络可以更快地进行训练，因为在每次迭代期间要传播的层较少（由于跳跃连接，较深的层会更快地获得输入）。以下是 DenseNet 的示例（如图 5-21 所示，http://arxiv.org/abs/1608.06993）。

图 5-20　图像分割示例

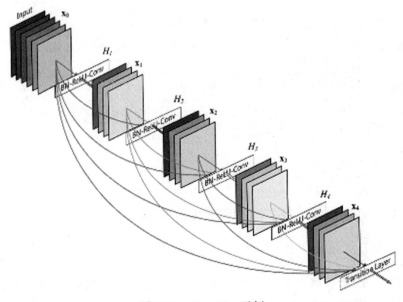

图 5-21　DenseNet 示例

4. Xception

Xception 网络使用两个基本块：Depthwise 卷积和 Pointwise 卷积。Depthwise 卷积是在信道维（channle-wise）上的 $n \times n$ 空间卷积。假设一个图像有三个信道，那么我们有三个 $n \times n$ 的 Depthwise 卷积。Pointwise 卷积是 1×1 卷积。在 Xception（Inception 模块的"极端"版本）中，我们首先使用 1×1 卷积来映射跨信道相关性，然后分别映射每个输出信道的空间相关性，如图 5-22 所示（来自 https://arxiv.org/pdf/1610.02357.pdf）。

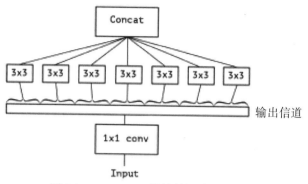

图 5-22　Inception 模块的极端形式示例

Xception（eXtreme Inception）是一种受 Inception 启发的深度卷积神经网络架构，其中的 Inception 模块已被深度可分离卷积（depthwise separable convolution）替代。Xception 使用类似 ResNet 的多跳跃连接。最终版的架构相比图 5-22（来自 `https://arxiv.org/pdf/1610.02357.pdf`）更为复杂。如图 5-23 所示，数据先进入 Entry flow，然后通过 Middle flow，该步需要重复 8 次，最后通过 Exit flow：

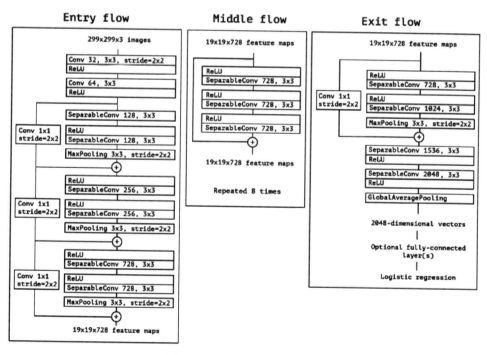

图 5-23　Xception 的完整架构

Casing、HyperNet、DenseNet、Inception 和 Xception 都可在 `tf.keras.application` 和 TF-Hub 中作为预训练网络使用。Keras application（见 `https://keras.io/applications`）

公布了一份不错的总结，列举了在 ImageNet 数据集上实现的性能以及每个网络的深度，如图 5-24 所示。

Model	Size	Top-1 Accuracy	Top-5 Accuracy	Parameters	Depth
Xception	88 MB	0.790	0.945	22,910,480	126
VGG16	528 MB	0.713	0.901	138,357,544	23
VGG19	549 MB	0.713	0.900	143,667,240	26
ResNet50	98 MB	0.749	0.921	25,636,712	-
ResNet101	171 MB	0.764	0.928	44,707,176	-
ResNet152	232 MB	0.766	0.931	60,419,944	-
ResNet50V2	98 MB	0.760	0.930	25,613,800	-
ResNet101V2	171 MB	0.772	0.938	44,675,560	-
ResNet152V2	232 MB	0.780	0.942	60,380,648	-
ResNeXt50	96 MB	0.777	0.938	25,097,128	-
ResNeXt101	170 MB	0.787	0.943	44,315,560	-
InceptionV3	92 MB	0.779	0.937	23,851,784	159
InceptionResNetV2	215 MB	0.803	0.953	55,873,736	572
MobileNet	16 MB	0.704	0.895	4,253,864	88
MobileNetV2	14 MB	0.713	0.901	3,538,984	88
DenseNet121	33 MB	0.750	0.923	8,062,504	121
DenseNet169	57 MB	0.762	0.932	14,307,880	169
DenseNet201	80 MB	0.773	0.936	20,242,984	201
NASNetMobile	23 MB	0.744	0.919	5,326,716	-
NASNetLarge	343 MB	0.825	0.960	88,949,818	-

The top-1 and top-5 accuracy refers to the model's performance on the ImageNet validation dataset.

图 5-24   Keras 公布的性能总结

在本节中，我们已经讨论了很多 CNN 架构。接下来，我们将看到如何使用 CNN 回答有关图像的问题。

5.1.8   回答有关图像的问题

神经网络的好处之一是可将不同的媒体类型组合在一起以提供统一的解释。例如，**视觉问答（Visual Question Answering，VQA）**结合了图像识别和文本自然语言处理。训练可使用 VQA（见 https://visualqa.org/）数据集，它包含有关图像的开放式问题。这些问题需要理解视觉、语言和常识才能回答。以下图片摘自 https://visualqa.org/ 上的演示。

注意图像顶部的问题以及随后的答案。

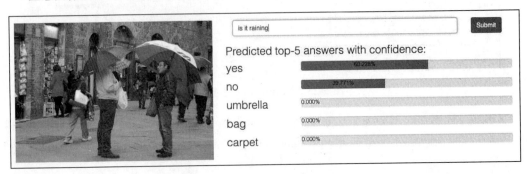

要使用 VQA，首先要获取适当的训练数据集，例如 VQA 数据集、CLEVR 数据集（见 https://cs.stanford.edu/people/jcjohns/clevr/）或 FigureQA 数据集（见 https://datasets.maluuba.com/FigureQA）。你也可以参加 Kaggle VQA 挑战（见 https:// www.kaggle.com/c/visual-question-answering）。你可以构建一个由 CNN 和 RNN 组合而成的模型（参见第 9 章），然后开始实验。举例来说，CNN 可能类似于以下代码片段，它以三信道（224×224）的图像作为输入，并为图像生成特征向量：

```
import tensorflow as tf
from tensorflow.keras import layers, models
# IMAGE
#
# Define CNN for visual processing
cnn_model = models.Sequential()
cnn_model.add(layers.Conv2D(64, (3, 3), activation='relu',
```

```
padding='same', input_shape=(224, 224, 3)))
cnn_model.add(layers.Conv2D(64, (3, 3), activation='relu'))
cnn_model.add(layers.MaxPooling2D(2, 2))
cnn_model.add(layers.Conv2D(128, (3, 3), activation='relu',
padding='same'))
cnn_model.add(layers.Conv2D(128, (3, 3), activation='relu'))
cnn_model.add(layers.MaxPooling2D(2, 2))
cnn_model.add(layers.Conv2D(256, (3, 3), activation='relu',
padding='same'))
cnn_model.add(layers.Conv2D(256, (3, 3), activation='relu'))
cnn_model.add(layers.Conv2D(256, (3, 3), activation='relu'))
cnn_model.add(layers.MaxPooling2D(2, 2))
cnn_model.add(layers.Flatten())
cnn_model.summary()

# define the visual_model with proper input
image_input = layers.Input(shape=(224, 224, 3))
visual_model = cnn_model(image_input)
```

文本可用 RNN 进行编码。目前，将其视为一个黑盒，它以文本片段（问题）作为输入，并为文本生成特征向量：

```
# TEXT
#
# define the RNN model for text processing
question_input = layers.Input(shape=(100,), dtype='int32')
emdedding = layers.Embedding(input_dim=10000, output_dim=256, input_
length=100)(question_input)
encoded_question = layers.LSTM(256)(emdedding)
```

然后将两个特征向量（一个用于图像，一个用于文本）组合成一个联合向量，该向量作为稠密网络的输入，以产生上述的组合模型：

```
# combine the encoded question and visual model
merged = layers.concatenate([encoded_question, visual_model])
# attach a dense network at the end
output = layers.Dense(1000, activation='softmax')(merged)

# get the combined model
vqa_model = models.Model(inputs=[image_input, question_input],
outputs=output)
vqa_model.summary()
```

比如，如果有一组带标签的图像，那么我们可学习到那些描述图像的最佳问题和答案。选项的数量非常之多！如果你想了解更多内容，我建议你查看 Maluuba，它是一个初创企业，提供了涵盖 100 000 个人物图像和 13 273 68 个问 – 答对（question-answer pair）训练集的 FigureQA 数据集。Maluuba 最近已被微软收购，该实验室由深度学习之父之一的 Yoshua Bengio 提供咨询。

在本节中，我们讨论了如何实现 VQA。下一节将讨论风格迁移：一种用于训练神经网络来创造艺术的深度学习技术。

5.1.9　风格迁移

　　风格迁移是一个有趣的神经网络应用，提供了许多有关神经网络功能的深刻理解。想象一下，你注视着一位著名艺术家的画作。原则上，你正在观察两个元素：绘画本身（例如，女人的脸或风景）和更本质的东西，即艺术家的风格。什么是风格？这很难定义，但是人们知道毕加索（Picasso）有自己的风格，马蒂斯（Matisse）有自己的风格，每位艺术家都有自己的风格。现在，想象着将一幅马蒂斯的著名画作交予神经网络，然后让神经网络以毕加索的风格对其进行重新绘制。或想象着把自己拍摄的照片交予神经网络，然后以马蒂斯或毕加索的风格对照片进行绘制。这就是风格迁移。

　　例如，访问 https://deepart.io/ 并观看下图所示的很酷的演示，其中 DeepArt 被用来提取"向日葵"画作中观察到的范高（Van Gogh）风格，并将其应用到我女儿奥罗拉（Aurora）的照片上。

　　那么，我们该如何更正式地阐明风格迁移的过程？好吧，风格迁移是一个生成人造图像 x 的任务，该图像共享源内容图像 p 的内容和源样式图像 a 的样式。因此，直观地讲，我们需要两个距离函数：$L_{content}$，用于度量两个图像的内容差异；L_{style}，用于度量两个图像的样式差异。然后，可将风格迁移视为一个优化问题，优化体现在最小化这两个指标。正如 Leon A. Gatys、Alexander S. Ecker、Matthias Bethge 的论文 [7] 所述，我们用预训练网络来实现风格迁移。特别是，我们可以通过馈入 VGG19 网络（或任何合适的预训练网络）来高效地提取表示图像的特征。现在，我们将定义用于训练网络的两个函数：内容距离和风格距离。

1. 内容距离

　　给定两个图像：内容图像 p 和输入图像 x，对于接收两个图像作为输入的 VGG19 网络，我们将内容距离定义为特征空间中由第 l 层定义的距离。换句话说，两个图像由预训练的 VGG19 网络提取的特征表示。这些特征将图像投影到特征"内容"空间中，其中可方便地计算出"内容"距离，如下所示：

$$L^l_{content(p,x)=\sum_{i,j}(F^l_{ij}(x)-p^l_{ij}(p))^2}$$

为了生成好的图像，我们需要确保生成图像的内容类似于输入图像的内容（即，与输入图像的距离很小）。因此，可以使用标准的反向传播将距离最小化。代码很简单：

```
#
# content distance
#
def get_content_loss(base_content, target):
  return tf.reduce_mean(tf.square(base_content - target))
```

2. 风格距离

如上所述，VGG19 网络中较高层的特征用来表示内容。你可以将这些特征视为过滤器响应。为了表示样式，我们使用了 Gram 矩阵 G（定义为向量 v 的矩阵 $v^T v$），将 G^l_{ij} 作为 VGG19 网络中第1层的特征图（Feature Map）i 和 j 的内部矩阵。有证据显示 [7]，Gram 矩阵表示不同滤波器响应之间的相关矩阵。

在 Gatys 等人于 2016 年发表的论文 [7] 中，每一层对总风格损失的贡献定义为：

$$E_l = \frac{1}{4N_l^2 M_l^2} \sum_{i,j}(G^l_{ij} - A^l_{ij})^2$$

式中，G^l_{ij} 是输入图像 x 的 Gram 矩阵，A^l_{ij} 是风格图像 a 的 Gram 矩阵，N_l 是特征图的数量，每个特征图的大小 $M_l = height \times width$。Gatys 等人证明了 Gram 矩阵可将图像投影到一个把风格计算在内的空间中。另外，使用了来自多个 VGG19 图层的特征关联，因为我们要考虑到多尺度信息和更可靠的风格表示。各层级间的总风格损失是加权总和：

$$L_{style}(a,x) = \sum_{i \in L} w_l E_l \qquad \left(w_l = \frac{1}{||L||}\right)$$

因此，关键思想是对内容图像执行梯度下降，以使其风格类似于风格图像。代码很简单：

```
# style distance
#
def gram_matrix(input_tensor):
  # image channels first
  channels = int(input_tensor.shape[-1])
  a = tf.reshape(input_tensor, [-1, channels])
  n = tf.shape(a)[0]
  gram = tf.matmul(a, a, transpose_a=True)
  return gram / tf.cast(n, tf.float32)

def get_style_loss(base_style, gram_target):
  # height, width, num filters of each layer
  height, width, channels = base_style.get_shape().as_list()
```

```
gram_style = gram_matrix(base_style)

return tf.reduce_mean(tf.square(gram_style - gram_target))
```

简而言之，风格迁移背后的概念很简单。首先，我们使用 VGG19 作为特征提取器，然后定义两个适当的函数距离（一个用于风格，另一个用于内容），这些距离要适当地最小化。如果你想自己尝试一下，可以在线获取 TensorFlow 教程。如果你对这种技术的演示感兴趣，可以访问 deepart.io 免费站点。

接下来介绍另一个有趣的图像相关的 CNN 应用。

5.1.10　创建 DeepDream 网络

CNN 的另一个有趣应用是 DeepDream。它是一个 Google 打造的计算机视觉程序[8]，用 CNN 发掘并增强图像中的模式，从而产生梦幻般的幻觉效果。与前面的示例类似，我们将使用预训练的网络来提取特征。但是，在这种情况下，我们要"增强"图像中的图案，这意味着需要最大化某些函数。这告诉我们需要使用梯度上升而不是下降。首先，让我们看一个来自 Google Gallery 的示例，示例中，经典的西雅图风景被植入了一些幻梦元素，比如鸟、卡片和怪异飞行物。

Google 开源发布了 DeepDream 代码（见 https://github.com/google/deepdream），但我们在这里使用了一个由随机森林实现的简化示例（见 https://github.com/pukkapies/applied-dl/blob/master/examples/9-deep-dream-minimal.ipynb）。最终结果如图 5-25 所示。

图 5-25　简化版本的 DeepDream 应用于西雅图天际

从一些图像预处理开始：

```
# Download an image and read it into a NumPy array,
def download(url):
  name = url.split("/")[-1]
  image_path = tf.keras.utils.get_file(name, origin=url)
  img = image.load_img(image_path)
  return image.img_to_array(img)

# Scale pixels to between (-1.0 and 1.0)
def preprocess(img):
  return (img / 127.5) - 1

# Undo the preprocessing above
def deprocess(img):
  img = img.copy()
  img /= 2.
  img += 0.5
  img *= 255.
  return np.clip(img, 0, 255).astype('uint8')

# Display an image
def show(img):
  plt.figure(figsize=(12,12))
  plt.grid(False)
  plt.axis('off')
  plt.imshow(img)

# https://commons.wikimedia.org/wiki/File:Flickr_-_Nicholas_T_-_Big_#
# Sky_(1).jpg
url = 'https://storage.googleapis.com/applied-dl/clouds.jpg'
img = preprocess(download(url))
show(deprocess(img))
```

此时，使用 Inception 预训练网络来提取特征。我们会用到若干层，目的是最大化它们的激活函数。此处是 `tf.keras` Functional API 的用武之地：

```
# We'll maximize the activations of these layers
names = ['mixed2', 'mixed3', 'mixed4', 'mixed5']
layers = [inception_v3.get_layer(name).output for name in names]

# Create our feature extraction model
feat_extraction_model = tf.keras.Model(inputs=inception_v3.input,
outputs=layers)

def forward(img):

  # Create a batch
  img_batch = tf.expand_dims(img, axis=0)

  # Forward the image through Inception, extract activations
```

```
    # for the layers we selected above
    return feat_extraction_model(img_batch)
```

损失函数是所有待考察的激活层的均值，并通过该层自身的单元数进行归一化：

```
def calc_loss(layer_activations):

    total_loss = 0
    for act in layer_activations:

        # In gradient ascent, we'll want to maximize this value
        # so our image increasingly "excites" the layer
        loss = tf.math.reduce_mean(act)

        # Normalize by the number of units in the layer
        loss /= np.prod(act.shape)
        total_loss += loss

    return total_loss
```

运行梯度上升：

```
img = tf.Variable(img)
steps = 400

for step in range(steps):

    with tf.GradientTape() as tape:
        activations = forward(img)
        loss = calc_loss(activations)

    gradients = tape.gradient(loss, img)
    # Normalize the gradients
    gradients /= gradients.numpy().std() + 1e-8

    # Update our image by directly adding the gradients
    img.assign_add(gradients)

    if step % 50 == 0:
        clear_output()
        print ("Step %d, loss %f" % (step, loss))
        show(deprocess(img.numpy()))
        plt.show()

# Let's see the result
clear_output()
show(deprocess(img.numpy()))
```

这会将左侧的图像转换为右侧的迷幻图像，如图 5-26 所示。

图 5-26　将 Inception 变换（右）应用于普通图像（左）

5.1.11　查看深度网络学到的内容

一项尤其有趣的研究工作正在进行中，其目的是了解神经网络为了能出色地识别图像，实际上它都在学习什么。这被称为神经网络的可解释性。Activation Atlases 是一项有希望的近期成果，旨在展示平均激活函数的可视化特征。通过这种方式，Activation Atlases 生成从神经网络视角看到的全局图。让我们看一个示例（见 `https://distill.pub/2019/activation-atlas/`），如图 5-27 所示。

图 5-27　Activation Atlas 示例截图

图 5-27 中，用于视觉分类的 Inception-v1 网络揭示了许多已完全实现的特征，例如电子设备、屏幕、宝丽来相机、建筑物、食物、动物的耳朵、植物和水背景。注意，网格单

元标记为它们最支持的分类。网格单元的大小也根据其平均激活次数确定。这种表示方式非常强大，因为它使我们可以查看网络的不同层以及查看激活函数如何根据输入而触发。

在本节中，我们已经看到了很多使用 CNN 处理图像的技术。接下来，我们将转向视频处理。

5.2　视频

本节我们将从图像处理转向视频处理。我们将通过讨论使用预训练网络对视频进行分类的 6 种方法来开始。

以六种不同方式用预训练网络进行视频分类

视频分类是一个热门的研究领域，因为处理此类媒体需要大量数据。内存需求时常触抵现代 GPU 的极限，从而可能需要在多机器上进行分布式训练。研究人员目前正在探索不同的研究方向，下面将按照复杂程度递增的顺序，逐一介绍这六种方法。

第一种方法是通过将每个视频帧视为一个单独的、可用 2D CNN 处理的图像，来实现每次对一帧视频进行分类。这种方法将视频分类问题简化为图像分类问题。每个视频帧都"发出"一个分类输出，然后选出视频中每帧出现最频繁的类别作为视频的类别。

第二种方法是创建 ·个单独的网络，其将 2D CNN 与 RNN 组合在一起（参见第 9 章）。该方法的想法是 CNN 考虑图像分量，RNN 考虑每个视频的序列信息。由于要优化的参数非常多，这种类型的网络很难训练。

第三种方法是使用 3D ConvNet 网络，其中 3D ConvNet 是在 3D 张量（时间、image_width、image_height）上运行的 2D ConvNet 的扩展。该方法是另一种基于图像分类的自然扩展。同样地，3D ConvNets 很难训练。

第四种方法基于一个聪颖的想法：与其直接使用 CNN 进行分类，不如将它们用于存储视频中每一帧的离线特征。该想法是通过迁移学习，使特征提取更加有效（正如第 4 章所示）。提取完所有特征后，将其作为一组输入传递给一个 RNN 网络，RNN 网络将学习多帧的序列信息，并给出最终的分类结果。

第五种方法是第四种方法的简单变体，其最后一层是 MLP 网络，而不是 RNN 网络。在某些情况下，就运算需求而言，此方法可能更简单且成本更低。

第六种方法也是第四种方法的变体，其特征提取的部分由一个 3D CNN 网络实现，用于提取空间特征和视觉特征。然后，这些特征会传递到一个 RNN 网络或 MLP 网络中。

方法的选择完全依赖于具体的应用场景，并没有明确的答案。前三种方法通常在计算上更昂贵且不够灵巧，而后三种方法则更廉价，且经常获得更好的性能。

至此，我们已经探究了如何将 CNN 用于图像和视频应用程序。下一节，我们将把这些想法应用到基于文本的场景中。

5.3 文本文件

文本和图像乍看之下没有什么共同点。但是，如果我们将句子或文档表示为矩阵，则此矩阵与每个单元都是像素的图像矩阵没有太大区别。那么，我们如何将文本表示为矩阵呢？

这很简单：矩阵的每一行都是一个向量，代表文本的基本单位。基本单位可以是一个字符、一个单词，或将相似的单词聚合在一起，然后用代表性符号表示每个聚合（有时称为聚类或嵌入）。

注意，无论我们的基本单位是什么，都需要有从基本单位到整数 ID 的 1:1 映射，以便可将文本视为矩阵。举例来说，假设我们有一个包含 10 行文本的文档，并且每行都是 100 维嵌入，那么将以 10×100 的矩阵表示文本。在这个非常特殊的"图像"中，如果语句 X 包含由位置 Y 表示的嵌入，则该"像素"被激活。

你可能还会注意到，文本实际上不是矩阵而是向量，因为位于文本相邻行中的两个单词几乎没有共同点。实际上，这是文本与图像的一个主要区别，在图像中，位于相邻列中的两个像素可能具有一定程度的相关性。

现在你可能会想：我理解你将文本表示为向量，但是这样做会使我们失去单词的位置信息。这个位置信息很重要，不是吗？事实证明，在许多实际应用中，即便我们不跟踪基本单元在语句中的确切位置，只要知晓一个语句中是否包含特定的基本单位（一个字符、一个单词或一种聚合）即是非常有用的信息。

例如，ConvNet 网络在以下多个方面都取得了不错的成果，比如，情感分析：了解一段文本是正面的还是负面的；垃圾邮件检测：了解一段文本是有用信息还是垃圾邮件；主题分类：了解一段文本的主旨。然而，ConvNet 网络不太适合**词性**（Part-of-Speech，POS）分析，POS 的目的是了解每个单词的逻辑职能（例如，动词、副词、主语等）。ConvNet 网络也不太适合实体抽取（了解相关实体在句子中的位置）。事实上，已经证明，位置信息对于词性分析和实体抽取都是非常有用的信息。1D ConvNet 网络与 2D ConvNet 网络非常相似，但是，前者对单个向量进行运算，而后者对矩阵进行运算。

用 CNN 进行情感分析

让我们看一下代码。首先使用 `tensorflow_datasets` 加载数据集。在这种情况下，我们使用 IMDb 数据集（电影评论集合）：

```
import tensorflow as tf
from tensorflow.keras import datasets, layers, models, preprocessing
import tensorflow_datasets as tfds

max_len = 200
n_words = 10000
dim_embedding = 256
```

```
EPOCHS = 20
BATCH_SIZE =500

def load_data():
    #load data
    (X_train, y_train), (X_test, y_test) = datasets.imdb.load_
data(num_words=n_words)
    # Pad sequences with max_len
    X_train = preprocessing.sequence.pad_sequences(X_train,
maxlen=max_len)
    X_test = preprocessing.sequence.pad_sequences(X_test, maxlen=max_len)
    return (X_train, y_train), (X_test, y_test)
```

接下来构造一个合适的 CNN 模型。我们用 Embedding（参见第 9 章）将文档中观察到的稀疏词汇映射到维度为 dim_embedding 的稠密特征空间中。然后，我们使用 Conv1D 网络和 GlobalMaxPooling1D 网络进行平均，再使用两个 Dense 层（最后一层只有一个神经元）用来触发二元选择（正评或负评）：

```
def build_model():
    model = models.Sequential()
    # Input - Embedding Layer
    # the model will take as input an integer matrix of size
    # (batch, input_length)
    # the model will output dimension (input_length, dim_embedding)
    # the largest integer in the input should be no larger
    # than n_words (vocabulary size).
    model.add(layers.Embedding(n_words,
        dim_embedding, input_length=max_len))

    model.add(layers.Dropout(0.3))
    model.add(layers.Conv1D(256, 3, padding='valid',
        activation='relu'))

    # takes the maximum value of either feature vector from each of
    # the n_words features
    model.add(layers.GlobalMaxPooling1D())
    model.add(layers.Dense(128, activation='relu'))
    model.add(layers.Dropout(0.5))
    model.add(layers.Dense(1, activation='sigmoid'))

    return model

(X_train, y_train), (X_test, y_test) = load_data()
model=build_model()
model.summary()
```

该模型有超过 270 万个参数，如图 5-28 所示。

用 Adam 优化器和二元交叉熵损失函数对模型进行编译和拟合：

```
Layer (type)                    Output Shape           Param #
=================================================================
embedding (Embedding)           (None, 200, 256)       2560000

dropout (Dropout)               (None, 200, 256)       0

conv1d (Conv1D)                 (None, 198, 256)       196864

global_max_pooling1d (Global    (None, 256)             0

dense (Dense)                   (None, 128)             32896

dropout_1 (Dropout)             (None, 128)             0

dense_1 (Dense)                 (None, 1)               129
=================================================================
Total params: 2,789,889
Trainable params: 2,789,889
Non-trainable params: 0
```

图 5-28   CNN 模型概览

```
model.compile(optimizer = "adam", loss = "binary_crossentropy",
  metrics = ["accuracy"]
)

score = model.fit(X_train, y_train,
  epochs= EPOCHS,
  batch_size = BATCH_SIZE,
  validation_data = (X_test, y_test)
)

score = model.evaluate(X_test, y_test, batch_size=BATCH_SIZE)
print("\nTest score:", score[0])
print('Test accuracy:', score[1])
```

如图 5-29 所示，最终的准确度为 88.21%，这表明可以成功地使用 CNN 进行文本处理。

```
Epoch 19/20
25000/25000 [==============================] - 135s 5ms/sample - loss: 7.5276e-04 - accuracy: 1.0000 - v
al_loss: 0.5753 - val_accuracy: 0.8818
Epoch 20/20
25000/25000 [==============================] - 129s 5ms/sample - loss: 6.7755e-04 - accuracy: 0.9999 - v
al_loss: 0.5802 - val_accuracy: 0.8821
25000/25000 [==============================] - 23s 916us/sample - loss: 0.5802 - accuracy: 0.8821

Test score: 0.5801781857013703
Test accuracy: 0.88212
```

图 5-29   用 CNN 进行文本处理

注意，许多其他非图像应用程序也可以用 CNN 转换为图像，进而用 CNN 分类。

5.4　音频和音乐

我们已将 CNN 用于图像、视频和文本。现在让我们看看如何将 CNN 的变体用于音频。

那么，你可能想知道为什么学习合成音频如此困难。没错，我们听到的每个数字声音都是基于每秒 16 000 个样本（有时是 48 000 个或更多），而要建立一个预测模型，从中我们学会根据之前的所有样本来再现样本，是一个非常困难的挑战。

Dilated ConvNet、WaveNet 和 NSynth

WaveNet 是用于生成原始音频波形的深度生成模型。Google DeepMind 提出了这一突破性技术（WaveNet 可从 https://deepmind.com/blog/wavenet-generative-model-raw-audio/ 获取），用来教计算机如何讲话。结果的确令人印象深刻，在网上可以找到合成语音的示例，计算机可以在其中学习如何用名人的声音讲话。实验表明，WaveNet 改进了当前最先进的**文本语音转换（Text-to-Speech，TTS）**系统，使美式英语和普通话在人声方面的差异减少了 50%。用于比较的度量标准称为**平均主观意见分（Mean Opinion Score，MOS）**，它是一种主观的成对比较测试。在 MOS 测试中，当听完每个声音刺激后，要求受试者以 5 分制对刺激的自然程度进行评分，从"不良"（1）到"优秀"（5）。

 DeepMind 是 Google 的子公司（见 https://deepmind.com/）。

更酷的是，DeepMind 演示了 WaveNet 可以教计算机如何生成乐器的声音，比如钢琴音乐。

现在给出一些定义。TTS 系统通常分为两个不同的类别：拼接式（Concatenative）和参数式（Parametric）。

拼接式 TTS 是先将单独的语音片段存储下来，然后在需要再现语音的时候，将其重新组合。不过，这种方法无法进行扩展，因为它仅仅能复现存储的语音片段，而如果起初并没有存储相应的语音片段，则无法创建新的音频。

参数式 TTS 是创建一个模型，存储用于合成音频的所有特有特征。在 WaveNet 之前，参数式 TTS 生成的音频不如拼接式 TTS 生成的自然。WaveNet 通过直接对音频本身进行建模（而不是像过去那样使用信号处理算法作为中介），从而实现了重大的改进。

一般而言，WaveNet 可看作一叠 1D 卷积层，步进为常数 1，不含池化层。注意，在结构上，输入和输出具有相同的维度，因此 CNN 网络非常适合对序列数据（比如音频）建模。然而，为了在输出神经元中得到较大数量的感受野，有必要使用大批量的大型滤波器，或者有意阻止网络深度的增加。因此，纯 CNN 网络在学习如何合成音频方面不是很有效。

请谨记，某一层中神经元的感受野是上一层神经元提供输入的剖面（crosssection）。

WaveNet 背后的主要直觉是所谓的**空洞因果卷积（Dilated Causal Convolution）**[5]（有时也称为 AtrousConvolution），它仅仅意味着当采用卷积层的过滤器时，会跳过某些输入值。举个例子，在一维空间上，某个大小为 3 且空洞（dilatation）为 1 的滤波器 w，计算总和如下：

$$w[0]x[0] + w[1]x[2] + w[3]x[4]$$

 "Atrous" 衍生自法语 "à trous,"，意为 "有孔"。因此，Atrous Convolution 是指带有孔的卷积。

简而言之，在 D- 空洞卷积中，步进通常为 1，但并不阻止你采用其他步进值。下图中给出了一个示例，其中空洞（孔）大小递增 = 0、1、2。

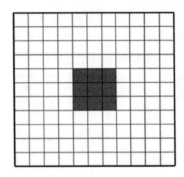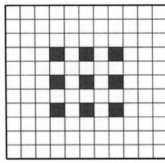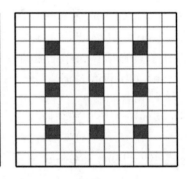

得益于这种引入 "空洞" 的简单思想，从而有可能用指数级增长的滤波器来堆叠多空洞卷积层，并在不需要一个过深的网络的前提下，学习长期的输入依赖关系。

WaveNet 是一个 ConvNet，其中的卷积层具有各种空洞因子，从而使感受野随深度呈指数级增长，并有效覆盖了数千个音频时间步。

当训练时，输入是录制的人类的声音。波形被量化到某个固定的整数范围内。WaveNet 定义了一个初始卷积层，它仅访问当前输入和前一个输入。然后，有一堆空洞卷积层，也仅能访问当前输入和前一个输入。最后，有一系列稠密层将先前的结果与随后的 softmax 激活函数结合在一起，用于分类输出。

在每一步中，网络都会预测出一个值，并将其反馈到输入中。同时开始计算下一步的新预测值。损失函数是当前输出与下一步的输入之间的交叉熵。图 5-30 显示了 WaveNet 堆及其感受野的可视化图，它由 Aaron van den Oord[9] 提出。注意，生成过程可能会很慢，因为波形必须按顺序合成，即，必须先对 x_t 进行采样，才能获得 $x_{>t}$，其中 x 是输入。

Parallel WaveNet[10] 中已提出了一种并行执行采样的方法，达到了三个数量级的加速。该方法使用了两个网络：WaveNet 教师网络，速度较慢但可以确保正确的结果；WaveNet 学生网络，试图模拟教师网络的行为，它的准确度较低，但速度更快。这种方法类似于 GAN（参见第 6 章）中使用的方法，但学生网络不会像 GAN 一样试图欺骗老师网络。实际上，该模型不仅速度更快，而且保真度更高，能够创建每秒 24 000 个样本的波形，如图 5-31 所示。

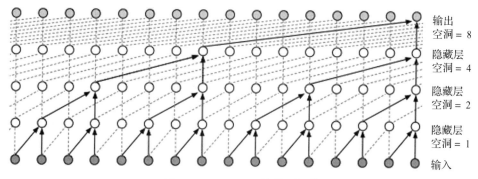

图 5-30　WaveNet 堆的可视化

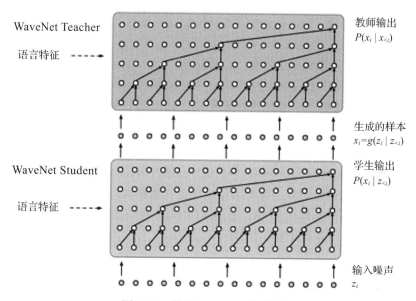

图 5-31　并行 WaveNet 的可视化

此模型已在 Google 的生产环境中部署，目前正用于为数百万用户提供 Google Assistant 实时查询。在 2018 年 5 月的年度 I/O 开发者大会上，得益于 WaveNet 的应用，新的 Google Assistant 声音宣告可用。

目前，TensorFlow 的 WaveNet 模型有两种实现。一种是 DeepMind 的 WaveNet 的原始实现（原始 WaveNet 版本可访问 https://github.com/ibab/tensorflow-wavenet），另一种称为 Magenta NSynth。NSynth（Magenta 可访问 https://magenta.tensorflow.org/nsynth）是 Google Brain 小组最近发布的 WaveNet 改进版，其目标不再是着眼前后因果关系，而是查看输入块的整个语境。该神经网络非常复杂，如下图所示，但出于这里

介绍性的讨论而言，只需知道它通过使用一种基于减少编码 / 解码阶段错误的方法来学习如何再现其输入。

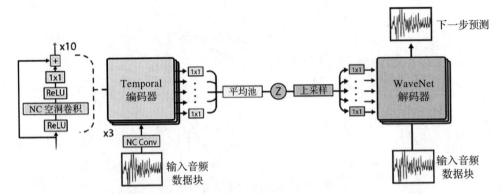

如果你有兴趣了解更多信息，建议你查看线上 Colab notebook 上，试试 NSynth 生成的模型（NSynth Colab 可访问 `https://colab.research.google.com/notebooks/magenta/nsynth/nsynth.ipynb`）。

MuseNet 是一个新的音频生成工具，由 OpenAI 开发。MuseNet 采用 Sparse Transformer 来训练具有 24 个 Attention Head 的 72 层网络。Transformer 将在第 9 章中讨论，现在我们只需要知道它们是深度神经网络，非常善于预测序列中的下一个内容（文本、图像或声音）。

在 Transformer 中，每个输出元素都连接到每个输入元素，并且它们之间的权重会根据 Attention 的处理过程进行动态计算。

MuseNet 可以用 10 种不同的乐器制作长达 4 分钟的音乐作品，并且可以结合乡村、莫扎特和甲壳虫乐队的风格。例如，我用钢琴、鼓、吉他和贝斯，以 Lady Gaga 的风格改编了贝多芬的"fur Elise"。你可以在 `https://openai.com/blog/musenet/` 网址的"Try MuseNet"部分自行尝试（见下图）。

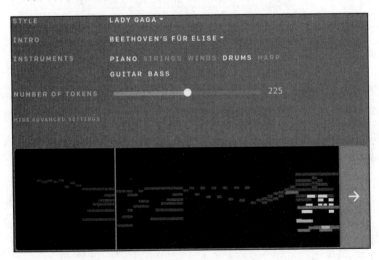

5.5　卷积运算小结

本节我们将给出不同卷积运算的概要。单个卷积层具有 I 个输入通道，并产生 O 个输出通道。使用 $I \times O \times K$ 参数，其中 K 是核中的数值。

5.5.1　基本卷积神经网络

让我们简要地回想下 CNN 是什么。CNN 接受输入图像（二维）、文本（二维）或视频（三维），然后将多个过滤器应用于输入。每个过滤器就像一个手电筒，可以在输入上滑动，并且其照射到的区域称为感受野。每个过滤器是一个与输入具有相同深度的张量（例如，如果图像的深度为 3，则过滤器的深度也必为 3）。

当过滤器围绕输入图像进行滑动或者卷积时，过滤器中的值由输入值相乘得到。然后，相乘后的值会被求和汇总为一个值。该过程会在每个位置上重复进行，以生成激活图（也称为特征图）。

当然，可使用多个过滤器，每个过滤器充当一个特征标识。例如，对于图像，过滤器可以识别边缘、颜色、线条和曲线。关键直觉是将滤波器的值视为权重，并在训练过程中通过反向传播对其进行微调。

可使用以下配置参数来设定卷积层：

❑ **核大小**：是卷积的感受野视图

❑ **步进**：遍历图像时，核的步长

❑ **填充**：定义数据样本的边界如何处理

5.5.2　空洞卷积

空洞卷积（Atrous 卷积，也称膨胀卷积）引入了另一个配置参数：

❑ **空洞率**：它是核中值之间的间隔

空洞卷积可用在许多场合，包括用 WaveNet 进行的音频处理。

转置卷积

转置卷积是一种与正常卷积方向相反的变换。它对于将特征图投影到更高维度的空间，或者构建卷积自编码器（参见第 9 章）时很有用。一种理解转置卷积的方法是首先在给定的输入形状条件下，计算出常规 CNN 的输出形状。然后，我们用转置卷积颠倒输入和输出的形状。TensorFlow 2.0 采用 Conv2DTranspose 层支持转置卷积，譬如用在 GAN 网络中生成图像（参见第 6 章）。

5.5.3　可分离卷积

可分离卷积旨在将核分解为多步。令卷积为 $y = \text{conv}(x, k)$，其中 y 为输出，x 为输入，

k 为核。假设核是可分解的，例如，$k = k_1.k_2$ 其中 "." 表示点积。在这种情况下，我们不需要用 k 做一次 2 维卷积，而是用 k_1 和 k_2 做两次 1 维卷积，即可获得相同的结果。可分离卷积常用于节约计算资源。

5.5.4　深度卷积

让我们考虑一个具有多通道的图像。在普通的 2D 卷积中，滤波器的深度与输入的深度相同，它使我们可以混合各通道以生成输出的每个元素。在深度卷积中，每个通道是独立的，滤波器被拆分到各通道上，每个卷积都单独应用，然后将计算结果叠加回一个张量。

5.5.5　深度可分离卷积

该卷积不应与可分离卷积混淆。深度卷积完成后，执行另一步：跨通道 1×1 卷积。深度可分离卷积在 Xception 中得到了使用。它也用于 MobileNet 中，因为 MobileNet 减小了模型的大小和复杂性，特别适用于移动和嵌入式视觉应用中。

本节我们讨论了卷积的所有主要形式。下一节将讨论胶囊网络。

5.6　胶囊网络

胶囊网络（CapsNet）是一种新颖的深度学习网络。这项技术在 2017 年 10 月底由 Sara Sabour、Nicholas Frost 和 Geoffrey Hinton 在发表的 "Dynamic Routing Between Capsules" 这一开创性论文中提出（https://arxiv.org/abs/1710.09829）[14]。Hinton 是深度学习之父，因此，整个深度学习社区很期待看到 Capsules 取得的进展。确实，CapsNet 已经在 MNIST 分类上击败了最好的 CNN，这真是令人印象深刻！

5.6.1　CNN 有什么问题

在 CNN 中，每一层都试图以渐进式的细粒度等级 "理解" 图像。正如我们在多个示例中讨论的那样，第一层最有可能识别出直线或者简单的曲线和边缘，而随后的层将开始理解复杂形状（例如矩形），直至复杂事物（例如人脸）。

现在，CNN 的一项关键操作是池化。池化旨在创建位置不变性，并出于保证任何难题在计算上易于处理的考虑，在每个 CNN 层之后都会用到它。但是，池化会带来一个严重的问题，因为它迫使我们丢失了所有的位置性数据。这不是很好。想象一张人脸，它由两只眼睛、一张嘴和一个鼻子组成，真正重要的是各部之间存在的空间关系（比如，嘴在鼻子下方，而鼻子通常在眼睛下方）。

Hinton 说过："在卷积神经网络中使用池化操作是一个很大的错误，而且它运行良好的事实是一场灾难。"从技术上讲，我们并不需要位置不变性，而需要的是同变性（equi-variance）。同变性是一个新潮的术语，它意在指明我们希望理解图像中的旋转或者比例变化，以及我们要对应地调整网络。这样的话，图像中不同组成部分之间的空间定位就不会丢失。

5.6.2　Capsule 网络有什么新功能

据论文作者们说，我们的大脑有称为"胶囊"的模块，每个胶囊专门用于处理特定类型的信息。特别地，这些胶囊擅长于"理解"不同的概念，比如位置、尺寸、方向、畸形、纹理等。除此之外，作者们还提到我们的大脑会有一些特别有效的机制，将每条信息动态路由到最适合处理特定类型信息的特定胶囊。

因此，CNN 和 CapsNet 的主要区别在于：使用 CNN 时，你会不断添加用于创建深度网络的层，而使用 CapsNet 时，你会将神经层嵌套在另一个神经层中。胶囊是一组在网络中引入更多结构的神经元，它产生一个向量来表示图像中实体的存在。尤其是，Hinton 使用活跃向量（activity vector）的长度来表示实体存在的概率，而其方向用来表示实例性参数。当多个预测结果一致时，更高级别的胶囊就会变得活跃。对于每个可能的父胶囊，胶囊会产生一个附加的预测向量。

现在介绍第二个创新：我们将使用胶囊间的动态路由，而不再需要池化。较低级别的胶囊倾向于将其输出发送给活跃向量具有较大标量积的较高级别的胶囊，而对活跃向量的预测来自较低级别的胶囊。具有最大标量积的父胶囊会增进子胶囊的亲和度，而其他的父胶囊都会降低其对应的亲和度。换句话说，这种设计想法是，假设较高级别的胶囊认同某个较低级别的胶囊，那么它会要求其发送更多同类型信息。假设不存在这种认同关系，则会要求其少发送类似的信息。这种经由认同方式的动态路由优于现有机制（例如最大池化），并且如 Hinton 所说，路由会是解析图像的最终方式。实际上，最大池化会忽略掉除最大值以外的任何信息，而动态路由则会根据较低层与较高层之间的认同度有选择性地传播信息。

第三个不同之处是提出了新的非线性激活函数。不同于在 CNN 中需要为每个层增加挤压函数（squashing function），取而代之的是，CapsNet 向一组嵌套层增加挤压函数。非线性激活函数如下所示，它被称为挤压函数：

$$v_j = \frac{||S_j||^2}{1 + ||S_j||^2} \frac{S_j}{||S_j||}$$

式中，v_j 是胶囊 j 的向量输出，而 S_j 是胶囊的总输入。

此外，Hinton 等人表明，一个经过差异训练的、多层胶囊系统能在 MNIST 中取得目前最好的性能，而且在识别高度重叠的数字上，比卷积网络更好。

根据论文"Dynamic Routing Between Capsules",我们给出了一个简单的 CapsNet 架构,如图 5-32 所示。

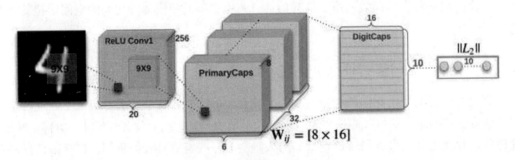

图 5-32   可视化 CapsNet 架构

该架构很浅,只有两个卷积层和一个全连接层。Conv1 具有 256 个 9×9 卷积核、步进为 1 且激活函数为 ReLU。该层的作用是将像素强度转换为局部特征检测器的活跃度,然后将其作为主胶囊的输入。PrimaryCapsules 是一个具有 32 个通道的卷积胶囊层:每个主胶囊包含 8 个卷积单元,每个卷积单元包含一个 9×9 卷积核、步进为 2。PrimaryCapsules 总共有 [32, 6, 6] 个胶囊输出(每个输出是一个 8D 向量),在 [6, 6] 网格中的每个胶囊共享权重。最后一层(DigitCaps)针对每个数字有一个 16D 胶囊,而且这些胶囊每个都接收来自上一层的一个输入。路由仅在两个连续胶囊层之间发生(比如,PrimaryCapsules 和 DigitCaps)

5.7   小结

本章我们看到了在非常不同的领域中 CNN 的许多应用:从传统的图像处理和计算机视觉,到当下的视频处理,再到以往的音频处理和文本处理。在短短数年间,CNN 席卷了机器学习。

如今,多模式处理(借助于 CNN 和 RNN、强化学习等技术,兼顾文本、图像、音频和视频,从而获得更好的性能)并不少见。当然,还有更多需要考虑的方面,CNN 最近已应用于许多其他领域,例如遗传推断(Genetic inference)[13],至少乍一看,它们与设计的原始领域相去甚远。

本章我们讨论了 ConvNet 的所有主要变体。在下一章中,我们将介绍生成网络,它是迄今为止最具创新性的深度学习架构之一。

5.8   参考文献

1. J. Yosinski and Y. B. J Clune, *How transferable are features in deep neural networks?*, in *Advances in Neural Information Processing Systems 27*, pp. 3320–3328.

2. C. Szegedy, V. Vanhoucke, S. Ioffe, J. Shlens, and Z. Wojna, *Rethinking the Inception Architecture for Computer Vision*, in 2016 IEEE Conference on Computer Vision and Pattern Recognition (CVPR), pp. 2818–2826.

3. M. Sandler, A. Howard, M. Zhu, A. Zhmonginov, L. C. Chen, *MobileNetV2: Inverted Residuals and Linear Bottlenecks* (2019), Google Inc.

4. A Krizhevsky, I Sutskever, GE Hinton, *ImageNet Classification with Deep Convolutional Neural Networks*, 2012.

5. Gao Huang, Zhuang Liu, Laurens van der Maaten, Kilian Q. Weinberger, *Densely Connected Convolutional Networks*, 28 Jan 2018 `http://arxiv.org/abs/1608.06993`.

6. François Chollet, *Xception: Deep Learning with Depthwise Separable Convolutions*, 2017, `https://arxiv.org/abs/1610.02357`.

7. Leon A. Gatys, Alexander S. Ecker, Matthias Bethge, *A Neural Algorithm of Artistic Style*, 2016, `https://arxiv.org/abs/1508.06576`.

8. Mordvintsev, Alexander; Olah, Christopher; Tyka, Mike. *DeepDream - a code example for visualizing Neural Networks*. Google Research, 2015.

9. Aaron van den Oord, Sander Dieleman, Heiga Zen, Karen Simonyan, Oriol Vinyals, Alex Graves, Nal Kalchbrenner, Andrew Senior, and Koray Kavukcuoglu. *WaveNet: A Generative Model for Raw Audio*. arXiv preprint, 2016.

10. Aaron van den Oord, Yazhe Li, Igor Babuschkin, Karen Simonyan, Oriol Vinyals, Koray Kavukcuoglu, George van den Driessche, Edward Lockhart, Luis C. Cobo, Florian Stimberg, Norman Casagrande, Dominik Grewe, Seb Noury, Sander Dieleman, Erich Elsen, Nal Kalchbrenner, Heiga Zen, Alex Graves, Helen King, Tom Walters, Dan Belov, Demis Hassabis, *Parallel WaveNet: Fast High-Fidelity Speech Synthesis*, 2017.

11. Kaiming He, Georgia Gkioxari, Piotr Dollár, Ross Girshick, *Mask R-CNN*, 2018.

12. Liang-Chieh Chen, Yukun Zhu, George Papandreou, Florian Schroff, Hartwig Adam, *Encoder-Decoder with Atrous Separable Convolution for Semantic Image Segmentation*, 2018.

13. Lex Flagel Yaniv Brandvain Daniel R Schrider, *The Unreasonable Effectiveness of Convolutional Neural Networks in Population Genetic Inference*, 2018.

14. Sara Sabour, Nicholas Frosst, Geoffrey E Hinton, *Dynamic Routing Between Capsules*, `https://arxiv.org/abs/1710.09829`.

第 6 章

生成对抗网络

在本章中，我们将讨论**生成对抗网络**（Generative Adversarial Network, GAN）及其变体。Yann LeCun（深度学习之父之一）把 GAN 定义为过去的 10 年间 ML 中最有趣的想法。GAN 能够学习如何再现看起来比较真实的合成数据。例如，计算机学习如何绘制和创造逼真的图像。这个想法最初是由 Ian Goodfellow 最早提出的（更多相关信息参见论文 " NIPS 2016 Tutorial: Generative Adversarial Networks"，I. Goodfellow，2016）。他曾任职于蒙特利尔大学、Google Brain 和 OpenAI，目前在 Apple Inc 工作，担任机器学习总监。

在本章中，我们将介绍不同类型的 GAN，看看其在 TensorFlow 2.0 中的实现。本章涵盖以下主题：

- 什么是 GAN
- 深度卷积 GAN
- SRGAN
- CycleGAN
- GAN 的应用

6.1 什么是 GAN

近年来，GAN 可学习高维、复杂数据分布的能力使其在研究人员中很受欢迎。从 2016 年 Ian Goodfellow 首次提出，到 2019 年，已经有 40 000 多篇与 GAN 相关的研究论文。这仅用了三年时间！

GAN 的应用包括创建图像、视频、音乐、甚至是自然语言。它们已应用在图 – 图转换（image-to-image translation）、图像超分辨率（image super resolution)、药物发现（drug discovery)，甚至下帧视频预测（next-frame prediction in video）等任务中。

　　GAN 的关键思想类似于"艺术伪造（art forgery)"，是一个创作赝品的过程。GAN 同时训练两个神经网络：生成器 $G(Z)$ 用于制造赝品，鉴别器$^{\ominus}$$D(Y)$ 基于对真实艺术品和复制品的观察来判断复制品的真实程度。$D(Y)$ 获取输入 Y（例如图像)，然后用投票表示它判断的输入的真实程度。通常，接近 1 的值表示"真实"，而接近 0 的值表示"伪造"。$G(Z)$ 从随机噪声 Z 中获取输入，然后训练自己欺骗 D，让它以为 $G(Z)$ 产生的任何东西都是真实的。

　　训练鉴别器 $D(Y)$ 的目标是使来自真实数据分布的每个图像的 $D(Y)$ 最大化，并使来自非真实数据分布的每个图像的 $D(Y)$ 最小化。因此，G 和 D 玩着截然相反的游戏，因此称为**对抗训练**。注意，我们以交替的方式训练 G 和 D，其中它们的每个目标都表示为通过梯度下降优化的损失函数。生成模型继续提高其伪造能力，而判别模型继续提高其伪造识别能力。鉴别器网络（通常是标准卷积神经网络）试图对输入图像是真实的还是生成的进行分类。一个重要的新思想是通过鉴别器和生成器的反向传播来调整生成器的参数，这样生成器可以更频繁地学习如何欺骗鉴别器。最后，生成器将学习如何生成与真实图像无法区分的图像，整个过程如下图所示。

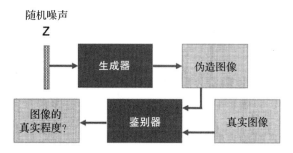

　　当然，在这样一个需要两个玩家的游戏中，GAN 涉及趋向均衡（equilibrium）工作。让我们首先了解这里的均衡是什么意思。当游戏开始后，两个玩家之一比另一个更好。这推动了另一方的改进，从而使生成器和鉴别器相互改进。

　　最终，我们达到了一个状态，任一参与者的改进提升都不再显著。为了确认此状态，可通过绘制损失函数，了解两个损失函数（梯度损失和鉴别器损失）何时达到平稳状态。我们不希望游戏严重偏向一方。如果在每种情况下，伪造者都能立即学会如何愚弄鉴别者，那么伪造者就别无所求。在实践中，训练 GAN 真的很困难，在分析 GAN 收敛方面正在进行大量研究。了解有关不同类型 GAN 的收敛性和稳定性的详细信息可查阅网站：https://avg.is.tuebingen.mpg.de/projects/convergence-and-stability-of-gan-training。在 GAN 的生成应用中，我们希望生成器比鉴别器学

　　$\ominus$　也称作判别器。——编辑注

习得更好。

现在让我们深入研究 GAN 的学习方式。鉴别器和生成器都轮流学习。学习可以分为两个步骤：

1）鉴别器 $D(x)$ 学习。生成器 $G(z)$ 用于从随机噪声 z（遵循某些先验分布 $P(z)$）生成伪图像。来自生成器的伪图像和来自训练数据集的真实图像都被馈送到鉴别器，然后鉴别器运行有监督学习，尝试将伪图像与真实图像分开。如果 $P(x)$ 的数据是训练数据集分布，则鉴别器网络将尝试最大化其目标，以使 $D(x)$ 在输入数据为真时接近 1，而在输入数据为假时接近 0。

2）下一步是生成器网络学习。其目标是欺骗鉴别器网络，使之认为生成的 $G(z)$ 是真实的，即迫使 $D(G(z))$ 接近 1。

依次重复执行这两个步骤。一旦训练结束，鉴别器不再能区分真实数据和伪造数据，生成器则成为创建训练相似数据的专家。鉴别器与生成器之间的稳定性是一个热门的研究课题。

现在你已大致了解 GAN 是什么，让我们看一个 GAN 的实际应用：生成"手写"数字。

MNIST 在 TensorFlow 中使用 GAN

让我们构建一个能够生成手写数字的简单 GAN，将使用 MNIST 手写数字来训练网络。我们使用 TensorFlow Keras 数据集访问 MNIST 数据。数据包含 60 000 张手写数字的训练图像，每幅大小为 28×28。我们将输入值标准化，以使每个像素的值都在 [−1, 1] 范围内：

```
(X_train, _), (_, _) = mnist.load_data()
X_train = (X_train.astype(np.float32) - 127.5)/127.5
```

我们将使用一个简单的**多层感知器**（MLP），并将图像作为大小为 784 的平面向量提供给 MLP，因此我们对训练数据进行了重塑：

```
X_train = X_train.reshape(60000, 784)
```

现在我们需要构建一个生成器和鉴别器。生成器的目的是接受噪声输入并生成类似于训练数据集的图像。噪声输入的大小由变量 randomDim 决定，你可以将其初始化为任何整数值。通常，人们将其设置为 100。在我们的实现中设置为 10。此输入被馈送到具有 256 个神经元且激活函数为 LeakyReLU 的稠密层中。接下来，我们添加另一个具有 512 个隐藏神经元的稠密层，然后是具有 1024 个神经元的第三个隐藏层，最后是具有 784 个神经元的输出层。你可以更改隐藏层中神经元的数量，并查看性能如何变化。但是，输出单元中神经元的数量必须与训练图像中的像素数量相匹配。对应的生成器为：

```
generator = Sequential()
generator.add(Dense(256, input_dim=randomDim))
generator.add(LeakyReLU(0.2))
generator.add(Dense(512))
generator.add(LeakyReLU(0.2))
generator.add(Dense(1024))
generator.add(LeakyReLU(0.2))
generator.add(Dense(784, activation='tanh'))
```

类似地，我们构建一个鉴别器。注意，鉴别器现在从训练集或生成器生成的图像中获取图像，因此其输入大小为784。鉴别器的输出为单比特位，其中0表示伪造图像（由生成器生成），1表示图像来自训练数据集：

```
discriminator = Sequential()
discriminator.add(Dense(1024, input_dim=784) )
discriminator.add(LeakyReLU(0.2))
discriminator.add(Dropout(0.3))
discriminator.add(Dense(512))
discriminator.add(LeakyReLU(0.2))
discriminator.add(Dropout(0.3))
discriminator.add(Dense(256))
discriminator.add(LeakyReLU(0.2))
discriminator.add(Dropout(0.3))
discriminator.add(Dense(1, activation='sigmoid'))
```

接下来，我们将生成器和鉴别器组合在一起以形成GAN。在GAN中，我们通过将参数 trainable 设置为 False，确保鉴别器的权重是固定的：

```
discriminator.trainable = False
ganInput = Input(shape=(randomDim,))
x = generator(ganInput)
ganOutput = discriminator(x)
gan = Model(inputs=ganInput, outputs=ganOutput)
```

训练两者的技巧是先单独训练鉴别器，为鉴别器使用二元交叉熵损失函数。稍后，冻结鉴别器的权重并训练合并后的GAN，这促使生成器的训练。对应的损失函数也是二元交叉熵：

```
discriminator.compile(loss='binary_crossentropy', optimizer='adam')
gan.compile(loss='binary_crossentropy', optimizer='adam')
```

现在让我们执行训练。对于每个epoch，首先对随机噪声进行采样，将其馈送到生成器，然后生成器会生成伪图像。将一批生成的伪造图像和实际训练图像与它们的特定标签组合在一起，然后使用它们在给定批次上先训练鉴别器：

```
def train(epochs=1, batchSize=128):
    batchCount = int(X_train.shape[0] / batchSize)
```

```
    print ('Epochs:', epochs)
    print ('Batch size:', batchSize)
    print ('Batches per epoch:', batchCount)

    for e in range(1, epochs+1):
        print ('-'*15, 'Epoch %d' % e, '-'*15)
        for _ in range(batchCount):
            # Get a random set of input noise and images
            noise = np.random.normal(0, 1, size=[batchSize, randomDim])
            imageBatch = X_train[np.random.randint(0, X_train.
shape[0], size=batchSize)]

            # Generate fake MNIST images
            generatedImages = generator.predict(noise)
            # print np.shape(imageBatch), np.shape(generatedImages)
            X = np.concatenate([imageBatch, generatedImages])

            # Labels for generated and real data
            yDis = np.zeros(2*batchSize)
            # One-sided label smoothing
            yDis[:batchSize] = 0.9

            # Train discriminator
            discriminator.trainable = True
            dloss = discriminator.train_on_batch(X, yDis)
```

在相同的 for 循环中，我们将训练生成器。我们希望鉴别器将生成器生成的图像检测为真实图像，因此我们使用随机向量（噪声）作为生成器的输入。这将生成一个伪图像，然后训练 GAN，以使鉴别器将图像视为真实图像（输出 1）：

```
# Train generator
noise = np.random.normal(0, 1, size=[batchSize, randomDim])
yGen = np.ones(batchSize)
discriminator.trainable = False
gloss = gan.train_on_batch(noise, yGen)
```

很酷的技巧，对吧？如果需要，可以保存生成器和鉴别器的损失以及生成的图像。接下来，我们将保存每个 epoch 的损失，以及每 20 个 epoch 生成的图像：

```
# Store loss of most recent batch from this epoch
dLosses.append(dloss)
gLosses.append(gloss)

if e == 1 or e % 20 == 0:
    saveGeneratedImages(e)
```

现在，我们可以通过调用 GAN 函数来训练 GAN。在下图中，随着 GAN 的学习，你可以看到生成器和鉴别器的损失图。

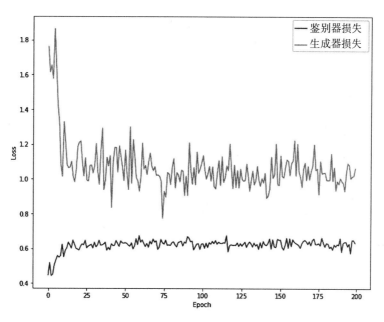

以及由 GAN 生成的手写数字。

Epoch 1　　　　　　Epoch 20　　　　　　Epoch 40

Epoch 140　　　　　　Epoch 160　　　　　　Epoch 200

从图中可以看到，随着 epoch 的增加，GAN 生成的手写数字变得越来越真实。

为了绘制损失和手写数字生成的图像，我们定义了两个辅助函数：plotLoss() 和
saveGeneratedImages()。代码如下：

```
# Plot the loss from each batch
def plotLoss(epoch):
    plt.figure(figsize=(10, 8))
    plt.plot(dLosses, label='Discriminitive loss')
    plt.plot(gLosses, label='Generative loss')
    plt.xlabel('Epoch')
    plt.ylabcl('Loss')
    plt.legend()
    plt.savefig('images/gan_loss_epoch_%d.png' % epoch)

# Create a wall of generated MNIST images
def saveGeneratedImages(epoch, examples=100, dim=(10, 10),
figsize=(10, 10)):
    noise = np.random.normal(0, 1, size=[examples, randomDim])
    generatedImages = generator.predict(noise)
    generatedImages = generatedImages.reshape(examples, 28, 28)

    plt.figure(figsize=figsize)
    for i in range(generatedImages.shape[0]):
        plt.subplot(dim[0], dim[1], i+1)
        plt.imshow(generatedImages[i], interpolation='nearest',
cmap='gray_r')
        plt.axis('off')
    plt.tight_layout()
    plt.savefig('images/gan_generated_image_epoch_%d.png' % epoch)
```

完整的代码可以在 GitHub 库中本章 notebook 的 VanillaGAN.ipynb 中找到。接下
来我们将介绍一些最新的 GAN 架构，并在 TensorFlow 中实现它们。

6.2 深度卷积 GAN

DCGAN 于 2016 年提出，已成为最受欢迎的 GAN 架构之一。设计的主要思想是使
用卷积层，而不使用池化层或终端分类器层。卷积步进和转置卷积用于图像的下采样和上
采样。

在详细介绍 DCGAN 架构及其功能之前，让我们指出论文中提出的主要改动：

❏ 网络全部由卷积层组成。池化层被鉴别器的步进卷积和生成器的转置卷积代替。

❏ 删除卷积后的全连接分类层。

❏ 为了帮助梯度流，在每个卷积层之后都进行批量归一化。

DCGAN 的基本思想与普通 GAN 相同：我们有一个产生 100 维噪声的生成器，噪声被
投影并重塑，然后通过卷积层。图 6-1 显示了生成器架构。

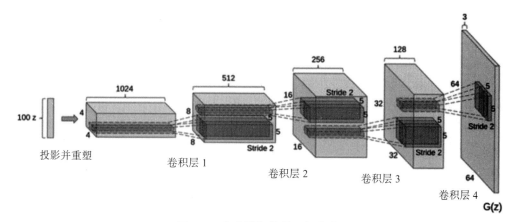

图 6-1　生成器架构的可视化表示

鉴别器网络接收图像（由生成器生成或来自真实数据集），然后对图像进行卷积操作，以及批量归一化。在每个卷积步骤中，都用步进对图像进行下采样。卷积层的最终输出被展平，并馈入一个单神经元分类器层。图 6-2 显示了鉴别器架构。

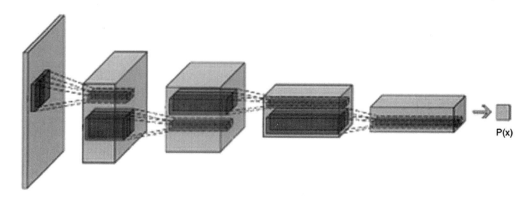

图 6-2　鉴别器架构的可视化表示

生成器和鉴别器组合在一起形成 DCGAN。训练的方式与以前相同。也就是说，我们先在小批量上训练鉴别器，然后冻结鉴别器并训练生成器。反复重复此过程几千 epoch。作者发现，使用 Adam 优化器和 0.002 的学习率可以获得更稳定的结果。

接下来，我们将实现 DCGAN 来生成手写数字。

MNIST 数字集的 DCGAN

现在让我们建立一个 DCGAN 来生成手写数字。首先看到生成器的代码。通过顺序添加图层来构建生成器。第一层是稠密层，将 100 维的噪声作为输入。100 维输入被扩展成大小为 $128 \times 7 \times 7$ 的平面向量。这样做是为了最终得到大小为 28×28 的输出，这是 MNIST 手写数字的标准大小。将向量重整为 $7 \times 7 \times 128$ 的张量，然后用 TensorFlow Keras

UpSampling2D 层对该向量进行上采样。注意，该层只是通过将行和列加倍来放大图像。该层没有权重，因此计算成本很低。

现在，Upsampling2D 层将使 $7 \times 7 \times 128$（行 × 列 × 通道）图像的行和列加倍，从而产生大小为 $14 \times 14 \times 128$ 的输出。经上采样的图像将传递到卷积层。该卷积层学习在上采样图像中填充细节。卷积的输出传递给批量归一化，以获得更好的梯度流。然后，经过批量归一化的输出在所有中间层中进行 ReLU 激活。重复该结构，即上采样 | 卷积 | 批量归一化 |ReLU。在下面的生成器中，我们有两个这样的结构，在卷积运算中，第一个具有 128个滤波器，第二个具有 64 个滤波器。最终输出来自具有 3 个滤波器和 tan 双曲线激活的纯卷积层，产生大小为 $28 \times 28 \times 1$ 的图像：

```python
def build_generator(self):
    model = Sequential()
    model.add(Dense(128 * 7 * 7, activation="relu", input_dim=self.
latent_dim))
    model.add(Reshape((7, 7, 128)))
    model.add(UpSampling2D())
    model.add(Conv2D(128, kernel_size=3, padding="same"))
    model.add(BatchNormalization(momentum=0.8))
    model.add(Activation("relu"))
    model.add(UpSampling2D())
    model.add(Conv2D(64, kernel_size=3, padding="same"))
    model.add(BatchNormalization(momentum=0.8))
    model.add(Activation("relu"))
    model.add(Conv2D(self.channels, kernel_size=3, padding="same"))
    model.add(Activation("tanh"))
    model.summary()
    noise = Input(shape=(self.latent_dim,))
    img = model(noise)
    return Model(noise, img)
```

最终产生的生成器模型如图 6-3 所示。

你也可以尝试转置卷积层。该层不仅对输入图像进行升采样，而且还学习如何在训练期间填充细节。因此，你可以用单个转置卷积层替换上采样和卷积层。转置卷积层执行逆卷积运算。你可在论文"A guide to convolution arithmetic for deep learning"中了解更多的细节（见 https://arxiv.org/abs/1603.07285）。

现在我们有了一个生成器，让我们看一下构建鉴别器的代码。该鉴别器与标准卷积神经网络相似，但有一个主要变化：不使用 maxpooling，而是使用步进为 2 的卷积层。我们还添加了 dropout 层以避免过拟合，以及批量归一化以获得更好的准确度和快速收敛。激活层是 Leaky ReLU。在下面的网络中，我们使用三个这样的卷积层（三个卷积层分别使用32、64 和 128 个滤波器）。第三个卷积层的输出被展平，然后馈送到仅含一个处理单元的稠密层。

```
Model: "sequential_1"

Layer (type)                    Output Shape            Param #
=================================================================
dense_1 (Dense)                 (None, 6272)            633472

reshape (Reshape)               (None, 7, 7, 128)       0

up_sampling2d (UpSampling2D)    (None, 14, 14, 128)     0

conv2d_4 (Conv2D)               (None, 14, 14, 128)     147584

batch_normalization_v2_3 (Ba    (None, 14, 14, 128)     512

activation (Activation)         (None, 14, 14, 128)     0

up_sampling2d_1 (UpSampling2    (None, 28, 28, 128)     0

conv2d_5 (Conv2D)               (None, 28, 28, 64)      73792

batch_normalization_v2_4 (Ba    (None, 28, 28, 64)      256

activation_1 (Activation)       (None, 28, 28, 64)      0

conv2d_6 (Conv2D)               (None, 28, 28, 1)       577

activation_2 (Activation)       (None, 28, 28, 1)       0
=================================================================
Total params: 856,193
Trainable params: 855,809
Non-trainable params: 384
```

图 6-3   最终产生的生成器模型概览

该处理单元分类器的输出将图像分类为伪图像或真实图像：

```
def build_discriminator(self):
model = Sequential()
model.add(Conv2D(32, kernel_size=3, strides=2, input_shape=self.img_
shape, padding="same"))
model.add(LeakyReLU(alpha=0.2))
model.add(Dropout(0.25))
model.add(Conv2D(64, kernel_size=3, strides=2, padding="same"))
model.add(ZeroPadding2D(padding=((0,1),(0,1))))
model.add(BatchNormalization(momentum=0.8))
model.add(LeakyReLU(alpha=0.2))
model.add(Dropout(0.25))
model.add(Conv2D(128, kernel_size=3, strides=2, padding="same"))
model.add(BatchNormalization(momentum=0.8))
model.add(LeakyReLU(alpha=0.2))
model.add(Dropout(0.25))
model.add(Conv2D(256, kernel_size=3, strides=1, padding="same"))
model.add(BatchNormalization(momentum=0.8))
model.add(LeakyReLU(alpha=0.2))
            model.add(Dropout(0.25))
model.add(Flatten())
model.add(Dense(1, activation='sigmoid'))
            model.summary()
            img = Input(shape=self.img_shape)
validity = model(img)
return Model(img, validity)
```

最终产生的鉴别器网络如图 6-4 所示。

```
Model: "sequential"

Layer (type)                  Output Shape          Param #
=================================================================
conv2d (Conv2D)               (None, 14, 14, 32)    320
_____
leaky_re_lu (LeakyReLU)       (None, 14, 14, 32)    0
_____
dropout (Dropout)             (None, 14, 14, 32)    0
_____
conv2d_1 (Conv2D)             (None, 7, 7, 64)      18496
_____
zero_padding2d (ZeroPadding2  (None, 8, 8, 64)      0
_____
batch_normalization_v2 (Batc  (None, 8, 8, 64)      256
_____
leaky_re_lu_1 (LeakyReLU)     (None, 8, 8, 64)      0
_____
dropout_1 (Dropout)           (None, 8, 8, 64)      0
_____
conv2d_2 (Conv2D)             (None, 4, 4, 128)     73856
_____
batch_normalization_v2_1 (Ba  (None, 4, 4, 128)     512
_____
leaky_re_lu_2 (LeakyReLU)     (None, 4, 4, 128)     0
_____
dropout_2 (Dropout)           (None, 4, 4, 128)     0
_____
conv2d_3 (Conv2D)             (None, 4, 4, 256)     295168
_____
batch_normalization_v2_2 (Ba  (None, 4, 4, 256)     1024
_____
leaky_re_lu_3 (LeakyReLU)     (None, 4, 4, 256)     0
_____
dropout_3 (Dropout)           (None, 4, 4, 256)     0
_____
flatten (Flatten)             (None, 4096)          0
_____
dense (Dense)                 (None, 1)             4097
=================================================================
Total params: 393,729
Trainable params: 392,833
Non-trainable params: 896
```

图 6-4   最终产生的鉴别器模型总结

完整的 GAN 通过合并上述两个组件而成：

```
class DCGAN():
def __init__(self, rows, cols, channels, z = 100):
    # Input shape
    self.img_rows = rows
    self.img_cols = cols
    self.channels = channels
    self.img_shape = (self.img_rows, self.img_cols, self.channels)
    self.latent_dim = z

    optimizer = Adam(0.0002, 0.5)

    # Build and compile the discriminator
    self.discriminator = self.build_discriminator()
```

```
self.discriminator.compile(loss='binary_crossentropy',
    optimizer=optimizer,
    metrics=['accuracy'])

# Build the generator
self.generator = self.build_generator()

# The generator takes noise as input and generates imgs
z = Input(shape=(self.latent_dim,))
img = self.generator(z)

# For the combined model we will only train the generator
self.discriminator.trainable = False

# The discriminator takes generated images as input and
# determines validity
valid = self.discriminator(img)

# The combined model  (stacked generator and discriminator)
# Trains the generator to fool the discriminator
self.combined = Model(z, valid)
self.combined.compile(loss='binary_crossentropy',
optimizer=optimizer)
```

GAN 的训练方式与之前相同。首先，随机噪声被馈送到生成器。生成器的输出与真实图像相加，以首先训练鉴别器，然后训练生成器以提供可以欺骗鉴别器的图像。对下一批图像重复该过程。GAN 需要花费数百到数千 epoch 来训练：

```
def train(self, epochs, batch_size=128, save_interval=50):

    # Load the dataset
    (X_train, _), (_, _) = mnist.load_data()

    # Rescale -1 to 1
    X_train = X_train / 127.5 - 1.
    X_train = np.expand_dims(X_train, axis=3)

    # Adversarial ground truths
    valid = np.ones((batch_size, 1))
    fake = np.zeros((batch_size, 1))

    for epoch in range(epochs):

        # --------------------
        #  Train Discriminator
        # --------------------

        # Select a random half of images
        idx = np.random.randint(0, X_train.shape[0], batch_size)
        imgs = X_train[idx]
```

```
    # Sample noise and generate a batch of new images
    noise = np.random.normal(0, 1, (batch_size, self.latent_dim))
    gen_imgs = self.generator.predict(noise)

    # Train the discriminator (real classified as ones
    # and generated as zeros)
    d_loss_real = self.discriminator.train_on_batch(imgs, valid)
    d_loss_fake = self.discriminator.train_on_batch(gen_imgs, fake)
    d_loss = 0.5 * np.add(d_loss_real, d_loss_fake)

    # ---------------------
    #  Train Generator
    # ---------------------

    # Train the generator (wants discriminator to mistake
    # images as real)
    g_loss = self.combined.train_on_batch(noise, valid)

    # Plot the progress
print ("%d [D loss: %f, acc.: %.2f%%] [G loss: %f]" % (epoch, d_
loss[0], 100*d_loss[1], g_loss))

    # If at save interval => save generated image samples
    if epoch % save_interval == 0:
                    self.save_imgs(epoch)
```

最后，我们需要一个辅助函数来保存图像：

```
def save_imgs(self, epoch):
    r, c = 5, 5
    noise = np.random.normal(0, 1, (r * c, self.latent_dim))
    gen_imgs = self.generator.predict(noise)

    # Rescale images 0 - 1
    gen_imgs = 0.5 * gen_imgs + 0.5

    fig, axs = plt.subplots(r, c)
    cnt = 0
    for i in range(r):
        for j in range(c):
            axs[i,j].imshow(gen_imgs[cnt, :,:,0], cmap='gray')
            axs[i,j].axis('off')
            cnt += 1
    fig.savefig("images/dcgan_mnist_%d.png" % epoch)
    plt.close()
```

开始训练 GAN：

```
dcgan = DCGAN(28,28,1)
dcgan.train(epochs=4000, batch_size=32, save_interval=50)
```

我们的 GAN 通过学习伪造手写数字生成的图像如下图所示。

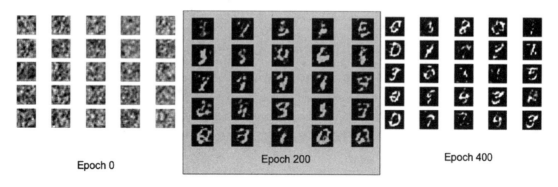

Epoch 0　　　　　　　　　　Epoch 200　　　　　　　　　　Epoch 400

之前的图像是 GAN 的最初尝试。通过接下来 5000 epoch 的学习，产生的数字的质量提高了许多倍，如下图所示。

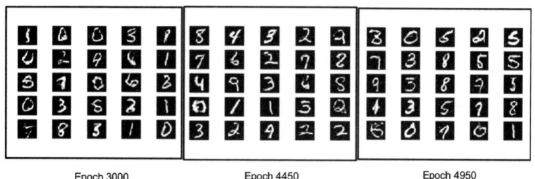

Epoch 3000　　　　　　　　Epoch 4450　　　　　　　　Epoch 4950

完整代码可在 GitHub 库的 `DCGAN.ipynb` 中找到。我们可以用此处讨论的概念，并将其应用于其他领域的图像。"Unsupervised Representation Learning with Deep Convolutional Generative Adversarial Networks"（Alec Radford、Luke Metz、Soumith Chintala，2015）论文报道了一项有趣的图像研究工作，部分引用如下：

"近年来，通过 CNN 进行有监督学习已在计算机视觉应用中得到了广泛采用。相比之下，CNN 的无监督学习受到的关注较少。在这篇文章中，我们希望帮助弥合 CNN 在有监督学习的成功与无监督学习之间的差距。我们提出了一种称为深度卷积生成对抗网络（DCGAN）的 CNN，它们具有特定的架构约束，并自证是无监督学习的强大候选人。在各种图像数据集上进行训练显示出令人信服的证据，即深度卷积对抗对在生成器和鉴别器中学习了从物体局部到场景的层级表示。此外，我们将学习到的功能用在一些新颖的任务上，展示了它们作为一般图像表示形式的适用性。"

下图中是将 DCGAN 应用于名人图像数据集的一些有趣结果。

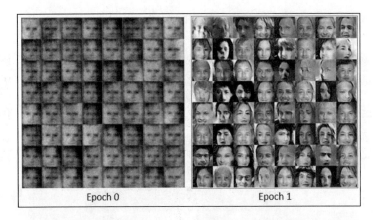

Epoch 0　　　　　　　　　Epoch 1

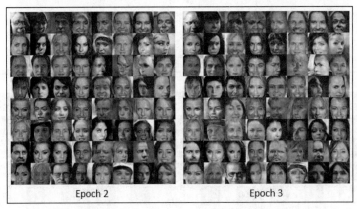

Epoch 2　　　　　　　　　Epoch 3

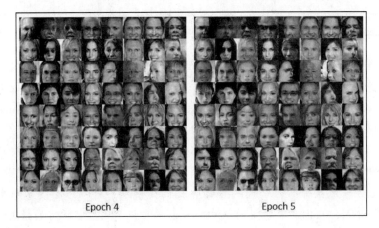

Epoch 4　　　　　　　　　Epoch 5

　　另一篇有趣的论文是 Raymond A. Yeh 等人于 2016 年发表的 "Semantic Image Inpainting with Perceptual and Contextual Losses"。就像内容感知填充是摄影师用来填充图像中不需要或缺失部分的工具一样，在这篇论文中，他们使用 DCGAN 来完善图像。

　　如前所述，围绕 GAN 进行了大量研究。下一节我们将探索近年来提出的一些有趣的 GAN 架构。

6.3　一些有趣的 GAN 架构

自从 GAN 诞生以来，人们对 GAN 产生了很多兴趣，因此，我们看到了对 GAN 训练、架构和应用程序的大量修改和试验。在本节中，我们将探索近年来提出的一些有趣的 GAN。

6.3.1　SRGAN

还记得在谍战片中，我们的主角要求计算机专家放大犯罪现场的褪色图像吗？通过放大图像，我们可以详细看到罪犯的脸，包括他们使用的武器和上面刻的任何东西！好吧，超分辨率 GAN（Super Resolution GAN，SRGAN）可以实现类似的魔术。

在这种情况下，对 GAN 进行训练的方式是：当给定低分辨率图像时，它可以生成逼真的高分辨率图像。SRGAN 架构由三个神经网络组成：一个非常深的生成器网络（使用残差模块，有关内容参见第 5 章中的 ResNets）、一个鉴别器网络和一个预训练的 VGG-16 网络。

SRGAN 使用感知损失函数（perceptual loss function）[4]。感知损失函数由网络输出和高分辨率之间 VGG 网络高层中的特征图激活的差组成。除了感知损失外，作者还增加了内容损失和对抗损失，从而使生成的图像看起来更自然，更精细的细节也更具艺术感。感知损失定义为内容损失和对抗损失的加权总和：

$$l^{SR} = l_X^{SR} + 10^{-3} \times l_{Gen}^{SR}$$

等式右边的第一项是内容损失，它是用预训练的 VGG 19 生成的特征图获得的。数学上，它是重建图像（即生成器生成的图）和原始高分辨率参考图像的特征图之间的欧式距离（即欧几里得距离）。

等式右边的第二项是对抗损失。它是标准的生成损失项，旨在确保生成器生成的图像能够欺骗鉴别器。从下图可以看出，SRGAN 生成的图像与原始高分辨率图像非常接近。

bicubic (21.59dB/0.6423)　SRResNet (23.53dB/0.7832)　SRGAN (21.15dB/0.6868)　original

另一个值得注意的架构是 CycleGAN，它在 2017 年被提出，可以执行图像转换任务。经过训练后，你可以将图像从一个域转换为另一个域。例如，在马和斑马数据集上训练后，如果为它提供一张前景中含有马的图像，则 CycleGAN 可以将马转换为具有相同背景的斑马。下面我们进行探讨。

6.3.2　CycleGAN

你是否曾想过风景如果被凡·高或莫奈画出来会是什么样？我们有许多由凡·高 / 莫奈绘制的场景和风景，但是没有任何输入输出对的集合。CycleGAN 执行图像转换，也就是说，在没有训练示例的情况下，将在一个域（例如，风景）中给出的图像转移到另一个域（例如，同一场景的凡·高绘画）。这种能够在没有训练对的情况下执行图像转换的能力，使 CycleGAN 独树一帜。

为了实现图像转换，作者使用了非常简单却有效的步骤。他们利用两个 GAN，每个 GAN 的生成器执行从一个域到另一个域的图像转换。

详细地说，假设输入为 X，则第一个 GAN 的生成器执行映射 $G：X \rightarrow Y$。因此其输出为 $Y = G(X)$。第二个 GAN 的生成器执行逆映射 $F：Y \rightarrow X$，从而得出 $X = F(Y)$。训练每个鉴别器以区分真实图像和合成图像。这个过程如下图所示。

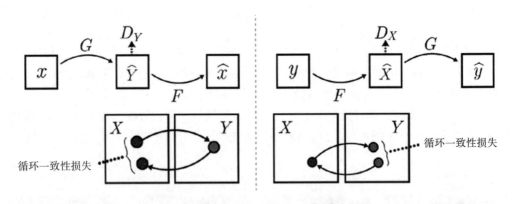

为了训练组合的 GAN，除了传统的 GAN 对抗损失外，作者还添加了前向循环一致性损失（forward cycle consistency loss）（见上图左图）和反向循环一致性损失（backward cycle consistency loss）（见上图右图）。这样可以确保如果将图像 X 作为输入，则在两次转换 $F(G(X)) \sim X$ 之后，获得的图像将是相同的 X（类似地，反向循环一致性损失可确保 $G(F(Y)) \sim Y$）。

图 6-5 是 CycleGAN 的一些成功的图像转换。

图 6-6 显示了更多示例。你可以看到季节的转换（夏季→冬季）、照片→绘画（反之亦然）、马→斑马（反之亦然）。

输入 x　　　　　　输出 $G(x)$　　　　重构 $F(G(x))$

图 6-5　一些成功的 CycleGAN 图像转换示例

图 6-6　CycleGAN 转换的更多示例

在本章的后面，我们还将探讨 CycleGAN 的 TensorFlow 实现。接下来，我们讨论 InfoGAN，这是一个条件 GAN，其中 GAN 不仅会生成图像，而且还有一个控制变量来控制生成的图像。

6.3.3　InfoGAN

到目前为止，我们一直讨论的 GAN 架构几乎无法控制生成的图像。InfoGAN 改变了这一点，它提供对生成图像的各种属性的控制。InfoGAN 使用信息论中的概念，从而将噪声项转换为潜在码（latent code），从而对输出提供可预测的系统控制。

InfoGAN 中的生成器有两个输入：潜在空间（latent space）Z 和潜在码 c，因此生成器的输出为 $G(Z, c)$。训练 GAN 以使其最大化潜在码 c 和生成的图像 $G(Z, c)$ 之间的互信息。图 6-7 显示了 InfoGAN 的架构。

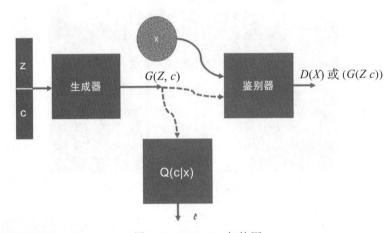

图 6-7　InfoGAN 架构图

级联的向量 (Z, c) 被馈送到生成器。$Q(c|X)$ 也是一个神经网络。它与生成器结合使用，可在随机噪声 Z 和潜在码 c_hat 之间形成映射。它的目的在于根据给定的 X 来估计 c。这通过在常规 GAN 的目标函数中添加正则化项来实现：

$$min_D max_G V_1(D, G) = V_G(D, G) - \lambda 1(c; G(z, c))$$

项 $V_G(D, G)$ 是常规 GAN 的损失函数，第二项是正则化项，其中 λ 为常数，在论文中，其值设置为 1，$I(c; G(Z, c))$ 是潜在码 c 与生成器生成的图像 $G(Z, c)$ 之间的互信息。InfoGAN 在 MNIST 数据集上的结果如图 6-8 所示。

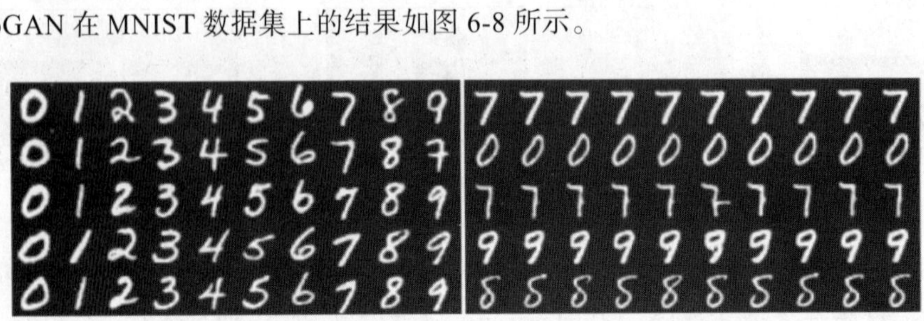

a）InfoGAN（数字类型）上 C_1 的变化　　b）常规 GAN 上 C_1 的变化

图 6-8　在 MNIST 数据集上使用 InfoGAN 的结果

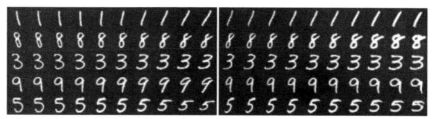

c）InfoGAN 上 C_2 从 −2 变化到 2（旋转）　　　d）InfoGAN 上 C_3 从 −2 变化到 2（宽度）

图 6-8　（续）

6.4　GAN 的出色应用

我们已经看到生成器可以学习如何伪造数据。这意味着它学会如何用深度网络创造新合成数据，这些数据看起来是真实的和人工合成的。在详细介绍 GAN 代码之前，先分享一篇论文 [6]（代码可在 `https://github.com/hanzhanggit/StackGAN` 上在线获得），其中 GAN 已用于合成一些从文字描述开始的伪图像。如图 6-9 与图 6-10 所示，结果令人印象深刻：第一列是测试集中的真实图像，其余所有列都是由 StackGAN 的 Stage-I 和 Stage-II 从相同的文本描述生成的图像。更多示例可浏览 YouTube(`https://www.youtube.com/watch?v=SuRyL5vhCIM&feature=youtu.be`)。

图 6-9　GAN 生成鸟类图像

图 6-10　GAN 生成花朵图像

现在让我们看看 GAN 如何学习"伪造"MNIST 数据集。在这种情况下，它是 GAN 和 CNN 的组合，用于生成器和鉴别器网络。最初，生成器不会产生任何可理解的内容，但是经过几次迭代，合成的伪造数字变得越来越清晰。如图 6-11、图 6-12、图 6-13 所示，图片的排序基于递增的训练 epoch 数，可以看出图片的质量逐渐提高了。

图 6-11   无法辨识的 GAN 初始输出

图 6-12   进一步迭代后的 GAN 改善输出

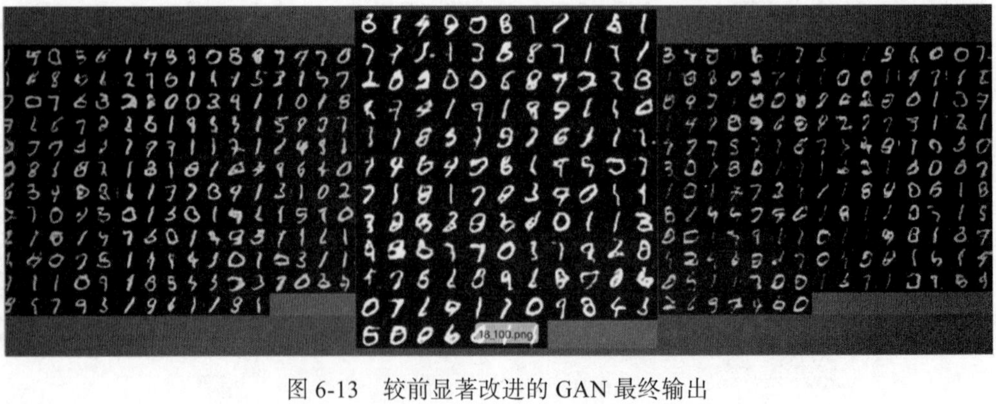

图 6-13   较前显著改进的 GAN 最终输出

GAN 最酷的用法之一是在生成器向量 Z 中进行人脸算术运算。换句话说，如果我们停留在合成伪图像的空间中，则可能会看到以下类似内容：[微笑女人]–[中性女人]+[中性男人] = [微笑男人]。或者：[戴眼镜的男人]–[不戴眼镜的男人] +[不戴眼镜的女人]=[戴眼镜的女人]。Alec Radford 和他的同事于 2015 年在论文 "Unsupervised Representation Learning with Deep Convolutional Generative Adversarial Networks" 中对此进行了展示。论文中的所有图像均由某个版本的 GAN 产生。它们不是真实的。论文全文可访问：`http://arxiv.org/abs/1511.06434`。下图是论文中的一些示例。作者还在 GitHub 库中共享了他们的代码：`https://github.com/Newmu/dcgan_code`。

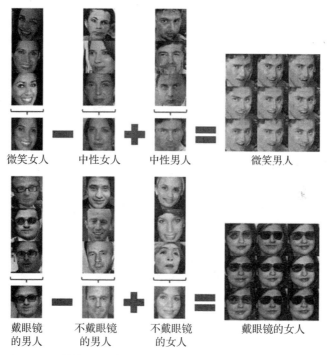

卧室：经过 5 个 epoch 训练后生成的卧室。

专辑封面：下面的图像是由 GAN 生成的，但看起来像真实的专辑封面。

6.5   TensorFlow 2.0 中的 CycleGAN

在本章的最后部分，我们将在 TensorFlow 2.0 中实现 CycleGAN。CycleGAN 需要一个特殊的数据集，即成对的数据集（从一个图像域到另一个域）。因此，除了必要的模块之外，我们还将使用 `tensorflow_datasets`：

```
import tensorflow as tf
from tensorflow.keras import Model
from tensorflow.keras.losses import mean_squared_error, mean_absolute_
error

import os
import time
import matplotlib.pyplot as plt
import numpy as np
import tensorflow_datasets as tfds
```

　　TensorFlow 的 `Dataset` API 包含一个数据集列表。它具有 CycleGAN 的许多配对数据集，例如，马到斑马、苹果到橘子，等等。你可以在此处访问完整列表：https://www.tensorflow.org/datasets/catalog/cycle_gan。对于我们的代码，将使用 summer2winter_yosemite，其中包含约塞米蒂国家公园（Yosemite，USA）的夏季（数据集 A）和冬季（数据集 B）图像。我们将训练 CycleGAN 将夏季的输入图像转换为冬季，反之亦然。让我们加载数据并获得训练和测试图像：

```
dataset, metadata = tfds.load('cycle_gan/summer2winter_yosemite',
with_info=True, as_supervised=True)
train_A, train_B = dataset['trainA'], dataset['trainB']
test_A, test_B = dataset['testA'], dataset['testB']
```

设置一些超参数：

```
BUFFER_SIZE = 1000
BATCH_SIZE = 1
IMG_WIDTH = 256
IMG_HEIGHT = 256
EPOCHS = 50
```

　　在训练网络之前，需要对图像进行归一化。为了获得更好的性能，你甚至可以为图像添加抖动（jitter）：

```
def normalize(input_image, label):
    input_image = tf.cast(input_image, tf.float32)
    input_image = (input_image / 127.5) - 1
    return input_image
```

　　当将上述函数应用于图像时，会将其归一化为 [-1, 1]。让我们将其应用于训练数据集和测试数据集，并创建一个数据生成器，以提供用于批量训练的图像：

```
train_A = train_A.map(normalize, num_parallel_calls=AUTOTUNE).cache().
shuffle(BUFFER_SIZE).batch(BATCH_SIZE)
train_B = train_B.map(normalize, num_parallel_calls=AUTOTUNE).cache().
shuffle(BUFFER_SIZE).batch(BATCH_SIZE)
test_A = test_A.map(normalize, num_parallel_calls=AUTOTUNE).cache().
shuffle(BUFFER_SIZE).batch(BATCH_SIZE)
test_B = test_B.map(normalize, num_parallel_calls=AUTOTUNE).cache().
shuffle(BUFFER_SIZE).batch(BATCH_SIZE)
```

　　在上述代码中，参数 `num_parallel_calls` 可帮助使用者受益于系统的多 CPU 核，使用者应将其值设置为系统中的 CPU 核数。如果不确定，可使用 `AUTOTUNE = tf.data.experimental.AUTOTUNE` 值，以便 TensorFlow 为你动态确定合适的数字。

　　在继续进行模型定义之前，让我们看一下图像。在绘制每个图像之前都要对其进行处理，以使其强度是正常的：

```
inpA = next(iter(train_A))
inpB = next(iter(train_B))
plt.subplot(121)
plt.title("Train Set A")
plt.imshow(inpA[0]*0.5 + 0.5)
plt.subplot(122)
plt.title("Train Set B")
plt.imshow(inpB[0]*0.5 + 0.5)
```

训练集 A   训练集 B

为了构建生成器和鉴别器,我们需要三个子模块:上采样层,获取图像并执行转置卷积运算;下采样层,执行常规卷积运算;残差层,使我们拥有足够深的模型。这些层定义在函数 downsample()、upsample() 和基于 TensorFlow Keras Model API ResnetIdentityBlock 的类中。这些函数更详细的实现细节,可在 GitHub 库 notebook 的 CycleGAN_TF2.ipynb 中查看。

构建生成器:

```
def Generator():
    down_stack = [
        downsample(64, 4, apply_batchnorm=False),
        downsample(128, 4),
        downsample(256, 4),
        downsample(512, 4),
    ]

    up_stack = [
        upsample(256, 4),
        upsample(128, 4),
        upsample(64, 4),
    ]

initializer = tf.random_normal_initializer(0., 0.02)
last = tf.keras.layers.Conv2DTranspose(3, 4,
                                    strides=2,
                                    padding='same',
                                    kernel_initializer=initializer,
```

```
                              activation='tanh')


inputs = tf.keras.layers.Input(shape=[256, 256, 3])
x = inputs

# Downsampling through the model
skips = []
for down in down_stack:
    x = down(x)
    skips.append(x)

for block in resnet:
    x = block(x)

skips = reversed(skips[:-1])

# Upsampling and establishing the skip connections
for up, skip in zip(up_stack, skips):
    concat = tf.keras.layers.Concatenate()
    x = up(x)
    x = concat([x, skip])

x = last(x)
return tf.keras.Model(inputs=inputs, outputs=x)
```

生成器的可视化如图 6-14 所示。

酷吧？现在我们也可以定义鉴别器。我们遵循与 Zhu 等人论文中鉴别器相同的架构：

```
def Discriminator():
    inputs = tf.keras.layers.Input(shape=[None,None,3])
    x = inputs
    g_filter = 64

    down_stack = [
        downsample(g_filter),
        downsample(g_filter * 2),
        downsample(g_filter * 4),
        downsample(g_filter * 8),
    ]

    for down in down_stack:
        x = down(x)

    last = tf.keras.layers.Conv2D(1, 4, strides=1, padding='same') #
(bs, 30, 30, 1)
    x = last(x)

    return tf.keras.Model(inputs=inputs, outputs=x)
```

鉴别器如图 6-15 所示。

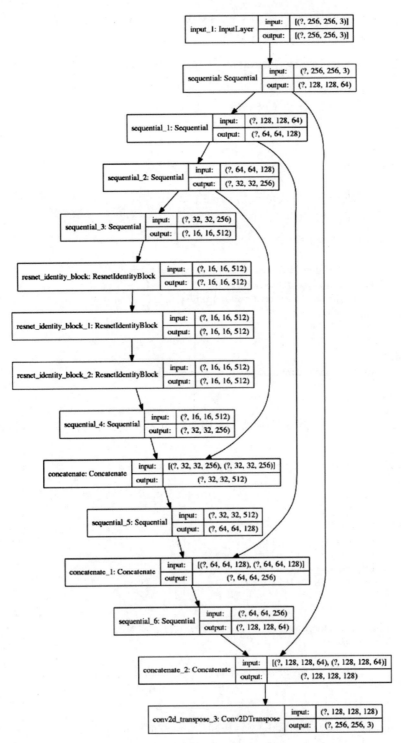

图 6-14   以图形形式可视化生成器

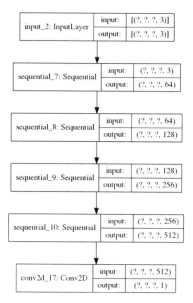

图 6-15　定义的鉴别器的图形

使用前面定义的生成器和鉴别器来构造 CycleGAN：

```
discriminator_A = Discriminator()
discriminator_B = Discriminator()

generator_AB = Generator()
generator_BA = Generator()
```

定义损失和优化器：

```
loss_object = tf.keras.losses.BinaryCrossentropy(from_logits=True)
@tf.function
def discriminator_loss(disc_real_output, disc_generated_output):
    real_loss = loss_object(tf.ones_like(disc_real_output), disc_real_
output)
    generated_loss = loss_object(tf.zeros_like(disc_generated_output),
disc_generated_output)
    total_disc_loss = real_loss + generated_loss
    return total_disc_loss

optimizer = tf.keras.optimizers.Adam(1e-4, beta_1=0.5)
discriminator_optimizer = tf.keras.optimizers.Adam(1e-4, beta_1=0.5)
```

为真图和伪图的标签创建占位符：

```
valid = np.ones((BATCH_SIZE, 16, 16, 1)).astype('float32')
fake = np.zeros((BATCH_SIZE, 16, 16, 1)).astype('float32')
```

定义用于批量训练生成器和鉴别器的函数，一次生成一对图像。在梯度记录的帮助下，这两个鉴别器和两个生成器通过此函数进行训练：

```
@tf.function
def train_batch(imgs_A, imgs_B):
    with tf.GradientTape() as g, tf.GradientTape() as d_tape:
        fake_B = generator_AB(imgs_A, training=True)
        fake_A = generator_BA(imgs_B, training=True)

        logits_real_A = discriminator_A(imgs_A, training=True)
        logits_fake_A = discriminator_A(fake_A, training=True)
        dA_loss = discriminator_loss(logits_real_A, logits_fake_A)

        logits_real_B = discriminator_B(imgs_B, training=True)
        logits_fake_B = discriminator_B(fake_B, training=True)
        dB_loss = discriminator_loss(logits_real_B, logits_fake_B)

        d_loss = (dA_loss + dB_loss) / 2
        # Translate images back to original domain
        reconstr_A = generator_BA(fake_B, training=True)
        reconstr_B = generator_AB(fake_A, training=True)

        id_A = generator_BA(imgs_A, training=True)
        id_B = generator_AB(imgs_B, training=True)


        gen_loss = tf.math.reduce_sum([
            1 * tf.math.reduce_mean(mean_squared_error(logits_fake_A,
valid)),
            1 * tf.math.reduce_mean(mean_squared_error(logits_fake_B,
valid)),
            10 * tf.math.reduce_mean(mean_squared_error(reconstr_A,
imgs_A)),
            10 * tf.math.reduce_mean(mean_squared_error(reconstr_B,
imgs_B)),
            0.1 * tf.math.reduce_mean(mean_squared_error(id_A,
imgs_A)),
            0.1 * tf.math.reduce_mean(mean_squared_error(id_B,
imgs_B)),
            ])

    gradients_of_d = d_tape.gradient(d_loss, discriminator_A.
trainable_variables + discriminator_B.trainable_variables)
    discriminator_optimizer.apply_gradients(zip(gradients_of_d,
discriminator_A.trainable_variables + discriminator_B.trainable_
variables))

    gradients_of_generator = g.gradient(gen_loss, generator_
AB.trainable_variables + generator_BA.trainable_variables)
    optimizer.apply_gradients(zip(gradients_of_generator, generator_
AB.trainable_variables + generator_BA.trainable_variables))

    return dA_loss, dB_loss, gen_loss
```

定义检查点以保存模型权重：

```
checkpoint_dird_A = './training_checkpointsd_A'
checkpoint_prefixd_A = os.path.join(checkpoint_dird_A, "ckpt_{epoch}")

checkpoint_dird_B = './training_checkpointsd_B'
checkpoint_prefixd_B = os.path.join(checkpoint_dird_B, "ckpt_{epoch}")

checkpoint_dirg_AB = './training_checkpointsg_AB'
checkpoint_prefixg_AB = os.path.join(checkpoint_dirg_AB, "ckpt_
{epoch}")

checkpoint_dirg_BA = './training_checkpointsg_BA'
checkpoint_prefixg_BA = os.path.join(checkpoint_dirg_BA, "ckpt_
{epoch}")
```

结合所有内容并训练网络（执行 50 epoch）。记住，在论文中，测试网络被训练了 200 epoch，所以结果不是很好：

```
def train(trainA_, trainB_, epochs):
    for epoch in range(epochs):
        start = time.time()

        for batch_i, (imgs_A, imgs_B) in enumerate(zip(trainA_,
trainB_)):
            dA_loss, dB_loss, g_loss = train_batch(imgs_A, imgs_B)

            if batch_i % 1000 == 0:
                test_imgA = next(iter(test_A))
                test_imgB = next(iter(test_B))
                print ('Time taken for epoch {} batch index {} is {}
seconds\n'.format(epoch, batch_i, time.time()-start))
                print("discriminator A: ", dA_loss.numpy())
                print("discriminator B: ", dB_loss.numpy())
                print("generator: {}\n".format(g_loss))

                fig, axs = plt.subplots(2, 2, figsize=(6, 3),
sharey=True, sharex=True)
                gen_outputA = generator_AB(test_imgA, training=False)
                gen_outputB = generator_BA(test_imgB, training=False)
                axs[0,0].imshow(test_imgA[0]*0.5 + 0.5)
                axs[0,0].set_title("Generator A Input")
                axs[0,1].imshow(gen_outputA[0]*0.5 + 0.5)
                axs[0,1].set_title("Generator A Output")
                axs[1,0].imshow(test_imgB[0]*0.5 + 0.5)
                axs[1,0].set_title("Generator B Input")
                axs[1,1].imshow(gen_outputB[0]*0.5 + 0.5)
                axs[1,1].set_title("Generator B Output")
                plt.show()

                discriminator_A.save_weights(checkpoint_prefixd_A.
```

```
format(epoch=epoch))
                    discriminator_B.save_weights(checkpoint_prefixd_B.
format(epoch=epoch))
                    generator_AB.save_weights(checkpoint_prefixg_
AB.format(epoch=epoch))
                    generator_BA.save_weights(checkpoint_prefixg_
BA.format(epoch=epoch))
```

下图CycleGAN生成的一些图像。生成器A接收夏季照片并将其转换为冬季照片，而生成器B接收冬季照片并将其转换为夏季照片。

以下是网络经过训练后的一些图像。

我们建议你尝试使用TensorFlow CycleGAN数据集中的其他数据集。有些会很容易，就像苹果和橙子，但是有些则需要更多的训练。作者们还维护了一个GitHub库，共享了他们自己基于PyTorch的实现，以及其他框架（包括TensorFlow）实现的链接：https://github.com/junyanz/CycleGAN。

6.6　小结

本章探讨了当今最激动人心的深度神经网络之一：GAN。与判别网络不同，GAN 具有根据输入空间的概率分布生成图像的能力。我们从 Ian Goodfellow 提出的第一个 GAN 模型开始，并使用它来生成手写数字。接下来介绍了 DCGAN，在其中用卷积神经网络生成图像，并看到了由 DCGAN 生成的名人、卧室甚至专辑插图的非凡图片。最后，本章探讨了一些很棒的 GAN 架构：SRGAN、CycleGAN 和 InfoGAN，并介绍了 TensorFlow 2.0 中 CycleGAN 的实现。

在本章及之前的章节中，我们主要关注图像。下一章将介绍文本数据。你将学习有关词嵌入的知识，并学习使用一些最近预训练过的语言模型进行嵌入。

6.7　参考文献

1. Goodfellow, Ian J. *On Distinguishability Criteria for Estimating Generative Models*. arXiv preprint arXiv:1412.6515 (2014). (`https://arxiv.org/pdf/1412.6515.pdf`)

2. Dumoulin, Vincent, and Francesco Visin. *A guide to convolution arithmetic for deep learning*. arXiv preprint arXiv:1603.07285 (2016). (`https://arxiv.org/abs/1603.07285`)

3. Salimans, Tim, et al. *Improved Techniques for Training GANs*. Advances in neural information processing systems. 2016. (`http://papers.nips.cc/paper/6125-improved-techniques-for-training-gans.pdf`)

4. Johnson, Justin, Alexandre Alahi, and Li Fei-Fei. *Perceptual Losses for Real-Time Style Transfer and Super-Resolution*. European conference on computer vision. Springer, Cham, 2016. (`https://arxiv.org/abs/1603.08155`)

5. Radford, Alec, Luke Metz, and Soumith Chintala. *Unsupervised Representation Learning with Deep Convolutional Generative Adversarial Networks*. arXiv preprint arXiv:1511.06434 (2015). (`https://arxiv.org/abs/1511.06434`)

6. Ledig, Christian, et al. *Photo-Realistic Single Image Super-Resolution Using a Generative Adversarial Network*. Proceedings of the IEEE conference on computer vision and pattern recognition. 2017.(`http://openaccess.thecvf.com/content_cvpr_2017/papers/Ledig_Photo-Realistic_Single_Image_CVPR_2017_paper.pdf`)

7. Zhu, Jun-Yan, et al. *Unpaired Image-to-Image Translation using Cycle-Consistent Adversarial Networks*. Proceedings of the IEEE international conference on computer vision. 2017.(`http://openaccess.thecvf.com/content_ICCV_2017/papers/Zhu_Unpaired_Image-To-Image_Translation_ICCV_2017_paper.pdf`)

8. Chen, Xi, et al. *InfoGAN: Interpretable Representation Learning by Information Maximizing Generative Adversarial Nets*. Advances in neural information processing systems. 2016.(`https://arxiv.org/abs/1606.03657`)

CHAPTER 7

第 7 章

词 嵌 入

在前几章中，我们讨论了卷积网络和生成对抗网络，这些网络结构在处理图像数据方面都取得了非常大的成功。在接下来的几章中，我们将注意力转向处理文本数据的策略和网络。

在本章中，我们先来看看词嵌入的概念，再介绍两个早期的实现——Word2Vec 和 GloVe。我们将学习如何在自己的语料库上使用 gensim 从头开始构建词嵌入并在我们创建的嵌入空间中导航。

我们还将学习如何用第三方嵌入作为我们自己的 NLP 任务的起点。例如，垃圾邮件检测，即，学习自动检测未经请求的和不想要的电子邮件。然后，我们还将学习利用词嵌入实现不相关任务的各种方法，例如，构建一个嵌入空间用于物品推荐。

接下来，我们再来看看这些基本词嵌入技术的扩展，这些扩展技术是在 Word2Vec 问世之后的几十年里出现的——使用 fastText 添加语法相似性、使用 ELMo 和 Google Universal Sentence Encoder 等神经网络添加上下文的效果、InferSent 和 SkipThoughts 等句子编码，以及 ULMFit 和 BERT 等语言模型概述。

7.1 词嵌入的起源和基本原理

维基百科将词嵌入定义为**自然语言处理**（Natural Language Processing，NLP）中语言模型和特征学习技术的统称，其中词表中的单词或短语被映射为实数域上的向量。

深度学习模型和其他机器学习模型一样，通常不直接处理文本。文本需要转换为数字。这种将文本转换为数字的过程称为向量化（vectorization）。一种早期的词向量化技术是独热编码，你应该已经在第 1 章中学过了。你应该还记得，独热编码的一个主要问题是：因为任何两个单词之间的相似度（用两个词向量的点积度量）始终为零，所以它认为每个单词都完全独立于所有其他单词。

 点积是一种代数运算，在长度相等的两个向量 $a = [a_1, \cdots, a_N]$ 和 $b = [b_1, \cdots, b_N]$ 上进行运算并返回一个数字。点积也称为内积（inner product）或标量积（scalar product）：

$$a\,b = \sum_{i=1}^{N} a_i b_i = a_i b_i + \cdots + a_N b_N$$

为什么两个单词的独热编码向量的点积始终是 0？考虑两个单词 w_i 和 w_j，假定词汇量为 V，它们对应的独热编码向量是一个秩为 V 的零向量，且位置 i 和 j 都设置为 1。在使用点积运算时，$a[i]$ 中的 1 乘以 $b[i]$ 中的 0，而 $b[j]$ 中的 1 乘以 $a[j]$ 中的 0，且两个向量中的其他所有元素都是 0，因此得到的点积也是 0。

为了克服独热编码的局限性，NLP 社区借鉴了**信息检索**（Information Retrieval，IR）技术，将文档作为上下文对文本进行向量化处理。值得一提的技术包括**词频 – 逆文档频率**（Term Frequency-Inverse Document Frequency，TF-IDF）[36]、**潜在语义分析**（Latent Semantic Analysis, LSA）[37] 和主题模型（Topic Modeling）[38]。这些表示试图捕捉以文档为中心的单词之间语义相似的概念。其中，独热编码和 TF-IDF 是相对稀疏的嵌入，因为词表通常非常大，且一个单词不太可能出现在语料库的多个文档中。

词嵌入技术的发展始于 2000 年左右。与之前基于 IR 的技术不同，这些技术使用相邻的词作为上下文，从人的理解角度看，这将产生更自然的语义相似性。目前，词嵌入是文本分类、文档聚类、词性标注、命名实体识别、情感分析等各种自然语言处理任务的基本技术。词嵌入会产生稠密的、低维的向量，连同 LSA 和主题模型一起被视为词的潜在特征向量。

词嵌入基于分布式假设，即出现在相似语境中的词往往具有相似的含义。因此，基于词嵌入的编码类型也称为分布式表示。接下来，我们将讨论分布式表示。

7.2 分布式表示

分布式表示试图通过考虑一个单词与其上下文中其他单词的关系来获取单词的意思。在第一个提出这一观点的语言学家 J.R. Firth 的这段话中体现了分布式假设背后的思想：

"词的语义由其上下文决定。"

这是什么意思呢？举个例子，考虑下面这两个句子：

巴黎是法国的首都。

柏林是德国的首都。

即使不了解世界地理，也知道这两个句子表示实体"巴黎""法国""柏林"和"德国"之间的某种关系：

"巴黎"之于"法国"就像"柏林"之于"德国"

分布式表示基于这样一种思想，即存在如下某种转换 ϕ：

$$\phi("Paris") - \phi("France") \approx \phi("Berlin") - \phi("Germany")$$

或者说，分布式嵌入空间是指在相似上下文中使用的词彼此接近。因此，这个空间中词向量之间的相似度大致对应于词之间的语义相似度。

图 7-1 显示了在嵌入空间中，"important"周围单词的词嵌入 TensorBoard 可视化表示。如你所见，这个词的邻接词往往是紧密相关的，可以与原词互换。

例如，"crucial"实际上是一个同义词，在某些情况下，很容易看出是如何替换"historical"或"valuable"这两个词的。

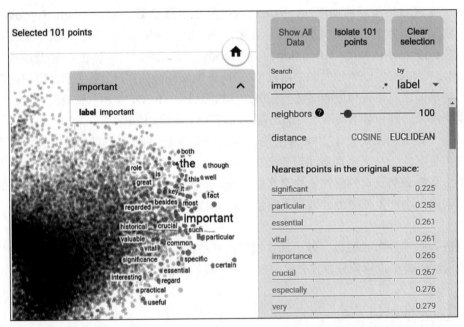

图 7-1　在一个词嵌入数据集中，单词"important"最近邻居的可视化表示（来自 TensorFlow 嵌入教程）(https://www.tensorflow.org/guide/embedding)

在下一节中，我们将学习各种类型的分布式表示（或者词嵌入）。

7.3　静态嵌入

静态嵌入是最早的词嵌入类型。嵌入是针对一个大的语料库生成的，虽然单词的数量大，但却是有限的。你可以把静态嵌入看作一个字典，单词看作键，对应的向量看作值。假设你需要查找一个词的嵌入，而这个词又不在原始语料库中，那么你就很不走运了。另外，不管如何使用一个单词，这个单词都具有相同的嵌入，因此静态嵌入无法解决一词多义的问题。在本章后面介绍非静态嵌入时，我们将进一步探讨这个问题。

7.3.1　Word2Vec

2013 年，托马斯·米科洛夫（Tomas Mikolov）领导的谷歌研究团队最先构建了 Word2Vec 模型 [1, 2, 3]。Word2Vec 是有监督模型，依赖于自然语言结构来提供带标签的训练数据。

Word2Vec 的两种架构如下（见图 7-2）：

❑ 连续词袋模型（Continuous Bag of Words，CBOW）
❑ 连续跳跃元语法（skip-gram）

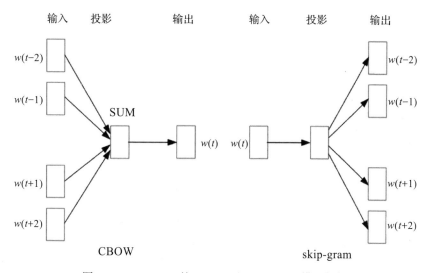

图 7-2　Word2Vec 的 CBOW 和 skip-gram 模型架构

在 CBOW 架构中，模型根据周围单词的一个窗口预测当前单词。上下文词的顺序不影响预测（词袋假设因此得名）。在 skip-gram 架构中，模型会根据上下文单词预测周围的单词。根据 Word2Vec 网站，CBOW 速度更快，但 skip-gram 在预测不常见的单词方面做得更好。

图 7-2 总结了 CBOW 和 skip-gram 架构。要理解输入和输出，请考虑下面的例句：

The Earth travels around the Sun once per year.

假设一个窗口的大小是 5，即在内容词左边和右边各有两个上下文单词，产生的上下文窗口如下所示。粗体的单词是正在考虑的单词，其他单词是窗口中的上下文单词：

[**The**, Earth, travels]

[The, **Earth**, travels, around]

[The, Earth, **travels**, around, the]

[Earth, travels, **around**, the, Sun]

[travels, around, **the**, Sun, once]

[around, the, **Sun**, once, per]

[the, Sun, **once**, per, year]

[Sun, **once**, per, year]

[**once**, per, year]

对于 CBOW 模型，前三个上下文窗口的输入和标签元组如下所示。在下面的第一个示例中，CBOW 模型将根据一组已知的单词集（"Earth""travels"），学习预测单词"The"，等等。更准确地说，输入的稀疏向量单词是"Earth"和"travels"。模型将学习预测一个稠密向量，其最大值或最大概率对应于单词"The"：

([Earth, travels], **The**)

([The, travels, around], **Earth**)

([The, Earth, around, the], **travels**)

对于 skip-gram 模型，前三个上下文窗口对应于以下输入和标签元组。在已知目标单词的情况下，我们可以再声明预测上下文单词的 skip-gram 模型目标，即预测一对单词是否上下文相关。上下文相关指的是上下文窗口中的一对单词是相关的。即，下面第一个示例的 skip-gram 模型的输入是上下文单词"The"和"Earth"的稀疏向量，而输出则是值 1：

([**The**, Earth], 1)

([**The**, travels], 1)

([**Earth**, The], 1)

([**Earth**, travels], 1)

([**Earth**, around], 1)

([**travels**, The], 1)

([**travels**, Earth], 1)

([**travels**, around], 1)

([**travels**, the], 1)

我们还需要负样本来正确地训练一个模型，因此我们通过将每个输入单词与词表中的一些随机单词配对来生成其他负样本。这个过程称为负采样，可能会产生以下额外的输入：

([**Earth**, aardvark], 0)

([**Earth**, zebra], 0)

基于所有这些输入训练的模型称为**基于负采样的 skip-gram 模型**（Skip-Gram with Negative Sampling，SGNS）。

重要的是我们对这些模型的分类能力并不感兴趣。相反，我们感兴趣的是训练模型的副作用——学习到的权重。这些学习到的权重就是我们所说的嵌入。

虽然作为一种学术实践，自己实现这些模型可能很有启发意义，但是此时 Word2Vec 已经商品化，你不需要自己实现这些模型。为了满足好奇心，可以在本章随附的源代码文件 `tf2_cbow_model.py` 和 `tf2_cbow_skipgram.py` 中找到实现 CBOW 和 skip-gram 模型的代码。

 这里（https://drive.google.com/file/d/0B7XkCwpI5KDYNlNUTTlSS21pQmM/edit）可以获得谷歌的预训练 Word2Vec 模型。使用谷歌新闻数据集中大约 1000 亿个单词训练这个模型，其中包含 300 万个单词和短语。输出向量维数是 300。它可以作为一个 bin 文件使用，并且可以使用 gensim，利用 `gensim.models.Word2Vec.load_word2vec_format()` 或利用 `gensim()` 数据下载器打开。

GloVe 是词嵌入的另一个早期实现，接下来，我们将对其进行讨论。

7.3.2 GloVe

Jeffrey Pennington、Richard Socher 和 Christopher Manning[4] 创建了**用于单词表示的全局向量**（GloVe）嵌入。他们将 GloVe 描述为一种用于获取单词的向量表示的无监督学习算法。对语料库中聚合的全局"词 – 词"同现统计信息进行训练，由此产生的表示展示了词向量空间中有趣的线性子结构。

GloVe 不同于 Word2Vec，Word2Vec 是一个预测模型，而 GloVe 是一个基于计数的模型。第一步是在训练语料库中构建由同现对（单词，上下文）组成的一个大矩阵。行对应于单词，列对应于上下文，通常是一个或多个单词的序列。矩阵中的每个元素表示单词在上下文中同时出现的频率。

GloVe 过程将这个同现矩阵分解为一对（单词，特征）和（特征，上下文）矩阵。这个过程称为矩阵分解，使用**随机梯度下降**（Stochastic Gradient Descent，SGD）（一种迭代数值方法）实现。例如，假设我们要把矩阵 R 分解为因子 P 和 Q：

$$R = P * Q \approx R'$$

SGD 过程从随机值组成的 P 和 Q 开始,并通过将 P 和 Q 相乘来重构矩阵 R'。矩阵 R 和 R' 之间的差异表示损失,通常计算为两个矩阵之间的均方误差。损失决定了为使重构损失最小化,在 R' 向 R 移动时,P 和 Q 的值需要改变多少。这个过程重复多次,直到损失在可接受的范围内。此时,(单词,特征)矩阵 P 就是 GloVe 嵌入。

GloVe 过程占用的资源比 Word2Vec 更多。这是因为 Word2Vec 通过批量训练词向量来学习嵌入,而 GloVe 则一次分解整个同现矩阵。为了使过程具有可扩展性,如 HOGWILD! 的论文 [5] 中所述,SGD 通常以并行模式使用。

Levy 和 Goldberg 在论文中也指出了 Word2Vec 和 GloVe 方法之间的等价关系 [6],表明 Word2Vec SGNS 模型隐式分解了一个词 – 上下文矩阵。

与 Word2Vec 一样,你无须生成自己的 GloVe 嵌入,使用针对大型语料库预生成并可供下载的嵌入即可。如果你好奇的话,可以在本章随附的源代码 tf2_matrix_factorization.py 中找到实现矩阵分解的代码。

 可以从 GloVe 项目下载页面(https://nlp.stanford.edu/projects/glove/)获得在各种大型语料库(token 数量从 60 亿到 8400 亿,词汇量从 40 万到 220 万)以及在各种维度(50、100、200、300)上训练的 GloVe 向量。可以直接从网站下载,也可以使用 gensim 或 spaCy 数据下载器下载。

7.4　使用 gensim 创建自己的嵌入

我们将使用一个名为 text8 的小型文本语料库创建一个嵌入。text8 数据集是大文本压缩基准(Large Text Compression Benchmark)的前 10^8 个字节,由英语维基百科 [7] 的前 10^9 个字节组成。text8 数据集可以在 gensim API 中作为 token 的可迭代对象访问,本质上是一个标记化的句子列表。要下载 text8 语料库,从中创建一个 Word2Vec 模型,并保存供以后使用,请运行以下代码(在本章源代码的 create_embedding_with_text8.py 中可以找到):

```
import gensim.downloader as api
from gensim.models import Word2Vec

dataset = api.load("text8")
model = Word2Vec(dataset)

model.save("data/text8-word2vec.bin")
```

这将在 text8 数据集上训练 Word2Vec 模型,并将其保存为一个二进制文件。Word2Vec 模型有很多参数,但是我们只使用默认值。在本例中,它训练了一个窗口大小为 5(window = 5)的 CBOW 模型(sg = 0),并将产生 100 维嵌入(size = 100)。完整的参数集在 Word2Vec 文档页面[8] 中有描述。要运行此代码，请在命令行中执行以下命令：

```
$ mkdir data
$ python create_embedding_with_text8.py
```

这段代码会运行 5～10 分钟，之后它将把经过训练的模型写入 data 文件夹中。我们将在下一节中研究这个训练过的模型。

 gensim 是一个开源 Python 库，旨在从文本文档中提取语义意义。其中一个功能是出色的 Word2Vec 算法实现，它拥有一个易于使用的 API，允许你训练和查询自己的 Word2Vec 模型。

词嵌入是文本处理的核心。但是，在编写本书时，TensorFlow 内还没有类似的 API 允许你在相同的抽象级别处理嵌入。因此，我们在本章中使用 gensim 处理 Word2Vec 模型。

要了解有关 gensim 的更多信息，请参看 https://radimrehurek.com/gensim/ index.html。要安装 gensim，请按照 https://radimrehurek.com/gensim/ install.html 上的说明进行操作。

7.5 使用 gensim 探索嵌入空间

让我们重新加载刚刚构建的 Word2Vec 模型，并使用 gensim API 对其进行探索。可以从模型的 wv 属性中将实际的词向量作为自定义的 gensim 类进行访问：

```
from gensim.models import KeyedVectors

model = KeyedVectors.load("data/text8-word2vec.bin")
word_vectors = model.wv
```

查看词表中的前几个单词，看看是否有特定的单词可用：

```
words = word_vectors.vocab.keys()
print([x for i, x in enumerate(words) if i < 10])
assert("king" in words)
```

前面的代码片段产生以下输出：

```
['anarchism', 'originated', 'as', 'a', 'term', 'of', 'abuse', 'first',
'used', 'against']
```

查找与已知单词（"king"）相似的单词，如下所示：

```
def print_most_similar(word_conf_pairs, k):
    for i, (word, conf) in enumerate(word_conf_pairs):
        print("{:.3f} {:s}".format(conf, word))
```

```
        if i >= k-1:
            break
    if k < len(word_conf_pairs):
        print("...")

print_most_similar(word_vectors.most_similar("king"), 5)
```

拥有单个参数的 most_similar() 方法产生以下输出。这里，浮点分数是相似性的度量，较高的值比较低的值更好。如你所见，相似的词似乎最准确：

```
0.760 prince
0.701 queen
0.700 kings
0.698 emperor
0.688 throne
...
```

你也可以进行向量运算，类似于我们前面介绍的"国家 – 首都"示例。我们的目标是看看巴黎、法国与柏林、德国之间的关系是否成立。这相当于说巴黎和法国之间嵌入空间的距离应与柏林和德国之间嵌入空间的距离相同。或者说，"法国 – 巴黎 + 柏林"得到的是"德国"。那么，在代码中，这将转换为：

```
print_most_similar(word_vectors.most_similar(
    positive=["france", "berlin"], negative=["paris"]), 1
)
```

不出所料，返回以下结果：

```
0.803 germany
```

先前报告的相似度值是余弦相似度，但是 Levy 和 Goldberg[9] 提出了一种更好的相似度度量方法，也用 gensim API 实现：

```
print_most_similar(word_vectors.most_similar_cosmul(
    positive=["france", "berlin"], negative=["paris"]), 1
)
```

这也会产生预期的结果，但是具有更高的相似度：

```
0.984 germany
```

gensim 还提供了一个 doesnt_match() 函数，这个函数可用于检测单词列表中的奇数：

```
print(word_vectors.doesnt_match(["hindus", "parsis", "singapore",
"christians"]))
```

果然，这次我们看到的是 singapore，因为它是一系列宗教词汇中唯一表示国家的单词。

我们还可以计算两个单词之间的相似度。在这里，我们证明了相关词之间的距离小于无关词之间的距离：

```
for word in ["woman", "dog", "whale", "tree"]:
    print("similarity({:s}, {:s}) = {:.3f}".format(
        "man", word,
        word_vectors.similarity("man", word)
    ))
```

给出以下有趣的结果：

```
similarity(man, woman) = 0.759
similarity(man, dog) = 0.474
similarity(man, whale) = 0.290
similarity(man, tree) = 0.260
```

similar_by_word() 在功能上等同于 similar()，不同的是，在默认情况下 similar() 会在进行比较之前对向量进行归一化。还有一个相关的 similar_by_vector() 函数，允许你通过指定一个向量作为输入来查找相似的单词。在这里，我们试着找出与"singapore"相似的单词：

```
print(print_most_similar(
    word_vectors.similar_by_word("singapore"), 5)
)
```

我们得到以下输出，至少从地理角度来看，这似乎是最正确的：

```
0.882 malaysia
0.837 indonesia
0.826 philippines
0.825 uganda
0.822 thailand
...
```

我们还可以使用 distance() 函数计算嵌入空间中两个单词之间的距离。这实际上只是 1-similarity()：

```
print("distance(singapore, malaysia) = {:.3f}".format(
    word_vectors.distance("singapore", "malaysia")
))
```

我们还可以直接从 word_vectors 对象或者使用 word_vec() 封装器查找词表单词的向量，如下所示：

```
vec_song = word_vectors["song"]
vec_song_2 = word_vectors.word_vec("song", use_norm=True)
```

根据你的用例，你可能还会发现其他一些有用的函数。KeyedVectors 的文档页面包含所有可用函数的列表 [10]。

这里展示的代码可以在本书随附代码的 `explore_text8_embedding.py` 文件中找到。

7.6 使用词嵌入检测垃圾短信

因为从大型语料库中生成的各种鲁棒的嵌入方法广泛可用，所以使用其中一种嵌入转换文本输入用于机器学习模型已经变得非常普遍。把文本看作一个 token 序列。嵌入为每个 token 提供一个稠密的、维度固定的向量。用其向量替换每个 token，这会将文本序列转换成一个示例矩阵，每个示例矩阵都有与嵌入维度相对应的固定数量的特征。

这个示例矩阵可以直接用作标准（基于非神经网络的）机器学习程序的输入，但是因为本书是关于深度学习和 TensorFlow 的，所以我们将在卷积神经网络的一维版本中展示其用法，详见第 4 章。我们的示例是一个垃圾短信检测器，把短信服务（Short Message Service，SMS）或文本消息分类为"非垃圾短信"或"垃圾短信"。这个示例与第 5 章中基于一维卷积神经网络的情感分析示例非常相似，但是此处我们的重点将放在嵌入层上。

具体来说，我们将看到程序如何从头开始学习为垃圾短信检测任务自定义一个嵌入。接下来，我们将看到如何使用外部的第三方嵌入，就像我们在本章中学到的那样，这个过程类似于计算机视觉中的迁移学习。最后，我们将学习如何结合这两种方法，从第三方嵌入开始，再让网络将其用作自定义嵌入的起点，这个过程类似于计算机视觉中的微调。

与往常一样，我们将从导入库开始：

```
import argparse
import gensim.downloader as api
import numpy as np
import os
import shutil
import tensorflow as tf

from sklearn.metrics import accuracy_score, confusion_matrix
```

 scikit-learn 是一个开源 Python 机器学习工具包，其中包含许多高效且易用的数据挖掘和数据分析工具。在本章中，我们使用了模型中的两个预定义指标 `accuracy_score` 和 `confusion_matrix`，在模型训练后，对其进行评估。

你可以在 `https://scikit-learn.org/stable/` 上了解有关 scikit-learn 的更多信息。

7.6.1 获取数据

我们模型的数据是公开可用的，来自 UCI 机器学习库 [11] 中的 SMS 垃圾短信收集数据集。下面的代码将下载文件并对其进行解析，以生成 SMS 消息及其对应标签的列表：

```
def download_and_read(url):
    local_file = url.split('/')[-1]
    p = tf.keras.utils.get_file(local_file, url,
        extract=True, cache_dir=".")
    labels, texts = [], []
    local_file = os.path.join("datasets", "SMSSpamCollection")
    with open(local_file, "r") as fin:
        for line in fin:
            label, text = line.strip().split('\t')
            labels.append(1 if label == "spam" else 0)
            texts.append(text)
    return texts, labels

DATASET_URL = \ "https://archive.ics.uci.edu/ml/machine-learning-
databases/00228/smsspamcollection.zip"
texts, labels = download_and_read(DATASET_URL)
```

数据集包含 5574 条 SMS 记录，其中 747 条被标记为"垃圾短信"，而其他 4827 条被标记为"非垃圾短信"。SMS 记录的文本包含在变量文本中，对应的数字标签（0 = 非垃圾短信，1 = 垃圾短信）包含在标签变量中。

7.6.2 准备待用数据

下一步是处理数据，以便网络可以使用这些数据。SMS 文本需要以整数序列的形式输入到网络中，其中每个单词都用词表中对应的 ID 表示。我们将使用 Keras 词法生成器将每个 SMS 文本转换为单词序列，然后使用词法生成器上的 fit_on_texts() 方法创建词表。

然后，我们使用 texts_to_sequences() 将 SMS 消息转换为整数序列。最后，因为网络只能使用固定长度的整数序列，所以我们调用 pad_sequences() 函数，用 0 填充较短的 SMS 消息。

我们的数据集中最长的 SMS 消息具有 189 个 token（单词）。在许多应用程序中，可能会有一些非常长的异常序列，我们可以通过设置 maxlen 标志将长度限制为一个较小的数字。在这种情况下，截断比 maxlen token 长的句子，填充比 maxlen token 短的句子：

```
# tokenize and pad text
tokenizer = tf.keras.preprocessing.text.Tokenizer()
tokenizer.fit_on_texts(texts)
text_sequences = tokenizer.texts_to_sequences(texts)
text_sequences = tf.keras.preprocessing.sequence.pad_sequences(
    text_sequences)
num_records = len(text_sequences)
max_seqlen = len(text_sequences[0])
print("{:d} sentences, max length: {:d}".format(
    num_records, max_seqlen))
```

把标签转换为分类编码或独热编码格式，因为我们要选择的损失函数（分类交叉熵）期望看到这种格式的标签：

```
# labels
NUM_CLASSES = 2
cat_labels = tf.keras.utils.to_categorical(
    labels, num_classes=NUM_CLASSES)
```

词法分析器允许访问通过 word_index 属性创建的词表，这个属性基本上是词表中的单词到它们在词表中的索引位置。我们还建立了反向索引，使我们能够从索引位置到单词本身。另外，我们为 PAD 字符创建记录：

```
# vocabulary
word2idx = tokenizer.word_index
idx2word = {v:k for k, v in word2idx.items()}
word2idx["PAD"] = 0
idx2word[0] = "PAD"
vocab_size = len(word2idx)
print("vocab size: {:d}".format(vocab_size))
```

最后，我们创建网络将使用的 dataset 对象。dataset 对象允许以声明的方式设置一些属性，例如批处理大小。这里，我们从填充的整数序列和分类标签序列中构建一个数据集，移动数据，并将其拆分为训练集、验证集和测试集。最后，我们设置三个数据集的批处理大小：

```
# dataset
dataset = tf.data.Dataset.from_tensor_slices(
    (text_sequences, cat_labels))
dataset = dataset.shuffle(10000)
test_size = num_records // 4
val_size = (num_records - test_size) // 10
test_dataset = dataset.take(test_size)
val_dataset = dataset.skip(test_size).take(val_size)
train_dataset = dataset.skip(test_size + val_size)

BATCH_SIZE = 128
test_dataset = test_dataset.batch(BATCH_SIZE, drop_remainder=True)
val_dataset = val_dataset.batch(BATCH_SIZE, drop_remainder=True)
train_dataset = train_dataset.batch(BATCH_SIZE, drop_remainder=True)
```

7.6.3 构建嵌入矩阵

gensim 工具包提供对各种训练好的嵌入模型的访问，正如你在 Python 提示符下运行以下命令所看到的：

```
>>> import gensim.downloader as api
>>> api.info("models").keys()
```

这将返回（在写本书时）以下经过训练的词嵌入：

❑ Word2Vec：两种风格。一种是在谷歌新闻上训练（基于 30 亿个 token 的 300 万个
词向量），另一种是在俄罗斯语料库上训练（word2vec-ruscorpora-300，word2vec-
google-news-300）。

❑ GloVe：两种风格。一种是在 Gigawords 语料库上训练（基于 60 亿个 token 的 40 万
个词向量）训练，可以作为 50d、100d、200d 和 300d 向量使用；另一种是在 Twitter
上训练（基于 270 亿个 token 的 120 万个词向量），作为 25d、50d、100d 和 200d 向
量使用（glove-wiki-gigaword-50、glove-wiki-gigaword-100、glove-wiki-gigaword-200、
glove-wiki-gigaword-300、glove-twitter-25、glove-twitter-50、glove-twitter-100、
glove-twitter-200）。

❑ fastText：在维基百科 2017、UMBC Web 语料库和 statmt.org 新闻数据集上使用子
词信息训练了 100 万个词向量（16B token）（fastText-wiki-news-subwords-300）。

❑ ConceptNet Numberbatch：使用 ConceptNet 语义网络、**释义数据库**（Paraphrase
database，PPDB）、Word2Vec 和 GloVe 作为输入的一个集成嵌入，产生 600d 向
量 [12, 13]（conceptnet-numberbatch-17-06-300）。

在示例中，我们选择了在 Gigaword 语料库上训练的 300d GloVe 嵌入。

为了使模型规模较小，我们只考虑词表中存在的词嵌入。这可以使用以下代码完成，
该代码为词表中的每个单词创建一个较小的嵌入矩阵。矩阵中的每一行都对应一个单词，
而行本身就是这个词嵌入所对应的向量：

```
def build_embedding_matrix(sequences, word2idx, embedding_dim,
        embedding_file):
    if os.path.exists(embedding_file):
        E = np.load(embedding_file)
    else:
        vocab_size = len(word2idx)
        E = np.zeros((vocab_size, embedding_dim))
        word_vectors = api.load(EMBEDDING_MODEL)
        for word, idx in word2idx.items():
            try:
                E[idx] = word_vectors.word_vec(word)
            except KeyError:   # word not in embedding
                pass
        np.save(embedding_file, E)
    return E


EMBEDDING_DIM = 300
DATA_DIR = "data"
EMBEDDING_NUMPY_FILE = os.path.join(DATA_DIR, "E.npy")
EMBEDDING_MODEL = "glove-wiki-gigaword-300"
E = build_embedding_matrix(text_sequences, word2idx,
    EMBEDDING_DIM,
    EMBEDDING_NUMPY_FILE)
print("Embedding matrix:", E.shape)
```

嵌入矩阵的输出形状为（9010，300），对应词表中 9010 个 token 以及第三方 GloVe 嵌入中的 300 个特征。

7.6.4   定义垃圾短信分类器

现在我们已经准备好定义分类器了。我们将使用**一维卷积神经网络（1D CNN）**，类似于你已经在第 6 章中看到的用于情感分析的网络。

输入是一个整数序列。第一层是嵌入层，它将每个输入整数转换为一个大小为 embedding_dim 的向量。根据运行模式，无论我们是从头开始学习嵌入、使用迁移学习还是进行微调，网络中的嵌入层都会略有不同。当网络从随机初始化的嵌入权重（run_mode=="scratch"）开始，并在训练期间学习权重时，我们将 trainable 参数设置为 True。在迁移学习的情况下（run_mode=="vectorizer"），我们从嵌入矩阵 E 设置权重，但是将 trainable 参数设置为 False，所以它不能训练。在微调的情况下（run_mode=="finetuning"），我们从外部矩阵 E 设置嵌入权重，并将层设置为可训练。

把嵌入的输出送入一个卷积层。这里，固定大小的 3 个 token 宽的一维窗口（kernel_size=3）（也称为时间步长）与 256 个随机滤波器（num_filters=256）进行卷积，每个时间步长产生大小为 256 的向量。因此，输出向量的形状是（batch_size，time_steps，num_filters）。

卷积层的输出送入一个一维空间的 dropout 层。空间 dropout 会随机删除卷积层输出的整个特征图。这是一种防止过拟合的正则化技术。然后通过一个全局最大池化层发送，这个池化层选取每个滤波器的每个时间步长的最大值，从而产生一个形状为（batch_size，num_filters）的向量。

把 dropout 层的输出送入一个稠密层，将形状为（batch_size，num_filters）的向量转换为（batch_size，num_classes）。softmax 激活会把每个（垃圾短信，非垃圾短信）的得分转换为概率分布，分别表示输入的 SMS 是垃圾短信还是非垃圾短信的概率：

```
class SpamClassifierModel(tf.keras.Model):
    def __init__(self, vocab_sz, embed_sz, input_length,
            num_filters, kernel_sz, output_sz,
            run_mode, embedding_weights,
            **kwargs):
        super(SpamClassifierModel, self).__init__(**kwargs)
        if run_mode == "scratch":
            self.embedding = tf.keras.layers.Embedding(vocab_sz,
                embed_sz,
                input_length=input_length,
                trainable=True)
        elif run_mode == "vectorizer":
            self.embedding = tf.keras.layers.Embedding(vocab_sz,
                embed_sz,
                input_length=input_length,
```

```
            weights=[embedding_weights],
            trainable=False)
    else:
        self.embedding = tf.keras.layers.Embedding(vocab_sz,
            embed_sz,
            input_length=input_length,
            weights=[embedding_weights],
            trainable=True)
    self.conv = tf.keras.layers.Conv1D(filters=num_filters,
        kernel_size=kernel_sz,
        activation="relu")
    self.dropout = tf.keras.layers.SpatialDropout1D(0.2)
    self.pool = tf.keras.layers.GlobalMaxPooling1D()
    self.dense = tf.keras.layers.Dense(output_sz,
        activation="softmax")

def call(self, x):
    x = self.embedding(x)
    x = self.conv(x)
    x = self.dropout(x)
    x = self.pool(x)
    x = self.dense(x)
    return x

# model definition
conv_num_filters = 256
conv_kernel_size = 3
model = SpamClassifierModel(
    vocab_size, EMBEDDING_DIM, max_seqlen,
    conv_num_filters, conv_kernel_size, NUM_CLASSES,
    run_mode, E)
model.build(input_shape=(None, max_seqlen))
```

最后，我们利用分类交叉熵损失函数和 Adam 优化器编译模型：

```
# compile
model.compile(optimizer="adam", loss="categorical_crossentropy",
metrics=["accuracy"])
```

7.6.5　训练和评估模型

需要注意的一点是，数据集有点不平衡，与 4827 个非垃圾短信实例相比，只有 747 个垃圾短信实例。总是预测大多数类别，网络就可以实现接近 87% 的准确度。为了解决这个问题，我们设置了类权重，表示垃圾短信服务中的错误是非垃圾短信服务中错误的 8 倍。这由 CLASS_WEIGHTS 变量表示，该变量作为附加参数传递给 model.fit() 调用。

在训练了 3 轮之后，我们根据测试集评估模型，并根据测试集报告模型的准确度和混淆矩阵：

```
NUM_EPOCHS = 3
# data distribution is 4827 ham and 747 spam (total 5574), which
# works out to approx 87% ham and 13% spam, so we take reciprocals
# and this works out to being each spam (1) item as being
# approximately 8 times as important as each ham (0) message.
CLASS_WEIGHTS = { 0: 1, 1: 8 }

# train model
model.fit(train_dataset, epochs=NUM_EPOCHS,
    validation_data=val_dataset,
    class_weight=CLASS_WEIGHTS)

# evaluate against test set
labels, predictions = [], []
for Xtest, Ytest in test_dataset:
    Ytest_ = model.predict_on_batch(Xtest)
    ytest = np.argmax(Ytest, axis=1)
    ytest_ = np.argmax(Ytest_, axis=1)
    labels.extend(ytest.tolist())
    predictions.extend(ytest.tolist())

print("test accuracy: {:.3f}".format(accuracy_score(labels,
predictions)))
print("confusion matrix")
print(confusion_matrix(labels, predictions))
```

7.6.6　运行垃圾短信检测器

我们要查看的三种情况是：

❏ 让网络学习任务的嵌入

❏ 从一个固定的外部第三方嵌入开始，其中把嵌入矩阵当作一个向量化程序，把整数
序列转换为向量序列

❏ 从一个外部第三方嵌入开始，在训练期间进一步微调任务

可以通过设置 mode 参数的值评估每种情况，如下面的命令所示：

$ python spam_classifier --mode [scratch|vectorizer|finetune]

数据集很小，模型也相当简单。只需要很少的训练（3 轮），我们就能实现非常好的结
果（验证集的准确度高达 0.9，测试集的准确度很完美）。在这三种情况下，网络均取得了
完美的得分，准确地预测了 1111 条非垃圾短信以及 169 条垃圾短信。

验证准确度的变化（如图 7-3 所示）说明了这三种方法之间的区别。

在从头开始学习的实例中，在第 1 轮结束时，验证准确度为 0.93，但是在接下来的 2
轮中，验证准确度上升到 0.98。在向量化程序实例中，网络从第三方嵌入中获得一些优势，
并在第 1 轮结束时获得了接近 0.95 的验证准确度。但是，因为不允许更改嵌入权重，所以

无法将嵌入自定义到垃圾短信检测任务中，并且第 3 轮结束时的验证准确度是三者中最低的。和向量化程序一样，微调实例也得到了一个领先的开始，但它能够自定义嵌入任务，因此能够在这三个实例中以最快的速度学习。微调实例在第 1 轮结束时具有最高的验证准确度，并且在第 2 轮结束时达到与从头开始学习的实例在第 3 轮结束时相同的验证准确度。

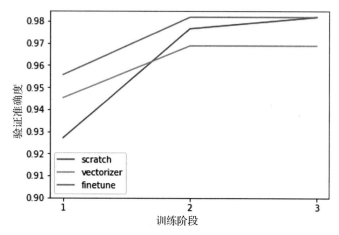

图 7-3　比较不同嵌入技术在训练阶段的验证准确度

7.7　神经嵌入——不只是单词

自 Word2Vec 和 GloVe 问世以来，词嵌入技术以各种方式发展。其中一个发展方向是词嵌入在非词环境中的应用，也称为神经嵌入。你可能还记得，词嵌入利用了分布式假设，即出现在相似上下文中的单词往往具有相似的含义，而上下文通常是目标单词周围的一个固定大小（单词数）的窗口。

神经嵌入的概念与词嵌入非常相似。即，出现在相似上下文中的实体相互之间往往有很强的关联。通常，构建这些上下文的方式取决于情境。我们将在这里介绍可以很容易地应用到各种用例中的两种基本的通用技术。

7.7.1　Item2Vec

Item2Vec 嵌入模型最初由 Barkan 和 Koenigstein[14] 提出，用于协同滤波用例，即根据与该用户有相似购买历史记录的其他用户的购买情况向用户推荐商品。它使用网上商城中的商品作为"单词"，而商品集（用户一段时间内购买的商品序列）作为"句子"，由此派生出"单词上下文"。

例如，考虑在超市向购物者推荐商品的问题。假设某超市销售 5000 种商品，则每一种商品都可以表示为一个大小为 5000 的稀疏独热编码向量。每个用户都用他们的购物车表示，购物车是一个向量序列。应用一个上下文窗口（类似于我们在 Word2Vec 部分看到的窗口），我们可以训练一个 skip-gram 模型预测可能的商品对。学习到的嵌入模型将商品映射到一个稠密的低维空间，在那里相似的商品离得很近，可以用来进行相似商品推荐。

7.7.2 node2vec

Grover 和 Leskovec[15] 提出了 node2vec 嵌入模型，作为一种可扩展的方法学习图中节点的特征。它通过在图上执行大量固定长度的随机游走来学习图结构的一个嵌入。节点是"单词"，随机游走是 node2vec 中派生出"单词上下文"的"句子"。

Something2Vec 网页 [41] 提供了一个完整的列表，列出了研究人员试图将分布式假设应用到实体而不是单词上的各种方法。希望这个列表能激发你对"something2vec"表示的一些灵感。

为了说明创建自己的神经嵌入是多么容易，我们将生成一个类似 node2vec 的模型，或者，更准确地说，生成一个由 Perozzi 等人 [42] 提出的基于 DeepWalk 嵌入的一个前驱图，它通过利用词之间的同现关系，分析从 1987 年到 2015 年 NeurIPS 会议上的论文。

数据集是一个单词数为 11463×5812 的矩阵，其中行表示单词，列表示会议论文。我们将用它来构造一个有关论文的图，其中两篇论文之间的边表示出现在两篇论文中的单词。node2vec 和 DeepWalk 都假设图是无向且无权重的。我们的图是无向的，因为两篇论文之间的关系是双向的。但是，我们可以根据两个文档中单词的同现次数设置边的权重。在示例中，我们认为大于 0 的任意数量的同现都是有效的未加权边。

按照惯例，我们将从声明导入开始：

```
import gensim
import logging
import numpy as np
import os
import shutil
import tensorflow as tf

from scipy.sparse import csr_matrix
from sklearn.metrics.pairwise import cosine_similarity

logging.basicConfig(format='%(asctime)s : %(levelname)s : %(message)
s', level=logging.INFO)
```

下一步是从 UCI 库下载数据，并将其转换为一个稀疏的术语文档矩阵 TD，然后通过将术语文档矩阵的转置与该矩阵自身相乘，构造一个文档 – 文档矩阵 E。我们的图由文档 – 文档矩阵表示为邻接矩阵或边矩阵。因为每个元素都表示两个文档之间的相似性，我们通过将所有非零元素设置为 1，使矩阵 E 二值化：

```
DATA_DIR = "./data"
UCI_DATA_URL = "https://archive.ics.uci.edu/ml/machine-learning-
databases/00371/NIPS_1987-2015.csv"

def download_and_read(url):
    local_file = url.split('/')[-1]
    p = tf.keras.utils.get_file(local_file, url, cache_dir=".")
    row_ids, col_ids, data = [], [], []
    rid = 0
    f = open(p, "r")
    for line in f:
        line = line.strip()
        if line.startswith("\"\","):
            # header
            continue
        # compute non-zero elements for current row
        counts = np.array([int(x) for x in line.split(',')[1:]])
        nz_col_ids = np.nonzero(counts)[0]
        nz_data = counts[nz_col_ids]
        nz_row_ids = np.repeat(rid, len(nz_col_ids))
        rid += 1
        # add data to big lists
        row_ids.extend(nz_row_ids.tolist())
        col_ids.extend(nz_col_ids.tolist())
        data.extend(nz_data.tolist())
    f.close()
    TD = csr_matrix((
        np.array(data), (
            np.array(row_ids), np.array(col_ids)
            )
        ),
        shape=(rid, counts.shape[0]))
    return TD


# read data and convert to Term-Document matrix
TD = download_and_read(UCI_DATA_URL)
# compute undirected, unweighted edge matrix
E = TD.T * TD
# binarize
E[E > 0] = 1
```

一旦我们有了稀疏二值化邻接矩阵 E，就可以从每个顶点生成随机游走。从每个节点开始，我们构造最大长度为 40 个节点的 32 个随机游走。游走的随机重启概率为 0.15，这意味着对于任何节点，特定的随机游走会以 15% 的概率结束。下面的代码将构造随机游走，并将它们写入由 RANDOM_WALKS_FILE 给出的一个文件。请注意，这是一个非常缓慢的过程。本章提供了输出的一个副本和源代码：

```
NUM_WALKS_PER_VERTEX = 32
```

```
MAX_PATH_LENGTH = 40
RESTART_PROB = 0.15

RANDOM_WALKS_FILE = os.path.join(DATA_DIR, "random-walks.txt")

def construct_random_walks(E, n, alpha, l, ofile):
    if os.path.exists(ofile):
        print("random walks generated already, skipping")
        return
    f = open(ofile, "w")
    for i in range(E.shape[0]):  # for each vertex
        if i % 100 == 0:
            print("{:d} random walks generated from {:d} vertices"
                .format(n * i, i))
        for j in range(n):       # construct n random walks
            curr = i
            walk = [curr]
            target_nodes = np.nonzero(E[curr])[1]
            for k in range(l):   # each of max length l
                # should we restart?
                if np.random.random() < alpha and len(walk) > 5:
                    break
                # choose one outgoing edge and append to walk
                try:
                    curr = np.random.choice(target_nodes)
                    walk.append(curr)
                    target_nodes = np.nonzero(E[curr])[1]
                except ValueError:
                    continue
            f.write("{:s}\n".format(" ".join([str(x) for x in walk])))

    print("{:d} random walks generated from {:d} vertices, COMPLETE"
        .format(n * i, i))
    f.close()


# construct random walks (caution: very long process!)
construct_random_walks(E, NUM_WALKS_PER_VERTEX, RESTART_PROB, MAX_
PATH_LENGTH, RANDOM_WALKS_FILE)
```

下面显示了 RANDOM_WALKS_FILE 中的几行代码。你可以想象一下，这些语句看起来就像一种语言中的句子，其中词表就是图中所有的节点 ID。我们已经学习了词嵌入利用语言的结构生成词的分布式表示。DeepWalk 和 node2vec 等图嵌入方案对这些由随机游走创建的"句子"做了完全相同的事情。这样的嵌入能够获取图中节点之间的相似性，而不是获取直接的邻居，如下所示：

```
0 1405 4845 754 4391 3524 4282 2357 3922 1667
0 1341 456 495 1647 4200 5379 473 2311
0 3422 3455 118 4527 2304 772 3659 2852 4515 5135 3439 1273
```

```
0 906 3498 2286 4755 2567 2632
0 5769 638 3574 79 2825 3532 2363 360 1443 4789 229 4515 3014 3683 2967
5206 2288 1615 1166
0 2469 1353 5596 2207 4065 3100
0 2236 1464 1596 2554 4021
0 4688 864 3684 4542 3647 2859
0 4884 4590 5386 621 4947 2784 1309 4958 3314
0 5546 200 3964 1817 845
```

现在，我们已经准备好创建词嵌入模型了。gensim 软件包提供了一个简单的 API，允许我们使用下面的代码以声明的方式创建和训练一个 Word2Vec 模型。将经过训练的模型序列化到 W2V_MODEL_FILE 提供的文件中。Documents 类允许我们处理大的输入文件来训练 Word2Vec 模型，而不会遇到内存问题。我们将用一个窗口大小为 10 的 skip-gram 模式训练 Word2Vec 模型，这意味着在已知一个中心顶点的情况下，我们训练 Word2Vec 模型去预测最多 5 个相邻顶点。每个顶点的嵌入结果都是一个大小为 128 的稠密向量：

```
W2V_MODEL_FILE = os.path.join(DATA_DIR, "w2v-neurips-papers.model")

class Documents(object):
    def __init__(self, input_file):
        self.input_file = input_file

    def __iter__(self):
        with open(self.input_file, "r") as f:
            for i, line in enumerate(f):
                if i % 1000 == 0:
                    if i % 1000 == 0:
                        logging.info(
                            "{:d} random walks extracted".format(i))
                yield line.strip().split()


def train_word2vec_model(random_walks_file, model_file):
    if os.path.exists(model_file):
        print("Model file {:s} already present, skipping training"
            .format(model_file))
        return
    docs = Documents(random_walks_file)
    model = gensim.models.Word2Vec(
        docs,
        size=128,     # size of embedding vector
        window=10,    # window size
        sg=1,         # skip-gram model
        min_count=2,
        workers=4
    )
    model.train(
```

```
        docs,
        total_examples=model.corpus_count,
        epochs=50)
    model.save(model_file)

# train model
train_word2vec_model(RANDOM_WALKS_FILE, W2V_MODEL_FILE)
```

我们得到的 DeepWalk 模型只是一个 Word2Vec 模型，所以你既可以在单词的上下文中
又可以在顶点的上下文中用 Word2Vec 完成所有事情。让我们使用这个模型发现文档之间的
相似之处：

```
def evaluate_model(td_matrix, model_file, source_id):
    model = gensim.models.Word2Vec.load(model_file).wv
    most_similar = model.most_similar(str(source_id))
    scores = [x[1] for x in most_similar]
    target_ids = [x[0] for x in most_similar]
    # compare top 10 scores with cosine similarity
    # between source and each target
    X = np.repeat(td_matrix[source_id].todense(), 10, axis=0)
    Y = td_matrix[target_ids].todense()
    cosims = [cosine_similarity(X[i], Y[i])[0, 0] for i in range(10)]
    for i in range(10):
        print("{:d} {:s} {:.3f} {:.3f}".format(
            source_id, target_ids[i], cosims[i], scores[i]))


source_id = np.random.choice(E.shape[0])
evaluate_model(TD, W2V_MODEL_FILE, source_id)
```

输出如下所示。第 1 列和第 2 列是源顶点 ID 和目标顶点 ID。第 3 列是源文档和目标
文档对应的词向量的余弦相似度，第 4 列是 Word2Vec 模型报告的相似度得分。如你所见，
余弦相似度只报告了十分之二的文档对之间的相似度，但是 Word2Vec 模型能够在嵌入空间
中检测潜在相似度。这与我们已经注意到的独热编码和稠密嵌入之间的行为相似。

```
1971 5443 0.000 0.348
1971 1377 0.000 0.348
1971 3682 0.017 0.328
1971 51   0.022 0.322
1971 857  0.000 0.318
1971 1161 0.000 0.313
1971 4971 0.000 0.313
1971 5168 0.000 0.312
1971 3099 0.000 0.311
1971 462  0.000 0.310
```

这个嵌入策略的代码可以在本章随附的源代码文件夹 neurips_papers_node2vec.
py 中找到。接下来，我们将看看字符和子词嵌入。

7.8　字符和子词嵌入

基本词嵌入策略的另一种演变是字符和子词嵌入，而不是词嵌入。字符级嵌入最先由 Xiang 和 LeCun[17] 提出，他们还发现字符级嵌入比词嵌入有一些关键优势。

首先，字符词表是有限的，而且很小。例如，一个英语词表包含大约 70 个字符（26 个字符、10 个数字和其他特殊字符），导致字符模型也小而紧凑。其次，词嵌入为一个大但有限的单词集提供向量，与之不同的是，字符嵌入没有"词表外"的概念，因为词表可以表示所有单词。第三，因为字符输入比单词输入的不平衡性小得多，所以字符嵌入在罕见单词和拼写错误的单词上的效果更好。

在需要语法相似性，而不是语义相似性概念的应用程序中，字符嵌入往往工作得更好。但是，与词嵌入不同，字符嵌入往往是特定于任务的，并且通常在一个网络内在线生成以支持任务。因此，第三方字符嵌入通常是不可用的。

子词嵌入结合了字符嵌入和词嵌入的概念，把一个单词看作由 n 元语法的字符组成的一个袋子，即 n 个连续单词组成的序列。它们最初是由 Bojanowski 等人[18] 基于 Facebook 人工智能研究院（Facebook AI Research，FAIR）的研究提出的，随后以 fastText 嵌入的形式发布。fastText 嵌入支持包括英语在内的 157 种语言。论文报告了一些自然语言任务的最新进展。

fastText 计算字符 n 元语法以及单词本身的嵌入，其中 n 在 3 到 6 个字符之间（默认设置，可以更改）。例如，$n = 3$，单词"green"的 n 元语法是"<gr""gre""ree""een"和"en>"。单词的开头和结尾分别用"<"和">"标注，以区分短单词和它们的 n 元语法，如"<cat>"和"cat"。

在查找过程中，如果单词存在于嵌入中，你可以使用单词作为键从 fastText 嵌入中查找向量。但是，与传统的词嵌入不同的是，你仍然可以为嵌入中不存在的单词构造一个 fastText 向量。这是通过把单词分解成组成它的三元语法子词来实现的，如前面的例子所示，查找子词的向量，再取这些子词向量的平均值。fastText Python API[19] 将自动完成这一任务，但是如果你使用 gensim 或 NumPy 等其他 API 访问 fastText 词嵌入，那么就需要手动完成这一任务。

接下来，我们将看看动态嵌入。

7.9　动态嵌入

到目前为止，我们考虑的所有嵌入都是静态的。也就是说，把这些嵌入部署为映射到固定维度向量的单词（和子单词）字典。无论一个单词是作为句子中的一个名词还是动词，向量对应于这些嵌入中的这个单词都是一样的，比如"ensure"这个单词（在作为名词时，是保健品名称；在作为动词时，是确保）。它还为多义词提供了相同的向量，例如"bank"

（根据这个单词是否与"money"或者"river"同时出现，可以表示不同的含义）。在这两种情况下，单词的意思会根据上下文（即，句子中可用的线索）变化。动态嵌入试图利用这些信号根据上下文为单词提供不同的向量。

把动态嵌入部署为经过训练的网络，通过查看整个序列，而不是查看单个单词，把你的输入（通常是一个独热向量序列）转换为一个低维稠密固定大小的嵌入。你既可以把输入预处理为这个稠密嵌入，再将其作为特定任务网络的输入，也可以像静态嵌入的 tf.keras.layers.Embedding 层那样，封装网络并对其进行处理。与事先生成（首选项）或使用传统嵌入相比，以这种方式使用一个动态嵌入网络的成本更高。

最早的动态嵌入是由 McCann 等人 [20] 提出的，称为**情境向量**（Contextualized Vector，CoVe）。这涉及从机器翻译网络的"编码器 – 解码器"对获取编码器的输出，并将其与相同单词的词向量连接起来。你将在下一章学习更多关于 seq2seq 网络的知识。研究人员发现，这种策略提升了各种自然语言处理任务的性能。

Peters 等人 [21] 提出的另一种动态嵌入方法是**来自语言模型的嵌入**（Embeddings from Language Model，ELMo）。ELMo 使用基于字符的单词表示和双向**长短期记忆**（Long Short-TermMemory，LSTM）计算情境单词表示。你将在下一章学到更多关于 LSTM 的知识。同时，TensorFlow 的模型库 TF-Hub 提供了一个经过训练的 ELMo 网络。你可以访问这个网络并使用它生成 ELMo 嵌入，如下所示。

所有与 TensorFlow 2.0 兼容的 TF-Hub 模型都可以在 TensorFlow 2.0 的 TF-Hub 网站上找到 [16]。不幸的是，在编写本书时，ELMo 模型还不在其中。你可以通过关闭代码中的即刻执行，从代码中调用旧的（pre-tensorflow 2.0）模型，但是这也意味着你不能将 ELMo 封装为自己的模型中的一个层。这个策略允许你将输入的句子转换为情境向量序列，然后你可以将这个情境向量序列用作自己网络的输入。在这里，本书作者使用了一个句子数组，通过在空白处使用其默认的分词策略，模型将计算出 token：

```
import tensorflow as tf
import tensorflow_hub as hub

module_url = "https://tfhub.dev/google/elmo/2"
tf.compat.v1.disable_eager_execution()

elmo = hub.Module(module_url, trainable=False)
embeddings = elmo([
    "i like green eggs and ham",
    "would you eat them in a box"
  ],
  signature="default",
  as_dict=True
)["elmo"]
print(embeddings.shape)
```

输出是（2,7,1024）。第 1 个索引告诉我们输入包含 2 个句子。第 2 个索引指的是所有句子中单词的最大数量，在本例中是 7。这个模型自动将输出填充为最长的句子。第 3 个索引给出了 ELMo 创建的上下文词嵌入的大小，把每个单词都转换成大小为 1024 的向量。

将来，一旦 TensorFlow Hub 团队将其模型迁移到 TensorFlow2.0，从 ELMo 生成嵌入的代码应该是下面这样的。注意，`module_url` 可能会发生变化。这个模式类似于你在第 2 章和第 5 章中使用 TensorFlow Hub 时看到过的例子：

```
module_url = "https://tfhub.dev/google/tf2-preview/elmo/2"
embed = hub.KerasLayer(module_url)
embeddings = embed([
    "i like green eggs and ham",
    "would you eat them in a box"
])["elmo"]
print(embeddings.shape)
```

7.10　句子和段落嵌入

对于生成有用的句子和段落嵌入，一个简单但却非常有效的解决方案是对组成词的词向量进行平均。尽管我们将在本节中描述一些主流的句子和段落嵌入，但是通常建议尝试把词向量的平均值作为基准。

也可以通过任务优化的方式创建句子（和段落）嵌入，方法是将它们视为单词序列，并使用一些标准的词向量表示每个单词。把这个词向量序列作为输入来训练某个任务的网络。在分类层之前，从网络的后面一个层中提取的向量往往会为序列产生非常好的向量表示。但是，这些往往是非常特定的任务，作为通用向量表示的作用有限。

Kiros 等人 [22] 提出了为句子生成可跨任务使用的通用向量表示的一种思路。他们提出利用书中文字的连续性来构建一个编码器 – 解码器模型，训练这个模型，给出一个句子，预测其周围的句子。由编码器 – 解码器网络构造的一个单词序列的向量表示通常被称为"向量思想"。此外，这个模型的工作原理与 skip-gram 非常相似，即给出一个单词，然后试图预测这个单词周围的单词。为此，把这些句子向量称为 skip-thought 向量。这个项目发布了一个基于 Theano 的模型，可用于从句子中生成嵌入。后来，谷歌研究团队 [23] 用 TensorFlow 重新实现了这个模型。Skip-Thought 模型为每个句子输出的向量的大小为 2048。使用模型不是很简单直接，但是知识库 [23] 上的 README.md 文件提供了说明，你在使用模型时可以查阅。

一个更方便的句子嵌入来源是谷歌通用语句编码器，它在 TensorFlow Hub 上可用。就实现而言，编码器有两种风格。第一种风格速度快，但不那么准确，基于 Iyer 等人 [24] 提出的**深度平均网络（Deep Averaging Network，DAN）**，该网络结合了单词和二元语法的嵌入，并通过一个完全连接的网络发送。第二种风格要准确得多，但速度较慢，基于 Vaswani 等人 [25] 提出的 transformer 网络的编码器组件。我们将在下一章更详细地讨论 transformer 网络。

与 ELMo 一样，谷歌通用语句编码器目前仅适用于非即时执行模式，因此你可以离线使用它来生成向量或将其集成到 TensorFlow 1.x 风格的代码中。该模型不适合 GPU 内存，所以你将不得不在 CPU 上运行它。但是，因为我们是在预测模式下运行，所以这不是问题。基于我们的两个示例语句调用编码器的代码如下所示：

```
import tensorflow as tf
import tensorflow_hub as hub

module_url = "https://tfhub.dev/google/universal-sentence-encoder/2"
tf.compat.v1.disable_eager_execution()

model = hub.Module(module_url)
embeddings = model([
    "i like green eggs and ham",
    "would you eat them in a box"
])
// turn off GPU
config = tf.ConfigProto(device_count = { "GPU" : 0 }}
with tf.compat.v1.Session(config=config) as sess:
    sess.run([
        tf.compat.v1.global_variables_initializer(),
        tf.compat.v1.tables_initializer()
    ])
    embeddings_value = sess.run(embeddings)

print(embeddings_value.shape)
```

输出是（2,512）。即，每个句子都由一个大小为 512 的向量表示。值得注意的是，谷歌通用语句编码器可以处理任意长度的单词序列，因此你可以合法地使用该语句编码器在一端获取词嵌入，在另一端获取段落嵌入。但是，随着序列长度的增加，嵌入的质量趋于"稀释"。

在 Word2Vec 提出后不久，Le 和 Mikolov[26] 就提出了一个相关工作，即为段落和文档等长序列生成嵌入。现在将其称之为 Doc2Vec 或 Paragraph2Vec。Doc2Vec 算法是 Word2Vec 的扩展，使用周围的单词去预测一个单词。对于 Doc2Vec，在训练期间提供了一个附加参数——段落 ID。在训练结束时，Doc2Vec 网络学习每个单词的嵌入和每个段落的嵌入。在推理过程中，给网络一个缺失一些单词的段落。网络利用段落中已知的部分产生段落嵌入，再利用这个段落嵌入和词嵌入推断段落中缺失的单词。Doc2Vec 算法有两种形式——**段落向量-分布式内存（Paragraph Vectors - Distributed Memory，PV-DM）**和**段落向量-分布式词袋（Paragraph Vectors - Distributed Bag of Word，PV-DBOW）**，大致类似于 Word2Vec 中的 CBOW 和 skip-gram。在本书中，我们不会进一步讨论 Doc2Vec，只是需要注意 gensim 工具包提供了预构建的实现，你可以用自己的语料库训练这些实现。

在讨论了静态嵌入的不同形式之后，现在我们看看动态嵌入。

7.11　基于语言模型的嵌入

　　基于语言模型的嵌入代表了词嵌入发展的下一步。语言模型是单词序列的概率分布。一旦我们有了一个模型，已知一组特定的单词序列，就可以让这个模型预测下一个最有可能出现的单词。与传统的词嵌入（静态和动态）类似，给出语料库中句子的一部分，训练语言模型预测下一个单词（或前一个单词，如果语言模型是双向的）。训练不涉及主动标注，因为它利用了大量文本的自然语法结构，所以在某种意义上这是一个无监督学习过程。示例如图 7-4 所示。

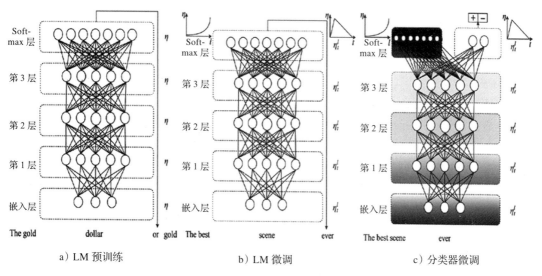

a) LM 预训练　　　　　　b) LM 微调　　　　　　c) 分类器微调

图 7-4　训练 ULMFit 嵌入的不同阶段（Howard 和 Ruder，2018）

　　作为词嵌入的语言模型和更传统的嵌入之间的主要区别是：传统的嵌入是对数据进行单一的初始转换，再针对特定的任务进行微调。相比之下，语言模型是在大型外部语料库上训练的，代表一种特定语言（比如，英语）的模型。这个步骤称为预训练。预训练这些语言模型的计算成本通常非常高。但是，这些预训练的模型都可供其他人使用，所以通常不需要担心这个步骤。下一个步骤是根据特定的应用领域微调这些通用的语言模型。例如，如果你在旅游业或医疗保健行业工作，可以使用自己领域的文本微调语言模型。微调包括用自己的文本重新训练最后几个层。微调后，你可以在自己领域内的多个任务中重用这个模型。与预训练步骤相比，微调步骤的计算成本要低很多。

　　有了微调的语言模型之后，你就可以删除语言模型的最后一层，并用一个一到两层的全连接网络来替换，把输入的嵌入语言模型转换成你的任务所需的最终分类或回归输出。这个思路和第 5 章中的迁移学习是一样的，唯一的区别是：这里你是在文本上进行迁移学习，而不是在图像上进行迁移学习。与图像迁移学习一样，这些基于语言模型的嵌入允许我们用很少的带标签数据获得出奇好的结果。不足为奇，语言模型嵌入被称为自然语言处理的"ImageNet 时刻"。

基于语言模型的嵌入思想起源于 ELMo[28] 网络，你已经在本章中看到了。ELMo 通过在一个大型文本语料库上训练来学习它的语言，学习根据给出的单词序列来预测下一个或者前一个单词。你将在第 9 章中学习基于双向 LSTM 的 ELMo。

第一个可行的语言模型嵌入是由 Howard 和 Ruder 基于**通用语言模型微调**（Universal Language Model Fine-Tuning，ULMFit）模型提出的 [27]，这个模型是在 wikitext-103 数据集上训练的，wikitext-103 数据集由 28 595 篇维基百科文章和 1.03 亿个单词组成。ULMFit 为图像任务提供了与迁移学习相同的优势——在有监督学习任务中使用相对较少的带标签数据获得更好的结果。

同时，Transformer 架构已经取代了 LSTM 网络，成为机器翻译任务的首选网络，因为它允许并行操作以及对长期依赖关系的更好处理。我们将在下一章学习更多关于 Transformer 架构的知识。Radford 等人 [30] 的 OpenAI 团队建议采用标准 Transformer 网络的解码器堆栈，而不是采用 ULMFit 中使用的 LSTM 网络。利用这个方法，他们建立了一个名为**生成式预训练**（Generative Pretraining，GPT）的语言模型嵌入，可以在许多语言处理任务中获得领先的结果。针对单句任务和多句任务，论文中 [30] 提出了分类、包含、相似度和多选题回答等几种有监督任务的配置方法。

Allen 的人工智能团队随后又建立了一个更大的名为 GPT-2 的语言模型，但是因为担心该技术被恶意运营商滥用 [31]，他们最终没有向公众发布该模型。不过，他们发布了一个更小的模型供研究人员进行实验。

OpenAI Transformer 架构的一个问题是它是单向的，而它的前身 ELMo 和 ULMFit 则是双向的。谷歌人工智能团队 [29] 提出了 Transformer 的**双向编码器表示**（Bidirectional Encoder Representations for Transformer，BERT），使用 Transformer 架构的编码器堆栈，并通过屏蔽高达 15% 的输入（它要求模型去预测）来安全地实现双向。

与 OpenAI 论文一样，BERT 提出了将其用于单句和多句分类、问答系统和标注等多个有监督学习任务的配置。

BERT 模型主要有两种类型——BERT-base 和 BERT-large。BERT-base 有 12 个编码器层、768 个隐藏单元和 12 个注意力头以及总计 1.1 亿个参数。BERT-large 拥有 24 个编码器层、1024 个隐藏单元、16 个注意力头、以及 3.4 亿个参数。更多详情请参阅 BERT Git-Hub 库 [34]。

BERT 预训练是一个高计算成本的过程，目前只能使用**张量处理单元**（Ensor Processing Unit，TPU）**实现**，而 TPU 只能通过谷歌的协作网络 [32] 或谷歌云平台 [33] 实现。但是，基于自定义数据集微调 BERT-base，通常可以在 GPU 实例上实现。

对于你的领域，微调 BERT 模型后，最后 4 个隐藏层的嵌入通常会为下游任务产生良好的结果。通常，根据任务的类型决定使用哪种嵌入或嵌入组合（通过求和、平均、最大池化或连接）。

在接下来的几个小节中，我们将看看如何使用 BERT 语言模型处理相关任务的各种语言模型嵌入。

7.11.1　使用 BERT 作为特征提取器

BERT 项目 [34] 提供了一组 Python 脚本，可以从命令行运行这些脚本来微调 BERT：

```
$ git clone https://github.com/google-research/bert.git
$ cd bert
```

然后，我们下载想要微调的合适的 BERT 模型。如前所述，BERT 有两个规格——BERT-base 和 BERT-large。此外，每个模型都有区分大小写和不区分大小写的版本。我们的示例中将使用不区分大小写的 BERT-base 的预训练模型。你可以在 README.md 页面找到该模型和其他模型的下载 URL：

```
$ mkdir data
$ cd data
$ wget \
https://storage.googleapis.com/bert_models/2018_10_18/uncased_L-12_H-768_A-12.zip
$ unzip -a uncased_L-12_H-768_A-12.zip
```

这将在本地 BERT 项目的 data 目录下创建以下文件夹。bert_config.json 文件是用于创建原始预训练模型的配置文件，vocab.txt 是模型使用的词表，由 30 522 个单词和单词片段组成：

```
uncased_L-12_H-768_A-12/
├── bert_config.json
├── bert_model.ckpt.data-00000-of-00001
├── bert_model.ckpt.index
├── bert_model.ckpt.meta
└── vocab.txt
```

预训练的语言模型可以直接作为文本特征提取器用于简单的机器学习管道。在你只想对文本输入进行向量化的情况这是非常有用的，可以利用嵌入的分布属性获得比独热编码更稠密、更丰富的表示。

本例中的输入只是一个文件，每行只有一个句子。将其命名为 sentences.txt，并把它放到 ${CLASSIFIER_DATA} 文件夹中。通过将最后几个隐藏层标识为 –1（最后一个隐藏层）、–2（前一个隐藏层）等，你可以生成嵌入。为输入句子提取 BERT 嵌入的命令如下所示：

```
$ export BERT_BASE_DIR=./data/uncased_L-12_H-768_A-12
$ export CLASSIFIER_DATA=./data/my_data
$ export TRAINED_CLASSIFIER=./data/my_classifier
```

```
$ python extract_features.py \
    --input_file=${CLASSIFIER_DATA}/sentences.txt \
    --output_file=${CLASSIFIER_DATA}/embeddings.jsonl \
    --vocab_file=${BERT_BASE_DIR}/vocab.txt \
    --bert_config_file=${BERT_BASE_DIR}/bert_config.json \
    --init_checkpoint=${BERT_BASE_DIR}/bert_model.ckpt \
    --layers=-1,-2,-3,-4 \
    --max_seq_length=128 \
    --batch_size=8
```

该命令将从模型的最后 4 个隐藏层中提取 BERT 嵌入，并将它们写入名为 embeddings.
jsonl（与输入文件在同一个目录中）的面向行的 JSON 文件中。

7.11.2 微调 BERT

因为 BERT 的容量比 ULMFit 大得多，所以对于更简单的领域跳过这一步，直接使用
预训练模型进行分类通常是安全的。但是，当你所在领域的语言与维基百科的语言（用于训
练 ULMFit）有很大的不同时，需要微调预训练模型。输入到微调的只是一个句子列表，每
行一个句子。句子的顺序应该与正在进行微调的文本语料库中提供的顺序一致。假设把句
子列表写到一个文件 ${CLASSIFIER_DATA}/finetune_sentences.txt 中，创建用
于微调的预训练数据的命令如下：

```
$ export FINETUNED_MODEL_DIR=./data/my_finetuned_model
$ python create_pretraining_data.py \
    --input_file=${CLASSIFIER_DATA}/finetune_sentences.txt \
    --output_file=${CLASSIFIER_DATA/finetune_examples.tfrecord \
    --vocab_file=${BERT_BASE_DIR}/vocab.txt \
    --do_lower_case=True \
    --max_seq_length=128 \
    --max_predictions_per_seq=20 \
    --masked_lm_prob=0.15 \
    --random_seed=1234 \
    --dupe_factor=5
```

这个脚本将随机屏蔽输入句子中 15%（masked_lm_prob）的 token，并将它们创建为
BERT 语言模型的标签，以进行预测。然后，我们运行以下脚本，将经过微调的 BERT 模型
写入 ${FINETUNED_MODEL_DIR} 中：

```
$ python run_pretraining.py \
    --input_file=${CLASSIFIER_DATA|/finetune_examples.tfrecord \
    --output_dir=${FINETUNED_MODEL_DIR} \
    --do_train=True \
    --do_eval=True \
```

```
--bert_config_file=${BERT_BASE_DIR}/bert_config.json \
--init_checkpoint=${BERT_BASE_DIR}/bert_model.ckpt \
--train_batch_size=32 \
--max_seq_length=128 \
--max_predictions_per_seq=10000 \
--num_train_steps=20 \
--num_warmup_steps=10 \
--learning_rate=2e-5
```

7.11.3　基于 BERT 命令行的分类

如 7.11.2 节所述，通常没有必要微调预训练模型，你可以直接在预训练模型之上构建分类器。run_classifier.py 脚本允许你在自己的数据上运行任意一个模型。该脚本为几种流行格式提供了输入解析器。在我们的例子将使用**语言可接受性语料库**（Corpus of Linguistic Acceptability，COLA）[39] 格式进行单句分类，使用**微软研究院释义语料库**（Microsoft Research Paraphrase Corpus，MRPC）格式 [40] 进行句子对的分类。格式由 --task_name 参数指定。

对于单句分类，你的训练输入和验证输入应该分别在名为 train.tsv 和 dev.tsv 的单独的 TSV 文件中指定，使用 COLA 解析器所需的下列格式。这里 {TAB} 表示制表符。"junk"字符串只是一个占位符，应该将其忽略。类标签需要是一个整数值，对应于训练记录和验证记录的类标签。ID 字段只是一个运行号。解析器将在 ID 值前加上 train、dev 或 test，所以它们在 TSV 文件中不必是唯一的：

```
id {TAB} class-label {TAB} "junk" {TAB} text-of-example
```

应该把你的测试文件指定为另一个名为 test.tsv 的 TSV 文件，并有以下格式。此外，它应该有如下所示的标题：

```
id {TAB} sentence
1  {TAB} text-of-test-sentence
...
```

对于句子对的分类，MRPC 解析器所需的 train.tsv 和 dev.tsv 文件的格式应该如下所示：

```
id {TAB} "junk" {TAB} "junk" {TAB} sentence-1 {TAB} sentence-2
```

test.tsv 对应的格式应该如下所示：

```
label {TAB} "junk" {TAB} "junk" {TAB} sentence-1 {TAB} sentence-2
```

将这 3 个文件放入 data/my_data 文件夹中。然后，你可以在 BERT 项目的根目录中使用以下命令，使用预训练的 BERT 语言模型训练分类器。如果你更喜欢使用一个调优的版本，可以将 --init_checkpoint 指向微调结果生成的检查点文件。下面的命令将训练最大句子长度为 128 和批大小为 8, 学习速率为 2e-5 (即, 10 的负 5 次方分之 2) 的 2 阶段分类器。它将在 ${TRAINED_CLASSIFIER} 文件夹中输出一个 test_results.tsv 文件, 根据测试数据对训练模型进行预测, 并在同一目录中为训练模型写出检查点文件:

```
$ python run_classifier.py \
    --task_name=COLA|MRPC \
    --do_train=true \
    --do_eval=true \
    --do_predict=true \
    --data_dir=${CLASSIFIER_DATA} \
    --vocab_file=${BERT_BASE_DIR}/vocab.txt \
    --bert_config_file=${BERT_BASE_DIR}/bert_config_file.json \
    --init_checkpoint=${BERT_BASE_DIR}/bert_model.ckpt \
    --max_seq_length=128 \
    --train_batch_size=8 \
    --learning_rate=2e-5 \
    --num_train_epochs=2.0 \
    --output_dir=${TRAINED_CLASSIFIER}
```

要只使用一个经过训练的网络进行预测, 需将 --do_train 和 --do_eval 标志设为 false。

7.11.4 把 BERT 作为自己网络的一部分

目前, 在 TensorFlow Hub 上 BERT 可以作为评估工具使用, 但是目前 BERT 还不能完全兼容 TensorFlow 2.x, 在这个意义上, BERT 也不能作为 tf.hub.KerasLayer 来调用。同时, Zweig 在他的博客文章 [35] 中展示了如何在基于 Keras/TensorFlow1.x 的网络中包含 BERT。

在你自己的 TensorFlow 2.x 代码中使用 BERT 的更受欢迎的方式是通过 HuggingFace Transformer 库。这个库为 BERT 等各种流行的 Transformer 架构提供了简便类, 还为一些下游任务的微调提供了简便类。它最初是为 PyTorch 编写的, 但是后来也扩展为可以从 TensorFlow 调用的简便类。不过, 使用这个库必须安装 PyTorch。

Transformer 库提供了以下类:

1) 10 个 (在编写本书时) 不同的 Transformer 架构为一组 Transformer 类, 可以从 PyTorch 客户端代码进行实例化。命名约定是将 "Model" 附加到架构的名称中, 例如, BertModel、XLNetModel, 等等。还有一组对应的类可以从 TensorFlow 2.x 代码中实例化。这些前缀是 "TF", 例如, TFBertModel、TFXLNetModel, 等等。

2) 每个 Transformer 模型都有一个对应的词法生成器类, 知道如何标记这些类的文本输入。因此，与 BERT 模型对应的词法生成器称为 `BertTokenizer`。

3）每个 Transformer 类都有一组简便类，允许把 Transformer 模型微调为一组下游任务。例如，与 BERT 对应的简便类是 `BertForPreTraining`、`BertForMaskedLM`、`BertForNextSentencePrediction`、`BertForSequenceClassification`、`BertForMultipleChoice`、`BertForTokenClassification` 和 `BertForQuestionAnswering`。

 为了安装 PyTorch，请访问 PyTorch 网站（`http://pytorch.org`），找到标题名为"Quick Start Locally"的部分。在它下面是一个表单，你必须在其中指定有关平台的一些信息，该站点将生成一个安装命令，下载 PyTorch，并在你的环境中安装 PyTorch。将该命令复制到你的终端并运行它，以在你的环境中安装 PyTorch。

安装 PyTorch 之后，使用下面的 pip 命令安装 Transformer 库。可参考 `https://github.com/huggingface/transformer` 获取有关如何使用这个库的附加文档：

```
$ pip install transformers
```

为了运行这个示例，你还需要安装 `tensorflow_datasets` 包。可以使用下面的 pip 命令来实现这一任务：

```
$ pip install tensorflow-datasets
```

下面的代码实例化了一个 BERT 装箱模型，并使用来自 MRPC 数据集的数据对其进行微调。MRPC 任务试图预测一对句子是否是彼此的释义。可以从 `tensorflow-datasets` 软件包中获得数据集。按照惯例，首先导入必要的库：

```
import os
import tensorflow as tf
import tensorflow_datasets
from transformers import BertTokenizer, \
TFBertForSequenceClassification, BertForSequenceClassification,\ glue_
convert_examples_to_features
```

声明稍后将在代码中使用的几个常量：

```
BATCH_SIZE = 32
FINE_TUNED_MODEL_DIR = "./data/"
```

然后使用来自 Transformer 库的封装器实例化一个词法生成器和模型。底层模型文件来自预训练的 BERT 基础装箱模型。注意，模型类是一个与 TensorFlow 兼容的类，我们将在 TensorFlow 2.x 代码中对其进行微调：

```
tokenizer = BertTokenizer.from_pretrained("bert-base-cased")
model = TFBertForSequenceClassification.from_pretrained("bert-base-
cased")
```

使用 `TensorFlow-Datasets` 软件包的 API 加载训练数据和验证数据，再创建将用于微调模型的 TensorFlow 数据集：

```
# Load dataset via TensorFlow Datasets
data, info = tensorflow_datasets.load(
"glue/mrpc", with_info=True)
num_train = info.splits["train"].num_examples
num_valid = info.splits["validation"].num_examples

# Prepare dataset for GLUE as a tf.data.Dataset instance
Xtrain = glue_convert_examples_to_features(
data["train"], tokenizer, 128, "mrpc")
Xtrain = Xtrain.shuffle(128).batch(BATCH_SIZE).repeat(-1)
Xvalid = glue_convert_examples_to_features(
data["validation"], tokenizer, 128, "mrpc")
Xvalid = Xvalid.batch(BATCH_SIZE)
```

定义损失函数、优化器和度量，并使模型适配几个阶段的训练。因为我们对模型进行了微调，所以阶段数量只有两个，学习率也非常小：

```
opt = tf.keras.optimizers.Adam(
learning_rate=3e-5, epsilon=1e-08)
loss = tf.keras.losses.SparseCategoricalCrossentropy(
from_logits=True)
metric = tf.keras.metrics.SparseCategoricalAccuracy("accuracy")
model.compile(optimizer=opt, loss=loss, metrics=[metric])

train_steps = num_train // BATCH_SIZE
valid_steps = num_valid // BATCH_SIZE
history = model.fit(Xtrain,
epochs=2, steps_per_epoch=train_steps,
validation_data=Xvalid, validation_steps=valid_steps)
```

完成训练后，我们就可以保存经过微调的模型：

```
model.save_pretrained(FINE_TUNED_MODEL_DIR)
```

为了预测两个句子是彼此的释义，我们将把这个模型作为 PyTorch 模型加载回去。`from_tf=True` 参数表示保存的模型是一个 TensorFlow 检查点。注意，目前似乎不可能将 TensorFlow 检查点直接反序列化到 TensorFlow Transformer 模型中：

```
saved_model = BertForSequenceClassification.from_pretrained(FINE_
TUNED_MODEL_DIR, from_tf=True)
```

使用成对的句子（`sentence_0`，`sentence_1`）测试已保存的模型，这些成对的句子是彼此的释义，而（`sentence_0`，`sentence_2`）不是彼此的释义：

```
def print_result(id1, id2, pred):
    if pred == 1:
```

```
        print("sentence_1 is a paraphrase of sentence_0")
    else:
        print("sentence_1 is not a paraphrase of sentence_0")

sentence_0 = "At least 12 people were killed in the battle last week."
sentence_1 = "At least 12 people lost their lives in last weeks
fighting."
sentence_2 = "The fires burnt down the houses on the street."

inputs_1 = tokenizer.encode_plus(sentence_0, sentence_1,
add_special_tokens=False, return_tensors="pt")
inputs_2 = tokenizer.encode_plus(sentence_0, sentence_2,
add_special_tokens=False, return_tensors="pt")

pred_1 = saved_model(**inputs_1)[0].argmax().item()
pred_2 = saved_model(**inputs_2)[0].argmax().item()

print_result(0, 1, pred_1)
print_result(0, 2, pred_2)
```

正如预期的那样，这段代码的输出如下：

sentence_1 is a paraphrase of sentence_0

sentence_1 is not a paraphrase of sentence_0

从预训练模型中实例化一个模型和词法生成器，或者可以使用相对较小的带标签数据集对其进行微调，然后将其用于预测，这种用法相当典型，也适用于其他微调类。Transformer API 提供了一个标准化的 API，用于处理多个 Transformer 模型，并对它们执行标准的微调任务。上述代码可以在本章 `bert_translation.py` 文件内附带的代码中找到。

7.12　小结

在本章中，从 Word2Vec 和 GloVe 等静态词嵌入开始，我们学习了单词的分布表示及其各种实现背后的概念。

接下来，我们讨论了对基本思想的改进，例如，子词嵌入、句子嵌入（捕获句子中单词的上下文），以及使用整个语言模型来生成嵌入。尽管基于语言模型的嵌入技术目前已经达到了领先水平，但是在许多应用中，传统方法仍然获得了非常好的结果，所以了解它们并理解其中的利弊是很重要的。

我们还简要地介绍了在自然语言领域之外词嵌入的其他有趣用法，利用其他类型序列的分布属性在信息检索和推荐系统等领域进行预测。

现在，你不仅可以在基于文本的神经网络（我们将在下一章更深入地研究）中使用嵌入，还可以在机器学习的其他领域中使用嵌入。

7.13   参考文献

1. Mikolov, T., et al. (2013, Sep 7) *Efficient Estimation of Word Representations in Vector Space.* arXiv:1301.3781v3 [cs.CL].

2. Mikolov, T., et al. (2013, Sep 17). *Exploiting Similarities among Languages for Machine Translation.* arXiv:1309.4168v1 [cs.CL].

3. Mikolov, T., et al. (2013). *Distributed Representations of Words and Phrases and their Compositionality.* Advances in Neural Information Processing Systems 26 (NIPS 2013).

4. Pennington, J., Socher, R., Manning, C. (2014). *GloVe: Global Vectors for Word Representation.* D14-1162, Proceedings of the 2014 Conference on Empirical Methods in Natural Language Processing (EMNLP).

5. Niu, F., et al (2011, 11 Nov). *HOGWILD! A Lock-Free Approach to Parallelizing Stochastic Gradient Descent.* arXiv:1106.5730v2 [math.OC].

6. Levy, O., Goldberg, Y. (2014). *Neural Word Embedding as Implicit Matrix Factorization.* Advances in Neural Information Processing Systems 27 (NIPS 2014).

7. Mahoney, M. (2011, 1 Sep). text8 dataset. `http://mattmahoney.net/dc/textdata.html`.

8. Rehurek, R. (2019, 10 Apr). gensim documentation for Word2Vec model. `https://radimrehurek.com/gensim/models/word2vec.html`.

9. Levy, O., Goldberg, Y. (2014, 26-27 June). *Linguistic Regularities in Sparse and Explicit Word Representations.* Proceedings of the Eighteenth Conference on Computational Language Learning, pp 171-180 (ACL 2014).

10. Rehurek, R. (2019, 10 Apr). gensim documentation for KeyedVectors. `https://radimrehurek.com/gensim/models/keyedvectors.html`.

11. Almeida, T. A., Gamez Hidalgo, J. M., and Yamakami, A. (2011). Contributions to the Study of SMS Spam Filtering: New Collection and Results. Proceedings of the 2011 ACM Symposium on Document Engineering (DOCENG). URL: `http://www.dt.fee.unicamp.br/~tiago/smsspamcollection/`.

12. Speer, R., Chin, J. (2016, 6 Apr). *An Ensemble Method to Produce High-Quality Word Embeddings.* arXiv:1604.01692v1 [cs.CL].

13. Speer, R. (2016, 25 May). *ConceptNet Numberbatch: a new name for the best Word Embeddings you can download.* URL: `http://blog.conceptnet.io/posts/2016/conceptnet-numberbatch-a-new-name-for-the-best-word-embeddings-you-can-download/`.

14. Barkan, O., Koenigstein, N. (2016, 13-16 Sep). *Item2Vec: Neural Item Embedding for Collaborative Filtering.* IEEE 26th International Workshop on Machine Learning for Signal Processing (MLSP 2016).

15. Grover, A., Leskovec, J. (2016, 13-17 Aug). *node2vec: Scalable Feature Learning for Networks.* Proceedings of the 22nd ACM SIGKDD International Conference on Knowledge Discovery and Data Mining. (KDD 2016).

16. TensorFlow 2.0 Models on TensorFlow Hub. URL: `https://tfhub.dev/s?q=tf2-preview`.

17. Zhang, X., LeCun, Y. (2016, 4 Apr). *Text Understanding from Scratch.* arXiv 1502.01710v5 [cs.LG].

18. Bojanowski, P., et al. (2017, 19 Jun). *Enriching Word Vectors with Subword Information*. arXiv: 1607.04606v2 [cs.CL].

19. Facebook AI Research, fastText (2017). GitHub repository, `https://github.com/facebookresearch/fastText`.

20. McCann, B., Bradbury, J., Xiong, C., Socher, R. (2017). *Learned in Translation: Contextualized Word Vectors*. Neural Information Processing Systems, 2017.

21. Peters, M., et al. (2018, 22 Mar). *Deep contextualized word representations*. arXiv: 1802.05365v2 [cs.CL].

22. Kiros, R., et al. (2015, 22 June). *Skip-Thought Vectors*. arXiv: 1506.06727v1 [cs.CL].

23. Google Research, skip_thoughts (2017). GitHub repository. URL: `https://github.com/tensorflow/models/tree/master/research/skip_thoughts`.

24. Iyer, M., Manjunatha, V., Boyd-Graber, J., Daume, H. (2015, July 26-31). *Deep Unordered Composition Rivals Syntactic Methods for Text Classification*. Proceedings of the 53rd Annual Meeting of the Association for Computational Linguistics and the 7th International Joint Conference on Natural Language Processing (ACL 2015).

25. Vaswani, A., et al. (2017, 6 Dec). *Attention Is All You Need*. arXiv: 1706.03762v5 [cs.CL].

26. Le, Q., Mikolov, T. (2014) *Distributed Representation of Sentences and Documents*. arXiv: 1405.4053v2 [cs.CL].

27. Howard, J., Ruder, S. (2018, 23 May). *Universal Language Model Fine-Tuning for Text Classification*. arXiv: 1801.06146v5 [cs.CL].

28. Peters, et al. (2018, 15 Feb). *Deep Contextualized Word Representations*. arXiv: 1802.05365v2 [cs.CL].

29. Devlin, J., Chang, M., Lee, K., Toutanova, K. (2018, 11 Oct). *BERT: Pretraining of Deep Bidirectional Transformers for Language Understanding*. arXiv: 1810.04805v1 [cs.CL], URL: `https://www.google.com/url?q=https://github.com/google-research/bert`.

30. Radford, A., Narasimhan, K., Salimans, T., Sutskever, I. (2018). *Improving Language Understanding by Generative Pretraining*. URL: `https://openai.com/blog/language-unsupervised/`.

31. Radford, A., et al. (2019). *Language Models are unsupervised Multitask Learners*. URL: `https://openai.com/blog/better-language-models/`.

32. Google Collaboratory, URL: `https://colab.research.google.com`.

33. Google Cloud Platform, URL: `https://cloud.google.com/`.

34. Google Research, BERT (2019). GitHub repository. URL: `https://github.com/google-research/bert`.

35. Zweig, J. (2019). BERT in Keras with TensorFlow Hub. *Towards Data Science blog*. URL: `https://towardsdatascience.com/bert-in-keras-with-tensorflow-hub-76bcbc9417b`.

36. TF-IDF. Wikipedia. Retrieved May 2019. `https://en.wikipedia.org/wiki/Tf%E2%80%93idf`.

37. Latent Semantic Analysis. Wikipedia. Retrieved May 2019. `https://en.wikipedia.org/wiki/Latent_semantic_analysis`.

38. Topic Model. Wikipedia. Retrieved May 2019. `https://en.wikipedia.org/wiki/Topic_model`.

39. Warstadt, A., Singh, A., and Bowman, S. (2018). *Neural Network Acceptability Judgements*. arXiv 1805:12471 [cs.CL], URL: `https://nyu-mll.github.io/CoLA/`.

40. Microsoft Research Paraphrase Corpus. (2018). URL: `https://www.microsoft.com/en-us/download/details.aspx?id=52398`.

41. Nozawa, K. (2019). Something2Vec papers. URL: `https://gist.github.com/nzw0301/333afc00bd508501268fa7bf40cafe4e`.

42. Perrone, V., et al. (2016). *Poisson Random Fields for Dynamic Feature Models*. URL: `https://archive.ics.uci.edu/ml/datasets/NIPS+Conference+Papers+1987-2015`.

43. Perozzi, B., Al-Rfou, R., and Skiena, S. (2014). *DeepWalk: Online Learning of Social Representations*. arXiv 1403.6652v2 [cs.SI].

CHAPTER 8

第 8 章

循环神经网络

在第 4 章中，我们学习了卷积神经网络，还学习了卷积神经网络如何利用其输入的空间几何形状。例如，用于图像的 CNN 将卷积应用于图像的初始小块，并使用池化操作将图像区域不断扩大。我们在两个维度上应用图像的卷积和池化操作：宽度和高度。对于音频和文本流，沿时间维度应用一维卷积和池化操作；对于视频流，沿高度、宽度和时间维度在三个维度上应用这些操作。

在本章中，我们将重点介绍**循环神经网络**（Recurrent Neural Network，RNN），这是一种广泛用于文本输入的神经网络。RNN 非常灵活，可以用来解决语音识别、语言建模、机器翻译、情感分析和图像字幕等问题。RNN 利用其输入的顺序性质。顺序输入可以是文本、语音、时间序列等。在本章中，我们将看到各种 RNN 的示例，并学习如何使用 TensorFlow 2.0 实现它们。

首先，我们看一个基本 RNN 单元的内部结构以及它如何处理输入中的这些顺序依赖关系。我们还将学习基本 RNN 单元（在 Keras 中实现为 SimpleRNN）的一些局限性，并学习两种流行的 SimpleRNN 单元变体——LSTM 和**门控循环单元**（Gated Recurrent Unit，GRU）——是如何解决这些局限性的。

RNN 层本身只是应用于每个时间步长的 RNN 单元。可以将 RNN 看作 RNN 单元的图，其中每个单元对序列的连续元素执行相同的操作。我们将介绍一些简单的修改来提高性能，例如双向 RNN 或有状态的 RNN。

然后，我们将研究一些标准的 RNN 拓扑及其可以用来解决特定问题的应用程序类型。通过重新布置图中的单元，RNN 可以适配不同类型的应用。我们将看到这些配置的一些示例，以及如何将其用于解决特定问题。我们还将考虑序列到序列（或 seq2seq）架构，该架构在机器翻译等各个领域中获得了巨大成功。然后，我们将介绍注意力机制，以及如何将其用于提高序列到序列架构的性能。

最后，我们会介绍 Transformer 架构，它结合了 CNN、RNN 和注意力机制的思想。Transformer 架构目前已用于创建 BERT 等新的架构。

8.1   基本的 RNN 单元

传统的多层感知器神经网络假设所有输入都是相互独立的。这个假设不适用于许多类型的序列数据。例如，句子中的单词、乐曲中的音符、一段时间内的股价，乃至化合物中的分子，这些都是序列的例子，其中一个元素将显示对先前元素的依赖。

RNN 单元通过一种隐状态或记忆包含这种依赖关系，这种状态或记忆保留了迄今为止所看到的本质。任何时间点的隐状态值都是前一个时间步长的隐状态值和当前时间步长的输入值的函数，即

$$h_t = \phi(h_{t-1}, X_t)$$

式中，h_t 和 h_{t-1} 分别是 t 时刻和 $t-1$ 时刻的隐状态值，而 x_t 是 t 时刻的输入值。注意，这个方程是递归的，即 h_{t-1} 可以用 h_{t-2} 和 x_{t-1} 表示，以此类推，直到序列的开始。这就是 RNN 编码以及合并任意长序列信息的方式。

我们还可以用图形表示 RNN 单元，如图 8-1a 所示。在 t 时刻，单元有一个输入 $x(t)$ 和输出 $y(t)$。输出 $y(t)$ 部分（由隐状态 h_t 表示）被送回单元中，以便在下一个时间步 $t + 1$ 使用。

与传统的神经网络一样，学习的参数存储为权重矩阵，RNN 的参数由 3 个权重矩阵 U、V 和 W 定义，分别对应于输入、输出和隐状态的权重：

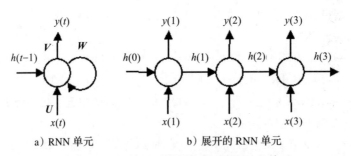

a）RNN 单元   b）展开的 RNN 单元

图 8-1   RNN 单元示意图和展开的 RNN 单元

图 8-1b 在"展开视图"中显示了相同的 RNN。"展开"只表示我们画出网络的完整序列。这里显示的网络有 3 个时间步，适合处理三元素序列。注意，前面提到的权重矩阵 U、V 和 W 在每个时间步之间都是共享的。这是因为我们在每个时间步都对不同的输入应用相同的操作。能够在所有时间步上共享这些权重可以大大减少 RNN 需要学习的参数数量。

我们还可以根据公式把 RNN 描述为一个计算图。在 t 时刻，RNN 的内部状态是由隐向量 $h(t)$ 的值给出的，隐向量 $h(t)$ 的值是权重矩阵 W 和 $t{-}1$ 时刻的隐状态 h_{t-1} 的和，权重矩阵 U 和 t 时刻的输入 x_t 相乘，结果传递给 tanh 激活函数。与其他激活函数（如 sigmoid）相比，tanh 在实践中可以更有效地学习，并且有助于解决梯度消失的问题，我们会在本章的后面见到这个问题。

 为了便于标记，在本章中描述不同类型 RNN 架构的所有方程中，我们把偏置项合并到矩阵中，省略了对偏置项的显示引用。考虑下列 n 维空间中的直线方程。这里，w_1 到 w_n 表示 n 维中每一维的直线系数，偏置 b 表示每一维 y 轴的截距。

$$y = w_1 x_1 + w_2 x_2 + \cdots + w_n x_n + b$$

我们可以把这个方程重写为矩阵的形式，如下所示：

$$y = WX + b$$

这里，W 是形状为 (m, n) 的矩阵，b 是形状为 $(m, 1)$ 的向量，其中 m 是数据集中的记录对应的行数，n 是每个记录的特征对应的列数。同样，我们可以把向量 b 看作 W "单位" 特征对应的一个特征列，将其代入矩阵 W 中，从而消除向量 b。

$$y = w_1 x_1 + w_2 x_2 + \cdots + w_n x_n + w_0 (1)$$
$$= W' X$$

这里，W' 是形状为 $(m, n+1)$ 的矩阵，其中最后一列包含 b 的值。

由此产生的表示更紧凑，而且（我们相信）这种表示也可以更容易让读者理解和保留。

在 t 时刻，输出向量 y_t 是权重矩阵 V 和隐状态 h_t 的乘积，将 y_t 传递给 softmax 激活函数，生成的向量是一组输出概率：

$$h_t = \tanh(W h_{t-1} + U x_t)$$
$$y_t = \mathrm{soft\,max}(V h_t)$$

Keras 提供了 SimpleRNN 递归层，包含了目前为止我们看到的所有逻辑，以及更高级的变体（例如 LSTM 和 GRU，详见本章后面的内容）。严格地说，在使用它们进行构建时，无须了解它们是如何工作的。

但是，当你需要构建自己专属 RNN 单元来解决一个特定问题时，对结构和方程的理解是有帮助的。

现在，我们已经理解了通过 RNN 单元转发的数据流，即如何将其输入状态和隐状态相结合，产生输出和下一个隐状态，现在让我们检查反向的梯度流。这个过程称之为**时间反向传播**（Backpropagation Through Time，BPTT）。

8.1.1　时间反向传播

与传统的神经网络一样，RNN 的训练也会涉及梯度的反向传播。这种情况的不同之处在于，因为权重是所有时间步共享的，所以每次输出的梯度不仅取决于当前的时间步，还取决于之前的时间步。这个过程称为时间反向传播[11]。对于 RNN，权重 U、V 和 W 在不同的时间步之间是共享的。而对于 BPTT，我们需要对各个时间步的梯度求和。这是传统反向传播和 BPTT 之间的主要区别。

考虑有 5 个时间步的 RNN，如图 8-2 所示。在前向传递期间，网络在 t 时刻生成预测 $\hat{y}_t$，并将其与标签 y_t 进行比较，然后计算损耗 L_t。在反向传播（由虚线显示）期间，在每个时间步计算相对于权重 U、V 和 W 的损失梯度，并用梯度的总和更新参数。

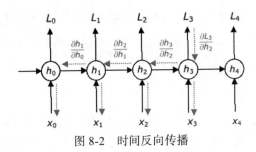

图 8-2　时间反向传播

下面的方程显示了相对于 W 的损失梯度。我们将重点放在这个权重上，因为这是导致梯度消失和梯度爆炸问题的原因。

这一问题表现为损失的梯度接近零或无穷大，使网络难以训练。要了解为什么会发生这种情况，可考虑一下我们之前看到的 SimpleRNN 方程。隐状态 h_t 依赖于 h_{t-1}，而隐状态 h_{t-1} 又依赖于 h_{t-2}，以此类推：

$$\frac{\partial L}{\partial W} = \sum_t \frac{\partial L_t}{\partial W}$$

现在让我们看看在时间步 $t = 3$ 时该梯度发生了什么。根据链式法则，W 的损失梯度可以分解为三个子梯度的乘积。W 的隐状态 h_2 的梯度可以进一步分解为各隐状态相对于前一个隐状态的梯度之和。最后，前一个隐状态的每个梯度可以进一步分解为当前隐状态的梯度与前一个隐状态梯度的乘积：

$$\begin{aligned}
\frac{\partial L_3}{\partial W} &= \frac{\partial L_3}{\partial \hat{y}_3} \frac{\partial \hat{y}_3}{\partial h_3} \frac{\partial h_3}{\partial W} \\
&= \sum_{t=0}^{3} \frac{\partial L_3}{\partial \hat{y}_3} \frac{\partial \hat{y}_3}{\partial h_3} \frac{\partial h_3}{\partial h_t} \frac{\partial h_t}{\partial W} \\
&= \sum_{t=0}^{3} \frac{\partial L_3}{\partial \hat{y}_3} \frac{\partial \hat{y}_3}{\partial h_3} \left(\prod_{j=t+1}^{3} \frac{\partial h_j}{\partial h_{j-1}} \right) \frac{\partial h_t}{\partial W}
\end{aligned}$$

我们也做了类似的计算，计算其他损失 L_0 到 L_4 相对于 W 的梯度，并将它们相加到 W

的梯度更新中。在本书中，我们不再进一步探讨数学，但是在 WildML 博客的文章中 [12] 很好地解释了 BPTT，包括对这一过程背后的数学进行了更详细的推导。

8.1.2　梯度消失和梯度爆炸

BPTT 之所以对梯度消失和梯度爆炸问题特别敏感，是因为表达式的乘积部分表示 W 损失梯度的最终公式。考虑以下情况：一个隐状态的前一个隐状态的单个梯度小于 1。

当我们反向传播多个时间步时，梯度的乘积会变得越来越小，最终导致梯度消失问题。同样，如果梯度大于 1，乘积就会越来越大，最终导致梯度爆炸问题。

在这两者中，爆炸梯度更容易检测到。梯度会变得非常大，最终变为**无限大（Not a Number，NaN）**，训练过程将崩溃。梯度爆炸可以通过将其剪裁到预定义的阈值来控制 [13]。TensorFlow 2.0 允许你在优化程序构建过程中使用 `clipvalue` 或 `clipnorm` 参数来剪裁梯度，或者使用 `tf.clip_by_value` 显示地剪裁梯度。

梯度消失的结果是距离时间步较远的梯度不会对学习过程产生任何影响，因此 RNN 最终不会学习任何长期依赖关系。有几种方法可以最大限度地降低该问题的影响，例如：W 矩阵的正确初始化、更积极的正则化、使用 ReLU 代替 tanh 激活函数，以及使用无监督方法预训练层，等等，最受欢迎的解决方案是使用 LSTM 或 GRU 架构，稍后将对其进行说明。这些架构旨在处理逐渐消失的梯度，并更有效地学习长期依赖关系。

8.2　RNN 单元变体

在本节中，我们来看看 RNN 的一些单元变体。首先介绍长短期记忆 RNN。

8.2.1　长短期记忆网络

LSTM 是 SimpleRNN 单元的一种变体，能够学习长期依赖关系。LSTM 最初由 Hochreiter 和 SchmidHuber 提出 [14]，许多其他研究人员对其进行了改进。LSTM RNN 可以很好地解决各种问题，而且是应用最广泛的 RNN 变体。

我们已经看到了 SimpleRNN 是如何通过 tanh 层把前一个时间步的隐状态和当前输入相结合来实现递归的。LSTM 还以类似的方式实现了递归，但不是通过一个单独的 tanh 层，而是通过 4 个 tanh 层，它们以一种非常特定的方式相互作用。图 8-3 说明了在时间步 t 的隐状态下应用的转换。

图 8-3 看起来很复杂，我们一个组件一个组件地看一下。图 8-3 顶部的水平线是单元状态 c，代表单元的内部存储器。

底部的水平线是隐状态 h，而 i、f、o 和 g 门是 LSTM 解决梯度消失问题的工作机制。在训练期间，LSTM 学习这些门的参数。

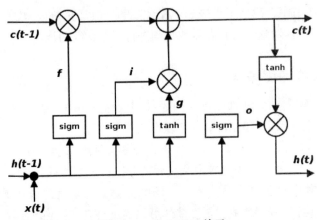

图 8-3　一个 LSTM 单元

　　了解这些门在 LSTM 单元内部如何工作的另一种方法是学习单元的方程。这些方程描述了如何根据上一个时间步的隐状态 h_{t-1} 的值，计算 t 时刻的隐状态 h_t 的值。基于方程的描述往往更清晰、更简洁，通常是学术论文中提出新单元设计的方式。提供的图与你之前看到的图可能具有可比性，也可能不具有可比性。出于这些原因，通常学习阅读方程并可视化单元设计是有意义的。为此，我们将仅使用方程来描述本书中其他单元的变体。

　　表示 LSTM 的方程组如下所示：

$$i = \sigma(W_i h_{t-1} + U_i x_t + V_i c_{t-1})$$
$$f = \sigma(W_f h_{t-1} + U_f x_t + V_f c_{t-1})$$
$$o = \sigma(W_o h_{t-1} + U_o x_t + V_o c_{t-1})$$
$$g = \tanh(W_g h_{t-1} + U_g x_t)$$
$$c_t = (f * c_{t-1}) + (g * i)$$
$$h_t = \tanh(c_t) * o$$

　　在方程中，i、f 和 o 是输入门、遗忘门和输出门。使用相同的方程但使用不同的参数矩阵 W_i、U_i、W_f、U_f 和 W_o、U_o 计算它们。sigmoid 函数可在 0 和 1 之间调节这些门的输出，因此生成的输出向量与另一个向量逐元素相乘，以定义第 2 个向量中有多少可以通过第 1 个向量。

　　遗忘门定义了你希望允许通过的前一个状态 h_{t-1} 的数量。输入门定义了你希望当前输入 x_t 允许通过多少新计算的状态，输出门定义了你希望向下一层公开多少内部状态。根据当前输入 x_t 和上一个隐状态 h_{t-1} 来计算内部隐状态 g。注意，g 的方程与 SimpleRNN 的方程相同，除了在这种情况下，我们将通过输入向量 i 的输出来调节输出。

　　已知 i、f、o 和 g，现在我们可以计算 t 时刻单元状态 c_t，即 $t-1$ 时刻的单元状态 c_{t-1} 乘以遗忘门 g 的值，再加上状态 g 乘以输入门 i。从根本上讲，这是结合之前的记忆和新输入的一种方法——将遗忘门设置为 0 会忽略旧的记忆，而将输入门设置为 0 会忽略新计算的状态。最后，利用输出门 o，将 t 时刻的隐状态 h_t 计算为 t 时刻的记忆 c_t。

值得注意的一点是，LSTM 是 SimpleRNN 单元的临时替代。二者唯一的区别是 LSTM 能够抵抗梯度消失的问题。你可以用 LSTM 替换网络中的 RNN 单元，而不必担心任何副作用。通常，随着训练时间的延长，你会看到更好的结果。

TensorFlow 2.0 还在 Shi 等人[18]发表的论文的基础上提供了一种 ConvLSTM2D 的实现，用卷积运算代替矩阵乘法。

有关 LSTM 的更多信息，可查看 WildML RNN 教程[15]（比较详细地介绍了 LSTM）以及克里斯托弗·奥拉（Christopher Olah）的博客文章[16]（以一种非常直观的方式逐步介绍计算过程）。

介绍完 LTSM，接下来我们介绍 GRU。

8.2.2　门控循环单元

GRU 是 LSTM 的一种变体，由 Cho 等人[17]引入。GRU 保留了 LSTM 对梯度消失问题的抵抗，但是其内部结构更简单，而且由于更新其隐状态所需的计算更少，因此训练起来更快。

与 LSTM 单元中输入门（i）、遗忘门（f）和输出门（o）不同，GRU 单元有 2 个门：一个更新门 z 和一个复位门 r。更新门定义了要保留多少之前的记忆，而复位门定义如何将新输入与之前的记忆相结合。在 LSTM 中，没有与隐状态不同的持久单元状态。

GRU 单元定义了根据前一个时间步的隐状态 h_{t-1} 来计算 t 时刻隐状态 h_t 的方法，公式如下：

$$z = \sigma(W_z h_{t-1} + U_z x_t)$$
$$r = \sigma(W_r h_{t-1} + U_r x_t)$$
$$c = \tanh(W_c(h_{t-1} * r) + U_c x_t)$$
$$h_t = (z * c) + ((1 - z) * h_{t-1})$$

更新门 z 和复位门 r 的输出都使用上一个隐状态 h_{t-1} 和当前输入 x_t 的组合来计算。sigmoid 函数在 0 和 1 之间调节这些函数的输出。单元状态 c 根据复位门 r 的输出和输入 x_t 的函数计算。最后，根据单元状态 c 和上一个隐状态 h_{t-1} 计算 t 时刻的隐状态 h_t。在训练过程中学习参数 W_z、U_z、W_r、U_r 和 W_c、U_c。

与 LSTM 类似，TensorFlow 2.0（tf.keras）也为基本 GRU 层提供了一种实现，这是 RNN 单元的直接替代。

8.2.3　peephole LSTM

peephole LSTM 最初是由 Gers 和 Schmidhuber[19] 提出的一种 LSTM 变体。它在输入门、遗忘门和输出门上增加了 "peephole"，这样它们就可以看到之前的单元状态 c_{t-1}。接下来给出了 peephole LSTM 中由前一个时间步的隐状态 h_{t-1} 计算出 t 时刻的隐状态 h_t 的方程。

注意，该方程与 LSTM 方程的区别是附加项 c_{t-1}，它用于计算输入门（i）、遗忘门（f）

和输出门 (o) 的输出:

$$i = \sigma(W_i h_{t-1} + U_i x_t + V_i c_{t-1})$$
$$f = \sigma(W_f h_{t-1} + U_f x_t + V_f c_{t-1})$$
$$o = \sigma(W_o h_{t-1} + U_o x_t + V_o c_{t-1})$$
$$g = \tanh(W_g h_{t-1} + U_g x_t)$$
$$c_t = (f * c_{t-1}) + (g * i)$$
$$h_t = \tanh(c_t) * o$$

TensorFlow 2.0 提供了 peephole LSTM 单元的一个实验性的实现。要在你自己的 RNN 层中使用它, 你需要在 RNN 封装器中封装单元 (或单元列表), 如下列代码片段所示:

```
hidden_dim = 256
peephole_cell = tf.keras.experimental.PeepholeLSTMCell(hidden_dim)
rnn_layer = tf.keras.layers.RNN(peephole_cell)
```

至此, 我们一共介绍了针对基本 RNN 单元的特定缺陷而开发的 3 种 RNN 单元变体。在 8.3 节中, 我们将介绍为解决特定的用例而构建的 RNN 网络自身架构的变体。

8.3 RNN 变体

在本节中, 我们将介绍基本 RNN 架构的几个变体, 它们可以在某些特定环境下提高性能。注意, 这些策略可以应用于不同种类的 RNN 单元以及不同的 RNN 拓扑结构 (见 8.4 节)。

8.3.1 双向 RNN

我们已经看到, 在任何给定的时间步 t, RNN 的输出依赖于所有之前时间步的输出。但是, 输出也完全可能依赖于将来的输出。对于自然语言处理等应用程序尤其如此, 在这些应用程序中, 我们试图预测的单词或短语的属性可能依赖于整个句子给出的上下文, 而不仅仅依赖于之前的单词。

可以使用双向 LSTM 解决这个问题, 双向 LSTM 本质上是两个 RNN 相互叠加, 一个从左到右读取输入, 另一个从右到左读取输入。每个时间步的输出将基于两个 RNN 的隐状态。双向 RNN 允许网络将重点放在序列的开始和结尾, 通常可以提高性能。

TensorFlow 2.0 通过双向封装层为双向 RNN 提供支持。要使 RNN 层具有双向性, 只需用这个封装层来封装 RNN 层, 如下所示:

```
self.lstm = tf.keras.layers.Bidirectional(
    tf.keras.layers.LSTM(10, return_sequences=True,
        input_shape=(5, 10))
)
```

8.3.2 有状态 RNN

RNN 也可以是有状态的, 这意味着它们可以在训练期间在批处理上保持状态。也就是说，为一个批处理训练数据计算的隐状态将作为下一个批处理训练数据的初始隐状态。但是，因为 TensorFlow 2.0（`tf.keras`）RNN 默认是无状态的，所以需要显式地设置，并重置每个批处理的状态。将 RNN 设置为有状态意味着它可以在其训练序列中构建状态，甚至在进行预测时保持这一状态。

使用有状态 RNN 的好处是网络规模更小、训练时间更短。缺点是需要用反映数据周期性的批处理大小来训练网络，并在每个阶段之后重置状态。此外，训练网络时不应该移动数据，因为数据出现的顺序与有状态网络相关。

要将 RNN 层设置为有状态，需将命名变量 `stateful` 设置为 `True`。在 8.4.1 节中，我们提供了使用有状态 RNN 的一个示例。在那里，我们使用由连续文本切片组成的数据进行训练，因此将 LSTM 设置为有状态意味着把前一个文本块生成的隐状态重用为当前的文本块。

在 8.4 节中，我们将看看为各种用例设置 RNN 网络的不同方法。

8.4 RNN 拓扑结构

我们已经看到了如何把 MLP 和 CNN 架构组合成更复杂的网络的例子。RNN 提供了另一个自由度，因为它允许序列输入和输出。这意味着 RNN 单元可以以不同的方式排列，以构建适合解决不同类型的问题的网络。图 8-4 显示了输入、隐藏层和输出的 5 种不同配置，分别用红色框、绿色框和蓝色框表示。

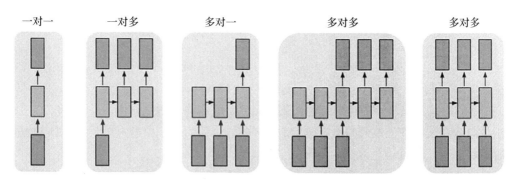

图 8-4 常见的 RNN 拓扑结构。图像来源：Andrej Karpathy[5]（附彩图）

从序列处理的角度来看，第 1 个（一对一）配置并不有趣，因为可以将其实现为拥有一个输入和一个输出的简单稠密网络。

一对多的情况只有一个输入并输出一个序列。可以从图像[6]生成文本标签的网络就是这种情况，其中包含图像不同方面的简短文字描述。可以使用图像输入和代表图像标签的文本标签序列来训练这样的网络。

多对一的情况正好相反。它采用一个张量序列作为输入，输出则是一个张量。这种网络的示例是情感分析网络[7]，该网络将电影评论等文本块作为输入，并输出一个情感值。

多对多的用例有两种形式。第一种更受欢迎，称为 seq2seq 模型。在这个模型中，读入一个序列并生成表示输入序列的上下文向量，用于生成输出序列。

这种拓扑结构在机器翻译领域以及可以重构为机器翻译问题的问题中已经取得了很大的成功。在参考文献 [8, 9] 中可以找到拓扑结构在机器翻译领域应用的真实示例，在参考文献 [10] 中可以找到拓扑结构在重构为机器翻译问题中应用的真实示例。

第二种多对多类型中，每个输入单元都有一个对应的输出单元。这种网络适合于输入和输出之间存在 1:1 对应关系的用例，比如时间序列。这个模型和 seq2seq 模型之间的主要区别是，在解码过程开始之前，输入不必完全编码。

在接下来的 8.4.1 节、8.4.2 节和 8.4.3 节中，我们将为每种网络类型提供一些示例，学习生成文本的一个一对多网络，实现情感分析的一个多对一网络，以及预测词性标注（Part-of-Speech，POS）的第二种类型的多对多网络。seq2seq 网络更受大众欢迎，我们将在本章后面更详细地介绍。

8.4.1　一对多——学习生成文本

RNN 已经在 NLP 社区的各种应用程序中得到广泛应用。其中一种应用是构建语言模型。语言模型允许我们根据前面的单词预测文本中某个单词出现的概率。语言模型对于机器翻译、拼写校正等各种高级任务都很重要。

语言模型能够预测序列中的下一个单词，使其成为一个生成模型，从而采样词表中不同单词的输出概率来生成文本。训练数据是一个单词序列，标签是在序列的下一个时间步中出现的单词。

我们在示例中将在路易斯·卡罗尔（Lewis Carroll）的儿童故事《爱丽丝梦游仙境》及其续集《镜中奇缘》的文本上训练一个基于字符的 RNN。我们选择构建一个基于字符的模型，因为它的词汇量较小而且训练速度更快。除了我们将使用字符而不是单词之外，这个想法与训练和使用基于单词的语言模型是一样的。训练后，该模型可用于生成具有相同样式的文本。

我们的示例数据来自古腾堡项目网站[36]上的两本小说的纯文本。网络的输入是 100 个字符的序列，对应的输出是另一个 100 个字符的序列，相对于输入偏移 1 个位置。

即，如果输入序列为 $[c_1, c_2, \cdots, c_n]$，那么输出序列为 $[c_2, c_3, \cdots, c_{n+1}]$。我们将训练网络 50 轮，在每 10 轮训练结束时，我们将以一个标准前缀开始，生成一个固定大小的字符序列。在下面的例子中，我们使用小说主人公的名字 "Alice" 作为前缀。

一如既往，首先我们将导入必要的库，并设置一些常量。这里，DATA_DIR 指向下载本章源代码位置的一个数据文件夹。CHECKPOINT_DIR 是数据文件夹下一个文件夹检查点的位置，在每 10 轮训练结束时，我们将把模型的权重保存到这里：

```
import os
import numpy as np
import re
import shutil
import tensorflow as tf

DATA_DIR = "./data"
CHECKPOINT_DIR = os.path.join(DATA_DIR, "checkpoints")
```

接下来，我们下载并准备网络使用的数据。可以从古腾堡项目网站上公开获取这两本书的文本。tf.keras.utils.get_file() 函数将检查文件是否已下载到本地驱动器，如果还没有下载，那么将其下载到代码位置处的 datasets 文件夹中。我们还在这里对输入进行了一些预处理，从文本中删除了换行符和字节顺序标记字符。该步骤将创建 texts 变量，这是这两本书的一个简单的字符列表：

```
def download_and_read(urls):
    texts = []
    for i, url in enumerate(urls):
        p = tf.keras.utils.get_file("ex1-{:d}.txt".format(i), url,
            cache_dir=".")
        text = open(p, "r").read()
        # remove byte order mark
        text = text.replace("\ufeff", "")
        # remove newlines
        text = text.replace('\n', ' ')
        text = re.sub(r'\s+', " ", text)
        # add it to the list
        texts.extend(text)
    return texts
texts = download_and_read([
    "http://www.gutenberg.org/cache/epub/28885/pg28885.txt",
    "https://www.gutenberg.org/files/12/12-0.txt"
])
```

接下来，我们将创建词表。在我们的例子中，词表包含 90 个罕见字符，由大写字母、小写字母、数字和特殊字符组成。我们还创建了一些映射字典，将每个词表字符转换为一个整数，反之亦然。如前所述，网络的输入和输出是一个字符序列。但是，网络的实际输入和输出是整数序列，我们将使用这些映射字典处理这个转换：

```
# create the vocabulary
vocab = sorted(set(texts))
print("vocab size: {:d}".format(len(vocab)))

# create mapping from vocab chars to ints
char2idx = {c:i for i, c in enumerate(vocab)}
idx2char = {i:c for c, i in char2idx.items()}
```

下一步是使用这些映射字典把我们的字符序列输入转换为一个整数序列，再转换为一个 TensorFlow 数据集。每个序列都包含 100 个字符，输出与输入的偏移量为 1 个字符。首先，我们把数据集批处理为包含 101 个字符的切片，再将 split_train_labels() 函数应用到数据集的每个元素来创建序列数据集，这是由两个元素组成的一个元组数据集，元组的每个元素都是大小为 100、类型为 tf.int64 的向量。然后，我们打乱这些序列，再创建每个批处理为 64 个元组的输入送入网络中。现在，数据集的每个元素都是一个元组，由一对矩阵组成，每个矩阵的大小为（64，100）、类型为 tf.int64：

```
# numericize the texts
texts_as_ints = np.array([char2idx[c] for c in texts])
data = tf.data.Dataset.from_tensor_slices(texts_as_ints)

# number of characters to show before asking for prediction
# sequences: [None, 100]
seq_length = 100
sequences = data.batch(seq_length + 1, drop_remainder=True)

def split_train_labels(sequence):
    input_seq = sequence[0:-1]
    output_seq = sequence[1:]
    return input_seq, output_seq
sequences = sequences.map(split_train_labels)
# set up for training
# batches: [None, 64, 100]
batch_size = 64
steps_per_epoch = len(texts) // seq_length // batch_size
dataset = sequences.shuffle(10000).batch(
    batch_size, drop_remainder=True)
```

现在，准备定义网络。与之前一样，我们将网络定义为 tf.keras.Model 的子类，如下所示。网络相当简单。它将大小为 100（num_timesteps）的一个整数序列作为输入，并将其通过一个嵌入层传递，以便将序列中的每个整数转换为大小为 256（embedding_dim）的向量。因此，假设批量大小为 64，对于大小为（64，100）的输入序列，嵌入层的输出是形状为（64，100，256）的矩阵。

下一层是有 100 个时间步的 RNN 层。RNN 实现选择的是一个 GRU。这个 GRU 层将在每个时间步中都使用一个大小为（256，）的向量，并输出一个形状为（1024，）（rnn_output_dim）的向量。还要注意，RNN 是有状态的，这意味着从先前训练阶段输出的隐状态会作为当前训练阶段的输入。return_sequence=True 标志还指示 RNN 将在每个时间步上输出，而不是在最后一个时间步上输出一个累计输出。

最后，每个时间步都会把一个形状为（1024，）的向量输出到一个形状为（90，）（vocab_size）的稠密层。这一层的输出将是一个形状为（64，100，90）的张量。输出向量中的每个位置都对应于我们词表中的一个字符，这些值对应于字符出现在输出位置的概率：

```python
class CharGenModel(tf.keras.Model):
    def __init__(self, vocab_size, num_timesteps,
            embedding_dim, rnn_output_dim, **kwargs):
        super(CharGenModel, self).__init__(**kwargs)
        self.embedding_layer = tf.keras.layers.Embedding(
            vocab_size,
            embedding_dim
        )
        self.rnn_layer = tf.keras.layers.GRU(
            num_timesteps,
            recurrent_initializer="glorot_uniform",
            recurrent_activation="sigmoid",
            stateful=True,
            return_sequences=True)
        self.dense_layer = tf.keras.layers.Dense(vocab_size)
    def call(self, x):
        x = self.embedding_layer(x)
        x = self.rnn_layer(x)
        x = self.dense_layer(x)
        return x


vocab_size = len(vocab)
embedding_dim = 256
rnn_output_dim = 1024

model = CharGenModel(vocab_size, seq_length, embedding_dim,
    rnn_output_dim)
model.build(input_shape=(batch_size, seq_length))
```

接下来，我们定义一个损失函数并编译模型。我们把稀疏分类交叉熵作为损失函数，因为当我们的输入和输出是整数序列时，使用的是标准损失函数。我们选择 Adam 优化器：

```python
def loss(labels, predictions):
    return tf.losses.sparse_categorical_crossentropy(
        labels,
        predictions,
        from_logits=True
    )


model.compile(optimizer=tf.optimizers.Adam(), loss=loss)
```

通常，通过计算该位置处向量的 argmax 找到输出的每个位置处的字符，即最大概率值对应的字符。这就是所谓的"贪婪搜索"。在语言模型中，一个时间步的输出成为下一时间步的输入，这可能会导致重复的输出。解决这一问题的两种最常见方法是随机采样输出或使用定向搜索，从每个时间步的 *k* 个最可能的值进行采样。这里我们将使用 tf.random.categorical() 函数对输出进行随机采样。下列函数接受一个字符串作为前缀，并使用它生成长度由 num_chars_to_generate 指定的字符串。温度参数用于控制预测的质量。
较低的值将创建更可预测的输出。

这种逻辑遵循一种可预测的模式。我们将 prefix_string 中的字符序列转换为一个
整数序列，调用 expand_dims 添加一个批处理大小，这样就可以将输入传递给我们的模
型。然后，我们重置模型的状态。这是必需的，因为模型是有状态的，而且我们不希望预
测运行中的第一个时间步的隐状态是从训练期间计算的一个时间步转移过来的。我们通过
模型运行输入并得到一个预测。这是形状为（90,）的向量，表示在下一个时间步处词表中
每个字符出现的概率。然后，我们通过删除批处理维度并除以温度来重构预测，再从向量
中随机采样。之后，我们将预测设置为下一个时间步的输入。我们对需要生成的字符数重
复这一操作，将每个预测转换回字符形式并在一个列表中累加，并在循环结束时返回列表：

```python
def generate_text(model, prefix_string, char2idx, idx2char,
        num_chars_to_generate=1000, temperature=1.0):
    input = [char2idx[s] for s in prefix_string]
    input = tf.expand_dims(input, 0)
    text_generated = []
    model.reset_states()
    for i in range(num_chars_to_generate):
        preds = model(input)
        preds = tf.squeeze(preds, 0) / temperature
        # predict char returned by model
        pred_id = tf.random.categorical(
            preds, num_samples=1)[-1, 0].numpy()
        text_generated.append(idx2char[pred_id])
        # pass the prediction as the next input to the model
        input = tf.expand_dims([pred_id], 0)

    return prefix_string + "".join(text_generated)
```

最后，我们准备好运行训练和评估循环。如前所述，我们将训练网络 50 轮，并且每
隔 10 轮，我们将尝试使用目前训练过的模型生成一些文本。每个阶段的前缀都是字符串
"Alice"。注意，为了容纳单个字符串前缀，我们在每 10 轮训练后保存一次权重，并使用
这些权重构建一个单独的生成模型，但是输入形状的一个批处理大小为 1。下面是执行这一
操作的代码：

```python
num_epochs = 50
for i in range(num_epochs // 10):
    model.fit(
        dataset.repeat(),
        epochs=10,
        steps_per_epoch=steps_per_epoch
        # callbacks=[checkpoint_callback, tensorboard_callback]
    )
    checkpoint_file = os.path.join(
        CHECKPOINT_DIR, "model_epoch_{:d}".format(i+1))
```

```
model.save_weights(checkpoint_file)

# create generative model using the trained model so far
gen_model = CharGenModel(vocab_size, seq_length, embedding_dim,
    rnn_output_dim)
gen_model.load_weights(checkpoint_file)
gen_model.build(input_shape=(1, seq_length))

print("after epoch: {:d}".format(i+1)*10)
print(generate_text(gen_model, "Alice ", char2idx, idx2char))
print("---")
```

在完成第一轮训练后，输出包含了完全无法理解的单词：

```
Alice nIPJtce otaishein r. henipt il nn tu t hen mlPde hc efa
hdtioDDeteeybeaewI teu"t e9B ce nd ageiw  eai rdoCr ohrSI ey
Pmtte:vh ndte taudhor0-gu s5'ria,tr gn inoo luwomg Omke dee sdoohdn
ggtdhiAoyaphotd t- kta e c t- taLurtn   hiisd tl'lpei od y' tpacoe dnlhr
oG mGhod ut hlhoy .i, sseodli., ekngnhe idlue'aa' ndti-rla nt d'eiAier
adwe ai'otteniAidee hy-ouasq"plhgs tuutandhptiw  oohe.Rastnint:e,o
odwsir"omGoeuall1*g taetphhitoge ds wr li,raa, h$jeuorsu h cidmdg't
ku..n,HnbMAsn nsaathaa,' ase woe  ehf re ig"hTr ddloese eod,aed toe rh k.
nalf bte seyr udG n,ug lei hn icuimty"onw Qee ivtsae zdrye g eut rthrer n
sd,Zhqehd' sr caseruhel are fd yse e  kgeiiday odW-1dmkhNw endeM[harlhroa
h Wydrygslsh EnilDnt e "lue "en wHeslhglidrth"ylds rln n iiato taue flitl
nnyg ittlno re 'el yOkao itswnadoli'.dnd Akib-ehn hftwinh yd ee tosetf
tonne.;egren t wf, ota nfsr, t&he desnre e" oo fnrvnse aid na tesd is
ioneetIf ·itrn tttpakihc s nih'bheY ilenf yoh etdrwdplloU ooaeedo,,dre
snno'ofh o epst. lahehrw
```

但是，经过大约 30 轮训练，我们开始看到一些熟悉的单词：

```
Alice Red Queen. He best I had defores it,' glily do flose time it makes
the talking of find a hand mansed in she loweven to the rund not bright
prough: the and she a chill be the sand using that whever sullusn--the
dear of asker as 'IS now-- Chich the hood." "Oh!"' '_I'm num about-
-again was wele after a WAG LoANDE BITTER OF HSE!O UUL EXMENN 1*.t,
this wouldn't teese to Dumark THEVER Project Gutenberg-tmy of himid
out flowal woulld: 'Nis song, Eftrin in pully be besoniokinote. "Com,
contimemustion--of could you knowfum to hard, she can't the with talking
to alfoeys distrint, for spacemark!' 'You gake to be would prescladleding
readieve other togrore what it mughturied ford of it was sen!" You squs,
_It I hap: But it was minute to the Kind she notion and teem what?" said
Alice, make there some that in at the shills distringulf out to the
Froge, and very mind to it were it?' the King was set telm, what's the
old all reads talking a minuse. "Where ream put find grownsed his so," _
you 'Fust to t
```

经过 50 轮训练，这个模型仍然难以表达连贯的思想，但是它学会了很好地拼写。令人惊讶的是，这个模型是基于字符的，并没有单词知识，但是它却学会了拼写看起来像是来自原始文本的单词：

```
Alice Vex her," he prope of the very managed by this thill deceed. I will
```

```
ear she a much daid. "I sha?' Nets: "Woll, I should shutpelf, and now
and then, cried, How them yetains, a tround her about in a shy time, I
pashng round the sandle, droug" shrees went on what he seting that," said
Alice. "Was this will resant again. Alice stook of in a faid.' 'It's ale.
So they wentle shall kneeltie-and which herfer--the about the heald in
pum little each the UKECE P@TTRUST GITE Ever been my hever pertanced to
becristrdphariok, and your pringing that why the King as I to the King
remark, but very only all Project Grizly: thentiused about doment,' Alice
with go ould, are wayings for handsn't replied as mave about to LISTE!'
(If the UULE 'TARY-HAVE BUY DIMADEANGNE'G THING NOOT,' be this plam round
an any bar here! No, you're alard to be a good aftered of the sam--I
canon't?" said Alice. 'It's one eye of the olleations. Which saw do it
just opened hardly deat, we hastowe. 'Of coum, is tried try slowing
```

生成文本中的下一个字符或单词并不是这个模型能完成的唯一事情。目前已经建立了用于预测股价 [3] 或生成古典音乐 [4] 的类似的模型。Andrej Karpathy 在他的博客文章 [5] 中还介绍了其他一些有趣的示例,例如,生成伪造的维基百科页面、代数几何证明和 Linux 源代码。

这个示例的完整代码可以在本章源代码文件夹 `alice_text_generator.py` 中找到。可以使用以下命令从命令行运行:

```
$ python alice_text_generator.py
```

下一个示例将展示用于情感分析的多对一网络。

8.4.2　多对一——情感分析

在这个示例中,我们将使用多对一网络,将一个句子作为输入,并预测该句子表达的是正面情绪还是负面情绪。使用的数据集是 UCI 机器学习知识库 [20] 上带有情感标注语句的数据集,由来自亚马逊、IMDb 和 Yelp 的 3000 个评论句子组成。如果句子表达的是负面情绪,就标记为 0;如果表达的是正面情绪,就标记为 1。

与往常一样,我们将从导入开始:

```
import numpy as np
import os
import shutil
import tensorflow as tf

from sklearn.metrics import accuracy_score, confusion_matrix
```

数据集以 zip 文件形式提供,该文件扩展为一个文件夹,其中包含三个带标签的句子文件,每个提供者对应一个文件,每一行有一个句子和标签,句子和标签由制表符分隔。首先,我们下载 zip 文件,然后将文件解析为(句子,标签)对的列表:

```
def download_and_read(url):
    local_file = url.split('/')[-1]
    local_file = local_file.replace("%20", " ")
```

```
    p = tf.keras.utils.get_file(local_file, url,
        extract=True, cache_dir=".")
    local_folder = os.path.join("datasets", local_file.split('.')[0])
    labeled_sentences = []
    for labeled_filename in os.listdir(local_folder):
        if labeled_filename.endswith("_labelled.txt"):
            with open(os.path.join(
                    local_folder, labeled_filename), "r") as f:
                for line in f:
                    sentence, label = line.strip().split('\t')
                    labeled_sentences.append((sentence, label))
    return labeled_sentences

labeled_sentences = download_and_read(
    "https://archive.ics.uci.edu/ml/machine-learning-databases/" +
    "00331/sentiment%20labelled%20sentences.zip")
sentences = [s for (s, l) in labeled_sentences]
labels = [int(l) for (s, l) in labeled_sentences]
```

　　我们的目标是训练这个模型，在给定一个句子作为输入的情况下，该模型可以学习预测标签中提供的相应情绪。每个句子都是一个单词序列。为了将其输入到模型中，我们必须将其转换为一个整数序列，其中每个整数都将指向一个单词。在我们的语料库中，整数到单词的映射称为词表。因此，我们需要标记这些句子并生成一个词表。词表可以使用下列代码完成：

```
tokenizer = tf.keras.preprocessing.text.Tokenizer()
tokenizer.fit_on_texts(sentences)
vocab_size = len(tokenizer.word_counts)
print("vocabulary size: {:d}".format(vocab_size))

word2idx = tokenizer.word_index
idx2word = {v:k for (k, v) in word2idx.items()}
```

　　我们的词表包含 5271 个罕见单词。可以通过删除出现次数少于某个阈值的单词来简化词表，这可以通过检查 tokenizer.word_counts 字典找到。在这种情况下，我们需要为 UNK（未知）记录的词表大小加 1，这将用于替换词表中找不到的每个单词。

　　我们还构造了查找字典，在单词和单词索引之间进行转换。第一个字典在训练期间很有用，可以构造整数序列为网络提供数据。第二个字典用于在稍后的预测代码中将单词索引转换回单词。

　　每个句子可以包含不同数量的单词。我们的模型要求为每个句子提供相同长度的整数序列。为此，通常选择一个最大序列长度，这个长度足以容纳训练集中的大多数句子。用零填充所有较短的句子，截断所有较长的句子。为最大序列长度选择一个最佳值的简单方法是查看不同百分位数位置处的句子长度（以单词数为单位）：

```
seq_lengths = np.array([len(s.split()) for s in sentences])
```

```
print([(p, np.percentile(seq_lengths, p)) for p
    in [75, 80, 90, 95, 99, 100]])
```

输出如下：

`[(75, 16.0), (80, 18.0), (90, 22.0), (95, 26.0), (99, 36.0), (100, 71.0)]`

可以看出，句子的最大长度是 71 个单词，但是 99% 的句子都在 36 个单词以下。如果我们选择的句子最大长度值为 64，则不用截断大多数句子。

前面的代码块可以交互运行多次，以分别选择合适的词表大小和最大序列的长度值。我们在示例中选择保留所有单词（因此 vocab_size=5271），并将 max_seqlen 设置为 64。

下一步是创建模型可以使用的数据集。首先，我们使用训练过的词法分析器将每个句子从一个单词序列（sentences）转换为一个整数序列（sentences_as_ints），对应的整数是 tokenizer.word_index 中单词的索引。然后将整数序列截断并用零填充，把标签转换为 NumPy 数组 labels_as_ints。最后，我们将张量 sentences_as_ints 和 labels_as_ints 组合成 TensorFlow 数据集：

```
max_seqlen = 64

# create dataset
sentences_as_ints = tokenizer.texts_to_sequences(sentences)
sentences_as_ints = tf.keras.preprocessing.sequence.pad_sequences(
    sentences_as_ints, maxlen=max_seqlen)
labels_as_ints = np.array(labels)
dataset = tf.data.Dataset.from_tensor_slices(
    (sentences_as_ints, labels_as_ints))
```

我们想保留 1/3 的数据集用于评估。在剩余的数据中，我们将使用 10% 作为在线验证数据集，模型将在训练过程中使用这个数据评估自己的进度，而剩余的数据集将用作训练数据集。最后，我们为每个数据集创建了 64 个句子的批处理：

```
dataset = dataset.shuffle(10000)
test_size = len(sentences) // 3
val_size = (len(sentences) - test_size) // 10
test_dataset = dataset.take(test_size)
val_dataset = dataset.skip(test_size).take(val_size)
train_dataset = dataset.skip(test_size + val_size)

batch_size = 64
train_dataset = train_dataset.batch(batch_size)
val_dataset = val_dataset.batch(batch_size)
test_dataset = test_dataset.batch(batch_size)
```

接下来定义模型。如你所见，这个模型非常简单，每个输入语句都是一个大小为 max_seqlen（64）的整数序列。该整数序列输入到一个嵌入层，该层将每个单词转换为一个已知向量（向量大小为词汇量 +1）。另外一个单词用于说明在上面的 pad_sequences() 调用期间引入的填充整数 0。然后，将这 64 个时间步中的每个向量送入双向 LSTM 层，该层将每个单词转换为一个大小为（64，）的向量。LSTM 在每个时间步的输出都被送入一个稠密层，再用 ReLU 激活生成一个大小为（64，）的向量。这个稠密层的输出被送入另一个稠密层，该稠密层在每个时间步输出大小为（1，）的向量，并通过一个 sigmoid 激活来调节。

　　使用二元交叉熵损失函数和 Adam 优化器编译这个模型，再经过 10 轮以上的训练：

```
class SentimentAnalysisModel(tf.keras.Model):
    def __init__(self, vocab_size, max_seqlen, **kwargs):
        super(SentimentAnalysisModel, self).__init__(**kwargs)
        self.embedding = tf.keras.layers.Embedding(
            vocab_size, max_seqlen)
        self.bilstm = tf.keras.layers.Bidirectional(
            tf.keras.layers.LSTM(max_seqlen)
        )
        self.dense = tf.keras.layers.Dense(64, activation="relu")
        self.out = tf.keras.layers.Dense(1, activation="sigmoid")

    def call(self, x):
        x = self.embedding(x)
        x = self.bilstm(x)
        x = self.dense(x)
        x = self.out(x)
        return x

model = SentimentAnalysisModel(vocab_size+1, max_seqlen)
model.build(input_shape=(batch_size, max_seqlen))
model.summary()

# compile
model.compile(
    loss="binary_crossentropy",
    optimizer="adam",
    metrics=["accuracy"]
)

# train
data_dir = "./data"
logs_dir = os.path.join("./logs")
best_model_file = os.path.join(data_dir, "best_model.h5")
checkpoint = tf.keras.callbacks.ModelCheckpoint(best_model_file,
    save_weights_only=True,
    save_best_only=True)
tensorboard = tf.keras.callbacks.TensorBoard(log_dir=logs_dir)
num_epochs = 10
history = model.fit(train_dataset, epochs=num_epochs,
    validation_data=val_dataset,
    callbacks=[checkpoint, tensorboard])
```

从输出中可以看到，训练集的准确度达到了 99.8%，最佳验证集的准确度达到了

78.5%。图 8-5 显示了训练数据集和验证数据集的准确度和损失的 TensorBoard 图。

```
Epoch 1/10
29/29 [==============================] - 7s 239ms/step - loss: 0.6918 -
accuracy: 0.5148 - val_loss: 0.6940 - val_accuracy: 0.4750
Epoch 2/10
29/29 [==============================] - 3s 98ms/step - loss: 0.6382 -
accuracy: 0.5928 - val_loss: 0.6311 - val_accuracy: 0.6000
Epoch 3/10
29/29 [==============================] - 3s 100ms/step - loss: 0.3661 -
accuracy: 0.8250 - val_loss: 0.4894 - val_accuracy: 0.7600
Epoch 4/10
29/29 [==============================] - 3s 99ms/step - loss: 0.1567 -
accuracy: 0.9564 - val_loss: 0.5469 - val_accuracy: 0.7750
Epoch 5/10
29/29 [==============================] - 3s 99ms/step - loss: 0.0768 -
accuracy: 0.9875 - val_loss: 0.6197 - val_accuracy: 0.7450
Epoch 6/10
29/29 [==============================] - 3s 100ms/step - loss: 0.0387 -
accuracy: 0.9937 - val_loss: 0.6529 - val_accuracy: 0.7500
Epoch 7/10
29/29 [==============================] - 3s 99ms/step - loss: 0.0215 -
accuracy: 0.9989 - val_loss: 0.7597 - val_accuracy: 0.7550
Epoch 8/10
29/29 [==============================] - 3s 100ms/step - loss: 0.0196 -
accuracy: 0.9987 - val_loss: 0.6745 - val_accuracy: 0.7450
Epoch 9/10
29/29 [==============================] - 3s 99ms/step - loss: 0.0136 -
accuracy: 0.9962 - val_loss: 0.7770 - val_accuracy: 0.7500
Epoch 10/10
29/29 [==============================] - 3s 99ms/step - loss: 0.0062 -
accuracy: 0.9988 - val_loss: 0.8344 - val_accuracy: 0.7450
```

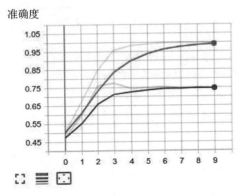
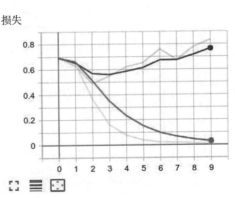

图 8-5　基于 TensorBoard 的情感分析网络训练的准确度和损失图

　　我们的检查点回调基于验证损失的最低值保存了最好的模型，现在我们可以重新加载这个模型，对保留测试集进行评估：

```
best_model = SentimentAnalysisModel(vocab_size+1, max_seqlen)
best_model.build(input_shape=(batch_size, max_seqlen))
best_model.load_weights(best_model_file)
best_model.compile(
    loss="binary_crossentropy",
    optimizer="adam",
    metrics=["accuracy"]
)
```

　　根据数据集评估模型的最简单的高级方法是使用 model.evaluate() 调用：

```
test_loss, test_acc = best_model.evaluate(test_dataset)
print("test loss: {:.3f}, test accuracy: {:.3f}".format(
    test_loss, test_acc))
```

　　输出如下所示：

test loss: 0.487, test accuracy: 0.782

　　我们还可以使用 model.predict() 检索我们的预测，并将其分别与标签进行比较，然后使用外部工具（例如，scikit-learn）计算结果：

```
labels, predictions = [], []
idx2word[0] = "PAD"
is_first_batch = True
for test_batch in test_dataset:
    inputs_b, labels_b = test_batch
    pred_batch = best_model.predict(inputs_b)
    predictions.extend([(1 if p > 0.5 else 0) for p in pred_batch])
    labels.extend([l for l in labels_b])
    if is_first_batch:
        # print first batch of label, prediction, and sentence
        for rid in range(inputs_b.shape[0]):
            words = [idx2word[idx] for idx in inputs_b[rid].numpy()]
            words = [w for w in words if w != "PAD"]
            sentence = " ".join(words)
            print("{:d}\t{:d}\t{:s}".format(
                labels[rid], predictions[rid], sentence))
        is_first_batch = False

print("accuracy score: {:.3f}".format(accuracy_score(labels,
predictions)))
print("confusion matrix")
print(confusion_matrix(labels, predictions)
```

　　对于测试数据集中的第一个批处理的 64 个句子，我们重建句子并显示标签（第 1 列）以及模型的预测（第 2 列）。在这里，我们显示了前 10 个句子。如你所见，这个模型适用于此列表中的大多数句子：

```
LBL   PRED   SENT
1     1      one of my favorite purchases ever
1     1      works great
1     1      our waiter was very attentive friendly and informative
0     0      defective crap
0     1      and it was way to expensive
0     0      don't waste your money
0     0      friend's pasta also bad he barely touched it
1     1      it's a sad movie but very good
0     0      we recently witnessed her poor quality of management towards
other guests as well
0     1      there is so much good food in vegas that i feel cheated for
wasting an eating opportunity by going to rice and company
```

我们还将报告测试数据集中所有句子的结果。如你所见，测试的准确度与 evaluate 调用报告的准确度相同。我们还生成了混淆矩阵，这个混淆矩阵表明在 1000 个测试示例中，我们的情感分析网络正确预测了 782 次，错误预测了 218 次：

```
accuracy score: 0.782
confusion matrix
[[391  97]
 [121 391]]
```

这个示例的完整代码可以在本章源代码文件夹 lstm_sentiment_analysis.py 中找到。可以使用以下命令从命令行运行：

$ python lstm_sentiment_analysis.py

下一个示例将介绍为 POS 标记英语文本训练的一个多对多网络。

8.4.3　多对多——POS 标记

在该示例中，我们将使用 GRU 层构建一个进行 POS 标记的网络。POS 是在多个句子中以相同方式使用的单词的语法范畴。POS 的示例包括名词、动词、形容词等。例如，名词通常用来标识事物，动词通常用来标识事物的作用，而形容词则用来描述事物的属性。过去 POS 标记通常是手动完成的，但是现在这个问题已经基本解决了。最初是通过统计模型解决的，最近通过端到端的方式使用深度学习模型解决，如 Collobert 等人 [21] 所述。

训练数据使用由部分词性标签标记的句子。Penn Treebank[22] 就是这样一个数据集。它是一个人工标注的语料库，包含约 450 万个美式英语单词。它是一种非免费资源，不过 10% 的 Penn Treebank 样本是免费的，作为 NLTK [23] 的一部分，我们将使用它来训练网络。

我们的模型将一个句子中的单词序列作为输入，然后为每个单词输出对应的 POS 标签。因此，对于由单词 [The, cat, sat. on, the, mat, .] 组成的输入序列，输出序列应该是 POS 符号 [DT, NN, VB, IN, DT, NN, .]。

为了获取数据，如果还没有安装 NLTK 库（Anaconda 发行版中包含 NLTK），以及 10% 的 treebank 数据集（默认情况下没有安装），则需要安装 NLTK 库。要安装 NLTK，需遵循 NLTK 安装页面 [23] 上的步骤。要安装 treebank 数据集，需在 Python REPL 上执行以下操作：

```
>>> import nltk
>>> nltk.download("treebank")
```

完成安装之后，开始创建网络。按照惯例，从导入必要的软件包开始：

```
import numpy as np
import os
import shutil
import tensorflow as tf
```

我们徐缓地将 NLTK treeband 数据集导入一对平行的平面文件中，一个包含句子，另一个包含相应的 POS 序列：

```
def download_and_read(dataset_dir, num_pairs=None):
    sent_filename = os.path.join(dataset_dir, "treebank-sents.txt")
    poss_filename = os.path.join(dataset_dir, "treebank-poss.txt")
    if not(os.path.exists(sent_filename) and os.path.exists(poss_
filename)):
        import nltk

        if not os.path.exists(dataset_dir):
            os.makedirs(dataset_dir)
        fsents = open(sent_filename, "w")
        fposs = open(poss_filename, "w")
        sentences = nltk.corpus.treebank.tagged_sents()
        for sent in sentences:
            fsents.write(" ".join([w for w, p in sent]) + "\n")
            fposs.write(" ".join([p for w, p in sent]) + "\n")

        fsents.close()
        fposs.close()
    sents, poss = [], []
    with open(sent_filename, "r") as fsent:
        for idx, line in enumerate(fsent):
            sents.append(line.strip())
            if num_pairs is not None and idx >= num_pairs:
                break
    with open(poss_filename, "r") as fposs:
        for idx, line in enumerate(fposs):
            poss.append(line.strip())
            if num_pairs is not None and idx >= num_pairs:
                break
    return sents, poss

sents, poss = download_and_read("./datasets")
assert(len(sents) == len(poss))
```

```
print("# of records: {:d}".format(len(sents)))
```

数据集中有 3194 个句子。我们将使用 TensorFlow（`tf.keras`）词法生成器标记句子，并创建一个句子 token 列表。我们重用相同的基础结构来标记词性，尽管我们可以简单地按空间分割。当前，网络的每个输入记录都是一个文本 token 序列，但是它们需要是一个整数序列。在词法分析过程中，词法生成器还维护词表中的 token，我们可以从中构建从 token 到整数和整数到 token 的映射。

我们要考虑两个词表：句子集合中单词 token 的词表和词性集合中的词性标签词表。下列代码显示了如何标记这两个集合，并生成必要的映射字典：

```
def tokenize_and_build_vocab(texts, vocab_size=None, lower=True):
    if vocab_size is None:
        tokenizer = tf.keras.preprocessing.text.Tokenizer(lower=lower)
    else:
        tokenizer = tf.keras.preprocessing.text.Tokenizer(
            num_words=vocab_size+1, oov_token="UNK", lower=lower)
    tokenizer.fit_on_texts(texts)
    if vocab_size is not None:
        # additional workaround, see issue 8092
        # https://github.com/keras-team/keras/issues/8092
        tokenizer.word_index = {e:i for e, i in
            tokenizer.word_index.items() if
            i <= vocab_size+1 }
    word2idx = tokenizer.word_index
    idx2word = {v:k for k, v in word2idx.items()}
    return word2idx, idx2word, tokenizer


word2idx_s, idx2word_s, tokenizer_s = tokenize_and_build_vocab(
    sents, vocab_size=9000)
word2idx_t, idx2word_t, tokenizer_t = tokenize_and_build_vocab(
    poss, vocab_size=38, lower=False)

source_vocab_size = len(word2idx_s)
target_vocab_size = len(word2idx_t)
print("vocab sizes (source): {:d}, (target): {:d}".format(
    source_vocab_size, target_vocab_size))
```

尽管句子中 token 的数量及其对应的 POS 标签序列是相同的，但是句子会有不同的长度。网络期望输入具有相同的长度，所以我们必须确定句子的长度。下列（废弃的）代码计算各种百分比，并在控制台上以这些百分比形式打印句子长度：

```
sequence_lengths = np.array([len(s.split()) for s in sents])
print([(p, np.percentile(sequence_lengths, p))
    for p in [75, 80, 90, 95, 99, 100]])
```

```
[(75, 33.0), (80, 35.0), (90, 41.0), (95, 47.0), (99, 58.0), (100,
271.0)]
```

我们看到，可以把句子的长度设置为 100 左右，并且有一些截断的句子作为结果。最后，比我们选择的长度短的句子会被填充。因为我们的数据集很小，所以希望使用尽可能多的数据集，所以我们最终选择了最大长度。

下一步是根据输入创建数据集。首先，我们必须将输入和输出序列中的 token 和 POS 标签序列转换为整数序列。其次，我们必须把较短的序列填充到最大长度 271。注意，填充后，我们会对 POS 标签序列执行其他操作，而不是将其保留为一个整数序列，我们使用 `to_categorical()` 函数其转换为一个独热编码序列。TensorFlow 2.0 确实提供了损失函数处理整数序列的输出，但是我们希望使代码尽可能简单，所以选择自行转换。最后，我们使用 `from_tensor_slices()` 函数创建数据集，打乱数据集，再将其拆分为训练集、验证集和测试集：

```
max_seqlen = 271
sents_as_ints = tokenizer_s.texts_to_sequences(sents)
sents_as_ints = tf.keras.preprocessing.sequence.pad_sequences(
    sents_as_ints, maxlen=max_seqlen, padding="post")
poss_as_ints = tokenizer_t.texts_to_sequences(poss)
poss_as_ints = tf.keras.preprocessing.sequence.pad_sequences(
    poss_as_ints, maxlen=max_seqlen, padding="post")

poss_as_catints = []
for p in poss_as_ints:
    poss_as_catints.append(tf.keras.utils.to_categorical(p,
        num_classes=target_vocab_size+1, dtype="int32"))
poss_as_catints = tf.keras.preprocessing.sequence.pad_sequences(
    poss_as_catints, maxlen=max_seqlen)

dataset = tf.data.Dataset.from_tensor_slices(
    (sents_as_ints, poss_as_catints))

idx2word_s[0], idx2word_t[0] = "PAD", "PAD"

# split into training, validation, and test datasets
dataset = dataset.shuffle(10000)
test_size = len(sents) // 3
val_size = (len(sents) - test_size) // 10
test_dataset = dataset.take(test_size)
val_dataset = dataset.skip(test_size).take(val_size)
train_dataset = dataset.skip(test_size + val_size)

# create batches
batch_size = 128
train_dataset = train_dataset.batch(batch_size)
val_dataset = val_dataset.batch(batch_size)
test_dataset = test_dataset.batch(batch_size)
```

接下来，定义模型并将其实例化。我们的模型是一个顺序模型，由嵌入层、dropout 层、双向 GRU 层、稠密层和 softmax 激活层组成。输入是一个整数序列的批处理，形状为（batch_size, max_seqlen）。当通过嵌入层时，序列中的每个整数都将转换为一个大小为（embedding_dim）的向量，因此现在张量的形状为（batch_size, max_seqlen, embedding_dim）。其中的每一个向量都传递给输出维度为 256 的双向 GRU 对应的时间步。因为 GRU 是双向的，所以这就相当于把一个 GRU 堆叠到另一个 GRU 上，因此来自双向 GRU 的张量具有维度（batch_size, max_seqlen, 2*rnn_output_dimension）。每个形状为（batch_size, 1, 2*rnn_output_dimension）的时间步张量都被送入一个稠密层，该层将每个时间步都转换为与目标词表大小相同的向量，即（batch_size, number_of_timesteps, output_vocab_size）。每个时间步代表输出 token 的概率分布，因此把最后的 softmax 层应用到每个时间步，返回输出 POS token 序列。

最后，我们用一些参数声明模型，再使用 Adam 优化器、分类交叉熵损失函数和准确度作为度量标准对其进行编译：

```
class POSTaggingModel(tf.keras.Model):
    def __init__(self, source_vocab_size, target_vocab_size,
            embedding_dim, max_seqlen, rnn_output_dim, **kwargs):
        super(POSTaggingModel, self).__init__(**kwargs)
        self.embed = tf.keras.layers.Embedding(
            source_vocab_size, embedding_dim, input_length=max_seqlen)
        self.dropout = tf.keras.layers.SpatialDropout1D(0.2)
        self.rnn = tf.keras.layers.Bidirectional(
            tf.keras.layers.GRU(rnn_output_dim, return_sequences=True))
        self.dense = tf.keras.layers.TimeDistributed(
            tf.keras.layers.Dense(target_vocab_size))
        self.activation = tf.keras.layers.Activation("softmax")

    def call(self, x):
        x = self.embed(x)
        x = self.dropout(x)
        x = self.rnn(x)
        x = self.dense(x)
        x = self.activation(x)
        return x

embedding_dim = 128
rnn_output_dim = 256

model = POSTaggingModel(source_vocab_size, target_vocab_size,
    embedding_dim, max_seqlen, rnn_output_dim)
model.build(input_shape=(batch_size, max_seqlen))
model.summary()
model.compile(
    loss="categorical_crossentropy",
    optimizer="adam",
    metrics=["accuracy", masked_accuracy()])
```

细心的读者可能已经注意到，在前面的代码片段中，accuracy 度量旁边有一个额外的 masked_accuracy() 度量。因为填充的原因，标签和预测上都有很多零，因此准确度非常乐观。实际上，在第一轮结束时报告的验证准确度是 0.9116。但是，生成的 POS 标签的质量非常糟糕。

也许最好的方法是当两个数字都为 0 时，用一个忽略匹配的函数替换当前的损失函数。但是，一种更简单的方法是建立一个更严格的指标，并使用该指标判断何时停止训练。因此，我们构建了一个新的准确度函数 masked_accuracy()，代码如下所示：

```
def masked_accuracy():
    def masked_accuracy_fn(ytrue, ypred):
        ytrue = tf.keras.backend.argmax(ytrue, axis=-1)
        ypred = tf.keras.backend.argmax(ypred, axis=-1)
        mask = tf.keras.backend.cast(
            tf.keras.backend.not_equal(ypred, 0), tf.int32)
        matches = tf.keras.backend.cast(
            tf.keras.backend.equal(ytrue, ypred), tf.int32) * mask
        numer = tf.keras.backend.sum(matches)
        denom = tf.keras.backend.maximum(tf.keras.backend.sum(mask), 1)
        accuracy =  numer / denom
        return accuracy

    return masked_accuracy_fn
```

现在我们准备训练模型。像往常一样，我们设置模型检查点和 TensorBoard 回调，然后调用模型上的 fit() 便捷方法训练模型 50 轮，其中批处理大小为 128：

```
num_epochs = 50

best_model_file = os.path.join(data_dir, "best_model.h5")
checkpoint = tf.keras.callbacks.ModelCheckpoint(
    best_model_file,
    save_weights_only=True,
    save_best_only=True)
tensorboard = tf.keras.callbacks.TensorBoard(log_dir=logs_dir)
history = model.fit(train_dataset,
    epochs=num_epochs,
    validation_data=val_dataset,
    callbacks=[checkpoint, tensorboard])
```

截取的训练输出如下所示。如你所见，masked_accuracy 和 val_masked_accuracy 数字似乎比 accuracy 和 val_accuracy 数字更保守。这是因为掩模版本不考虑输入为 PAD 字符的序列位置：

```
Epoch 1/50
19/19 [==============================] - 8s 431ms/step - loss: 1.4363 -
accuracy: 0.7511 - masked_accuracy_fn: 0.00
```

38 - val_loss: 0.3219 - val_accuracy: 0.9116 - val_masked_accuracy_fn: 0.5833

Epoch 2/50

19/19 [==============================] - 6s 291ms/step - loss: 0.3278 - accuracy: 0.9183 - masked_accuracy_fn: 0.17

12 - val_loss: 0.3289 - val_accuracy: 0.9209 - val_masked_accuracy_fn: 0.1357

Epoch 3/50

19/19 [==============================] - 6s 292ms/step - loss: 0.3187 - accuracy: 0.9242 - masked_accuracy_fn: 0.1615 - val_loss: 0.3131 - val_accuracy: 0.9186 - val_masked_accuracy_fn: 0.2236

Epoch 4/50

19/19 [==============================] - 6s 293ms/step - loss: 0.3037 - accuracy: 0.9186 - masked_accuracy_fn: 0.1831 - val_loss: 0.2933 - val_accuracy: 0.9129 - val_masked_accuracy_fn: 0.1062

Epoch 5/50

19/19 [==============================] - 6s 294ms/step - loss: 0.2739 - accuracy: 0.9182 - masked_accuracy_fn: 0.1054 - val_loss: 0.2608 - val_accuracy: 0.9230 - val_masked_accuracy_fn: 0.1407

...

Epoch 45/50

19/19 [==============================] - 6s 292ms/step - loss: 0.0653 - accuracy: 0.9810 - masked_accuracy_fn: 0.7872 - val_loss: 0.1545 - val_accuracy: 0.9611 - val_masked_accuracy_fn: 0.5407

Epoch 46/50

19/19 [==============================] - 6s 291ms/step - loss: 0.0640 - accuracy: 0.9815 - masked_accuracy_fn: 0.7925 - val_loss: 0.1550 - val_accuracy: 0.9616 - val_masked_accuracy_fn: 0.5441

Epoch 47/50

19/19 [==============================] - 6s 291ms/step - loss: 0.0619 - accuracy: 0.9818 - masked_accuracy_fn: 0.7971 - val_loss: 0.1497 - val_accuracy: 0.9614 - val_masked_accuracy_fn: 0.5535

Epoch 48/50

19/19 [==============================] - 6s 292ms/step - loss: 0.0599 - accuracy: 0.9825 - masked_accuracy_fn: 0.8033 - val_loss: 0.1524 - val_accuracy: 0.9616 - val_masked_accuracy_fn: 0.5579

Epoch 49/50

19/19 [==============================] - 6s 293ms/step - loss: 0.0585 - accuracy: 0.9830 - masked_accuracy_fn: 0.8092 - val_loss: 0.1544 - val_accuracy: 0.9617 - val_masked_accuracy_fn: 0.5621

Epoch 50/50

19/19 [==============================] - 6s 291ms/step - loss: 0.0575 - accuracy: 0.9833 - masked_accuracy_fn: 0.8140 - val_loss: 0.1569 - val_accuracy: 0.9615 - val_masked_accuracy_fn: 0.5511

11/11 [==============================] - 2s 170ms/step - loss: 0.1436 - accuracy: 0.9637 - masked_accuracy_fn: 0.5786

test loss: 0.144, test accuracy: 0.963, masked test accuracy: 0.578

下面是为测试集中的某些随机句子生成的 POS 标签的一些示例，与对应的真实句子中的 POS 标签一起显示。如你所见，虽然度量值并不完美，但是似乎已经学会了如何很好地进行 POS 标记：

```
labeled  : among/IN segments/NNS that/WDT t/NONE 1/VBP continue/NONE 2/
TO to/VB operate/RB though/DT the/NN company/POS 's/NN steel/NN division/
VBD continued/NONE 3/TO to/VB suffer/IN from/JJ soft/NN demand/IN for/PRP
its/JJ tubular/NNS goods/VBG serving/DT the/NN oil/NN industry/CC and/JJ
other/NNS
predicted: among/IN segments/NNS that/WDT t/NONE 1/NONE continue/NONE 2/
TO to/VB operate/IN though/DT the/NN company/NN 's/NN steel/NN division/
NONE continued/NONE 3/TO to/IN suffer/IN from/IN soft/JJ demand/NN for/IN
its/JJ tubular/NNS goods/DT serving/DT the/NNP oil/NN industry/CC and/JJ
other/NNS


labeled  : as/IN a/DT result/NN ms/NNP ganes/NNP said/VBD 0/NONE t/NONE
2/PRP it/VBZ is/VBN believed/IN that/JJ little/CC or/DT no/NN sugar/IN
from/DT the/CD 1989/NN 90/VBZ crop/VBN has/VBN been/NONE shipped/RB 1/RB
yet/IN even/DT though/NN the/NN crop/VBZ year/CD is/NNS six/JJ
predicted: as/IN a/DT result/NN ms/IN ganes/NNP said/VBD 0/NONE t/NONE 2/
PRP it/VBZ is/VBN believed/NONE that/DT little/NN or/DT no/NN sugar/IN
from/DT the/DT 1989/CD 90/NN crop/VBZ has/VBN been/VBN shipped/VBN 1/RB
yet/RB even/IN though/DT the/NN crop/NN year/NN is/JJ


labeled  : in/IN the/DT interview/NN at/IN headquarters/NN yesterday/NN
afternoon/NN both/DT men/NNS exuded/VBD confidence/NN and/CC seemed/VBD
1/NONE to/TO work/VB well/RB together/RB
predicted: in/IN the/DT interview/NN at/IN headquarters/NN yesterday/NN
afternoon/NN both/DT men/NNS exuded/NNP confidence/NN and/CC seemed/VBD
1/NONE to/TO work/VB well/RB together/RB


labeled  : all/DT came/VBD from/IN cray/NNP research/NNP
predicted: all/NNP came/VBD from/IN cray/NNP research/NNP


labeled  : primerica/NNP closed/VBD at/IN 28/CD 25/NONE u/RB down/CD 50/
NNS
predicted: primerica/NNP closed/VBD at/CD 28/CD 25/CD u/CD down/CD
```

如果你想自己运行这段代码，则可以在本章的代码文件夹中找到这段代码。为了从命令行运行这段代码，请输入以下命令。输出将写入控制台：

```
$ python gru_pos_tagger.py
```

现在，我们已经看到了三种常见 RNN 网络拓扑结构的示例，下面让我们探讨其中最受欢迎的一种拓扑结构——seq2seq 模型（也称为"循环编码器—解码器"架构）。

8.5　编码器 – 解码器架构——seq2seq

我们刚看到的多对多网络示例与多对一网络非常相似。一个重要的区别是，RNN 在每个时间步返回输出，而不是在最后返回一个组合输出。另一个值得注意的特性是输入时间步数等于输出时间步数。当你了解编码器 - 解码器架构（这是"另一种"多对多网络，并且更受欢迎）后，会注意到另一个区别——在多对多的网络中，输出和输入是一致的，也就是说，网络不需要等到所有输入都结束后再生成输出。

编码器 - 解码器架构也称为 seq2seq 模型。顾名思义，网络由一个编码器和一个解码器组成，都是基于 RNN 的，并且能够使用和返回对应于多个时间步的输出序列。神经机器翻译是 seq2seq 网络最重要的应用，尽管 seq2seq 网络同样适用于结构大体上为翻译的问题。例如，句子解析[10] 和图像描述[24]。时间序列分析[25] 和问答系统也会用到 seq2seq 模型。

在 seq2seq 模型中，编码器使用的是源序列，这是整数序列的一个批处理。序列的长度是输入时间步数，对应于最大输入序列长度（根据需要进行填充或截断）。因此，输入张量的维度是（batch_size, number_of_encoder_timesteps）。这将传递到一个嵌入层，将在每个时间步把整数转换为一个嵌入向量。嵌入的输出是一个形状为（batch_size, number_of_encoder_timesteps, encoder_embedding_dim）的张量。

把这个张量送入 RNN 中，RNN 将每个时间步的向量转换为与其编码维数相对应的大小。这个向量是当前时间步和所有之前时间步的一个组合。通常，编码器会在最后一个时间步返回输出，代表整个序列的上下文或"思想"向量。这个张量的形状为（batch_size, encoder_rnn_dim）。

解码器网络架构与编码器类似，不同之处在于解码器在每个时间步都有一个额外的稠密层来转换输出。解码器端每个时间步的输入为上一个时间步的隐状态，而输入向量是解码器在上一个时间步预测的 token。对于第一个时间步，隐状态是来自编码器的上下文向量，而输入向量对应于将在目标端启动序列生成的 token。例如，对于翻译用例，它是**字符串开头（Beginning-Of-String，BOS）**伪 token。隐信号的形状是（batch_size, encoder_rnn_dim），所有时间步的输入信号的形状是（batch_size, number_of_decoder_timesteps）。一旦通过嵌入层，输出张量的形状是（batch_size, number_of_decoder_timesteps, decoder_embedding_dim）。下一步是解码器 RNN 层，其输出是一个形状为（batch_size, number_of_decoder_timesteps, decoder_rnn_dim）的张量。然后，通过稠密层发送每个时间步的输出，稠密层将向量转换为目标词表的大小，因此稠密层的输出为（batch_size, number_of_decoder_timesteps, output_vocab_size）。这基本上是每个时间步上 token 的概率分布，因此，如果我们计算最后一维上的 argmax，那么可以将其转换回目标语言中一个预测的 token 序列。图 8-6 展示了 seq2seq 架构的一个高层视图。

在下一节中，我们将介绍用于机器翻译的 seq2seq 网络示例。

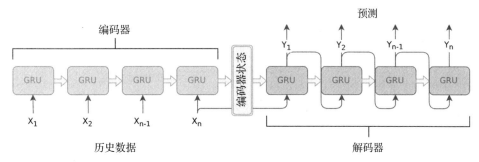

图 8-6　seq2seq 网络数据流。图像来源：Artur Suilin[25]

示例——seq2seq 无注意力机器翻译

为了更详细地了解 seq2seq 模型，我们来看一个示例，该示例使用 Tatoeba 项目（1997—2019）[26] 的"法语 – 英语"双语数据集来学习如何将英语翻译为法语。数据集包含大约 167 000 个句子对。为了使训练更快，在训练时，我们只考虑前 30 000 个句子。

按照惯例，我们从导入开始：

```
import nltk
import numpy as np
import re
import shutil
import tensorflow as tf
import os
import unicodedata

from nltk.translate.bleu_score import sentence_bleu, SmoothingFunction
```

以远程 zip 文件形式提供数据。访问文件的最简单方法是从 http://www.many-things.org/anki/fra-eng.zip 下载文件，然后使用解压缩将其解压到本地。zip 文件包含一个名为 fra.txt 的制表符分隔文件，其中成对的法语和英语句子用一个制表符隔开，每个成对的句子一行。这段代码期望 fra.txt 文件放在与自己同一目录下的数据集文件夹中。我们要从中提取 3 个不同的数据集。

回想一下 seq2seq 网络结构，编码器的输入是一个英语单词序列。在解码器端，输入是一组法语单词，而输出是偏移量为 1 个时间步的法语单词序列。下列函数将下载这个 zip 文件，将其解压，然后创建之前介绍的数据集。

输入预处理的"asciify"字符，从其相邻的单词中分离出特定的标点符号，并删除除字母和这些特定标点符号之外的所有字符。最后，把句子转换为小写。每个英语句子仅转换为一个单词序列。每个法语句子转换成 2 个序列，一个序列是 BOS 伪词，另一个序列是句末（End Of Sentence，EOS）伪词。

第一个序列从位置 0 开始，在句子中最后一个单词的结尾停止，第二个序列从位置 1 开始，一直到句子的结尾：

```
def preprocess_sentence(sent):
    sent = "".join([c for c in unicodedata.normalize("NFD", sent)
        if unicodedata.category(c) != "Mn"])
    sent = re.sub(r"([!.?])", r" \1", sent)
    sent = re.sub(r"[^a-zA-Z!.?]+", r" ", sent)
    sent = re.sub(r"\s+", " ", sent)
    sent = sent.lower()
    return sent

def download_and_read():
    en_sents, fr_sents_in, fr_sents_out = [], [], []
    local_file = os.path.join("datasets", "fra.txt")
    with open(local_file, "r") as fin:
        for i, line in enumerate(fin):
            en_sent, fr_sent = line.strip().split('\t')
            en_sent = [w for w in preprocess_sentence(en_sent).split()]
            fr_sent = preprocess_sentence(fr_sent)
            fr_sent_in = [w for w in ("BOS " + fr_sent).split()]
            fr_sent_out = [w for w in (fr_sent + " EOS").split()]
            en_sents.append(en_sent)
            fr_sents_in.append(fr_sent_in)
            fr_sents_out.append(fr_sent_out)
            if i >= num_sent_pairs - 1:
                break
    return en_sents, fr_sents_in, fr_sents_out

sents_en, sents_fr_in, sents_fr_out = download_and_read()
```

下一步是标记输入并创建词表。因为我们有两种不同语言的序列，所以将创建两种不同的词法器和词表，每种语言都有一个。tf.keras 框架提供了一个功能强大且用途广泛的词法生成器类——在这里，我们将滤波器设置为空字符串，并将其设置为 False，因为我们已经在 preprocess_sentence() 函数中完成了词语标记所需的操作。词法生成器创建了各种数据结构，通过这些数据结构，我们可以计算词表大小和查找表，从而使我们能够逐字索引并返回。

接下来，我们使用 pad_sequences() 函数在末尾填充零，以处理不同长度的单词序列。因为我们的字符串很短，所以不做任何截断。我们只需要增加句子的最大长度（英语为8 个单词，法语为 16 个单词）：

```
tokenizer_en = tf.keras.preprocessing.text.Tokenizer(
    filters="", lower=False)
tokenizer_en.fit_on_texts(sents_en)
data_en = tokenizer_en.texts_to_sequences(sents_en)
data_en = tf.keras.preprocessing.sequence.pad_sequences(
    data_en, padding="post")

tokenizer_fr = tf.keras.preprocessing.text.Tokenizer(
    filters="", lower=False)
```

```
tokenizer_fr.fit_on_texts(sents_fr_in)
tokenizer_fr.fit_on_texts(sents_fr_out)
data_fr_in = tokenizer_fr.texts_to_sequences(sents_fr_in)
data_fr_in = tf.keras.preprocessing.sequence.pad_sequences(
    data_fr_in, padding="post")
data_fr_out = tokenizer_fr.texts_to_sequences(sents_fr_out)
data_fr_out = tf.keras.preprocessing.sequence.pad_sequences(
    data_fr_out, padding="post")

vocab_size_en = len(tokenizer_en.word_index)
vocab_size_fr = len(tokenizer_fr.word_index)
word2idx_en = tokenizer_en.word_index
idx2word_en = {v:k for k, v in word2idx_en.items()}
word2idx_fr = tokenizer_fr.word_index
idx2word_fr = {v:k for k, v in word2idx_fr.items()}
print("vocab size (en): {:d}, vocab size (fr): {:d}".format(
    vocab_size_en, vocab_size_fr))

maxlen_en = data_en.shape[1]
maxlen_fr = data_fr_out.shape[1]
print("seqlen (en): {:d}, (fr): {:d}".format(maxlen_en, maxlen_fr))
```

最后，我们将数据转换为 TensorFlow 数据集，然后将其拆分为训练数据集和测试数据集：

```
batch_size = 64
dataset = tf.data.Dataset.from_tensor_slices(
    (data_en, data_fr_in, data_fr_out))
dataset = dataset.shuffle(10000)
test_size = NUM_SENT_PAIRS // 4
test_dataset = dataset.take(test_size).batch(
    batch_size, drop_remainder=True)
train_dataset = dataset.skip(test_size).batch(
    batch_size, drop_remainder=True)
```

现在，我们已经准备好用于训练 seq2seq 网络的数据，接下来对其进行定义。我们的编码器是一个嵌入层，后面跟着一个 GRU 层。编码器的输入是一个整数序列，会被转换为一个大小为 embedding_dim 的嵌入向量序列。把这个向量序列送入一个 RNN，将 num_timesteps 时间步的每个输入转换为一个长度是 encoder_dim 的向量。只返回最后一个时间步的输出，如 return_sequences=False 所示。

解码器的结构与编码器几乎相同，不同之处在于解码器有一个额外的稠密层，可以将 RNN 输出的、大小为 decoder_dim 的向量转换为代表目标词表概率分布的向量。解码器还会返回其所有时间步的输出。

在我们的示例网络中，选择的嵌入维度为 128，紧随其后的编码器和解码器 RNN 维度均为 1024。注意，我们必须为英语和法语词表的词汇量加上 1，以说明在 pad_sequences() 步骤中添加的 PAD 字符：

```
class Encoder(tf.keras.Model):
    def __init__(self, vocab_size, num_timesteps,
            embedding_dim, encoder_dim, **kwargs):
        super(Encoder, self).__init__(**kwargs)
        self.encoder_dim = encoder_dim
        self.embedding = tf.keras.layers.Embedding(
            vocab_size, embedding_dim, input_length=num_timesteps)
        self.rnn = tf.keras.layers.GRU(
            encoder_dim, return_sequences=False, return_state=True)

    def call(self, x, state):
        x = self.embedding(x)
        x, state = self.rnn(x, initial_state=state)
        return x, state

    def init_state(self, batch_size):
        return tf.zeros((batch_size, self.encoder_dim))

class Decoder(tf.keras.Model):
    def __init__(self, vocab_size, embedding_dim, num_timesteps,
            decoder_dim, **kwargs):
        super(Decoder, self).__init__(**kwargs)
        self.decoder_dim = decoder_dim
        self.embedding = tf.keras.layers.Embedding(
            vocab_size, embedding_dim, input_length=num_timesteps)
        self.rnn = tf.keras.layers.GRU(
            decoder_dim, return_sequences=True, return_state=True)
        self.dense = tf.keras.layers.Dense(vocab_size)

    def call(self, x, state):
        x = self.embedding(x)
        x, state = self.rnn(x, state)
        x = self.dense(x)
        return x, state

embedding_dim = 256
encoder_dim, decoder_dim = 1024, 1024

encoder = Encoder(vocab_size_en+1,
    embedding_dim, maxlen_en, encoder_dim)
decoder = Decoder(vocab_size_fr+1,
    embedding_dim, maxlen_fr, decoder_dim)
```

既然我们已经定义了编码器和解码器类，那么让我们重新来看看它们的输入和输出的维度。下面的（废弃的）代码可用来打印系统的各种输入和输出维度。为了方便起见，在本章提供的代码中，将其作为注释块保留在代码中：

```
for encoder_in, decoder_in, decoder_out in train_dataset:
    encoder_state = encoder.init_state(batch_size)
    encoder_out, encoder_state = encoder(encoder_in, encoder_state)
```

```
    decoder_state = encoder_state
    decoder_pred, decoder_state = decoder(decoder_in, decoder_state)
    break
print("encoder input            :", encoder_in.shape)
print("encoder output           :", encoder_out.shape, "state:",
encoder_state.shape)
print("decoder output (logits):", decoder_pred.shape, "state:",
decoder_state.shape)
print("decoder output (labels):", decoder_out.shape)
```

这将产生以下符合我们预期的输出。编码器输入是整数序列的一个批处理，每个序列的大小为 8，这是英语句子中的最大 token 数，因此其维度为（`batch_size`, `maxlen_en`）。

编码器的输出是一个形状为（`batch_size`, `encoder_dim`）的张量（`return_sequences=False`），上下文向量的一个批处理表示输入语句。编码器状态张量有相同的维度。解码器输出也是整数序列的一个批处理，但是一个法语句子的最大长度为 16。因此，维度为（`batch_size`,`maxlen_fr`）。解码器预测是所有时间步上一个批处理的概率分布。因此，维度为（`batch_size`, `maxlen_fr`, `vocab_size_fr+1`），而且解码器状态与编码器状态（`batch_size`, `decoder_dim`）的维度相同：

```
encoder input            : (64, 8)
encoder output           : (64, 1024) state: (64, 1024)
decoder output (logits): (64, 16, 7658) state: (64, 1024)
decoder output (labels): (64, 16)
```

接下来定义损失函数。因为我们填充了句子，所以不希望考虑标签和预测之间填充词的相等性来影响结果。我们的损失函数用标签掩模预测，因此从预测中还删除了标签上的填充位置，并且我们只使用标签和预测上的非零元素计算损失。实现如下所示：

```
def loss_fn(ytrue, ypred):
    scce = tf.keras.losses.SparseCategoricalCrossentropy(
        from_logits=True)
    mask = tf.math.logical_not(tf.math.equal(ytrue, 0))
    mask = tf.cast(mask, dtype=tf.int64)
    loss = scce(ytrue, ypred, sample_weight=mask)
    return loss
```

因为 seq2seq 模型不容易打包成一个简单的 Keras 模型，所以我们也必须手动处理训练循环。`train_step()` 函数处理数据流，并计算每一步的损失，将损失的梯度应用到可训练的权重，然后返回损失。

注意，训练代码与我们之前介绍 seq2seq 模型时描述的代码并不完全相同。这里看起来好像把整个 `decoder_input` 都送入解码器，以生成一个时间步的输出偏移量，而在讨论中，我们说这是顺序发生的，其中在上一个时间步中生成的 token 作为下一个时间步的输入。

这是训练 seq2seq 网络的一种常用技术，称为（Teacher Forcing），其中解码器的输入是实际的输出，而不是上一个时间步的预测。这是首选的，因为这会使训练更快，但是也会导致预测质量下降。为了解决这一问题，可以使用**固定采样（Scheduled Sampling）**技术，根据某个阈值（取决于问题，通常在 0.1 到 0.4 之间）从真实的或上一个时间步的预测中随机采样输入：

```
@tf.function
def train_step(encoder_in, decoder_in, decoder_out, encoder_state):
    with tf.GradientTape() as tape:
        encoder_out, encoder_state = encoder(encoder_in, encoder_state)
        decoder_state = encoder_state
        decoder_pred, decoder_state = decoder(
            decoder_in, decoder_state)
        loss = loss_fn(decoder_out, decoder_pred)

    variables = (encoder.trainable_variables +
        decoder.trainable_variables)
    gradients = tape.gradient(loss, variables)
    optimizer.apply_gradients(zip(gradients, variables))
    return loss
```

predict() 方法从数据集中随机采样一个英语句子，并使用目前已训练的模型预测法语句子。为了便于参考还会显示标签法语语句。evaluate() 方法计算测试集中所有记录的标签和预测之间的**双语评估学习（BiLingual Evaluation Understudy，BLEU）**得分[35]。通常，BLEU 得分用于存在多个真实标签（我们只有一个真实标签）的情况，但是在参考句子和候选句子中最多可比较 4 元语法（ n 元语法， n=4）。在每轮结束时都会调用 predict() 和 evaluate() 方法：

```
def predict(encoder, decoder, batch_size,
        sents_en, data_en, sents_fr_out,
        word2idx_fr, idx2word_fr):
    random_id = np.random.choice(len(sents_en))
    print("input    : ",  " ".join(sents_en[random_id]))
    print("label    : ", " ".join(sents_fr_out[random_id])
    encoder_in = tf.expand_dims(data_en[random_id], axis=0)
    decoder_out = tf.expand_dims(sents_fr_out[random_id], axis=0)

    encoder_state = encoder.init_state(1)
    encoder_out, encoder_state = encoder(encoder_in, encoder_state)
    decoder_state = encoder_state
    decoder_in = tf.expand_dims(
        tf.constant([word2idx_fr["BOS"]]), axis=0)
    pred_sent_fr = []
    while True:
        decoder_pred, decoder_state = decoder(
            decoder_in, decoder_state)
        decoder_pred = tf.argmax(decoder_pred, axis=-1)
```

```
            pred_word = idx2word_fr[decoder_pred.numpy()[0][0]]
            pred_sent_fr.append(pred_word)
            if pred_word == "EOS":
                break
            decoder_in = decoder_pred

    print("predicted: ", " ".join(pred_sent_fr))


def evaluate_bleu_score(encoder, decoder, test_dataset,
        word2idx_fr, idx2word_fr):

    bleu_scores = []
    smooth_fn = SmoothingFunction()
    for encoder_in, decoder_in, decoder_out in test_dataset:
        encoder_state = encoder.init_state(batch_size)
        encoder_out, encoder_state = encoder(encoder_in, encoder_state)
        decoder_state = encoder_state
        decoder_pred, decoder_state = decoder(
            decoder_in, decoder_state)

        # compute argmax
        decoder_out = decoder_out.numpy()
        decoder_pred = tf.argmax(decoder_pred, axis=-1).numpy()

        for i in range(decoder_out.shape[0]):
            ref_sent = [idx2word_fr[j] for j in
                decoder_out[i].tolist() if j > 0]
            hyp_sent = [idx2word_fr[j] for j in
                decoder_pred[i].tolist() if j > 0]
            # remove trailing EOS
            ref_sent = ref_sent[0:-1]
            hyp_sent = hyp_sent[0:-1]
            bleu_score = sentence_bleu([ref_sent], hyp_sent,
                smoothing_function=smooth_fn.method1)
            bleu_scores.append(bleu_score)

    return np.mean(np.array(bleu_scores))
```

训练循环如下所示。我们的模型使用 Adam 优化器。我们还设置了一个检查点，以便可以每 10 轮保存一次模型。然后，我们训练模型 250 轮，并打印损失、一个示例语句及其译文，以及在整个测试集上计算的 BLEU 得分：

```
optimizer = tf.keras.optimizers.Adam()
checkpoint_prefix = os.path.join(checkpoint_dir, "ckpt")
checkpoint = tf.train.Checkpoint(optimizer=optimizer,
                                 encoder=encoder,
                                 decoder=decoder)

num_epochs = 250
eval_scores = []
```

```
for e in range(num_epochs):
    encoder_state = encoder.init_state(batch_size)

    for batch, data in enumerate(train_dataset):
        encoder_in, decoder_in, decoder_out = data
        # print(encoder_in.shape, decoder_in.shape, decoder_out.shape)
        loss = train_step(
            encoder_in, decoder_in, decoder_out, encoder_state)

    print("Epoch: {}, Loss: {:.4f}".format(e + 1, loss.numpy()))

    if e % 10 == 0:
        checkpoint.save(file_prefix=checkpoint_prefix)

    predict(encoder, decoder, batch_size, sents_en, data_en,
        sents_fr_out, word2idx_fr, idx2word_fr)

    eval_score = evaluate_bleu_score(encoder, decoder,
        test_dataset, word2idx_fr, idx2word_fr)
    print("Eval Score (BLEU): {:.3e}".format(eval_score))
    # eval_scores.append(eval_score)

checkpoint.save(file_prefix=checkpoint_prefix)
```

前 5 轮训练和最后 5 轮训练生成的结果如表 8-1 所示。注意，在第 247 轮训练中，损失从 1.5 左右下降到 0.07 左右。BLEU 得分也上升了 2.5 倍左右。可是，前 5 轮训练和最后 5 轮训练之间翻译质量的差异令人印象深刻。

表 8-1

Epoch-#	训练损失	BLEU Score（测试）	英语	法语（真实）	法语（预测）
1	1.4119	1.957e-02	tom is special.	tom est special.	elle est tres bon.
2	1.1067	2.244e-02	he hates shopping.	il deteste faire les courses.	il est tres mineure.
3	0.9154	2.700e-02	did she say it?	l a t elle dit?	n est ce pas clair?
4	0.7817	2.803e-02	i d rather walk.	je prefererais marcher.	je suis alle a kyoto.
5	0.6632	2.943e-02	i m in the car.	je suis dans la voiture.	je suis toujours inquiet.
...					
245	0.0896	4.991e-02	she sued him.	elle le poursuivit en justice.	elle l a poursuivi en justice.
246	0.0853	5.011e-02	she isn t poor.	elle n est pas pauvre.	elle n est pas pauvre.
247	0.0738	5.022e-02	which one is mine?	lequel est le mien?	lequel est le mien?
248	0.1208	4.931e-02	i m getting old.	je me fais vieux.	je me fais vieux.
249	0.0837	4.856e-02	t was worth a try.	ca valait le coup d essayer.	ca valait le coup d essayer.
250	0.0967	4.869e-02	don t back away.	ne reculez pas!	ne reculez pas!

这个示例的完整代码可以在本章随附的源代码中找到。你需要一台基于 GPU 的计算机来运行它，尽管你在 CPU 上运行它可以使用更小的网络维度（`embedding_dim`，`encoder_dim`，`decoder_dim`）、更小的超参数（`batch_size`，`num_epochs`）和更少的句子对。要运行完整的代码，请运行以下命令。输出将被写入控制台：

```
$ python seq2seq_wo_attn.py
```

在下一节中，我们将介绍一种机制来提升 seq2seq 网络的性能，这种机制允许 seq2seq 网络以数据驱动的方式更多地关注输入的某些部分，而无须关注其他部分。这种机制就是注意力机制。

8.6　注意力机制

在前一节中，我们看到了如何将编码器最后一个时间步的上下文或向量思想作为初始隐状态送入解码器。当上下文通过解码器的时间步时，信号与解码器输出相结合，并逐渐变弱。结果是，上下文对解码器后续时间步没有太多影响。

另外，解码器输出的某些部分可能更依赖于输入的某些部分。例如，假设一个输入"thank you very much"，对于一个英语到法语的翻译网络（比如，我们在上一节中看到的那个翻译网络），对应的输出为"merci beaucoup"。这里，英语短语"thank you"和"very much"分别对应于法语的"merci"和"beaucoup"。单个上下文向量也无法充分传递这一信息。

注意力机制在解码器每个时间步提供对所有编码器隐状态的访问。解码器知道需要更多关注编码器状态的哪一部分。注意力的使用极大地提升了机器翻译以及各种标准自然语言处理任务的质量。

注意力的使用并不局限于 seq2seq 网络。例如，注意力是"嵌入、编码、参与、预测"公式中的一个关键组件，为自然语言处理创建领先的深度学习模型[34]。这里，在从一个更大的表示压缩为一个更紧凑的表示时（例如，在把一个词向量序列缩减为一个句子向量时），注意力被用来保留尽可能多的信息。

从本质上讲，注意力机制提供了一种方法，对源中的所有 token 和目标中的 token 进行评分，并相应地修改解码器的输入信号。假设一个编码器 – 解码器架构，其中输入和输出时间步分别用索引 i 和 j 表示，编码器和解码器在这些时间步上的隐状态分别用 h_i 和 s_j 表示。编码器的输入用 x_i 表示，解码器的输出用 y_j 表示。在没有注意力的编码器 – 解码器网络中，解码器状态 s_j 的值由隐状态 s_{j-1} 和上一个时间步的输出 y_{j-1} 给出。注意力机制添加了第 3 个信号 c_j，称为注意力上下文。因此，对于注意力机制，解码器隐状态 s_j 是 y_{j-1}、s_{j-1} 和 c_j 的函数，如下所示：

$$s_j = f(y_{j-1}, s_{j-1}, c_j)$$

注意力上下文信号 c_j 的计算如下。对于每个解码器步长 j，我们计算解码器状态 s_{j-1} 和每个编码器状态 h_i 之间的校准。这为每个解码器状态 j 提供了一组 N 个相似度值 e_{ij}，我们再通过计算它们对应的 softmax 值 b_{ij} 将其转换为概率分布。最后，将注意力上下文 c_j 计算为所有 N 个编码器时间步上的编码器状态 h_i 及其对应的 softmax 权重 b_{ij} 的加权和。所示的方程组展示了封装每个解码器步长 j 的转换：

$$e_{ij} = \text{align } (h_i, s_{j-1}) \forall i$$
$$b_{ij} = \text{softmax } (e_{ij})$$
$$c_j = \sum_{i=0}^{N} h_i b_{ij}$$

根据校准的实现方式，提出了多种注意力机制。接下来我们将介绍一些注意力机制。为了便于描述，我们将编码器端的状态向量 h_i 用 h 表示，解码器端的状态向量 s_{j-1} 用 s 表示。

最简单的校准方式是**基于内容的注意力**。这种方式是由 Graves、Wayne 和 Danihelka[27] 提出的，就是编码器和解码器状态之间的余弦相似度。使用这个公式的前提是编码器和解码器的隐状态向量必须具有相同的维度：

$$e = \text{cosine} (h, s)$$

Bahdanau、Cho 和 Bengio[28] 提出了另一种称为**加法模型**或 **Bahdanau 注意力**的公式。这涉及在一个小神经网络中使用可学习的权重来组合状态向量，由下列方程式给出。这里，连接 s 和 h 向量并乘以学习权重 W，这等价于使用两个学习权重 W_s 和 W_h 与 s 和 h 相乘，再把结果相加：

$$e = v^{\mathrm{T}} \tanh(W[s; h])$$

Luong、Pham 和 Manning[29] 提出了一组三个注意力公式（点、通用和合并），其中通用公式也称为**乘法模型**或 **Luong 注意力**。点和合并注意力公式类似于前面介绍的基于内容的注意力和加法模型注意力公式。乘法模型注意力公式由下式给出：

$$e = h^{\mathrm{T}} W s$$

Vaswani 等人 [30] 提出了基于内容注意力的一种变体，称为**按比例缩放点积注意力**，由以下公式给出。这里，N 是编码器隐状态 h 的维度。在 Transformer 架构中使用了按比例缩放点积注意力，我们将在本章中简要地学习该内容：

$$e = \frac{h^{\mathrm{T}} s}{\sqrt{N}}$$

注意力机制也可以根据关注的内容进行分类。使用这种分类方法，注意力机制可以是自注意力、全局注意力或软注意力，以及局部注意力或硬注意力。

　　自注意力是指在同一序列的不同部分之间计算校准。自注意力对机器阅读、抽象文本摘要和图像标题生成等应用是很有用的。

　　软注意力或全局注意力是指在整个输入序列上计算校准，硬注意力或局部注意力是指在一部分序列上计算校准。软注意力的优点是它是可微的，但是计算成本很高。相反，硬注意力在推理时的计算成本较低，但它是不可微的，在训练过程中需要复杂的技术。

　　在下一节中，我们将看到如何将注意力机制与seq2seq网络集成，以及如何提升性能。

示例——用于机器翻译的基于注意力的 seq2seq 网络

　　让我们再来看一个与本章前面介绍的机器翻译相同的示例，不同的是，现在解码器将使用加法模型注意力机制和乘法模型注意力机制来处理编码器输出。

　　第一个变化是编码器。编码器将在每个时间点返回输出结果，而不是返回单个上下文或向量思想，因为注意力机制需要这些信息。下面是修改后的编码器类，突出显示修改部分：

```
class Encoder(tf.keras.Model):
    def __init__(self, vocab_size, num_timesteps,
            embedding_dim, encoder_dim, **kwargs):
        super(Encoder, self).__init__(**kwargs)

    self.encoder_dim = encoder_dim
    self.embedding = tf.keras.layers.Embedding(
        vocab_size, embedding_dim, input_length=num_timesteps)
    self.rnn = tf.keras.layers.GRU(
        encoder_dim, return_sequences=True, return_state=True)

def call(self, x, state):
    x = self.embedding(x)
    x, state = self.rnn(x, initial_state=state)
    return x, state

def init_state(self, batch_size):
    return tf.zeros((batch_size, self.encoder_dim))
```

　　解码器会有更大的变化。变化最大的是注意力层的声明，需要对其进行定义，因此让我们先进行定义。首先，让我们考虑 Bahdanau 提出的加法模型注意力的类定义。回忆一下，这将每个时间步的解码器隐状态与所有编码器隐状态相结合，生成下一个时间步解码器的一个输入，由下式给出：

$$e = v^{\mathrm{T}} \tanh(W[s; h])$$

　　方程中的 $W[s; h]$ 是两个独立的线性变换（形式为 $y=Wx+b$）的简写，一个在 s 上，另一个在 h 上。把这两个线性变换以稠密层的形式实现，代码如下所示。我们将 tf.keras 层对象作为子类，因为最终目标是将其作为网络中的一个层，但是也可以将一个 Model 对象作为子类。call() 方法接受查询（解码器状态）和值（编码器状态），计算得分，然后计算校准作为相应的 softmax，并根据方程给出上下文向量，最后返回它们。上下文向量的形状由（batch_size，num_decoder_timesteps）给出，校准的形状为（batch_size，num_encoder_timesteps，1）。在训练过程中，学习稠密层张量 W1、W2 和 V 的权重：

```python
class BahdanauAttention(tf.keras.layers.Layer):
    def __init__(self, num_units):
        super(BahdanauAttention, self).__init__()
        self.W1 = tf.keras.layers.Dense(num_units)
        self.W2 = tf.keras.layers.Dense(num_units)
        self.V = tf.keras.layers.Dense(1)

    def call(self, query, values):
        # query is the decoder state at time step j
        # query.shape: (batch_size, num_units)
        # values are encoder states at every timestep i
        # values.shape: (batch_size, num_timesteps, num_units)

        # add time axis to query: (batch_size, 1, num_units)
        query_with_time_axis = tf.expand_dims(query, axis=1)
        # compute score:
        score = self.V(tf.keras.activations.tanh(
            self.W1(values) + self.W2(query_with_time_axis)))
        # compute softmax
        alignment = tf.nn.softmax(score, axis=1)
        # compute attended output
        context = tf.reduce_sum(
            tf.linalg.matmul(
                tf.linalg.matrix_transpose(alignment),
                values
            ), axis=1
        )
        context = tf.expand_dims(context, axis=1)
        return context, alignment
```

Luong 注意力是乘法模型，但是通用的实现是类似的。我们没有声明 3 个线性变换 W1、W2 和 V，因为只有一个 W。call() 方法中的步骤遵循相同的常规步骤——首先，我们根据 Luong 注意力方程计算得分，再计算校准作为相应 softmax 版本的得分，然后上下文向量作为校准和值的点积。与 Bahdanau 注意力类中的权重一样，在训练过程中可以学习稠密层 W 代表的权重矩阵：

```python
class LuongAttention(tf.keras.layers.Layer):
    def __init__(self, num_units):
        super(LuongAttention, self).__init__()
        self.W = tf.keras.layers.Dense(num_units)

    def call(self, query, values):
        # add time axis to query
        query_with_time_axis = tf.expand_dims(query, axis=1)
```

```
# compute score
score = tf.linalg.matmul(
    query_with_time_axis, self.W(values), transpose_b=True)
# compute softmax
alignment = tf.nn.softmax(score, axis=2)
# compute attended output
context = tf.matmul(alignment, values)
return context, alignment
```

为了验证这两个类是否是彼此的直接替代，我们运行下面这段废弃的代码（在本示例的源代码中被注释掉了）。制造一些随机输入，然后把它们送入两个注意力类：

```
batch_size = 64
num_timesteps = 100
num_units = 1024

query = np.random.random(size=(batch_size, num_units))
values = np.random.random(size=(batch_size, num_timesteps, num_units))

# check out dimensions for Bahdanau attention
b_attn = BahdanauAttention(num_units)
context, alignments = b_attn(query, values)
print("Bahdanau: context.shape:", context.shape,
    "alignments.shape:", alignments.shape)

# check out dimensions for Luong attention
l_attn = LuongAttention(num_units)
context, alignments = l_attn(query, values)
print("Luong: context.shape:", context.shape,
    "alignments.shape:", alignments.shape)
```

上面的代码产生以下输出，显示的结果与预期一致，当给定相同的输入时，这两个类产生相同形状的输出，因此是彼此的直接替代：

```
Bahdanau: context.shape: (64, 1024) alignments.shape: (64, 8, 1)
Luong: context.shape: (64, 1024) alignments.shape: (64, 8, 1)
```

既然我们已经有了注意力类，那么再来看一下解码器。init() 方法的区别是添加了注意力类变量，该变量已被设置为 BahdanauAttention 类。另外，我们还有两个额外的变换 Wc 和 Ws，这两个变换将应用于解码器 RNN 的输出。第一个变换是 tanh 激活，用于把输出调整到 –1 和 +1 之间；第二个变换是一个标准线性变换。与不带注意力解码器组件的 seq2seq 网络相比，这个解码器在其 call() 方法中接受了一个额外参数 encoder_output，并返回一个额外的上下文向量：

```
class Decoder(tf.keras.Model):
    def __init__(self, vocab_size, embedding_dim, num_timesteps,
            decoder_dim, **kwargs):
        super(Decoder, self).__init__(**kwargs)
        self.decoder_dim = decoder_dim
```

```
    self.attention = BahdanauAttention(embedding_dim)
    # self.attention = LuongAttention(embedding_dim)

    self.embedding = tf.keras.layers.Embedding(
        vocab_size, embedding_dim, input_length=num_timesteps)
    self.rnn = tf.keras.layers.GRU(
        decoder_dim, return_sequences=True, return_state=True)

    self.Wc = tf.keras.layers.Dense(decoder_dim, activation="tanh")
    self.Ws = tf.keras.layers.Dense(vocab_size)

def call(self, x, state, encoder_out):
    x = self.embedding(x)
    context, alignment = self.attention(x, encoder_out)
    x = tf.expand_dims(
            tf.concat([
                x, tf.squeeze(context, axis=1)
            ], axis=1),
        axis=1)
    x, state = self.rnn(x, state)
    x = self.Wc(x)
    x = self.Ws(x)
    return x, state, alignment
```

训练循环也稍有不同。与不带注意力的 seq2seq 网络不同，我们使用了 Teacher Forcing
来加速训练，而注意力的使用意味着我们现在必须逐个使用解码器的输入，因为上一个时
间步的解码器输出会通过注意力对当前时间步的输出产生更强的影响。新的训练循环看起
来是这样的，并且明显比不带注意力的 seq2seq 网络训练循环要慢得多。但是，这种训练循
环也可以在前一个网络上使用，尤其是当我们要实现预定的采样策略时：

```
@tf.function
def train_step(encoder_in, decoder_in, decoder_out, encoder_state):
    with tf.GradientTape() as tape:
        encoder_out, encoder_state = encoder(encoder_in, encoder_state)
        decoder_state = encoder_state

        loss = 0
        for t in range(decoder_out.shape[1]):
            decoder_in_t = decoder_in[:, t]
            decoder_pred_t, decoder_state, _ = decoder(decoder_in_t,
                decoder_state, encoder_out)
            loss += loss_fn(decoder_out[:, t], decoder_pred_t)

        variables = (encoder.trainable_variables +
            decoder.trainable_variables)
        gradients = tape.gradient(loss, variables)
        optimizer.apply_gradients(zip(gradients, variables))
        return loss / decoder_out.shape[1]
```

因为 predict() 和 evaluate() 方法还在解码器端实现了新的数据流，这涉及一个额外的 encoder_out 参数以及一个额外的 context 返回值，所以 predict() 和 evaluate() 方法也有类似的变化。

我们训练了两个版本的带有注意力的 seq2seq 网络，一个是加法模型（Bahdanau）注意力，一个是乘法模型（Luong）注意力。这两个网络都训练了 50 轮（而不是 250 轮）。但是，在这两种情况下，翻译的质量与训练了 250 轮不带注意力的 seq2seq 网络的质量相似。与不带注意力的 seq2seq 网络相比，在训练结束时带有任意一种注意力的 seq2seq 网络的训练损失略低，且在测试集上的 BLEU 得分略高。详见下表。

网络描述	结束时的损失 （训练集）	结束时的 BLEU 得分 （测试集）
带有注意力的 seq2seq，训练 250 轮	0.0967	4.869e-02
带有加法模型注意力的 seq2seq，训练 30 轮	0.0893	5.508e-02
带有乘法模型注意力的 seq2seq，训练 30 轮	0.0706	5.563e-02

下表是这两个网络提供的翻译示例。每个示例都提到了训练轮数和使用的注意力类型。注意，即使译文与标签不是 100% 相同，其中也有许多是原始译文的有效译文。

注意力类型	轮数	英语	法语（标签）	法语（预测的）
Bahdanau	20	your cat is fat.	ton chat est gras.	ton chat est mouille.
	25	i had to go back.	il m a fallu retourner.	il me faut partir.
	30	try to find it.	tentez de le trouver.	tentez de le trouver.
Luong	20	that s peculiar.	c est etrange.	c est deconcertant.
	25	tom is athletic.	thomas est sportif.	tom est sportif.
	30	it s dangerous.	c est dangereux.	c est dangereux.

完整的代码在本章代码文件夹的 seq2seq_with_attn.py 文件中。可使用以下命令从命令行运行代码。你可以在 Decoder 类的 init() 方法中注释掉任意一个注意力机制，在 Bahdanau（加法模型）或 Luong（乘法模型）注意力机制之间切换：

```
$ python seq2seq_with_attn.py
```

在下一节中，我们将介绍使用深度神经网络进行文本处理的下一个里程碑式架构，即 Transformer 网络，该网络结合了编码器 – 解码器架构和注意力的思想。

8.7　Transformer 架构

虽然 Transformer 架构与递归网络不同，但是它也使用了许多源于循环网络的思想。

Transformer 网络代表了处理文本的深度学习架构的下一个演化步骤，因此，是工具箱中必不可少的一部分。Transformer 架构是编码器－解码器架构的一种变体，其中注意力层代替了循环层。Vaswani 等人[30] 提出了 Transformer 架构并提供了一个参考实现，我们将在整个讨论中参考这一实现。

图 8-7 展示了一个带有注意力的 seq2seq 网络，并将其与 Transformer 网络进行了比较。在以下方面，Transformer 类似于带有注意力模型的 seq2seq：

1）源和目标都是序列。

2）编码器的最后一个输出块作为上下文或思想向量，用于计算解码器上的注意力模型。

3）把目标序列送入稠密块中，将输出嵌入转换为整数形式的最终序列。

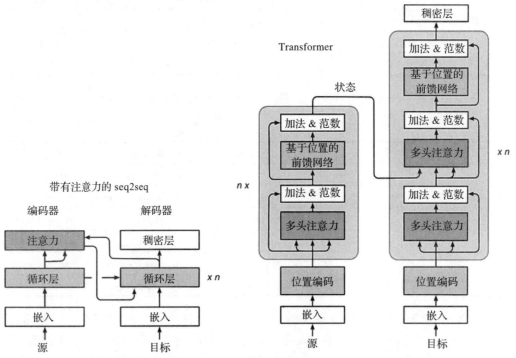

图 8-7　带有注意力的 seq2seq 和 Transformer 架构中的数据流。图片来源：Zhang 等人 [31]

这两种架构在以下方面有所不同：

1）seq2seq 网络中编码器上的循环层、注意力层以及解码器中的循环层已经用 Transformer 块替换。编码器端的 Transformer 块由一个多头注意力层序列、一个"加法和范数"层，以及一个基于位置的前馈层组成。解码器端的 Transformer 有一个额外的多头注意力层，在编码器状态信号的前面有"加法和范数"层。

2）编码器状态传递给解码器上的每个 Transformer 块，而不是像带有注意力的 seq2seq 网络那样，传递给第一个循环时间步。因为 Transformer 不像 seq2seq 网络那样存在时间依赖性，所以它可以在各个时间步上并行工作。

3）因为前面提到的并行性，为了区分 Transformer 网络中序列上每个元素的位置，添加了一个位置编码层来提供这个位置的信息。

让我们来看一下数据流如何通过 Transformer。编码器端包括一个嵌入层和一个位置编码层，以及一定数量的 Transformer 模块（在参考实现[30]中是 6 个）。编码器端的每个 Transformer 块均包含一个多头注意力层和一个基于位置的**前馈网络**（Feed-Forward Network，FFN）。

自注意力是关注同一序列各个部分的过程。因此，在处理一个句子时，我们可能想知道还有哪些其他单词与当前的单词最一致。多头注意力层由多个（在参考实现[30]中是 8 个）并行的自注意力层组成。通过从输入嵌入中构造三个向量 **Q**（查询）、**K**（关键字）和 **V**（值）来实现自注意力。通过将输入嵌入与 3 个可训练的权重矩阵 W_Q、W_K 和 W_V 相乘得到这些向量。使用下列公式，在每个自注意力层组合 **K**、**Q** 和 **V** 得到输出向量 **Z**。这里 d_K 是指 **K**、**Q** 和 **V** 向量的维度（参考实现[30]中是 64）：

$$z = \text{soft max}\left(\frac{QK^\mathrm{T}}{\sqrt{d_k}}\right)V$$

多头注意力层将为 **Z** 创建多个值（根据每个自注意力层的多个可训练权重矩阵 W_Q、W_K 和 W_V），然后将它们连接起来输入基于位置的 FFN 层中。

基于位置的 FFN 的输入包括序列中不同元素的嵌入（或句子中的单词），并通过多头注意力层中的自注意力来实现。一个固定长度的嵌入向量（参考实现[30]中是 512）表示内部的每个 token。每个向量并行通过 FFN。FFN 的输出是下一个 Transformer 块中多头注意力层的输入。如果这是编码器中的最后一个 Transformer 块，那么输出是传递给解码器的上下文向量。

除了来自上一层的信号之外，多头注意力层和基于位置的 FFN 层都从其输入端向其输出端发送一个残差信号。输出和残差输入通过归一化层[32]传递一步，显示为图 8-7 中的"Add & Norm"层。

因为整个序列是在编码器上并行使用的，所以有关各个元素位置的信息都丢失了。为了解决这一问题，输入嵌入增加了一个位置嵌入，这是一个没有学习参数的正弦函数。

编码器的输出是一对注意力向量 **K** 和 **V**，被并行发送到解码器中的所有 Transformer 块中。解码器上的 Transformer 块与编码器上的 Transformer 块相似，不同的是解码器上的 Transformer 块有一个额外的多头注意力层，用于处理来自编码器的注意力向量。这个额外的多头注意力层的工作原理类似于编码器中的注意力层及其下一个注意力层，不同的是，这个额外的多头注意力层结合了下一层的 **Q** 向量和编码器状态的 **K** 和 **Q** 向量。

与 seq2seq 网络类似，使用上一个时间步的输入，每次生成一个 token 的输出序列。与编码器的输入一样，解码器的输入也添加了一个位置嵌入。与编码器不同的是，解码器中的自注意力过程只允许在先前的时间点关注 token。这是通过在将来的时间点掩模 token 来实现的。

解码器中最后一个 Transformer 块的输出是一个低维嵌入序列（如前所述，在参考实现[30]中是 512）。这将传递给稠密层，稠密层将其转换为目标词表上的概率分布序列，从中我们可以使用贪婪搜索或通过更复杂的技术（例如定向搜索）生成最有可能的单词。

这是对 Transformer 架构的较高层次的介绍。在某些机器翻译的基准测试中已经取得了领先的结果。在上一章中我们已经讨论过，BERT 嵌入是在同一语言中成对的句子上训练一个 Transformer 网络的编码器部分。BERT 网络有两种形式，两者都比参考实现要大一些——BERT-base 有 12 个编码器层、隐状态维度是 768，其多头注意力层有 8 个注意力头；而 BERT-large 有 24 个编码器层、隐状态维度是 1024、16 个注意力头。

如果你想了解有关 Transformer 的更多信息，Allamar[33] 介绍 Transformer 的博客文章提供了一个非常详细且直观的指南，介绍了这个网络的结构和内部工作原理。另外，对于喜欢代码的人，可以参考张等人 [31] 编写的教材，该教材用 MXNet 描述并建立了 Transformer 网络的工作模型。

8.8 小结

在本章中，我们学习了 RNN，这是一类专用于处理自然语言、时间序列、语音等的网络。就像 CNN 利用图像的几何形状一样，RNN 利用其输入的顺序结构。我们学习了基本的 RNN 单元以及如何根据之前的时间步长处理状态，还见到了因为 BPTT 固有的问题而引起的梯度消失和梯度爆炸问题。我们看到了这些问题如何促进 LSTM、GRU 和 peephole LSTM 等新的 RNN 单元架构的发展。我们还学习了使 RNN 更有效的一些简单方法，例如，使其成为双向的或有状态的。

我们还介绍了不同的 RNN 拓扑结构及其示例，以及每种拓扑结构如何适应特定的问题集。然后，我们重点讨论了名为 seq2seq 的拓扑结构，它起初在机器翻译社区中广受欢迎，后来被应用于类似于机器翻译的问题中。

从这里开始，我们开始专注于注意力，注意力开始作为提升 seq2seq 网络性能的一种方法，但是此后，在我们希望压缩表示形式同时将数据损失降至最低等情况下，我们也非常有效地使用了注意力方法。我们研究了不同类型的注意力，并研究了在一个 seq2seq 网络中使用注意力的示例。

最后，我们讨论了 Transformer 网络，它基本上是一个编码器 - 解码器架构，其中循环层用注意力层代替。在编写本书时，Transformer 网络是一项领先技术，而且在许多领域中都得到了广泛应用。

在第 9 章中，我们将学习自编码器，这是另一种类型的编码器 - 解码器架构，在半监督或无监督环境中很有用。

8.9 参考文献

1. Jozefowicz, R., Zaremba, R. and Sutskever, I. (2015). *An Empirical Exploration of Recurrent Neural Network Architectures*. Journal of Machine Learning.

2. Greff, K., et al. (July 2016). *LSTM: A Search Space Odyssey*. IEEE Transactions on Neural Networks and Learning Systems.

3. Bernal, A., Fok, S., and Pidaparthi, R. (December 2012). *Financial Markets Time Series Prediction with Recurrent Neural Networks*.

4. Hadjeres, G., Pachet, F., Nielsen, F. (August 2017). *DeepBach: a Steerable Model for Bach Chorales Generation*. Proceedings of the 34th International Conference on Machine Learning (ICML).

5. Karpathy, A. (2015). *The Unreasonable Effectiveness of Recurrent Neural Networks*. URL: http://karpathy.github.io/2015/05/21/rnn-effectiveness/.

6. Karpathy, A., Li, F. (2015). *Deep Visual-Semantic Alignments for Generating Image Descriptions*. Conference on Pattern Recognition and Pattern Recognition (CVPR).

7. Socher, et al. (2013). *Recursive Deep Models for Sentiment Compositionality over a Sentiment Treebank*. Proceedings of the 2013 Conference on Empirical Methods in Natural Language Processing (EMNLP).

8. Bahdanau, D., Cho, K., Bengio, Y. (2015). *Neural Machine Translation by Jointly Learning to Align and Translate*. arXiv: 1409.0473 [cs.CL].

9. Wu, Y., et al. (2016). *Google's Neural Machine Translation System: Bridging the Gap between Human and Machine Translation*. arXiv 1609.08144 [cs.CL].

10. Vinyals, O., et al. (2015). *Grammar as a Foreign Language*. Advances in Neural Information Processing Systems (NIPS).

11. Rumelhart, D. E., Hinton, G. E., and Williams, R. J. (1985). *Learning Internal Representations by Error Propagation*. Parallel Distributed Processing: Explorations in the Microstructure of Cognition.

12. Britz, D. (2015). *Recurrent Neural Networks Tutorial, Part 3 - Backpropagation Through Time and Vanishing Gradients*. URL: http://www.wildml.com/2015/10/recurrent-neural-networks-tutorial-part-3-backpropagation-through-time-and-vanishing-gradients/.

13. Pascanu, R., Mikolov, T., and Bengio, Y. (2013). *On the difficulty of training Recurrent Neural Networks*. Proceedings of the 30th International Conference on Machine Learning (ICML).

14. Hochreiter, S., and Schmidhuber, J. (1997). *LSTM can solve hard long time lag problems*. Advances in Neural Information Processing Systems (NIPS).

15. Britz, D. (2015). *Recurrent Neural Network Tutorial, Part 4 – Implementing a GRU/LSTM RNN with Python and Theano*. URL: http://www.wildml.com/2015/10/recurrent-neural-network-tutorial-part-4-implementing-a-grulstm-rnn-with-python-and-theano/.

16. Olah, C. (2015). *Understanding LSTM Networks*. URL: https://colah.github.io/posts/2015-08-Understanding-LSTMs/.

17. Cho, K., et al. (2014). *Learning Phrase Representations using RNN Encoder-Decoder for Statistical Machine Translation*. arXiv: 1406.1078 [cs.CL].

18. Shi, X., et al. (2015). *Convolutional LSTM Network: A Machine Learning Approach for Precipitation Nowcasting.* arXiv: 1506.04214 [cs.CV].

19. Gers, F.A., and Schmidhuber, J. (2000). *Recurrent Nets that Time and Count.* Proceedings of the IEEE-INNS-ENNS International Joint Conference on Neural Networks (IJCNN).

20. Kotzias, D. (2015). *Sentiment Labeled Sentences Dataset,* provided as part of "From Group to Individual Labels using Deep Features" (KDD 2015). URL: `https://archive.ics.uci.edu/ml/datasets/Sentiment+Labelled+Sentences`.

21. Collobert, R., et al (2011). *Natural Language Processing (Almost) from Scratch.* Journal of Machine Learning Research (JMLR).

22. Marcus, M. P., Santorini, B., and Marcinkiewicz, M. A. (1993). *Building a large annotated corpus of English: the Penn Treebank.* Journal of Computational Linguistics.

23. Bird, S., Loper, E., and Klein, E. (2009). *Natural Language Processing with Python, O'Reilly Media Inc.* Installation URL: `https://www.nltk.org/install.html`.

24. Liu, C., et al. (2017). *MAT: A Multimodal Attentive Translator for Image Captioning.* arXiv: 1702.05658v3 [cs.CV].

25. Suilin, A. (2017). *Kaggle Web Traffic Time Series Forecasting.* GitHub repository `https://github.com/Arturus/kaggle-web-traffic`.

26. Tatoeba Project. (1997-2019). Tab-delimited Bilingual Sentence Pairs. URLs: `http://tatoeba.org` and `http://www.manythings.org/anki`.

27. Graves, A., Wayne, G., and Danihelka, I. (2014). *Neural Turing Machines.* arXiv: 1410.5401v2 [cs.NE].

28. Bahdanau, D., Cho, K., Bengio, Y. (2015). *Neural Machine Translation by jointly learning to Align and Translate.* arXiv: 1409.0473v7 [cs.CL].

29. Luong, M., Pham, H., Manning, C. (2015). *Effective Approaches to Attention-based Neural Machine Translation.* arXiv: 1508.04025v5 [cs.CL].

30. Vaswani, A., et al. (2017). *Attention Is All You Need.* 31st Conference on Neural Information Processing Systems (NeurIPS).

31. Zhang, A., Lipton, Z. C., Li, M., and Smola, A. J. (2019). *Dive into Deep Learning.* URL: `http://www.d2l.ai`.

32. Ba, J. L., Kiros, J. R., Hinton, G. E. (2016). *Layer Normalization.* arXiv: 1607.06450v1 [stat.ML].

33. Allamar, J. (2018). *The Illustrated Transformer.* URL: `http://jalammar.github.io/illustrated-transformer/`.

34. Honnibal, M. (2016). *Embed, encode, attend, predict: The new deep learning formula for state of the art NLP models.* URL: `https://explosion.ai/blog/deep-learning-formula-nlp`.

35. Papineni, K., Roukos, S., Ward, T., and Zhu, W. (2002). *BLEU: A Method for Automatic Evaluation of Machine Translation.* Proceedings of the 40th Annual Meeting for the Association of Computational Linguistics (ACL).

36. Project Gutenberg (2019), URL: `https://www.gutenberg.org/`.

第 9 章

自编码器

自编码器是前馈非循环神经网络,通过无监督学习(有时也称为半监督学习)进行学习,因此输入也被视为目标。在本章中,我们将学习和实现自编码器的各种变体,最终学习如何堆叠自编码器。我们还将学习如何使用自编码器创建 MNIST 数字,最后还将介绍构建一个长短期记忆自编码器以生成句子向量所涉及的步骤。本章涵盖以下主题:

❑ 香草(vanilla)自编码器
❑ 稀疏(sparse)自编码器
❑ 降噪(denoising)自编码器
❑ 卷积(convolutional)自编码器
❑ 堆栈(stacked)自编码器
❑ 使用 LSTM 自编码器生成句子

9.1 自编码器简介

自编码器是一类神经网络,尝试使用反向传播将输入重新构建为目标。自编码器由两部分组成:编码器和解码器。编码器将读取输入并将其压缩为紧凑表示,而解码器将读取紧凑表示并从中重新构建输入。或者说,自编码器试图通过最小化重构误差来学习恒等函数。它们拥有一种与生俱来的能力去学习数据的一种紧凑表示。它们是深度信任网络的核心,在图像重构、聚类、机器翻译等领域都有应用。

你可能会认为使用深度神经网络实现恒等函数很无聊,但是,这种方法却使它变得有趣起来。通常,自编码器中隐藏单元的数量小于输入(和输出)单元的数量。这迫使编码器学习输入的压缩表示,解码器再对其重构。如果输入数据中存在输入特征之间相关性的结构，那么自编码器将发现其中一些相关性，并最终学习数据的低维表示，类似于使用**主成分分析（Principal Component Analysis，PCA）**学习到的数据的低维表示。

PCA 使用线性变换，而自编码器则使用非线性变换。

训练完自编码器之后，通常我们会丢弃解码器组件，而使用编码器组件生成输入的紧凑表示。或者，我们可以将编码器作为特征检测器，生成一个紧凑的、语义丰富的输入表示，并通过将 softmax 分类器附加到隐层来构建一个分类器。

根据所建模的数据类型，可以使用稠密网络、卷积网络或循环网络实现自编码器的编码器和解码器组件。例如，对于构建**协作滤波（Collaborative Filtering，CF）**模型的自编码器来说，稠密网络可能是一个不错的选择，在这个模型中，我们可以根据实际的稀疏用户评级来学习一个用户偏好的压缩模型。类似地，卷积神经网络可能适用于 M. Runfeldt 的文章 "iSee: Using Deep Learning to Remove Eyeglasses from Faces" 中描述的用例。另一方面，对于处理文本数据的自编码器（例如，基于深度学习的患者数据集和 skip-thought 向量）来说，循环网络是一个不错的选择。

我们可以认为自编码器是由两个级联网络组成的。第一个网络是编码器，它获取输入 x，使用变换 h 将其编码为一个编码信号 y，即

$$y = h(x)$$

第二网络使用编码后的信号 y 作为输入，执行另一个变换 f，获得重构信号 r，即

$$r = f(y) = f(h(x))$$

我们把误差 e 定义为原始输入 x 与重构信号 r 之间的差值：$e = x - r$。然后，网络通过降低损失函数（例如，**均方误差（mean squared error，MSE）**）进行学习，并且像 MLP 一样，将误差反向传播到隐层。

根据相对于输入、损失函数和约束条件的编码层的实际维度，可以使用各种类型的自编码器：变分自编码器、稀疏自编码器、降噪自编码器和卷积自编码器。

自编码器也可以通过依次堆叠编码器将其输入压缩成越来越小的表示，然后以相反的顺序堆栈解码器。堆栈自编码器具有更强的表达能力，连续的表示层捕捉输入的分层分组，类似于卷积神经网络中的卷积和池化操作。

堆栈自编码器过程是逐层进行训练的。如图 9-1 所示，在显示的网络中，我们将首先使用隐层 H1（忽略 H2）训练 X 层以重构 X' 层。然后，我们将使用隐层 H2 训练 H1 层以重构 H1' 层。最后，我们将所有的层堆叠在一起，并对其进

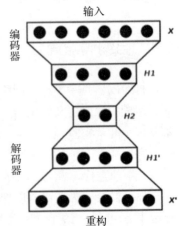

图 9-1 堆栈自编码器的可视化

行微调，从 X 重构 X'。但是，如今有了更好的激活和正则化函数，对这些网络进行整体训练是很普遍的。

在本章中，我们将学习自编码器的各种变体，并使用 TensorFlow 2.0 实现它们。

9.2 香草自编码器

2006 年，Hinton 在论文"Reducing the Dimensionality of Data with Neural Networks"中提出的香草自编码器只包含一个隐层。隐层中神经元的数量小于输入（或输出）层中神经元的数量。

这导致网络中信息流产生了瓶颈效应。中间的隐层也称为"瓶颈层"。自编码器中的学习包括在隐层开发输入信号的紧凑表示，以便输出层能够精确地再现原始输入。

在图 9-2 中，你可以看到香草自编码器的架构。

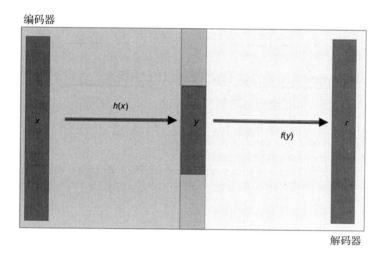

编码器

解码器

图 9-2　香草自编码器架构的可视化

让我们尝试构建一个香草自编码器。在论文中，Hinton 将其用于降维，但是在接下来的代码中，我们将使用自编码器重构图像。我们将在 MNIST 数据库上训练自编码器，并将其用于重构测试图像。在代码中，我们将使用 TensorFlow Keras `Layers` 类构建自己的编码器和解码器层，因此首先让我们了解一下有关 `Layers` 类的知识。

9.2.1 TensorFlow Keras 层——定义自定义层

TensorFlow 提供了一种简便的方法从头开始或作为现有层的组合来定义自定义层。TensorFlow Keras `layers` 软件包定义了一个 `Layers` 对象。我们可以通过简单地使其成为 `Layers` 类的子类创建自己的层。在定义层时，有必要定义输出的维度。虽然输入维度是可选的，但是如果不定义输入维度，将从数据中自动推断其维度信息。要构建自己的层，需要实现 3 个方法：

- ❏ _init_()：定义所有与输入无关的初始化。
- ❏ build()：定义输入张量的形状，并且可以在需要时执行其余的初始化。在我们的示例中，因为没有显式定义输入形状，所以不需要定义 build() 方法。
- ❏ call()：执行正向计算的地方。

现在使用 tensorflow.keras.layers 类定义编码器和解码器层。首先从编码器层开始。我们将 tensorflow.keras 导入为 K，并创建一个 Encoder 类。编码器接受输入并生成隐层或瓶颈层作为输出：

```python
class Encoder(K.layers.Layer):
    def __init__(self, hidden_dim):
        super(Encoder, self).__init__()
        self.hidden_layer = K.layers.Dense(units=hidden_dim,
activation=tf.nn.relu)

    def call(self, input_features):
        activation = self.hidden_layer(input_features)
        return activation
```

接下来定义 Decoder 类。这个类接受 Encoder 的输出，再将其通过一个全连接的神经网络传递。目的是重构 Encoder 的输入：

```python
class Decoder(K.layers.Layer):
    def __init__(self, hidden_dim, original_dim):
        super(Decoder, self).__init__()
        self.output_layer = K.layers.Dense(units=original_dim,
activation=tf.nn.relu)

    def call(self, encoded):
        activation = self.output_layer(encoded)
        return activation
```

我们已经定义了编码器和解码器，那么使用 tensorflow.keras.Model 对象构建自编码器模型。你可以在下面的代码中看到，在 _init_() 函数中，我们实例化了编码器和解码器对象；在 call() 方法中，我们定义了信号流。还要注意在 _init_() 中初始化的成员列表 self.loss：

```python
class Autoencoder(K.Model):
    def __init__(self, hidden_dim, original_dim):
        super(Autoencoder, self).__init__()
        self.loss = []
        self.encoder = Encoder(hidden_dim=hidden_dim)
        self.decoder = Decoder(hidden_dim=hidden_dim, original_
dim=original_dim)

    def call(self, input_features):
        encoded = self.encoder(input_features)
```

```
reconstructed = self.decoder(encoded)
return reconstructed
```

在下一节中，我们将使用本节定义的自编码器重构手写数字。

9.2.2　使用自编码器重构手写数字

现在我们已经准备好自编码器模型及其层编码器和解码器，下面试着重构手写数字。在本章 GitHub 库的 notebook VanillaAutoencoder.ipynb 中可以找到完整的代码。这段代码会用到 NumPy、TensorFlow 和 Matplotlib 模块：

```
import numpy as np
import tensorflow as tf
import tensorflow.keras as K
import matplotlib.pyplot as plt
```

首先定义一些超参数。如果你试着使用这些超参数，会注意到，即使模型的架构保持不变，模型的性能也会有显著的变化。超参数调优（详见第 1 章）是深度学习中的一个重要步骤。为了复现性，我们设置了随机计算的种子：

```
np.random.seed(11)
tf.random.set_seed(11)
batch_size = 256
max_epochs = 50
learning_rate = 1e-3
momentum = 8e-1
hidden_dim = 128
original_dim = 784
```

为了训练数据，我们使用 TensorFlow 数据集中可用的 MNIST 数据集。对数据进行归一化，使像素值在 [0, 1] 之间。这只需要将每个像素元素除以 255 即可实现。

然后将二维张量变换为一维张量。我们使用 from_tensor_slices 生成张量的切片。还要注意，这里我们没有使用独热编码标签。这是因为我们没有使用标签来训练网络。通过无监督学习，自编码器可以完成学习过程：

```
(x_train, _), (x_test, _) = K.datasets.mnist.load_data()
x_train = x_train / 255.
x_test = x_test / 255.
x_train = x_train.astype(np.float32)
x_test = x_test.astype(np.float32)
x_train = np.reshape(x_train, (x_train.shape[0], 784))
x_test = np.reshape(x_test, (x_test.shape[0], 784))
training_dataset = tf.data.Dataset.from_tensor_slices(x_train).
batch(batch_size)
```

现在，我们实例化自编码器模型对象，并定义用于训练的损失和优化器。仔细观察损

失，这只是原始图像和重构图像之间的差异。你可能会发现，在许多书籍和论文中也使用
"重构损失"一词来描述原始图像和重构图像之间的差异：

```
autoencoder = Autoencoder(hidden_dim=hidden_dim, original_
dim=original_dim)
opt = tf.keras.optimizers.Adam(learning_rate=1e-2)
def loss(preds, real):
    return tf.reduce_mean(tf.square(tf.subtract(preds, real)))
```

对于自定义编码器模型，我们将定义一个自定义训练，而不使用自训练的循环。我
们使用 `tf.GradientTape` 记录计算后的梯度，并将其隐式地应用于模型的所有可训练
变量：

```
def train(loss, model, opt, original):
    with tf.GradientTape() as tape:
        preds = model(original)
        reconstruction_error = loss(preds, original)
        gradients = tape.gradient(reconstruction_error, model.
trainable_variables)
        gradient_variables = zip(gradients, model.trainable_variables)
    opt.apply_gradients(gradient_variables)
    return reconstruction_error
```

我们将在一个训练循环中调用上面的 `train()` 函数，并将数据集以批处理的形式送入
模型：

```
def train_loop(model, opt, loss, dataset, epochs=20):
    for epoch in range(epochs):
        epoch_loss = 0
        for step, batch_features in enumerate(dataset):
            loss_values = train(loss, model, opt, batch_features)
            epoch_loss += loss_values
        model.loss.append(epoch_loss)
        print('Epoch {}/{}. Loss: {}'.format(epoch + 1, epochs, epoch_
loss.numpy()))
```

训练自编码器：

```
train_loop(autoencoder, opt, loss, training_dataset, epochs=max_
epochs)
```

训练图如图 9-3 所示。可以看到，随着网络的学习，损失 / 成本将下降，经过 50 轮后，
损失 / 成本几乎保持不变。这意味着进一步增加训练次数是毫无意义的。如果想进一步提升
训练性能，则应修改学习率和 `batch_size` 之类的超参数：

```
plt.plot(range(max_epochs), autoencoder.loss)
plt.xlabel('Epochs')
plt.ylabel('Loss')
plt.show()
```

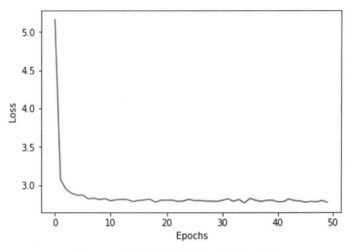

图 9-3 训练次数与损失 / 成本关系图

在图 9-4 中可以看到原始图像（顶部）和重构图像（底部）。这些图像有些模糊，但是很准确：

```python
number = 10  # how many digits we will display
plt.figure(figsize=(20, 4))
for index in range(number):
    # display original
    ax = plt.subplot(2, number, index + 1)
    plt.imshow(x_test[index].reshape(28, 28), cmap='gray')
    ax.get_xaxis().set_visible(False)
    ax.get_yaxis().set_visible(False)

    # display reconstruction
    ax = plt.subplot(2, number, index + 1 + number)
    plt.imshow(autoencoder(x_test)[index].numpy().reshape(28, 28),
cmap='gray')
    ax.get_xaxis().set_visible(False)
    ax.get_yaxis().set_visible(False)
plt.show()
```

图 9-4 手写数字的原始图像和重构图像

有趣的是，在前面的代码中，我们将输入的维度从 784 降低到 128，而且我们的网络仍可以重构原始图像。这应该使你对自编码器的降维有了一个大致的了解。与 PCA 相比，自编码器在降维方面的一个优势是，PCA 只能表示线性变换，而我们可以在自编码器中使用非线性激活函数，从而在编码中引入了非线性。

图 9-5 源自 Hinton 的论文 "Reducing the dimensionality of data with Neural Networks"。该图比较了 PCA（A）的结果和基于 784-1000-500-250-2 架构的堆栈自编码器的结果。

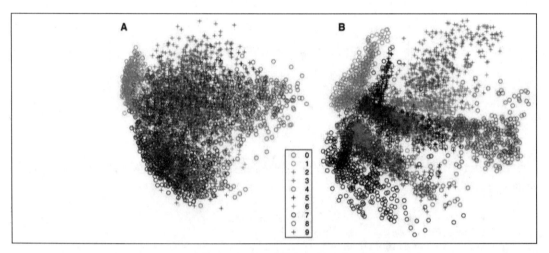

图 9-5   PCA 结果之间的比较

我们可以看到很好地分离了图 9-5 右侧的彩色点，因此与 PCA 相比，堆栈自编码器的结果更好。你已经熟悉了香草自编码器，下面我们再来看看自编码器的各种变体及其实现细节。

9.3   稀疏自编码器

9.2 节中介绍的自编码器的工作方式更像是一个恒等网络，只是简单地重构输入。重点是在像素级别重构图像，唯一的约束是瓶颈层中的单元数量。有趣的是，像素级重构不能确保网络从数据集中学习抽象特征。通过添加更多约束，我们可以确保网络从数据集中学习抽象特征。

在稀疏自编码器中，在重构误差中加入稀疏惩罚项。这试图确保在任何给定时间内触发瓶颈层中更少的单元。我们可以在编码器层本身中包含稀疏惩罚。在下面的代码中可以看到，编码器的稠密层现在有了一个额外的参数 activity_regularizer：

```
class SparseEncoder(K.layers.Layer):
    def __init__(self, hidden_dim):
        super(Encoder, self).__init__()
        self.hidden_layer = K.layers.Dense(units=hidden_dim,
```

```
activation=tf.nn.relu, activity_regularizer=regularizers.l1(10e-5))
        def call(self, input_features):
            activation = self.hidden_layer(input_features)
            return activation
```

活动的正则化试着减少层的输出（参见第 1 章）。这将减少全连接层的权重和偏置，以确保输出尽可能小。TensorFlow 支持 3 种类型的 `activity_regularizer`：

- ❑ `l1`：把活动计算为绝对值的和
- ❑ `l2`：把活动计算为平方值的和
- ❑ `l1_l2`：包括 L1 和 L2 项

保持代码的其余部分不变，只修改编码器，就可以从香草自编码器获取稀疏自编码器。稀疏自编码器的完整代码在 Jupyter Notebook `SparseAutoencoder.ipynb` 中。

或者，你可以在损失函数中显式添加稀疏的正则化项。为此，你需要将稀疏项的正则化实现为一个函数。如果 m 是输入模式的总数，那么我们可以定义一个量 ρ_hat（你可以在 Andrew Ng 的演讲稿中查看数学细节：https://web.stanford.edu/class/cs294a/sparseAutoencoder_2011new.pdf），测量每个隐层单元的净活动（平均触发次数）。基本思想是放置一个约束 ρ_hat，使其等于稀疏参数 ρ。这会在损失函数中添加一个正则项表示稀疏性，因此损失函数现在变为：

损失＝均方误差＋稀疏参数的正则化

如果 ρ_hat 偏离 ρ，则这个正规化项将惩罚网络。实现这一任务的一种标准方法是在 ρ 和 ρ_hat 之间使用 Kullback-Leiber（KL）散度（有关 KL 散度的更多信息可访问：https://www.stat.cmu.edu/~cshalizi/754/2006/notes/lecture-28.pdf）。

让我们再深入探讨一下 KL 散度 D_{KL}。这是两个分布（在我们的例子中是 ρ 和 ρ_hat）之间差异的一种非对称度量。当 ρ 和 ρ_hat 相等时，差为零；当 ρ_hat 与 ρ 偏离时，单调递增。数学上，表示为：

$$D_{\mathrm{KL}}(\rho\,||\hat{\rho}_j) = \rho \log \frac{\rho}{\hat{\rho}_j} + (1-\rho)\log \frac{1-\rho}{1-\hat{\rho}_j}$$

将其添加到损失中，即可隐式包含稀疏项。你需要为稀疏项 ρ 固定一个常数值，并使用编码器输出计算 ρ_hat。

在权重中存储输入的紧凑表示。让我们可视化网络学习到的权重。下面分别是标准自编码器和稀疏自编码器的编码器层的权重。

可以看到，在标准自编码器（图 9-6a）中，许多隐藏单元的权重非常大（更亮），这表明它们工作过度，而稀疏自编码器（图 9-6b）的所有隐藏单元对输入表示的学习几乎相等，显示出一个更均匀的颜色分布。

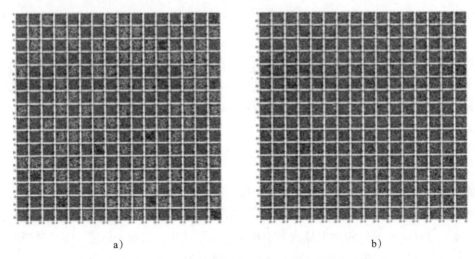

a)   b)

图 9-6   标准自编码器和稀疏自编码器的编码器权重矩阵

9.4   降噪自编码器

前面介绍的两种自编码器都是不完备的自编码器，因为与输入（输出）层相比，这两种自编码器的隐层维度较低。降噪自编码器属于过完备的自编码器类别，因为当隐层的维度大于输入层的维度时，会工作得更好。

降噪自编码器从损坏的（有噪声的）输入中学习。它会向编码器网络提供噪声输入，然后将来自解码器的重构图像与原始输入进行比较。其思路是，这将帮助网络学习如何对输入降噪。它不再只是进行逐像素的比较，而是为了进行降噪，还会学习相邻像素的信息。

降噪自编码器与其他自编码器有两个主要区别：首先，瓶颈层中的隐藏单元数 n_hidden 大于输入层中的单元数 m，即 n_hidden>m；其次，编码器的输入已损坏。为此，我们在测试图像和训练图像中都添加了一个噪声项：

```
noise = np.random.normal(loc=0.5, scale=0.5, size=x_train.shape)
x_train_noisy = x_train + noise
noise = np.random.normal(loc=0.5, scale=0.5, size=x_test.shape)
x_test_noisy = x_test + noise
x_train_noisy = np.clip(x_train_noisy, 0., 1.)
x_test_noisy = np.clip(x_test_noisy, 0., 1.)
```

使用降噪自编码器清除图像

让我们使用降噪自编码器清除手写 MNIST 数字。

1）导入所需的模块：

```
import numpy as np
import tensorflow as tf
```

```
import tensorflow.keras as K
import matplotlib.pyplot as plt
```

2）为模型定义超参数：

```
np.random.seed(11)
tf.random.set_seed(11)
batch_size = 256
max_epochs = 50
learning_rate = 1e-3
momentum = 8e-1
hidden_dim = 128
original_dim = 784
```

3）读取 MNIST 数据集，对其进行归一化，然后在其中引入噪声：

```
(x_train, _), (x_test, _) = K.datasets.mnist.load_data()

x_train = x_train / 255.
x_test = x_test / 255.

x_train = x_train.astype(np.float32)
x_test = x_test.astype(np.float32)

x_train = np.reshape(x_train, (x_train.shape[0], 784))
x_test = np.reshape(x_test, (x_test.shape[0], 784))

# Generate corrupted MNIST images by adding noise with normal dist
# centered at 0.5 and std=0.5
noise = np.random.normal(loc=0.5, scale=0.5, size=x_train.shape)

x_train_noisy = x_train + noise
noise = np.random.normal(loc=0.5, scale=0.5, size=x_test.shape)
x_test_noisy = x_test + noise
```

4）编码器、解码器和自编码器类的定义与我们在香草自编码器中的定义相同：

```
# Encoder
class Encoder(K.layers.Layer):
    def __init__(self, hidden_dim):
        super(Encoder, self).__init__()
        self.hidden_layer = K.layers.Dense(units=hidden_dim,
activation=tf.nn.relu)
        def call(self, input_features):
            activation = self.hidden_layer(input_features)
            return activation
# Decoder
class Decoder(K.layers.Layer):
    def __init__(self, hidden_dim, original_dim):
        super(Decoder, self).__init__()
        self.output_layer = K.layers.Dense(units=original_dim,
activation=tf.nn.relu)
```

```
        def call(self, encoded):
            activation = self.output_layer(encoded)
            return activation

class Autoencoder(K.Model):
    def __init__(self, hidden_dim, original_dim):
        super(Autoencoder, self).__init__()
        self.loss = []
        self.encoder = Encoder(hidden_dim=hidden_dim)
        self.decoder = Decoder(hidden_dim=hidden_dim, original_
dim=original_dim)

        def call(self, input_features):
            encoded = self.encoder(input_features)
            reconstructed = self.decoder(encoded)
            return reconstructed
```

5）创建模型并定义损失和优化器。注意，这次我们不编写自定义训练循环，而是使用更简单的 Keras 内置的 `compile()` 和 `fit()` 方法：

```
model = Autoencoder(hidden_dim=hidden_dim, original_dim=original_
dim)
model.compile(loss='mse', optimizer='adam')
loss = model.fit(x_train_noisy,
            x_train,
            validation_data=(x_test_noisy, x_test),
            epochs=max_epochs,
            batch_size=batch_size)
```

6）绘制训练损失（见下图）：

```
plt.plot(range(max_epochs), loss.history['loss'])
plt.xlabel('Epochs')
plt.ylabel('Loss')
plt.show()
```

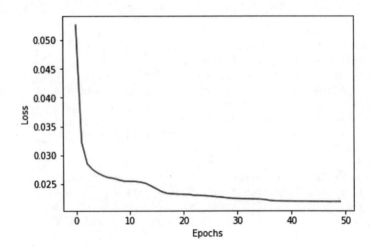

7）模型的实际应用。最上面一行显示输入噪声图像，底部的一行显示我们训练好的降噪自编码器生成的干净的图像：

```
number = 10  # how many digits we will display
plt.figure(figsize=(20, 4))
for index in range(number):
    # display original
    ax = plt.subplot(2, number, index + 1)
    plt.imshow(x_test_noisy[index].reshape(28, 28), cmap='gray')
    ax.get_xaxis().set_visible(False)
    ax.get_yaxis().set_visible(False)

    # display reconstruction
    ax = plt.subplot(2, number, index + 1 + number)
    plt.imshow(model(x_test_noisy)[index].numpy().reshape(28, 28),
cmap='gray')
    ax.get_xaxis().set_visible(False)
    ax.get_yaxis().set_visible(False)
plt.show()
```

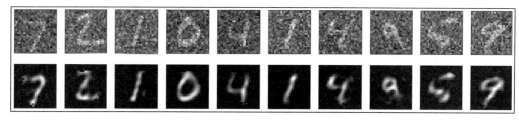

我相信你会同意，我们从噪声图像中重构了一张令人印象深刻的图像。如果你想使用降噪自编码器，可以访问 notebook DenoisingAutoencoder.ipynb 中的代码。

9.5　堆栈自编码器

到目前为止，我们仅限于只有一个隐层的自编码器。我们可以通过堆叠编码器和解码器的许多层来构建深度自编码器，即堆栈自编码器。编码器提取的特征将作为输入传递到下一个编码器。可以将堆栈自编码器作为一个整体进行训练，以最小化重构误差为目标。或者，每个编码器 / 解码器可以先用之前学习的无监督方法进行预训练，再对整个网络进行微调。当深度自编码器网络是一个卷积网络时，我们称之为卷积自编码器。接下来，让我们用 TensorFlow 2.0 实现卷积自编码器。

9.5.1　用于去除图像噪声的卷积自编码器

在上一节中，我们从有噪声的输入图像中重构了手写数字。我们使用一个全连接的网络作为工作的编码器和解码器。但是我们知道，对于图像，卷积网络可以得到更好的结果，因此在本节中，我们将使用卷积网络实现编码器和解码器。为了获得更好的结果，我们将在编码器和解码器网络中使用多个卷积层。也就是说，我们将生成卷积层（以及最大池化层或上采样层）的堆栈。我们还将把整个自编码器训练为一个实体。

1）导入所有必需的模块。为了方便起见，还从 `tensorflow.keras.layers` 导入特定的层：

```
import numpy as np
import tensorflow as tf
import tensorflow.keras as K
import matplotlib.pyplot as plt
from tensorflow.keras.layers import Dense, Conv2D, MaxPooling2D,
UpSampling2D
```

2）指定超参数。如果仔细看，会发现列表略有不同。与之前的自编码器实现相比，我们这次不再关注学习率和动量，而是关注卷积层的滤波器：

```
np.random.seed(11)
tf.random.set_seed(11)
batch_size = 128
max_epochs = 50
filters = [32,32,16]
```

3）在下一个步骤中，我们读取数据并对其进行预处理。同样，你可能会发现与之前的代码略有不同，特别是我们添加噪声并将其限制在 0～1 范围内的方式与之前有所不同。这样做是因为在这种情况下，我们将使用二值交叉熵损失，而不使用均方误差损失，而且解码器的最终输出将通过 sigmoid 激活，并将其范围限制在 0～1 之间：

```
(x_train, _), (x_test, _) = K.datasets.mnist.load_data()

x_train = x_train / 255.
x_test = x_test / 255.

x_train = np.reshape(x_train, (len(x_train),28, 28, 1))
x_test = np.reshape(x_test, (len(x_test), 28, 28, 1))

noise = 0.5
x_train_noisy = x_train + noise * np.random.normal(loc=0.0,
scale=1.0, size=x_train.shape)
x_test_noisy = x_test + noise * np.random.normal(loc=0.0,
scale=1.0, size=x_test.shape)

x_train_noisy = np.clip(x_train_noisy, 0, 1)
x_test_noisy = np.clip(x_test_noisy, 0, 1)

x_train_noisy = x_train_noisy.astype('float32')
x_test_noisy = x_test_noisy.astype('float32')

#print(x_test_noisy[1].dtype)
```

4）定义编码器。编码器由三个卷积层组成，每个卷积层后都有一个最大池化层。因为我们使用的是 MNIST 数据集，所以输入图像的形状为 28×28（单通道），输出图像的大小为 4×4（因为最后一个卷积层有 16 个滤波器，所以图像有 16 个通道）：

```python
class Encoder(K.layers.Layer):
    def __init__(self, filters):
        super(Encoder, self).__init__()
        self.conv1 = Conv2D(filters=filters[0], kernel_size=3,
strides=1, activation='relu', padding='same')
        self.conv2 = Conv2D(filters=filters[1], kernel_size=3,
strides=1, activation='relu', padding='same')
        self.conv3 = Conv2D(filters=filters[2], kernel_size=3,
strides=1, activation='relu', padding='same')
        self.pool = MaxPooling2D((2, 2), padding='same')


    def call(self, input_features):
        x = self.conv1(input_features)
        #print("Ex1", x.shape)
        x = self.pool(x)
        #print("Ex2", x.shape)
        x = self.conv2(x)
        x = self.pool(x)
        x = self.conv3(x)
        x = self.pool(x)
        return x
```

5）定义解码器。这与编码器的设计完全相反，我们使用上采样增加图像的大小，而不使用最大池化。注意带注释的打印语句，你可以使用这些带注释的打印语句了解每一步之后形状是如何变化的。还要注意，编码器和解码器仍然是基于 TensorFlow Keras Layers 类的类，但是现在它们内部有多个层。现在，你知道了如何构建一个复杂的自定义层：

```python
class Decoder(K.layers.Layer):
    def __init__(self, filters):
        super(Decoder, self).__init__()
        self.conv1 = Conv2D(filters=filters[2], kernel_size=3,
strides=1, activation='relu', padding='same')
        self.conv2 = Conv2D(filters=filters[1], kernel_size=3,
strides=1, activation='relu', padding='same')
        self.conv3 = Conv2D(filters=filters[0], kernel_size=3,
strides=1, activation='relu', padding='valid')
        self.conv4 = Conv2D(1, 3, 1, activation='sigmoid',
padding='same')
        self.upsample = UpSampling2D((2, 2))

    def call(self, encoded):
        x = self.conv1(encoded)
        #print("dx1", x.shape)
        x = self.upsample(x)
        #print("dx2", x.shape)
        x = self.conv2(x)
        x = self.upsample(x)
        x = self.conv3(x)
```

```
        x = self.upsample(x)
        return self.conv4(x)
```

6）组合编码器和解码器以建立一个自编码器模型。代码与之前完全一样：

```
class Autoencoder(K.Model):
    def __init__(self, filters):
        super(Autoencoder, self).__init__()
        self.encoder = Encoder(filters)
        self.decoder = Decoder(filters)

    def call(self, input_features):
        #print(input_features.shape)
        encoded = self.encoder(input_features)
        #print(encoded.shape)
        reconstructed = self.decoder(encoded)
        #print(reconstructed.shape)
        return reconstructed
```

7）实例化模型，然后在 `compile()` 方法中将二值交叉熵指定为损失函数，将 Adam 指定为优化器。然后，将模型与训练数据集拟合：

```
model = Autoencoder(filters)

model.compile(loss='binary_crossentropy', optimizer='adam')

loss = model.fit(x_train_noisy,
            x_train,
            validation_data=(x_test_noisy, x_test),
            epochs=max_epochs,
            batch_size=batch_size)
```

8）从下图中可以看到训练模型时的损失曲线。训练 50 轮，损失降低到 0.0988：

```
plt.plot(range(max_epochs), loss.history['loss'])
plt.xlabel('Epochs')
plt.ylabel('Loss')
plt.show()
```

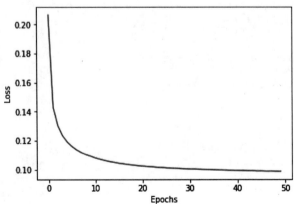

9）最后，你可以看到从噪声输入图像重构出的这些很棒的图像：

```
number = 10  # how many digits we will display
plt.figure(figsize=(20, 4))
for index in range(number):
    # display original
    ax = plt.subplot(2, number, index + 1)
    plt.imshow(x_test_noisy[index].reshape(28, 28), cmap='gray')
    ax.get_xaxis().set_visible(False)
    ax.get_yaxis().set_visible(False)

    # display reconstruction
    ax = plt.subplot(2, number, index + 1 + number)
    plt.imshow(tf.reshape(model(x_test_noisy)[index], (28, 28)),
cmap='gray')
    ax.get_xaxis().set_visible(False)
    ax.get_yaxis().set_visible(False)
plt.show()
```

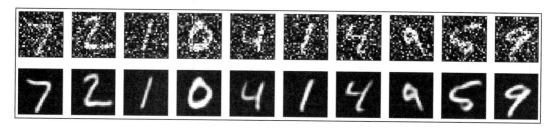

可以看到，与本章之前介绍的自编码器相比，这些图像要清晰得多。在 Jupyter notebook ConvolutionAutoencoder.ipynb 中可以找到本节的代码。

9.5.2　Keras 自编码器示例——句子向量

在这个示例中，我们将构建并训练一个基于 LSTM 的自编码器，为 Reuters-21578 语料库（https://archive. ics.uci.edu/ml/datasets/reuters-21578+text+cate-gorization+collection）中的文档生成句子向量。我们已经在第 7 章中看到了如何使用词嵌入表示一个单词，以创建向量在其他单词的上下文中表示这个单词的含义。在这里，我们将看到如何为句子构建类似的向量。句子是单词序列，因此句子向量表示句子的含义。

构建句子向量最简单的方法是把词向量相加再除以单词数。但是，这会把句子当作一个词袋，并没有考虑单词的顺序。因此，在这种情况下，句子"The dog bit the man"和"The man bit the dog"是一样的。LSTM 旨在处理序列输入，并且考虑单词的顺序，从而提供更好、更自然的句子表示。

首先，导入必要的库：

```
from sklearn.model_selection import train_test_split
from tensorflow.keras.callbacks import ModelCheckpoint
from tensorflow.keras.layers import Input
```

```
from tensorflow.keras.layers import RepeatVector

from tensorflow.keras.layers import LSTM
from tensorflow.keras.layers import Bidirectional
from tensorflow.keras.models import Model
from tensorflow.keras.preprocessing import sequence
from scipy.stats import describe
import collections
import matplotlib.pyplot as plt
import nltk
import numpy as np
import os
from time import gmtime, strftime
from tensorflow.keras.callbacks import TensorBoard
import re

# Needed to run only once
nltk.download('punkt')
```

数据以 SGML 文件集合的形式提供。存在一段辅助代码将 SGML 文件转换为基于 scikit-learn（https://scikit-learn.org/stable/auto_examples/applications/plot_out_of_core_classification.html）的 text.tsv。该辅助代码在 GitHub 中添加了名为 parse.py 的文件。我们将使用这个文件中的数据，首先将每个文本块转换为一个句子列表，每行一个句子。同样，句子中的每个单词在添加时都做了归一化处理。归一化包括删除所有数字，并用数字 9 替换，然后将单词转换为小写。同时，我们还计算相同代码中的词频。结果就是词频表 word_freqs：

```
DATA_DIR = "data"

def is_number(n):
    temp = re.sub("[.,-/]", "",n)
    return temp.isdigit()

# parsing sentences and building vocabulary
word_freqs = collections.Counter()
ftext = open(os.path.join(DATA_DIR, "text.tsv"), "r")
sents = []
sent_lens = []
for line in ftext:
    docid, text = line.strip().split("\t")
    for sent in nltk.sent_tokenize(text):
        for word in nltk.word_tokenize(sent):
            if is_number(word):
                word = "9"
            word = word.lower()
            word_freqs[word] += 1
            sents.append(sent)
            sent_lens.append(len(sent))
ftext.close()
```

让我们使用之前生成的数组获取有关语料库的一些信息，这些信息将帮助我们找出 LSTM 网络中常量的合适值：

```
print("Total number of sentences are: {:d} ".format(len(sents)))
print ("Sentence distribution min {:d}, max {:d} , mean {:3f}, median
{:3f}".format(np.min(sent_lens), np.max(sent_lens), np.mean(sent_
lens), np.median(sent_lens)))
print("Vocab size (full) {:d}".format(len(word_freqs)))
```

这为我们提供了有关语料库的以下信息：

Total number of sentences are: 131545

Sentence distribution min 1, max 2434 , mean 120.525052, median 115.000000

Vocab size (full) 50743

基于该信息，我们为 LSTM 模型设置以下常量。我们为 VOCAB_SIZE 选择 5000，即我们的词表包含最常用的 5000 个单词，涵盖语料库中超过 93% 以上的单词。把其余的单词视为**未定义词（Out Of Vocabulary，OOV）**，并用 token 替换。在预测时，模型没有识别的所有单词都将分配给 token UNK。SEQUENCE_LEN 设置为训练集中句子长度中值的两倍，实际上，在 1.31 亿个句子中，大约有 1.1 亿个句子都比这个设置短。比 SEQUENCE_LENGTH 短的句子都将用一个特殊的 PAD 字符填充，截断那些较长的句子以满足限制：

```
VOCAB_SIZE = 5000
SEQUENCE_LEN = 50
```

因为 LSTM 的输入是数字，所以我们需要构建查找表，在单词和单词 ID 之间来回切换。由于把词汇量限制为 5000 个，并且必须添加两个伪词 PAD 和 UNK，所以我们的查找表包含了最常见的 4998 个单词和 PAD 与 UNK 的条目：

```
word2id = {}
word2id["PAD"] = 0
word2id["UNK"] = 1
for v, (k, _) in enumerate(word_freqs.most_common(VOCAB_SIZE - 2)):
    word2id[k] = v + 2
id2word = {v:k for k, v in word2id.items()}
```

网络的输入是一个单词序列，其中每个单词都用一个向量表示。简单地说，我们可以对每个单词使用一个独热编码，但是这会使输入数据非常大。因此，我们使用 50 维的 GloVe 嵌入来编码每个单词。

嵌入生成的矩阵形状为（VOCAB_SIZE，EMBED_SIZE），其中每一行代表词表中一个单词的 GloVe 嵌入。分别用零和随机统一值填充 PAD 和 UNK 行（分别为 0 和 1）：

```
EMBED_SIZE = 50

def lookup_word2id(word):
```

```
try:

    return word2id[word]
except KeyError:
    return word2id["UNK"]

def load_glove_vectors(glove_file, word2id, embed_size):
    embedding = np.zeros((len(word2id), embed_size))
    fglove = open(glove_file, "rb")
    for line in fglove:

        cols = line.strip().split()
        word = cols[0]
        if embed_size == 0:

            embed_size = len(cols) - 1
        if word2id.has_key(word):

            vec = np.array([float(v) for v in cols[1:]])
            embedding[lookup_word2id(word)] = vec

    embedding[word2id["PAD"]] = np.zeros((embed_size))
    embedding[word2id["UNK"]] = np.random.uniform(-1, 1, embed_size)
    return embedding
```

使用这些函数生成嵌入：

```
sent_wids = [[lookup_word2id(w) for w in s.split()] for s in sents]
sent_wids = sequence.pad_sequences(sent_wids, SEQUENCE_LEN)

# load glove vectors into weight matrix
embeddings = load_glove_vectors(os.path.join(DATA_DIR, "glove.6B.{:d}
d.txt".format(EMBED_SIZE)), word2id, EMBED_SIZE)
```

我们的自编码器模型接受 GloVe 词向量的一个序列，并学习生成与输入序列类似的另一个序列。编码器 LSTM 将序列压缩成固定大小的上下文向量，解码器 LSTM 使用这个向量重构原始序列。网络示意图如图 9-7 所示。

因为输入量很大，所以我们将使用一个生成器生成输入的每一个批处理。生成器生成的批处理张量形状为（BATCH_SIZE, SEQUENCE_LEN, EMBED_SIZE）。这里，BATCH_SIZE 是 64，因为我们使用的是 50 维 GloVe 向量，所以 EMBED_SIZE 是 50。我们在每轮开始打乱句子，返回的批处理为 64 个句子。每个句子都表示为 GloVe 词向

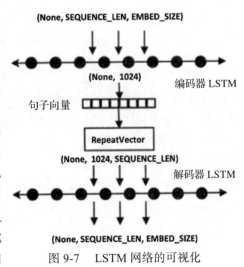

图 9-7　LSTM 网络的可视化

量的向量。如果一个单词在词表中没有对应的 GloVe 嵌入，那么就用零向量表示。我们构造了生成器的两个实例，一个用于训练数据，一个用于测试数据，分别占原始数据集的 70% 和 30%：

```
BATCH_SIZE = 64

def sentence_generator(X, embeddings, batch_size):
    while True:

        # loop once per epoch
        num_recs = X.shape[0]
        indices = np.random.permutation(np.arange(num_recs))
        num_batches = num_recs // batch_size
        for bid in range(num_batches):
            sids = indices[bid * batch_size : (bid + 1) * batch_size]
            Xbatch = embeddings[X[sids, :]]

yield Xbatch, Xbatch

  train_size = 0.7
  Xtrain, Xtest = train_test_split(sent_wids, train_size=train_size)
  train_gen = sentence_generator(Xtrain, embeddings, BATCH_SIZE)
  test_gen = sentence_generator(Xtest, embeddings, BATCH_SIZE)
```

现在定义自编码器。如图 9-7 所示，它由一个编码器 LSTM 和一个解码器 LSTM 组成。编码器 LSTM 读取一个张量，形状为（BATCH_SIZE, SEQUENCE_LEN, EMBED_SIZE），表示句子的一个批处理。每个句子都表示填充为固定长度的一个单词序列，大小是 SEQUENCE_LEN。每个词都表示为一个 300 维的 GloVe 向量。编码器 LSTM 的输出维度是一个超参数 LATENT_SIZE，这是句子向量的大小，来自经过训练的自编码器的编码器部分。维度为 LATENT_SIZE 的向量空间表示对句子含义进行编码的潜在空间。LSTM 的输出是每个句子大小为（LATENT_SIZE）的向量，因此就批处理而言，输出张量的形状为（BATCH_SIZE, LATENT_SIZE）。现在将其送入 RepeatVector 层，该层将在整个序列中复制它。也就是说，该层输出张量的形状为（BATCH_SIZE, SEQUENCE_LEN, LATENT_SIZE）。现在将这个张量送入解码器 LSTM，其输出维度是 EMBED_SIZE，因此输出张量的形状为（BATCH_SIZE, SEQUENCE_LEN, EMBED_SIZE），即与输入张量的形状相同。

我们使用 SGD 优化器和 MSE 损失函数编译这个模型。使用 MSE 的原因是我们想重构一个有相似含义的句子，即在维度是 LATENT_SIZE 的嵌入空间中与原始句子接近的内容：

```
inputs = Input(shape=(SEQUENCE_LEN, EMBED_SIZE), name="input")
encoded = Bidirectional(LSTM(LATENT_SIZE), merge_mode="sum",
name="encoder_lstm")(inputs)
decoded = RepeatVector(SEQUENCE_LEN, name="repeater")(encoded)
decoded = Bidirectional(LSTM(EMBED_SIZE, return_sequences=True),
merge_mode="sum", name="decoder_lstm")(decoded)

autoencoder = Model(inputs, decoded)
```

将损失函数定义为均方误差，并选择 Adam 优化器：

```
autoencoder.compile(optimizer="sgd", loss="mse")
```

使用以下代码训练自编码器 20 轮。选择 20 轮是因为在这段时间内 MSE 损失收敛：

```
num_train_steps = len(Xtrain) // BATCH_SIZE
num_test_steps = len(Xtest) // BATCH_SIZE

steps_per_epoch=num_train_steps,
epochs=NUM_EPOCHS,
validation_data=test_gen,
validation_steps=num_test_steps,

history = autoencoder.fit_generator(train_gen,
                        steps_per_epoch=num_train_steps,
                        epochs=NUM_EPOCHS,
                        validation_data=test_gen,
                        validation_steps=num_test_steps)
```

训练结果如图 9-8 所示。如你所见，训练 MSE 从 0.1161 降低到 0.0824，而验证 MSE 从 0.1097 降低到 0.0820。

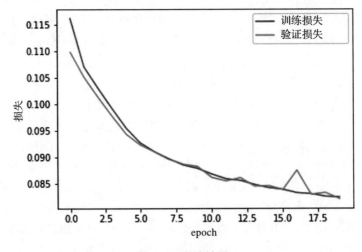

图 9-8　训练结果

因为我们输入的是一个嵌入矩阵，所以输出也是一个词嵌入矩阵。因为嵌入空间是连续的，而我们的词表是离散的，所以不是每个输出嵌入都对应一个单词。我们能做的最好的事情就是找到一个最接近输出嵌入的单词，重构原始文本。这有点麻烦，所以我们将使用不同的方式评估我们的自编码器。

因为自编码器的目标是产生一个良好的隐含表示，所以我们将使用原始输入的编码器产生的隐含向量和自编码器的输出产生的隐含向量进行了比较。

首先，我们将编码器组件提取到它自己的网络中：

```
encoder = Model(autoencoder.input, autoencoder.get_layer("encoder_
lstm").output)
```

我们在测试集上运行自编码器，返回预测的嵌入。然后，我们通过编码器发送输入嵌入和预测嵌入，从而生成句子向量，并使用余弦相似度对这两个向量进行比较。接近"1"的余弦相似度表示相似度高，接近"0"的余弦相似度表示相似度低。下面的代码针对500个测试句子的随机子集运行，在源嵌入生成的句子向量与自编码器生成的相应目标嵌入之间生成一些余弦相似度样本值：

```
def compute_cosine_similarity(x, y):
    return np.dot(x, y) / (np.linalg.norm(x, 2) * np.linalg.norm(y,
2))

k = 500
cosims = np.zeros((k))
i= 0
for bid in range(num_test_steps):
    xtest, ytest = test_gen.next()
    ytest_ = autoencoder.predict(xtest)
    Xvec = encoder.predict(xtest)
    Yvec = encoder.predict(ytest_)
    for rid in range(Xvec.shape[0]):

        if i >= k:
            break
        cosims[i] = compute_cosine_similarity(Xvec[rid], Yvec[rid])
        if i <= 10:
            print(cosims[i])
        i += 1
    if i >= k:
        break
```

余弦相似度的前10个值如下所示。正如我们所看到的，向量看起来非常相似：

0.984686553478241

0.9815746545791626

0.9793671369552612

0.9805112481117249

0.9630994200706482

0.9790557622909546

0.9893233180046082

0.9869443774223328

0.9665998220443726

0.9893233180046082

0.9829331040382385

图9-9显示了测试集中前500个句子中句子向量的余弦相似度值分布直方图。如前所述，它确认从自编码器的输入和输出生成的句子向量非常相似，这表明生成的句子向量很

好地表达了这个句子。

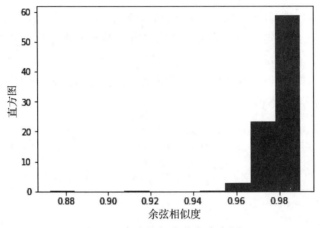

图 9-9   余弦相似度分布直方图

9.6   小结

在本章中，我们深入研究了新一代深度学习模型：自编码器。我们从香草自编码器开始，然后转向稀疏自编码器、降噪自编码器、堆栈自编码器和卷积自编码器。我们使用自编码器重构图像，还展示了如何使用自编码器清除图像中的噪声。最后，本章展示了如何使用自编码器生成句子向量。通过无监督学习来学习自编码器。在下一章中，我们将深入研究其他一些基于无监督学习的深度学习模型。

9.7   参考文献

1. Rumelhart, David E., Geoffrey E. Hinton, and Ronald J. Williams. *Learning Internal Representations by Error Propagation.* No. ICS-8506. California Univ San Diego La Jolla Inst for Cognitive Science, 1985 (`http://www.cs.toronto.edu/~fritz/absps/pdp8.pdf`).

2. Hinton, Geoffrey E., and Ruslan R. Salakhutdinov. *Reducing the dimensionality of data with neural networks.* science 313.5786 (2006): 504-507. (`https://www.semanticscholar.org/paper/Reducing-the-dimensionality-of-data-with-neural-Hinton-Salakhutdinov/46eb79e5eec8a4e2b2f5652b66441e8a4c921c3e`)

3. Masci, Jonathan, et al. *Stacked convolutional auto-encoders for hierarchical feature extraction.* Artificial Neural Networks and Machine Learning–ICANN 2011 (2011): 52-59. (`https://www.semanticscholar.org/paper/Reducing-the-dimensionality-of-data-with-neural-Hinton-Salakhutdinov/46eb79e5eec8a4e2b2f5652b66441e8a4c921c3e`)

4. Japkowicz, Nathalie, Catherine Myers, and Mark Gluck. *A novelty detection approach to classification.* IJCAI. Vol. 1. 1995. (`https://www.ijcai.org/Proceedings/95-1/Papers/068.pdf`)

5. *AutoRec: Autoencoders Meet Collaborative Filtering*, by S. Sedhain, Proceedings of the 24th International Conference on World Wide Web, ACM, 2015.

6. *Wide & Deep Learning for Recommender Systems*, by H. Cheng, Proceedings of the 1st Workshop on Deep Learning for Recommender Systems, ACM, 2016.

7. *Using Deep Learning to Remove Eyeglasses from Faces*, by M. Runfeldt.

8. *Deep Patient: An Unsupervised Representation to Predict the Future of Patients from the Electronic Health Records*, by R. Miotto, Scientific Reports 6, 2016.

9. *Skip-Thought Vectors*, by R. Kiros, Advances in Neural Information Processing Systems, 2015

10. http://web.engr.illinois.edu/~hanj/cs412/bk3/KL-divergence.pdf

11. https://en.wikipedia.org/wiki/Kullback%E2%80%93Leibler_divergence

12. https://cs.stanford.edu/people/karpathy/convnetjs/demo/autoencoder.html

13. http://blackecho.github.io/blog/machine-learning/2016/02/29/denoising-autoencoder-tensorflow.html

第 10 章

无监督学习

本章将深入探讨无监督学习模型。在第 9 章中，我们探讨了自编码器，这是一种通过无监督学习进行学习的新型神经网络。在本章中，我们将深入研究其他一些无监督学习模型。与有监督学习（训练数据集既包含输入内容又包含所需标签）不同，无监督学习处理的是只提供输入的模型。无监督学习模型在没有任何期望标签的情况下，可自行学习固有的输入分布。**聚类**和**降维**是两种最常用的无监督学习技术。在本章中，我们将学习两种不同的机器学习和神经网络技术。我们还将介绍聚类和降维所需的技术，并深入介绍玻尔兹曼机。最后，我们将介绍使用 TensorFlow 实现上述技术的方法。涉及的概念将扩展到构建**受限玻尔兹曼机**（Restricted Boltzmann Machine，RBM）。本章涵盖以下主题：

❑ 主成分分析
❑ k- 均值聚类
❑ 自组织图
❑ 玻尔兹曼机
❑ 受限玻尔兹曼机

10.1　主成分分析

主成分分析（PCA）是目前最常用的多维统计降维方法。PCA 分析了由几个因变量组成的训练数据，通常这些因变量是相互关联的，并以一组称为主成分的新正交变量的形式从训练数据中提取重要信息。我们可以使用**特征分解**（eigen decomposition）或**奇异值分解**（Singular Value Decomposition，SVD）这两种方法来进行 PCA。

PCA 将 n 维输入数据简化为 r 维输入数据。简单来说，PCA 包括平移原点和旋转轴，以使其中一个轴（主轴）与数据点的方差最大。通过执行此转换，再删除低方差的正交轴，可以从原始数据集中得到一个降维数据集。这里，我们采用奇异值分解方法对 PCA 降维。考虑 X，有 p 个点的 n 维数据，即 X 是大小为 $p \times n$ 的矩阵。由线性代数可知，可以用奇异值分解任何实矩阵：

$$X = U \sum V^\mathrm{T}$$

其中 U 和 V 分别是大小为 $p \times p$ 和 $n \times n$ 的正交矩阵（即 $U.UT = V.VT = 1$）。Σ 是大小为 $p \times n$ 的对角矩阵。U 称为**左奇异矩阵**，V 称为**右奇异矩阵**，而 Σ（对角矩阵）的对角元素为 X 的奇异值。这里，我们假设 X 矩阵居中。V 矩阵的列是主成分，$U\Sigma$ 的列是主成分变换后的数据。

现在为了将数据的维度从 n 降到 k，我们将选择 U 的前 k 列和 Σ 的左上角 $k \times k$ 部分。降维矩阵为两者的乘积：

$$Y_k = U \sum{}_k$$

这样将获得降维的数据 Y。接下来，我们在 TensorFlow 2.0 中实现 PCA。

10.1.1　MNIST 数据集上的 PCA

现在，让我们在 TensorFlow 2.0 中实现 PCA。除了 TensorFlow，我们还需要 NumPy 进行一些基本矩阵计算，以及 Matplotlib、Matplotlib 工具包和 Seaborn 进行绘图：

```
import tensorflow as tf
import numpy as np
import matplotlib.pyplot as plt
from mpl_toolkits.mplot3d import Axes3D
import seaborn as sns
```

接下来加载 MNIST 数据集。因为我们正在使用 PCA 进行降维，所以不需要测试数据集，更不需要标签。但是，我们正在加载标签，这样就可以在降维后验证 PCA 的性能。PCA 应该把相似的数据点聚类到一个簇中，因此，如果我们看到使用 PCA 形成的簇与我们的标签相似，那么就表明我们的 PCA 是有效的：

```
((x_train, y_train), (_, _)) = tf.keras.datasets.mnist.load_data()
```

在进行 PCA 之前，我们应该对数据进行预处理。首先，我们对其进行归一化，使所有数据的值都在 0 到 1 之间，然后将图像从 28×28 矩阵重构为 784 维的向量，最后减去均值使其居中：

```
x_train = x_train / 255.
x_train = x_train.astype(np.float32)

x_train = np.reshape(x_train, (x_train.shape[0], 784))
```

```
mean = x_train.mean(axis = 1)

x_train = x_train - mean[:,None]
```

现在我们的数据格式是正确的，可以使用 TensorFlow 强大的线性代数（linalg）模块来计算训练数据集的奇异值分解。TensorFlow 提供了 tf.linalg 中定义的 svd() 函数来执行这一任务。然后使用 diag 函数将 sigma 数组（s，一个奇异值列表）转换为对角矩阵：

```
s, u, v = tf.linalg.svd(x_train)
s = tf.linalg.diag(s)
```

这为我们提供了一个大小为 784×784 的对角矩阵。左奇异矩阵 u 的大小为 $60\,000 \times 784$，右奇异矩阵的大小为 784×784。这是因为默认情况下，函数 svd() 的参数 full_matrices 设置为 False。因此，并不生成完整的 U 矩阵（完整时，大小为 $60\,000 \times 60\,000$），相反，如果输入 X 的大小为 $m \times n$，则生成大小为 $p = \min(m, \ n)$ 的 U。

现在，可以将 u 和 s 的切片分别相乘，生成降维数据。我们可以选择将数据从 784 维降至小于 784 的任意维，但是在这里选择 3 维，这样以后就可以更轻松地对其进行可视化。我们使用 tf.Tensor.getitem 以 Pythonic 的方式对矩阵进行切片：

```
k = 3
pca = tf.matmul(u[:,0:k], s[0:k,0:k])
```

下面的代码对原始数据形状和降维后的数据形状进行了比较：

```
print('original data shape',x_train.shape)
print('reduced data shape', pca.shape)
--------------------------------------------------

    original data shape (60000, 784)
    reduced data shape (60000, 3)
```

最后，让我们在三维空间中绘制数据点。如图 10-1 所示。

```
Set = sns.color_palette("Set2", 10)
color_mapping = {key:value for (key,value) in enumerate(Set)}
colors = list(map(lambda x: color_mapping[x], y_train))
fig = plt.figure()
ax = Axes3D(fig)
ax.scatter(pca[:, 0], pca[:, 1],pca[:, 2], c=colors)
```

你可以看到这些点对应着相同的颜色，因此相同标签的点聚在同一个类中。我们已成功地使用 PCA 降低了 MNIST 图像的维度。每个原始图像的大小为 28×28。使用 PCA 方法，我们可以将其降至最小的维度。通常，对于图像数据，降维是必须的，因为图像很大，而且包含大量的冗余数据。

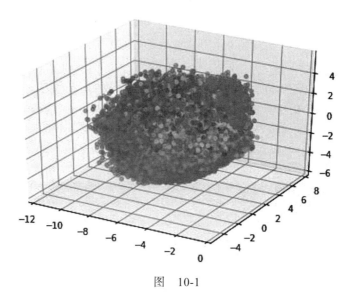

图   10-1

10.1.2   TensorFlow 嵌入式 API

TensorFlow 还提供了一个嵌入式 API，使用 TensorBoard 可以查找并可视化 PCA 和 tSNE[1] 聚类。你可以在 MNIST 图像上看到实时的 PCA：http://projector.tensorflow.org/。图 10-2 仅供参考。

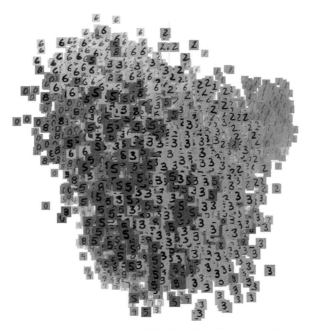

图 10-2   应用于 MNIST 数据集的主成分分析的可视化

你可以使用 TensorBoard 处理数据。它包含一个名为 Embedding Projector（嵌入式投影仪）的工具，可以交互式地可视化嵌入。如图 10-3 所示，嵌入式投影仪工具有三个面板：

❑ **数据面板**：位于左上方，你可以在此面板中选择数据、标签等。
❑ **属性监视面板**：在左下方可用，你可以在此处选择所需的投影类型。提供三种选择：PCA、t-SNE 和自定义。
❑ **检查器面板**：在右侧，你可以在此处搜索特定的点并查看最近邻列表。

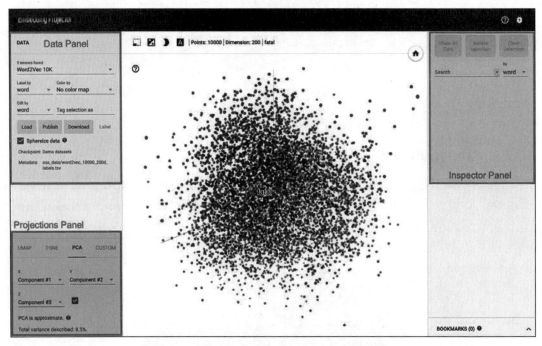

图 10-3　Embedding Projector 工具的屏幕截图

10.1.3　k- 均值聚类

顾名思义，k- 均值聚类是一种对数据进行聚类的技术，即将数据划分为指定数量的数据点。这是一种无监督学习技术，通过识别给定数据中的模式来工作。还记得哈利·波特中的分院帽吗？书中所做的就是聚类——将新生（未标记数据）分成四个不同的类：格兰芬多、拉文克劳、赫奇帕奇和斯莱特林。

人们非常擅长把对象分组在一起。聚类算法试图为计算机提供类似的功能。有许多可用的聚类技术，例如分层（Hierarchical）、贝叶斯（Bayesian）或划分（Partitional）。k- 均值聚类属于划分聚类，将数据划分为 k 个簇。每个簇都有一个中心，称为质心。簇数 k 必须由用户指定。

k-均值算法的工作原理如下：

1）随机选取 *k* 个数据点作为初始质心（簇中心）。

2）将每个数据点分配给最接近的质心。寻找接近度的方法有很多，最常见的是欧几里得距离。

3）使用当前簇成员重新计算质心，减少距离的平方和。

4）重复步骤 2 和 3，直到收敛为止。

在之前的 TensorFlow 版本中，KMeans 类是在 Contrib 模块中实现的。但是，在 TensorFlow 2.0 中这个类不可用。这里，我们将使用 TensorFlow 2.0 中提供的高级数学函数实现 k-均值聚类。

10.1.4 TensorFlow 2.0 中的 k-均值

为了展示 TensorFlow 中的 k-均值，我们将在随后的代码中使用随机生成的数据。随机生成的数据将包含 200 个样本，分为三个簇。我们先导入所有必需的模块并定义变量，确定样本点数（points_n）、要形成的簇数（clusters_n），以及将要进行的迭代次数（iteration_n）。我们设置了随机数的种子，以确保工作是可重复的：

```
import matplotlib.pyplot as plt
import numpy as np
import tensorflow as tf

points_n = 200
clusters_n = 3
iteration_n = 100
seed = 123
np.random.seed(seed)
tf.random.set_seed(seed)
```

随机生成数据，并从数据中随机选择三个质心：

```
points = np.random.uniform(0, 10, (points_n, 2))
centroids = tf.slice(tf.random.shuffle(points), [0, 0], [clusters_n,
-1])
```

你可以在图 10-4 中看到所有点的散点图和随机选取的三个质心：

```
plt.scatter(points[:, 0], points[:, 1], s=50, alpha=0.5)
plt.plot(centroids[:, 0], centroids[:, 1], 'kx', markersize=15)
plt.show()
```

定义函数 closest_centroids()，将每个点分配给最接近的质心：

```
def closest_centroids(points, centroids):
    distances = tf.reduce_sum(tf.square(tf.subtract(points,
centroids[:,None])), 2)
    assignments = tf.argmin(distances, 0)
    return assignments
```

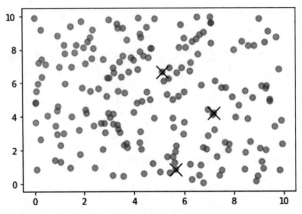

图 10-4　绘制从三个随机选取的质心随机生成的数据

创建另一个函数 move_centroids()。重新计算质心，使距离的平方和减小：

```
def move_centroids(points, closest, centroids):
    return np.array([points[closest==k].mean(axis=0) for k in
range(centroids.shape[0])])
```

将这两个函数迭代调用 100 次。我们任意选择了迭代次数，你可以增加或减少迭代次数，查看效果：

```
for step in range(iteration_n):
    closest = closest_centroids(points, centroids)
    centroids = move_centroids(points, closest, centroids)
```

在图 10-5 中，你可以看到 100 次迭代后的最终质心。我们还根据最接近的质心为这些点着色。黄色的点对应一个簇（最靠近中心的"十"），紫色和绿色的簇点也是如此：

```
plt.scatter(points[:, 0], points[:, 1], c=closest, s=50, alpha=0.5)
plt.plot(centroids[:, 0], centroids[:, 1], 'kx', markersize=15)
plt.show()
```

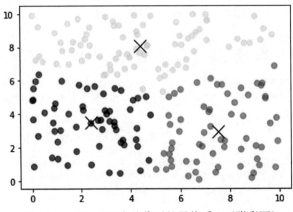

图 10-5　经过 100 次迭代后的最终质心（附彩图）

注意，plot 命令可在 Matplotlib 3.1.1 或更高版本中使用。

在前面的代码中，我们决定将簇数限制为 3，但是在大多数情况下，如果使用未标记的数据，我们永远无法确定存在多少簇。可以使用肘点方法确定最佳簇数。该方法的基本原理是：应选择能减少**误差平方和（SSE）**距离的簇数。如果 k 是簇数，则随着 k 的增加，SSE 逐渐减小，最终减少至 0；当 k 等于数据点的数量时，每个点都是自己的簇。我们希望 k 值很低，这样 SSE 也很低。对于著名的 Fisher's Iris 数据集，如果我们绘制不同 k 值的 SSE，从图 10-6 可以看出，当 $k = 3$ 时，SSE 的方差最大，之后开始减小，因此肘点为 $k = 3$。

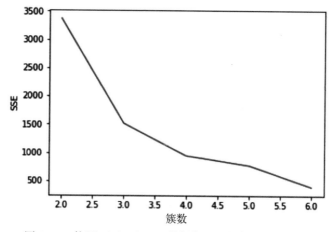

图 10-6　使用 Fisher's Iris 数据集，根据簇数绘制 SSE

k- 均值聚类非常流行，因为它快速、简单且鲁棒。但它也有一些缺点，最大的缺点是用户必须指定簇的数量。其次，该算法不能保证全局最优。如果初始随机选择的质心发生变化，那么结果可能也会发生变化。第三，它对异常值非常敏感。

10.1.5　k- 均值的变体

在原始的 k- 均值算法中，每个点都属于一个特定的簇（质心），这称为硬聚类。但是，我们可以让一个点属于所有簇，用一个成员函数定义它属于一个特定的簇（质心）的程度。这称为模糊聚类或软聚类。这个变体是 JC Dunn 在 1973 年提出来的，1981 年 JC Bezdek 对其进行了改进。尽管软聚类需要更长的时间才能收敛，但是当一个点可以位于多个类中时，或者当我们想知道一个给定的点与各种簇之间的相似程度时，软聚类很有用。

2003 年，Charles Elkan 创建了加速 k- 均值算法。他利用了三角形不等式关系（两点之间，线段最短）。他不仅在每次迭代中都计算所有距离，还记录了点和质心之间距离的下界和上界。

2006 年，David Arthur 和 Sergei Vassilvitskii 提出了 k- 均值 ++ 算法。他们提出的最大

变化是质心的初始化。他们表明，如果我们选择彼此距离较远的质心，那么 k- 均值算法就不太可能收敛于次优解。

另一种方法是，在每次迭代中，我们不使用整个数据集，而是使用小的批处理。这一修改是 David Sculey 在 2010 年提出的。

10.2　自组织图

k- 均值和 PCA 都可以对输入数据进行聚类。但是，它们不保持拓扑关系。在本节中，我们将讨论 Tuevo Kohonen 于 1989 年提出的**自组织图**（Self-Organized Map，SOM）[2]，有时也称为 **Kohonen 网络**或**赢者全拿**（Winner Take all Unit，WTU）。它们保持拓扑关系。自组织图是一种非常特殊的神经网络，其灵感来自人脑的一个独特特征。在我们的大脑中，不同感觉输入以一种拓扑有序的方式呈现。与其他神经网络不同的是，神经元并不是通过权值相互连接。相反，它们会影响彼此的学习。自组织图最重要的方面是神经元以一种拓扑方式表示学习的输入。

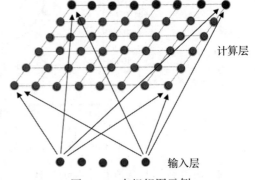

在自组织图中，通常神经元放置在（1D 或 2D）格子的节点上。也可以放置在更高的维度上，但是在实践中很少使用。格子中的每个神经元都通过一个权重矩阵与所有输入单元相联。图 10-7 显示了一个 6×8（48 个神经元）和 5 个输入的自组织图。为了清晰起见，这里只显示把所有输入连接到一个神经元的权重向量。在这种情况下，每个神经元都有 7 个元素，从而生成一个大小为（40×5）的组合权重矩阵。

图 10-7　自组织图示例

自组织图通过竞争学习来学习。自组织图可以视为 PCA 的非线性推广，可以像 PCA 一样用于降维。

为了实现自组织图，首先让我们了解它的工作原理。第 1 步，网络的权重初始化为某个随机值，或者从输入中获取随机样本进行初始化。每个神经元占一个格子空间，被分配到特定的位置。现在，当出现一个输入时，与输入距离最小的神经元为获胜者（WTU）。这是通过测量所有神经元的权重向量（W）和输入向量（X）之间的距离实现的：

$$d_j = \sqrt{\sum_{i=1}^{N}(W_{ji} - X_i)^2}$$

d_j 是神经元 j 的权重与输入 X 的距离。d 值最小的神经元是获胜者。

接下来，调整获胜的神经元及其邻近神经元的权值，确保下次出现相同的输入时，获胜的神经元为同一神经元。

为了确定哪些相邻神经元需要修改，网络使用了一个邻域函数 $\Lambda(r)$。通常选择高斯墨西哥帽函数作为邻域函数。邻域函数在数学上表示为：

$$\wedge(r) = e^{-\frac{d^2}{2\sigma^2}}$$

σ 是神经元受时间影响的半径，d 是其到获胜神经元的距离。从图形上看，这个函数看起来像一顶帽子（由此得名），如图 10-8 所示。

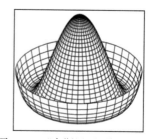

邻域函数的另一个重要性质是其半径随时间减小。结果，在一开始，许多邻近神经元的权重被修改，但是随着网络的学习，最终在学习过程中，只修改了少数神经元的权重（有时只修改一个或一个都没有修改）。权重的变化由下式给出：

图 10-8　"高斯墨西哥帽"函数，以图形形式可视化

$$dW = \eta \wedge (X - W)$$

对于一个已知的迭代次数，将对所有输入重复此过程。随着迭代的进行，我们通过一个依赖于迭代次数的因子降低学习率和半径。

自组织图的计算成本很高，因此对于非常大的数据集并不适用。但是，它们易于理解，并且可以很好地找到输入数据之间的相似性。因此，它们常用于图像分割以及确定自然语言处理中单词的相似度图 [3]。

使用自组织图进行颜色映射

自组织图生成的输入空间特征图的一些有趣的特性是：

❏ 特征图可以很好地表示输入空间。这一特性可用于执行矢量量化，这样我们就可以有一个连续的输入空间，而使用自组织图可以在一个离散的输出空间中表示它。

❏ 特征图在拓扑上是有序的，即，输出格中神经元的空间位置对应于输入的特定特征。

❏ 特征图还反映了输入空间的统计分布。输入样本个数最多的域在特征图中的区域更大。

自组织图的这些特性使它们成为许多有趣应用程序的自然选择。这里，我们使用自组织图将给定的 R、G 和 B 像素值的范围聚类到相应的颜色图中。从导入模块开始：

```
import tensorflow as tf
import numpy as np
import matplotlib.pyplot as plt
```

这段代码的主要组成部分是 WTU 类。_init_ 类函数可初始化自组织图的各种超参数：2D 格子的维度（m, n）、输入中的特征数量（dim）、邻域半径（sigma）、初始权重和拓扑信息：

```
# Define the Winner Take All units
class WTU(object):
```

```
    #_learned = False

    def __init__(self, m, n, dim, num_iterations, eta = 0.5, sigma =
None):
        """
        m x n : The dimension of 2D lattice in which neurons
        are arranged
        dim : Dimension of input training data
        num_iterations: Total number of training iterations
        eta : Learning rate
        sigma: The radius of neighbourhood function.
        """
        self._m = m
        self._n = n
        self._neighbourhood = []
        self._topography = []
        self._num_iterations = int(num_iterations)
        self._learned = False
        self.dim = dim

        self.eta = float(eta)

        if sigma is None:
            sigma = max(m,n)/2.0 # Constant radius
        else:
            sigma = float(sigma)
        self.sigma = sigma


        print('Network created with dimensions',m,n)

        # Weight Matrix and the topography of neurons
        self._W = tf.random.normal([m*n, dim], seed = 0)
        self._topography = np.array(list(self._neuron_location(m, n)))
```

该类中最重要的函数是 train() 函数，这里，我们使用之前的 Kohonen 算法来寻找
获胜者单元，然后根据邻域函数更新权重：

```
def training(self,x, i):
    m = self._m
    n= self._n

    # Finding the Winner and its location
    d = tf.sqrt(tf.reduce_sum(tf.pow(self._W - tf.stack([x for i in
range(m*n)]),2),1))
    self.WTU_idx = tf.argmin(d,0)

    slice_start = tf.pad(tf.reshape(self.WTU_idx, [1]),np.
array([[0,1]]))
    self.WTU_loc = tf.reshape(tf.slice(self._topography, slice_
start,[1,2]), [2])
```

```
    # Change learning rate and radius as a function of iterations
    learning_rate = 1 - i/self._num_iterations
    _eta_new = self.eta * learning_rate
    _sigma_new = self.sigma * learning_rate

    # Calculating Neighbourhood function
    distance_square = tf.reduce_sum(tf.pow(tf.subtract(
        self._topography, tf.stack([self.WTU_loc for i in range(m *
n)])), 2), 1)
        neighbourhood_func = tf.exp(tf.negative(tf.math.divide(tf.cast(
distance_square, "float32"), tf.pow(_sigma_new, 2))))

    # multiply learning rate with neighbourhood func
    eta_into_Gamma = tf.multiply(_eta_new, neighbourhood_func)

    # Shape it so that it can be multiplied to calculate dW
    weight_multiplier = tf.stack([tf.tile(tf.slice(
        eta_into_Gamma, np.array([i]), np.array([1])), [self.dim])
        for i in range(m * n)])
        delta_W = tf.multiply(weight_multiplier,
            tf.subtract(tf.stack([x for i in range(m * n)]),self._W))
        new_W = self._W + delta_W
        self._W = new_W
```

fin() 函数是一个辅助函数，调用 train() 函数并存储质心网格以便于检索：

```
def fit(self, X):
    """
    Function to carry out training
    """
    for i in range(self._num_iterations):
        for x in X:
            self.training(x,i)



    # Store a centroid grid for easy retrieval
    centroid_grid = [[] for i in range(self._m)]
    self._Wts = list(self._W)
    self._locations = list(self._topography)
    for i, loc in enumerate(self._locations):
        centroid_grid[loc[0]].append(self._Wts[i])
    self._centroid_grid = centroid_grid
    self._learned = True
```

还有更多的辅助函数可以寻找获胜者并生成神经元的 2D 格子，以及一个函数把输入向量映射到 2D 格子中相应的神经元：

```
def winner(self, x):
    idx = self.WTU_idx,self.WTU_loc
    return idx
```

```
def _neuron_location(self,m,n):
    """
    Function to generate the 2D lattice of neurons
    """
    for i in range(m):
        for j in range(n):
            yield np.array([i,j])


def get_centroids(self):
    """
    Function to return a list of 'm' lists, with each inner
    list containing the 'n' corresponding centroid locations as 1-D
    NumPy arrays.
    """
    if not self._learned:
        raise ValueError("SOM not trained yet")
    return self._centroid_grid

def map_vects(self, X):
    """
    Function to map each input vector to the relevant
    neuron in the lattice
    """

    if not self._learned:
        raise ValueError("SOM not trained yet")

    to_return = []
    for vect in X:
        min_index = min([i for i in range(len(self._Wts))],
                        key=lambda x: np.linalg.norm(vect -
                        self._Wts[x]))
        to_return.append(self._locations[min_index])

    return to_return
```

我们还需要对输入数据进行归一化,因此创建以下函数实现归一化:

```
def normalize(df):
    result = df.copy()
    for feature_name in df.columns:
        max_value = df[feature_name].max()
        min_value = df[feature_name].min()
        result[feature_name] = (df[feature_name] - min_value) / (max_
value - min_value)
    return result.astype(np.float32)
```

读取数据。数据包含红色、绿色和蓝色通道值。让我们对其进行归一化:

```
## Reading input data from file
```

```
import pandas as pd

df = pd.read_csv('colors.csv')  # The last column of data file is a
label
data = normalize(df[['R', 'G', 'B']]).values
name = df['Color-Name'].values
n_dim = len(df.columns) - 1


# Data for Training
colors = data
color_names = name
```

创建自组织图并使其适合：

```
som = WTU(30, 30, n_dim, 400, sigma=10.0)
som.fit(colors)
```

现在，让我们看一下经过训练的模型的结果。运行下面的代码，可以看到 2D 神经元格子中的颜色图（见图 10-9）。

```
# Get output grid
image_grid = som.get_centroids()

# Map colours to their closest neurons
mapped = som.map_vects(colors)

# Plot
plt.imshow(image_grid)
plt.title('Color Grid SOM')
for i, m in enumerate(mapped):
plt.text(m[1], m[0], color_names[i], ha='center', va='center',
        bbox=dict(facecolor='white', alpha=0.5, lw=0))
```

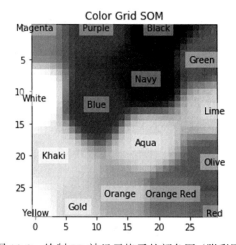

图 10-9　绘制 2D 神经元格子的颜色图（附彩图）

可以看到，对相似颜色获胜的神经元分布得很近。

10.3　受限玻尔兹曼机

RBM 是一个两层的神经网络——第一层称为**可见层**，第二层称为**隐层**。因为它们只有两层深度，所以也被称为**浅层神经网络**。1986 年，保罗・斯莫伦斯基（Paul Smolensky）（他将其称之为 "和谐网络（Harmony Networks）"[1]）首先提出了这一理论，2006 年杰弗里・欣顿（Geoffrey Hinton）提出了**对比散度（Contrastive Divergence，CD）**作为对其进行训练的方法。可见层的所有神经元都与隐层的所有神经元相联，但是存在一个**限制**——同一层的神经元之间不存在连接。RBM 中的所有神经元本质上都是二元的。

RBM 可用于降维、特征提取和协作滤波。RBM 的训练可分为三部分：前向传递、反向传递和比较。

让我们深入研究一下数学。我们可以将 RBM 的操作分为两个阶段：

前向传递：可见单元（V）上的信息通过权重（W）和偏置（c）传递到隐藏单元（h_o）。隐藏单元是否可以触发取决于随机概率（σ 是随机概率），这基本上是 sigmoid 函数：

$$\rho(v_o|h_o) = \sigma(V^T W + c)$$

反向传递：通过相同的权重 W 和不同的偏置 c，把隐藏单元表示（h_o）传递回可见单元，在此它们重构输入。对输入再次进行采样：

$$\rho(v_i|h_o) = \sigma(V^T h_o + c)$$

重复执行这两个过程 k 步，或直到收敛为止 [4]。根据研究人员的说法，$k = 1$ 时可获得良好的结果，因此我们将保持 $k = 1$。

可见向量 V 和隐藏向量的联合配置具有如下能量：

$$E(v,h) = -b^T V - c^T h - V^T W h$$

自由能量也与每个可见向量 V 相关。自由能量是单个配置所需的能量，这样它就能具有与包含 V 的所有配置相同的概率：

$$F(v) = -b^T V - \sum_{j \in 隐层} \log(1 + \exp(c_j + V^T W))$$

使用对比散度目标函数，即 Mean (F(Voriginal))-Mean (F(Vreconstructed))，权重的变化由下式给出：

$$dW = \eta[(V^T h)_{输入} - (V^T h)_{重构的}]$$

式中，η 是学习率。对于偏置 d 和 c 存在类似的表达式。

10.3.1 使用 RBM 重建图像

让我们用 TensorFlow 2.0 构建 RBM。RBM 将用于重构手写数字，就像第 9 章中的自编码器一样。我们导入 TensorFlow、NumPy 和 Matplotlib 库：

```
import tensorflow as tf
import numpy as np
import matplotlib.pyplot as plt
```

我们定义一个类 RBM。_init_() 类函数初始化可见层中的神经元数量（input_size）和隐层中的神经元数量（output_size）。该函数初始化隐层和可见层的权重和偏置。在下面的代码中，我们将其初始化为零。你也可以使用随机初始化：

```
#Class that defines the behavior of the RBM
class RBM(object):

    def __init__(self, input_size, output_size, lr=1.0,
batchsize=100):
        """
        m: Number of neurons in visible layer
        n: number of neurons in hidden layer
        """
        # Defining the hyperparameters
        self._input_size = input_size # Size of Visible
        self._output_size = output_size # Size of outp
        self.learning_rate = lr # The step used in gradient descent
        self.batchsize = batchsize
        # The size of how much data will be used for training
        # per sub iteration

        # Initializing weights and biases as matrices full of zeroes
        self.w = tf.zeros([input_size, output_size], np.float32)
# Creates and initializes the weights with 0
        self.hb = tf.zeros([output_size], np.float32)
# Creates and initializes the hidden biases with 0
        self.vb = tf.zeros([input_size], np.float32)
# Creates and initializes the visible biases with 0
```

定义提供前向传递和反向传递的方法：

```
# Forward Pass
def prob_h_given_v(self, visible, w, hb):
    # Sigmoid
    return tf.nn.sigmoid(tf.matmul(visible, w) + hb)

# Backward Pass
def prob_v_given_h(self, hidden, w, vb):
    return tf.nn.sigmoid(tf.matmul(hidden, tf.transpose(w)) + vb)
```

创建一个函数生成随机二进制值。这是因为在隐层（自上而下的输入到可见层中）的情况下，隐藏单元和可见单元都会根据每个单元的输入使用随机概率进行更新：

```
  # Generate the sample probability
  def sample_prob(self, probs):
      return tf.nn.relu(tf.sign(probs - tf.random.uniform(tf.
shape(probs))))
```

创建一些函数来重构输入：

```
def rbm_reconstruct(self,X):
    h = tf.nn.sigmoid(tf.matmul(X, self.w) + self.hb)
    reconstruct = tf.nn.sigmoid(tf.matmul(h, tf.transpose(self.w)) +
self.vb)
    return reconstruct
```

为了训练创建的 RBM，我们定义了 train() 函数。该函数计算对比散度的正、负梯度项，并使用权重更新方程更新权重和偏置：

```
# Training method for the model
def train(self, X, epochs=10):

    loss = []
    for epoch in range(epochs):
        #For each step/batch
        for start, end in zip(range(0, len(X), self.
batchsize),range(self.batchsize,len(X), self.batchsize)):
            batch = X[start:end]

            #Initialize with sample probabilities

            h0 = self.sample_prob(self.prob_h_given_v(batch, self.w,
self.hb))
            v1 = self.sample_prob(self.prob_v_given_h(h0, self.w,
self.vb))
            h1 = self.prob_h_given_v(v1, self.w, self.hb)

            #Create the Gradients
            positive_grad = tf.matmul(tf.transpose(batch), h0)
            negative_grad = tf.matmul(tf.transpose(v1), h1)

            #Update learning rates
            self.w = self.w + self.learning_rate *(positive_grad -
negative_grad) / tf.dtypes.cast(tf.shape(batch)[0],tf.float32)
            self.vb = self.vb +  self.learning_rate * tf.reduce_
mean(batch - v1, 0)
            self.hb = self.hb +  self.learning_rate * tf.reduce_
mean(h0 - h1, 0)

        #Find the error rate
        err = tf.reduce_mean(tf.square(batch - v1))
        print ('Epoch: %d' % epoch,'reconstruction error: %f' % err)
        loss.append(err)

    return loss
```

类已经准备好，实例化 RBM 的一个对象，并在 MNIST 数据集上对其进行训练：

```
(train_data, _), (test_data, _) =  tf.keras.datasets.mnist.load_data()
train_data = train_data/np.float32(255)
train_data = np.reshape(train_data, (train_data.shape[0], 784))


test_data = test_data/np.float32(255)
test_data = np.reshape(test_data, (test_data.shape[0], 784))


#Size of inputs is the number of inputs in the training set
input_size = train_data.shape[1]
rbm = RBM(input_size, 200)

err = rbm.train(train_data,50)
```

运行下面的代码，可以看到 RBM 的学习曲线，如图 10-10 所示。

```
plt.plot(err)
plt.xlabel('epochs')
plt.ylabel('cost')
```

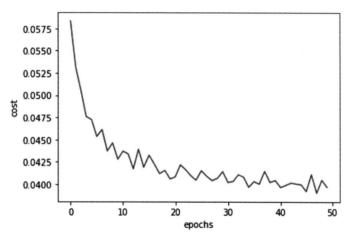

图 10-10　RBM 模型的学习曲线

重建的图像如图 10-11 所示。

```
out = rbm.rbm_reconstruct(test_data)

# Plotting original and reconstructed images
row, col = 2, 8
idx = np.random.randint(0, 100, row * col // 2)
f, axarr = plt.subplots(row, col, sharex=True, sharey=True,
figsize=(20,4))
for fig, row in zip([test_data,out], axarr):
    for i,ax in zip(idx,row):
```

```
ax.imshow(tf.reshape(fig[i],[28, 28]), cmap='Greys_r')
ax.get_xaxis().set_visible(False)
ax.get_yaxis().set_visible(False)
```

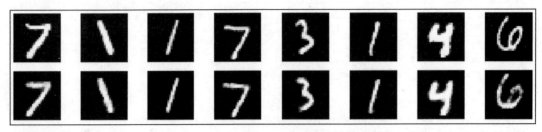

图 10-11　使用 RBM 重建图像

你觉得如何？ RBM 是否比自编码器更好？试着在有噪声的输入上训练 RBM，看看其在重建噪声图像方面的效果。

10.3.2　深度信念网络

我们对 RBM 已经有了很好的了解，并且知道如何使用对比散度对其进行训练，本节开始研究第一个成功的深度神经网络架构——**深度信念网络（Deep Belief Network，DBN）**。2006 年，Hinton 和他的团队在论文"A fast learning algorithm for deep belief nets"中提出了深度信念网络。在此模型之前，由于计算资源有限和梯度消失问题，训练深度架构非常困难，如第 9 章中所述。在深度信念网络中，首次展示了如何通过贪婪的分层训练来训练深度架构。

用最简单的术语来说，深度信念网络只是堆栈受限玻尔兹曼机。使用对比散度分别训练每个受限玻尔兹曼机。我们从第一个 RBM 层开始训练，之后训练第二个 RBM 层。第一个 RBM 隐藏单元的输出作为第二个 RBM 可见单元的输入。每添加一个 RBM 层都重复这一过程。

尝试堆叠 RBM 类。为了能够创建 DBN，我们需要在 RBM 类中再定义一个函数，RBM 隐藏单元的输出需要送入下一个 RBM：

```
#Create expected output for our DBN
def rbm_output(self, X):
    out = tf.nn.sigmoid(tf.matmul(X, self.w) + self.hb)
    return out
```

现在，我们可以使用 RBM 类来创建一个堆栈 RBM 结构。在下面的代码中，我们创建了一个 RBM 堆栈：第一个 RBM 有 500 个隐藏单元，第二个 RBM 有 200 个隐藏单元，第三个 RBM 有 50 个隐藏单元：

```
RBM_hidden_sizes = [500, 200 , 50 ] #create 2 layers of RBM with size
400 and 100

#Since we are training, set input as training data
```

```
inpX = train_data

#Create list to hold our RBMs
rbm_list = []

#Size of inputs is the number of inputs in the training set
input_size = train_data.shape[1]

#For each RBM we want to generate
for i, size in enumerate(RBM_hidden_sizes):
    print ('RBM: ',i,' ',input_size,'->', size)
    rbm_list.append(RBM(input_size, size))
    input_size = size
```

```
RBM:   0    784 -> 500
RBM:   1    500 -> 200
RBM:   2    200 -> 50
```

对于第一个 RBM，MNIST 数据是输入。然后，将第一个 RBM 的输出作为第二个 RBM 的输入，以此类推，通过连续的 RBM 层：

```
#For each RBM in our list
for rbm in rbm_list:
    print ('New RBM:')
    #Train a new one
    rbm.train(tf.cast(inpX,tf.float32))
    #Return the output layer
    inpX = rbm.rbm_output(inpX)
```

我们的 DBN 已准备就绪。现在使用无监督学习训练三个堆栈 RBM。也可以使用有监督学习来训练 DBN。为此，我们需要微调训练过的 RBM 权重，并在最后添加一个全连接层。

10.4 变分自编码器

与 DBN 和 GAN 一样，变分自编码器也是生成模型。**变分自编码器（Variational Autoencoder，VAE）**是神经网络和贝叶斯推理的最佳组合，是最有趣的神经网络之一，并已成为无监督学习中最受欢迎的一种方法。它们是带有一个旋转的自编码器。除了自编码器的传统编码器网络和解码器网络（请参阅第 8 章），它们还有额外的随机层。编码器网络之后的随机层使用一个高斯分布对数据进行采样，解码器网络之后的随机层使用伯努利分布对数据进行采样。与 GAN 一样，VAE 可以根据经过训练的分布生成图像和数字。VAE 允许人们设置隐含的复杂先验，从而学习强大的隐含表示。图 10-12 描述了一个 VAE。

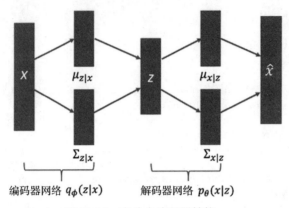

图 10-12　变分自编码器结构

编码器网络 $q_\phi(z|x)$ 近似于真实但难以控制的后验分布 $p(z|x)$，其中 x 是 VAE 的输入，z 是隐含表示。解码器网络 $p\Theta(x|z)$ 将 d 维隐变量（也称为隐空间）作为其输入，生成与 $P(x)$ 具有相同分布的新图像。从图 10-12 中可以看到，隐含表示 z 是从 $z|x \sim N(\mu_{z|x}, \sum z|x)$ 采样的，解码器网络的输出 $x|z$ 是从 $x|z \sim N(\mu_{x|z}, \sum x|z)$ 采样的。

既然我们已经掌握了 VAE 的基本架构，那么问题就来了，既然训练数据的最大似然和后验密度是难以控制的，那么如何训练它们呢？通过最大化日志数据似然的下界来训练网络。因此，损失项包括两个部分：生成损失，通过采样从解码器网络获得；Kullback-Leibler(KL) 散度项，也称为隐含损失。

生成损失保证了由解码器生成的图像与用于训练网络的图像相似，而隐含损失保证了后验分布 $q(z|x)$ 接近先验 $p\Theta(z)$。因为编码器使用高斯分布进行采样，所以隐含损失可衡量隐变量与该分布的匹配程度。

训练完 VAE 后，我们只能使用解码器网络生成新图像。让我们试着编码 VAE。这次我们使用 Fashion-MNIST 数据集（在第 5 章中学习了这个数据集）。该数据集包含 Zalando 文章中的图片（https://github.com/zalandoresearch/fashion-mnist）。"测试 - 训练"分割与 MNIST 完全相同，即 60 000 个训练图像和 10 000 个测试图像。每个图像的大小也是 28 × 28，因此你可以轻松地将 MNIST 数据集上运行的代码应用到 Fashion-MNIST 数据集上。本节中的代码由 https://github.com/dragen1860/TensorFlow-2. x-Tutorials 修改而来。作为第一步，按照惯例，导入所有必要的库：

```
import  tensorflow as tf
import  numpy as np
from matplotlib import pyplot as plt
```

将种子固定为随机数，使结果可复现。我们还可以添加一个 assert 语句，以确保我们的代码可在 TensorFlow 2.0 或更高版本上运行：

```
np.random.seed(333)
tf.random.set_seed(333)
```

```
assert tf.__version__.startswith('2.'), "TensorFlow Version Below 2.0"
```

在继续进行 VAE 之前，让我们先来了解一下 Fashion-MNIST 数据集。该数据集在 Tensor-Flow Keras API 中可用：

```
(x_train, y_train), (x_test, y_test) = tf.keras.datasets.fashion_
mnist.load_data()
x_train, x_test = x_train.astype(np.float32)/255., x_test.astype(np.
float32)/255.

print(x_train.shape, y_train.shape)
print(x_test.shape, y_test.shape)
--------------------------------------------------
(60000, 28, 28) (60000,)
(10000, 28, 28) (10000,)
```

我们看到一些样本图像，如图 10-13 所示。

```
number = 10   # how many digits we will display
plt.figure(figsize=(20, 4))
for index in range(number):
    # display original
    ax = plt.subplot(2, number, index + 1)
    plt.imshow(x_train[index], cmap='gray')
    ax.get_xaxis().set_visible(False)
    ax.get_yaxis().set_visible(False)
plt.show()
```

图 10-13　Fashion-MNIST 数据集的样本图像

在开始之前，先声明一些超参数，例如学习率、隐层和隐空间的维度、批处理大小、训练轮数，等等：

```
image_size = x_train.shape[1]*x_train.shape[2]
hidden_dim = 512
latent_dim = 10
num_epochs = 80
batch_size = 100
learning_rate = 0.001
```

使用 TensorFlow Keras Model API 构建 VAE 模型。_init_() 函数定义了我们将要使用的所有层：

```
class VAE(tf.keras.Model):

    def __init__(self,dim,**kwargs):
        h_dim = dim[0]
```

```
z_dim = dim[1]
super(VAE, self).__init__(**kwargs)

self.fc1 = tf.keras.layers.Dense(h_dim)
self.fc2 = tf.keras.layers.Dense(z_dim)
self.fc3 = tf.keras.layers.Dense(z_dim)

self.fc4 = tf.keras.layers.Dense(h_dim)
self.fc5 = tf.keras.layers.Dense(image_size)
```

定义函数以提供编码器输出、解码器输出以及重新参数化。编码器和解码器函数的实现很简单。但是，我们需要对 reparametrize 函数进行更深入的研究。如你所知，VAE从一个随机节点 z 采样，近似于真实后验的 $q(z|\Theta)$。现在，为了获取参数，我们需要使用反向传播。但是，反向传播不适用于随机节点。通过重新参数化，我们可以使用一个新的参数 eps 来重新参数化 z，从而允许通过确定性随机节点反向传播（https://arxiv.org/pdf/1312.6114v10.pdf）：

```
def encode(self, x):
    h = tf.keras.nn.relu(self.fc1(x))
    return self.fc2(h), self.fc3(h)

def reparameterize(self, mu, log_var):
    std = tf.exp(log_var * 0.5)
    eps = tf.random.normal(std.shape)

    return mu + eps * std

def decode_logits(self, z):
    h = tf.nn.relu(self.fc4(z))
    return self.fc5(h)

def decode(self, z):
    return tf.nn.sigmoid(self.decode_logits(z))
```

定义 call() 函数，以控制信号如何在 VAE 的不同层之间传递：

```
def call(self, inputs, training=None, mask=None):
    mu, log_var = self.encode(inputs)
    z = self.reparameterize(mu, log_var)
    x_reconstructed_logits = self.decode_logits(z)

    return x_reconstructed_logits, mu, log_var
```

创建 VAE 模型并为其声明优化器。模型概述如图 10-14 所示。

```
model = VAE([hidden_dim, latent_dim])
model.build(input_shape=(4, image_size))
model.summary()
optimizer = tf.keras.optimizers.Adam(learning_rate)
```

```
Model: "vae"

Layer (type)                Output Shape              Param #
=================================================================
dense (Dense)               multiple                 401920

dense_1 (Dense)             multiple                 5130

dense_2 (Dense)             multiple                 5130

dense_3 (Dense)             multiple                 5632

dense_4 (Dense)             multiple                 402192
=================================================================
Total params: 820,004
Trainable params: 820,004
Non-trainable params: 0
```

图 10-14   VAE 模型概述

训练模型。我们定义损失函数（重构损失和 KL 散度损失之和）：

```
dataset = tf.data.Dataset.from_tensor_slices(x_train)
dataset = dataset.shuffle(batch_size * 5).batch(batch_size)

num_batches = x_train.shape[0] // batch_size

for epoch in range(num_epochs):

    for step, x in enumerate(dataset):

        x = tf.reshape(x, [-1, image_size])

        with tf.GradientTape() as tape:

            # Forward pass
            x_reconstruction_logits, mu, log_var = model(x)

            # Compute reconstruction loss and kl divergence
            # Scaled by 'image_size' for each individual pixel.
            reconstruction_loss = tf.nn.sigmoid_cross_entropy_with_
logits(labels=x, logits=x_reconstruction_logits)
            reconstruction_loss = tf.reduce_sum(reconstruction_loss) /
batch_size

            kl_div = - 0.5 * tf.reduce_sum(1. + log_var -
tf.square(mu) - tf.exp(log_var), axis=-1)
            kl_div = tf.reduce_mean(kl_div)
            # Backprop and optimize
            loss = tf.reduce_mean(reconstruction_loss) + kl_div

        gradients = tape.gradient(loss, model.trainable_variables)
        for g in gradients:
            tf.clip_by_norm(g, 15)
```

```
        optimizer.apply_gradients(zip(gradients, model.trainable_
variables))

        if (step + 1) % 50 == 0:
            print("Epoch[{}/{}], Step [{}/{}], Reconst Loss: {:.4f},
KL Div: {:.4f}"
                .format(epoch + 1, num_epochs, step + 1, num_batches,
float(reconstruction_loss), float(kl_div)))
```

训练模型后，应该能够生成类似于原始 Fashion-MNIST 图像的图像。为此，我们只需要使用解码器网络，并将随机生成的 z 输入传递给它：

```
z = tf.random.normal((batch_size, latent_dim))
out = model.decode(z)  # decode with sigmoid
out = tf.reshape(out, [-1, 28, 28]).numpy() * 255
out = out.astype(np.uint8)
```

在图 10-15 中，你可以看到训练 80 轮后的结果。生成的图像类似于输入空间。

图 10-15   训练 80 轮的结果

10.5   小结

本章介绍了主要的无监督学习算法。我们讨论了最适合降维、聚类和图像重构的算法。我们从 PCA 降维算法开始，然后使用 k- 均值和自组织图进行聚类。之后，我们研究了受限玻尔兹曼机，并介绍了如何将其用于降维和图像重建。接下来，本章深入研究了堆栈 RBM，即深度信念网络，我们在 MNIST 数据集上训练了一个由三层 RBM 组成的 DBN。最后，我们学习了变分自编码器。与 GAN 一样，它可以在学习输入样本空间的分布之后生成图像。本章、第 6 章以及第 9 章介绍了使用无监督学习训练的模型。在第 11 章中，我们将转向另一个学习范式：强化学习。

10.6   参考文献

1. https://arxiv.org/abs/1404.1100
2. http://www.cs.otago.ac.nz/cosc453/student_tutorials/principal_components.pdf
3. http://mplab.ucsd.edu/tutorials/pca.pdf
4. http://projector.tensorflow.org/

5. http://web.mit.edu/be.400/www/SVD/Singular_Value_Decomposition. htm

6. https://www.deeplearningbook.org

7. Kanungo, Tapas, et al. *An Efficient k-Means Clustering Algorithm: Analysis and Implementation*. IEEE transactions on pattern analysis and machine intelligence 24.7 (2002): 881-892.

8. Ortega, Joaquín Pérez, et al. *Research issues on K-means Algorithm: An Experimental Trial Using Matlab*. CEUR Workshop Proceedings: Semantic Web and New Technologies.

9. *A Tutorial on Clustering Algorithms*, http://home.deib.polimi.it/ matteucc/Clustering/tutorial_html/kmeans.html.

10. Chen, Ke. *On Coresets for k-Median and k-Means Clustering in Metric and Euclidean Spaces and Their Applications*. SIAM Journal on Computing 39.3 (2009): 923-947.

11. https://en.wikipedia.org/wiki/Determining_the_number_of_ clusters_in_a_data_set.

12. *Least Squares Quantization in PCM*, Stuart P. Lloyd (1882), http:// www-evasion.imag.fr/people/Franck.Hetroy/Teaching/ ProjetsImage/2007/Bib/lloyd-1982.pdf

13. Dunn, J. C. (1973-01-01). *A Fuzzy Relative of the ISODATA Process and Its Use in Detecting Compact Well-Separated Clusters*. Journal of Cybernetics. 3(3): 32–57.

14. Bezdek, James C. (1981). *Pattern Recognition with Fuzzy Objective Function Algorithms*.

15. Peters, Georg, Fernando Crespo, Pawan Lingras, and Richard Weber. *Soft clustering–Fuzzy and rough approaches and their extensions and derivatives*. International Journal of Approximate Reasoning 54, no. 2 (2013): 307-322.

16. Sculley, David. *Web-scale k-means clustering*. In Proceedings of the 19th international conference on World wide web, pp. 1177-1178. ACM, 2010.

17. Smolensky, Paul. *Information Processing in Dynamical Systems: Foundations of Harmony Theory*. No. CU-CS-321-86. COLORADO UNIV AT BOULDER DEPT OF COMPUTER SCIENCE, 1986.

18. Salakhutdinov, Ruslan, Andriy Mnih, and Geoffrey Hinton. *Restricted Boltzmann Machines for Collaborative Filtering*. Proceedings of the 24th international conference on Machine learning. ACM, 2007.

19. Hinton, Geoffrey. *A Practical Guide to Training Restricted Boltzmann Machines*. Momentum 9.1 (2010): 926.

20. http://deeplearning.net/tutorial/rbm.html

第 11 章

强化学习

本章将介绍**强化学习**（RL）——探索最少但最有前途的学习范式。强化学习与有监督学习和无监督学习模型有很大的不同。强化学习代理从头开始（即没有先验信息），可以经历多个命中和试验阶段，并学习实现目标，而唯一的输入就是来自环境的反馈。OpenAI 在强化学习中的最新研究似乎表明，持续竞争可能是智能进化的原因之一。许多深度学习实践者认为，强化学习将在**通用人工智能**（Artificial General Intelligence，AGI）中发挥重要作用。本章将深入研究各种强化学习算法，涵盖以下主题：

- ❏ 什么是强化学习及其术语
- ❏ 学习如何使用 OpenAI Gym 接口
- ❏ 深度 Q 网络
- ❏ 策略梯度

11.1 概述

婴儿学走路、鸟儿学飞或强化学习代理学玩 Atari 游戏有什么共同之处？这三者都涉及：

- ❏ **反复试错**：婴儿和鸟在学会走路和飞之前，都会失败很多次。同样地，强化学习代理在玩游戏的过程中，输很多次后才能获得可靠的成功。
- ❏ **目标**：孩子的目标是站起来，鸟儿的目标是飞行，而强化学习代理的目标是赢得比赛。
- ❏ **与环境交互**：他们获得的唯一反馈来自环境。

第一个问题是，什么是强化学习，它与有监督学习和无监督学习有何不同？养宠物的人都知道，训练宠物的最佳策略是奖励其期望的行为，并惩罚其不良行为。强化学习（也称为**批评家学习**）是一种学习范式，在这种学习范式中，代理以相同的方式学习。这里的代理对应于我们的网络（程序），它可以执行一系列**动作**（Action, a），这些行为引起环境**状态**（State, s）的变化，进而使代理从环境中获得奖励或惩罚。

如图 11-1 所示，以训练一只狗去拿球为例。这里，狗是我们的代理，狗所做的任意行为是动作，而地面（包括人和球）就是环境。狗察觉到我们对它的反应，就给它一块骨头作为奖励。强化学习可以定义为一种计算方法，在一些理想条件下，通过与环境的交互实现目标导向的学习和决策。**代理**可以感知**环境**的状态，并且代理可以在**环境**中执行定义良好的特定操作。这导致两件事：第一，环境的状态发生变化；第二，产生奖励（在理想条件下）。这个循环持续进行，从理论上讲，代理会学习如何随着时间的推移更频繁地产生奖励。

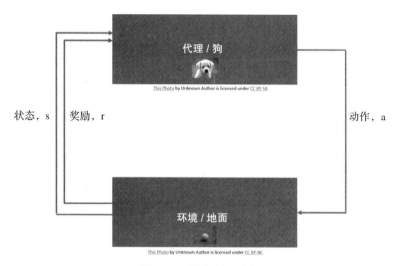

图 11-1　强化学习示例

与有监督学习不同，代理没有提供任何训练示例，它不知道正确的动作是什么。

与无监督学习不同，代理的目标不是在输入中找到某种固有的结构（学习可能会找到某种结构，但这不是目标）。相反，它的唯一目标是（从长远来看）最大化奖励并减少惩罚。

11.1.1　强化学习术语

在学习各种强化学习算法之前，先来了解一些重要的术语。我们将通过两个例子来说明这些术语，第一个例子是迷宫中的机器人，第二个例子是控制自动驾驶汽车方向盘的代理。两种强化学习代理如图 11-2 所示。

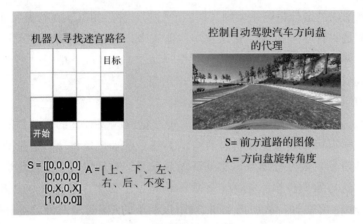

图 11-2 有关强化学习术语的两个示例

□ **状态**（S）：状态是一组 token（或表示），可以定义环境处于的所有可能状态。状态可以是连续的，也可以是离散的。在机器人寻找迷宫路径的示例中，状态可以用一个 4×4 的数组表示，其中的元素可以表示该块是空的、被占用的还是阻塞的。值为 1 的块表示该块已被机器人占用，0 表示该块为空，而 X 表示该块不可通行。数组 S 中的每个元素都可以有三个离散值中的一个，因此状态实际上是离散的。接下来，考虑控制自动驾驶汽车方向盘的代理。代理将前视图图像作为输入，图像包含连续值像素，因此状态是连续的。

□ **动作**（$A(S)$）：动作是代理在特定状态下可以执行的所有可能操作的集合。可能动作的集合 A 取决于当前状态 S。动作可能会（也可能不会）导致状态的改变。与状态一样，动作可以是离散的，也可以是连续的。在迷宫中寻找路径的机器人可以执行 5 个独立的动作 [上、下、左、右、不变]。另一方面，SDC 代理程序可以在连续的角度范围内旋转方向盘。

□ **奖励**（$R(S, A, S')$）：奖励是环境根据代理的动作返回的标量值，这里 S 是当前状态，S' 是采取动作 A 后环境的状态。奖励是由目标决定的。如果动作使之接近目标，代理将获得较高的奖励，否则，将获得较低（甚至是负数）的奖励。定义奖励的方式完全取决于我们自己。在迷宫的例子中，我们可以将奖励定义为代理的当前位置和目标之间的欧几里得距离。SDC 代理奖励可以是汽车在路上（正奖励）或不在路上（负奖励）。

□ **策略**（$\pi(S)$）：策略定义了每个状态和要在该状态下采取的动作之间的映射。策略可以是确定性的。也就是说，对于每个状态都有一个定义良好的策略。在迷宫机器人的例子中，一个策略可以是：如果顶部的块为空，则向上移动。策略也可以是随机的。也就是说，以一定的概率采取动作。可以实现为一个简单的查询表，也可以是依赖于当前状态的一个函数。策略是强化学习代理的核心。在本章中，我们将学习帮助代理学习策略的各种算法。

❑ **回报**（G_t）：这是从当前时间开始的所有未来奖励的折扣之和，数学上定义为：

$$G_t = \sum_{k=0}^{\infty} \gamma^k R_{t+k+1}$$

其中，R_t 是 t 时刻的奖励，γ 是折扣因子，其值介于（0,1）之间。折扣因子决定了未来奖励在决策中的重要性。如果 γ 接近零，代理重视即时奖励。但是，较高的折扣因子意味着代理正在展望未来。它可能会因为追求更高的未来奖励而失去即时奖励，就像在国际象棋游戏中，你可能会牺牲一个兵而将死对手。

❑ **价值函数**（$V(S)$）：从长远来看，这定义了一个状态的"优良"。可以将其视为从状态 S 开始，随着时间的推移，代理可以期望的总奖励。你可以将其视为长期的好处，而不是即时、短暂的好处。你认为最大化即时奖励重要，还是价值函数更重要？你可能猜对了，就像在国际象棋中一样，我们有时会输掉一个兵，但在几步之后赢得了游戏，因此代理应该尝试最大化价值函数。

通常，将价值定义为**状态 – 价值函数** $V^{\pi}(S)$ 或**动作 – 价值函数** $Q^{\pi}(S, A)$，其中 π 是遵循的策略。状态 – 价值函数是执行策略之后，从状态 S 返回的预期回报：

$$V^{\pi}(S) = E_{\pi}[G_t \mid S_t = s]$$

这里 E 是期望，$S_t = s$ 是 t 时刻的状态。动作 – 价值函数是状态 S 的预期回报，采取动作 $A = a$ 并遵循策略 π：

$$Q^{\pi}(S, A) = E_{\pi}[G_t \mid S_t = s, A_t = a]$$

❑ **环境模型**：这是一个可选元素。它模仿环境的行为，并且包含环境的物理特性。或者说，它告诉我们环境如何变化。环境模型由下一个状态的转移概率定义。这是一个可选组件，我们还可以有一个**无模型**的强化学习，不需要使用转移概率定义强化学习过程。

在强化学习中，我们假设环境的状态遵循**马尔可夫性质**，即每个状态都只依赖于前一个状态、从动作空间采取的动作以及相应的奖励。也就是说，如果 S^{t+1} 是 $t + 1$ 时刻的环境状态，那么它是 t 时刻 S_t 状态的函数，A^t 是在 t 时刻采取的动作，R^t 是在 t 时刻收到的相应奖励，不需要之前的历史记录。如果 $P(S^{t+1}|S^t)$ 是转移概率，那么数学上的马尔可夫性质可以表示为：

$$P(S^{t+1} \mid S^t) = P(S^{t+1} \mid S^1, S^2 ..., S^t)$$

因此，可以假设强化学习是一个**马尔可夫决策过程**（Markov Decision Process，MDP）。

11.1.2　深度强化学习算法

深度强化学习（Deep Reinforcement Learning，DRL）的基本思想是，我们可以使用深度神经网络来近似策略函数或价值函数。在本章中，我们将学习一些流行的深度强化学习算法。这些算法可以根据近似程度分为两类：

❑ **基于价值的方法**：在这些方法中，算法采取使价值函数最大化的动作。这里的代理学习预测一个给定的状态或一个动作的效果。基于价值的方法的一个例子是深度 Q 网络（详见 11.3 节）。

❑ 例如，考虑迷宫中的机器人：假设每个状态的值都是负的，即从那个方框到目标所需的步数为负，然后在每个时间步，代理会选择使其具有最佳值的状态的动作，如图 11-3 所示。因此，从值 −6 开始，它将移动到 −5、−4、−3、−2、−1，最终达到值为 0 的目标。

❑ **基于策略的方法**：在这些方法中，算法可预测最佳策略（使预期回报最大化的策略），而无须维持价值函数估计。其目标是找到最佳策略，而不是最佳动作。基于策略的方法的一个例子是策略梯度。这里，我们近似策略函数，该函数允许我们将每个状态映射到最佳的对应动作。与基于价值的方法相比，基于策略的方法的一个优势是，我们可以将它们用于连续的动作空间。

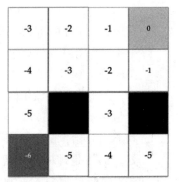

每个方框拥有价值函：达到目标所需的步数（值为 0 处）

图 11-3　迷宫中机器人的价值函数

除了近似策略或价值的算法外，我们还需要回答一些问题，以使强化学习发挥作用：

❑ **代理如何选择其动作，尤其是在未训练的情况下？**

代理开始学习时，不知道确定动作的最佳方式是什么，也不知道哪个动作将提供最佳的 Q 值。那么我们应该如何去做呢？我们向大自然学习。就像蜜蜂和蚂蚁一样，代理在探索新的动作和利用已学到的动作之间取得平衡。最初，当代理启动时，它不知道可能采取的动作中哪个动作更好，因此它会随机选择，但是随着学习，它开始利用所学的策略。这就是**探索与开发** [2] 的权衡。利用探索，代理能收集更多信息，然后利用收集的信息做出最佳决策。

❑ 下一个问题是，**代理如何在探索与开发之间保持平衡**？策略有很多，使用最多的是 **Epsilon-Greedy（ϵ-贪婪）策略**：代理不断探索，并根据 $\epsilon \in [0, 1]$ 的值，代理在每一步选择概率为 ϵ 的随机动作，而概率为 $1-\epsilon$ 的动作使价值函数最大化。通常，ϵ 的值渐近递减。在 Python 中，ϵ-贪婪策略可以实现为：

```
if np.random.rand() <= epsilon:
    a = random.randrange(action_size)
else:
    a = np.argmax(model.predict(s))
```

其中 model 是近似价值 / 策略函数的深度神经网络，a 是从大小为 action_size 的动作空间中选择的动作，s 为状态。进行探索的另一种方法是使用噪声。研究人员已经成功地对高斯噪声和 Ornstein-Uhlenbeck 噪声进行了实验。

❑ **如何处理高度相关的输入状态空间？**

强化学习模型的输入是环境的当前状态。每个动作都会导致环境发生一些变化。但是，两个连续状态之间的相关性是非常高的。现在，如果我们让网络基于顺序状态进行学习，那么连续输入之间的高度相关性将导致文献中所说的"灾难性遗忘"。为了降低灾难性遗忘的影响，2018 年，David Isele 和 Akansel Cosgun 提出了**经验回放**（Experience Replay）[3] 方法。

简单来说，学习算法首先在缓冲区 / 内存中存储 MDP 元组：状态、动作、奖励和下一个状态 <S, A, R, S'>。一旦构建了大量内存，就随机选择一个批处理来训练代理。不断更新内存、添加新内容、删除旧内容。使用经验回放有 3 个好处：

❑ 首先，它允许在许多权重更新中潜在地使用相同的经验，从而提高数据效率。

❑ 其次，随机选择经验的批处理可以在网络训练期间消除连续状态之间的相关性。

❑ 第三，它阻止了可能导致网络陷入局部极小值或发散的任何不希望出现的反馈循环。

经验回放的修改版本是**优先经验回放**（Prioritized Experience Replay，PER）。2015 年，Tom Schaul 等人 [4] 提出了优先经验回放，它源于这样一种思想：并非所有经验（或者你可以认为是尝试）都同等重要。与其他尝试相比，有些尝试可以获得更好的结果。因此，在选择训练时，与其随机选择经验，不如优先选择更有教育意义的经验，这样会有更好的效果。在 Schaul 的论文中，建议优先考虑预测和目标之间差异较大的经验，因为代理在这些情况下可以学到很多东西。

❑ **如何处理移动目标的问题？**

与有监督学习不同的是，强化学习的目标是未知的。在目标不断移动的情况下，代理试图使预期回报最大化，但是最大值随着代理的学习而不断变化。从本质上讲，这就像试图捉住一只蝴蝶，但是每次你靠近蝴蝶时，它都会飞到一个新的位置。有一个移动目标的主要原因是，使用相同的网络来估计动作和目标值可能会在学习过程中产生振荡。

2015 年，DeepMind 团队在《自然》杂志上发表的论文" Human-level Control through Deep Reinforcement Learning"中提出了一种解决方案。解决方案是让代理有短期固定目标，而不是移动目标。代理现在维护在架构上完全相同的网络：一个称为本地网络，用于在每一步中估计当前动作；另一个称为目标网络，用于获取目标值。但是，这两个网络都有自己的权重集。在每个时间步，本地网络都朝着它的目标值和目标接近的方向学习。经过一些时间步后，目标网络权重得到更新。更新可以是**硬更新**，即本地网络的权重经过 N 个时间步后完全复制到目标网络；也可以是**软更新**，即目标网络缓慢地（通过一个因子 $\tau\varepsilon[0, 1]$）将其权重移向本地网络。

11.1.3 强化学习的成功案例

在过去的几年中，深度强化学习已成功地应用于各种任务，尤其是在游戏和机器人领域。在学习强化学习算法之前，让我们熟悉强化学习的一些成功故事：

❑ **AlphaGo Zero**：谷歌 DeepMind 团队发表的 AlphaGo Zero 论文"Mastering the game of Go without any human knowledge"是从一无所有的空白开始的。AlphaGo Zero 使用一个神经网络来估计移动概率和值。

   该神经网络将原始板表示作为输入。在神经网络的指导下，采用蒙特卡洛树搜索进行移动选择。强化学习算法在训练循环中加入了预测搜索。它使用 40 个块的残差卷积神经网络训练了 40 天，在训练过程中，玩了大约 2900 万场游戏（数量巨大！）。团队使用 TensorFlow 在谷歌云上对神经网络进行了优化，拥有 64 个 GPU 和 19 个 CPU 参数服务器。你可以在此处访问这篇论文：`https://www.nature.com/articles/nature24270`。

❑ **AI 控制的滑翔机**：微软开发了一种控制器系统，可以在许多不同的自动驾驶硬件平台（例如 Pixhawk 和树莓派 Pi3）上运行。它可以在不使用发动机的情况下，自主寻找并利用自然产生的热气流使滑翔机保持在空中。控制器通过检测并利用这些热气流帮助滑翔机在没有发动机或人的情况下自行飞翔。他们将其实现为部分可观察的马尔可夫决策过程。他们使用贝叶斯强化学习，并使用蒙特卡洛树搜索来寻找最佳动作。他们将整个系统划分为多个级别的计划者——高级计划者根据经验做出决策，低级计划者使用贝叶斯强化学习实时检测和捕捉热气流。你可以在 Microsoft News 上看到这架滑翔机：`https://news.microsoft.com/features/science-mimics-nature-microsoft-researchers-test-ai-controlled-soaring-machine/`。

❑ **运动行为**：在论文"Emergence of Locomotion Behaviours in Rich Environments"（`https://arxiv.org/pdf/1707.02286.pdf`）中，DeepMind 研究人员为代理提供了丰富多样的环境。游戏环境呈现出一系列不同难度级别的挑战。代理在被增加命令时遇到了困难，这使得代理无须执行任何奖励工程（即设计特殊的奖励功能）即可学习复杂的运动技能。

深度强化学习代理在没有任何游戏隐性知识的情况下，学会了玩许多游戏，甚至击败了人类，真是太神奇了。在接下来的章节中，我们将探索这些令人难以置信的深度强化学习算法，并看到经过几千轮训练，它们以近乎人类的效率玩游戏。

11.2 OpenAI Gym 概述

如前所述，反复试错是所有强化学习算法的重要组成部分。因此，首先在模拟环境中训练强化学习代理是有意义的。

如今，存在大量可用于创建环境的平台。一些受欢迎的平台是：

❑ OpenAI Gym：包含一组环境，可用于训练强化学习代理。在本章中，我们将使用 OpenAI Gym 接口。

❑ 统一机器学习代理 SDK：允许开发人员将使用 Unity 编辑器创建的游戏和模拟转换到环境中，可以通过一个简单易用的 Python API 使用深度强化学习、进化策略或其他机器学习方法训练智能代理的环境。它可与 TensorFlow 配合使用，并能够训练 2D / 3D 和 VR / AR 游戏的智能代理。你可以在此了解更多信息：`https://github.com/Unity-Technologies/ml-agents`。

❑ Gazebo：在 Gazebo 中，我们可以通过基于物理的模拟来构建三维世界。Gazebo 以及**机器人操作系统**（Robot Operating System，ROS）和 OpenAI Gym 接口均为 gym-gazebo，可用于训练强化学习代理。要了解更多信息，请参考白皮书：`https://arxiv.org/abs/1608.05742`。

❑ Blender 学习环境：这是 Blender 游戏引擎的 Python 接口，也适用于 OpenAI Gym。该平台的基础是 Blender——集成游戏引擎的免费 3D 建模软件，提供了一套简单易用、功能强大的工具来创建游戏。它提供了 Blender 游戏引擎的一个接口，并且游戏本身是在 Blender 中设计的。我们可以创建自定义虚拟环境针对特定问题训练强化学习代理（`https://github.com/LouisFoucard/gym-blender`）。

❑ Malmö：由微软团队构建，是建立在 Minecraft 上的一个人工智能实验和研究平台。它提供了用于创建任务和使命的简单 API。你可以在此处了解更多有关 Project Malomo 的信息：`https://www.microsoft.com/en-us/research/project/project-malmo/`。

我们将使用 OpenAI Gym 为代理提供一个环境。OpenAI Gym 是一个开源工具包，用于开发和比较强化学习算法。它包含各种模拟环境，可用于训练代理和开发新的强化学习算法。

首先安装 OpenAI Gym，下面的命令将安装最小的 `gym` 软件包：

```
pip install gym
```

要安装所有（免费）gym 模块，可使用 [all] 前缀：

```
pip install gym[all]
```

 使用 MuJoCo 环境需要购买许可。

OpenAI Gym 提供了多种环境，从简单的文本游戏到三维游戏。支持的环境可以按以下方式分类：

❑ 算法：包含执行加法等计算的环境。尽管我们可以在计算机上轻松地执行这些计算，但是使这些问题成为强化学习问题的有趣之处在于，代理纯粹地通过示例学习这些任务。

❑ Atari：这个环境提供了各种经典的 Atari / 街机游戏。

- ❑ **Box2D**：包含二维机器人任务，如，赛车代理或双足机器人行走。
- ❑ **经典控制**：包含了经典控制理论的问题，例如，平衡一个车杆。
- ❑ **MuJoCo**：这是专有的（你可以免费试用一个月）。它支持各种机器人模拟任务。这个环境包括一个物理引擎，因此，可用于训练机器人任务。
- ❑ **机器人技术**：这个环境还用到了 MuJoCo 的物理引擎。它模拟了抓取和手影机器人基于目标的任务。
- ❑ **玩具文本**：一个基于文本的简单环境，非常适合初学者。

你可以从 gym 网站上获取完整的环境列表：`https://gym.openai.com/`。要了解安装中所有可用的环境列表，可以使用以下代码：

```
from gym import envs
print(envs.registry.all())
```

这将输出所有已安装环境及其环境 ID 的列表。OpenAI Gym 提供的核心接口是统一的环境接口。代理可以使用三种基本方法与环境交互：`reset`、`step` 和 `render`。`reset` 方法重置环境并返回观察结果。`step` 方法以一个时间步在环境中行进，并返回观察结果、奖励、完成和信息。`render` 方法渲染环境的一帧，就像弹出一个窗口一样。导入 gym 模块后，我们可以使用 `make` 命令从安装的环境列表中创建任何环境。接下来，我们创建"Breakout-v0"环境：

```
import gym
env_name = 'Breakout-v0'
env = gym.make(env_name)
```

重置后，我们来观察一下环境：

```
obs = env.reset()
env.render()
```

你可以在图 11-4 中看到 Breakout 环境，render 函数会弹出环境窗口。

你也可以在线使用 Matplotlib 并将 render 命令更改为 `plt.imshow(env.render(mode ='rgb_array'))`。这将在 Jupyter Notebook 中显示在线环境。

你可以使用 `env.observation_space` 和 `env.action_space` 了解有关环境状态空间及其动作空间的更多信息。对于 Breakout 游戏，我们发现状态由大小为 210×160 的三通道图像组成，并且动作空间是离散的，有 4 个可能的动作。完成后，不要忘记使用以下方法关闭 OpenAI：

```
env.close()
```

The Breakout environment

图 11-4　Breakout 环境界面

随机代理玩 Breakout 游戏

让我们来玩一下 Breakout 游戏。第一次玩游戏时，可能不知道游戏规则，也不知道怎么玩，因此可以随机选择控制按钮。我们的新手代理也会从动作空间中随机选择动作。gym 提供了一个函数 sample()，它从动作空间中选择一个随机动作。另外，我们可以保存一个游戏的回放，以便以后观看。有两种方法可以保存游戏，一种使用 Matplotlib，另一种使用 OpenAI Gym Monitor 封装器。让我们先来看看 Matplotlib 方法。

首先，导入必要的模块。现在，我们仅需要 gym 和 matplotlib，因为代理会随机移动：

```
import gym
import matplotlib.pyplot as plt
import matplotlib.animation as animation
```

创建 gym 环境：

```
env_name = 'Breakout-v0'
env = gym.make(env_name)
```

接下来运行游戏，一次走一步，选择一个随机动作，走 300 步或者直到游戏结束为止（以先满足的为准）。在 frames 列表中的每一步中都保存了环境状态（观察）空间：

```
frames = [] # array to store state space at each step

env.reset()
done = False
for _ in range(300):
    #print(done)
    frames.append(env.render(mode='rgb_array'))
    obs,reward,done, _ = env.step(env.action_space.sample())
    if done:
        break
```

现在是使用 Matplotlib 动画将所有帧组合为 gif 图像的时候了。我们创建一个图像对象块，再定义一个函数（patch），将图像数据设置为特定帧的索引。Matplotlib Animation 类使用这个函数创建一个动画，最后，我们将其保存在 random_ agent.gif 文件中：

```
patch = plt.imshow(frames[0])
plt.axis('off')
def animate(i):
    patch.set_data(frames[i])
    anim = animation.FuncAnimation(plt.gcf(), animate, \
        frames=len(frames), interval=10)
    anim.save('random_agent.gif', writer='imagemagick')
```

通常，一个强化学习代理要进行合适的训练需要许多步，因此，在每一步中存储状态空间是不可行的。因此,在上面的算法中,我们可以选择每走 500 步(可自行选择)就进行存储。OpenAI Gym 提供了包装器类把游戏保存为视频。为此,我们需要先导入封装器,再创建环境,最后使用 Monitor。

默认情况下,将存储 1、8、27、64(完全立方的片段数)的视频,以此类推,然后每1000 个片段存储一次。默认情况下,每个训练都保存在一个文件夹中。执行这一操作的代码如下所示:

```
import gym
env = gym.make("Breakout-v0")
env = gym.wrappers.Monitor(env, 'recording', force=True)
observation = env.reset()
for _ in range(1000):
    #env.render()
    action = env.action_space.sample()
    # your agent here (this takes random actions)
    observation, reward, done, info = env.step(action)

    if done:
        observation = env.reset()
env.close()
```

要使 Monitor 正常工作,需要 FFmpeg 的支持,为了防止丢失,你可能需要根据操作系统进行安装。

这会把视频以 mp4 格式保存在 recording 文件夹中。注意,如果要在下一次训练过程中使用相同的文件夹,则必须设置 force=True 选项。

11.3 深度 Q 网络

深度 Q 网络(DQN)是为了近似 Q 函数(价值 – 状态函数)而设计的深度学习神经网络,是目前最受欢迎的基于值的强化学习算法之一。谷歌 DeepMind 在 NIPS 2013 的一篇题为 " Playing Atari with Deep Reinforcement Learning " 的论文中提出了这一模型。本文最重要的贡献是直接将原始状态空间作为网络的输入,输入特征不像之前的强化学习实现那样是人工完成的。同样,他们可以用完全相同的架构去训练代理以玩不同的 Atari 游戏,并获得领先的结果。

这一模型是简单 Q 学习算法的扩展。在 Q 学习算法中,Q 表是作为速查表维护的。在每个动作之后,使用 Bellman 方程 [5] 更新 Q 表:

$$Q(S_t, A_t) = (1 - \alpha)Q(S_t, A_t) + \alpha(R_{t+1} + \gamma \max_A Q(S_{t+1}, A_t))$$

α 是学习率,其值在 [0,1] 范围内。第 1 项表示原有 Q 值的分量,第 2 项表示目标 Q 值。如果状态的数量和可能动作的数量都很少,那么 Q 学习是良好的,但是对于大的状态空间和动作空间，Q 学习是不可扩展的。更好的选择是使用深度神经网络作为一个函数的近似，为每个可能的动作近似目标 Q 函数。在这种情况下，深度神经网络的权重存储 Q 表信息。每个可能的动作都有一个单独的输出单元。网络将状态作为输入，并为所有可能的动作返回预测的目标 Q 值。那么问题出现了：我们如何训练这个网络，损失函数应该是什么？好吧，因为我们的网络需要预测目标 Q 值：

$$Q_{\text{target}} = R_{t+1} + \gamma \max_A Q(S_{t+1}, A_t)$$

损失函数应尝试减小预测的 Q 值 $Q_{\text{predicted}}$ 与目标 Q 值 Q_{target} 之间的差异。我们可以将损失函数定义为：

$$损失 = E_\pi \big[Q_{\text{target}}(S, A) - Q_{\text{predicted}}(S, W, A) \big]$$

其中 W 是深度 Q 网络的训练参数，使用梯度下降学习，使损失函数最小化。下面是深度 Q 网络的通用架构。网络将 n 维状态作为输入，输出 m 维动作空间中每个可能动作的 Q 值。每一层（包括输入）可以是卷积层（如果我们把原始像素作为输入卷积层更有意义），也可以是稠密层。

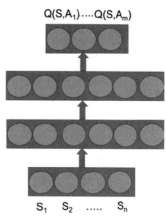

图 11-5　深度 Q 网络的通用架构

在下一节中，我们将试着训练一个深度 Q 网络，代理的任务将是稳定小车上的一根棍子，代理可以左右移动小车使其保持平衡。

11.3.1　CartPole 的深度 Q 网络

CartPole 问题是基于连续状态空间和离散动作空间的一个经典 OpenAI 问题。其中，一根棍子通过一个无操纵的接头连接到小车上，小车沿着一条光滑的轨道移动。我们的目标是通过向左或向右移动小车，使棍子立在小车上。在每个时间步，棍子立着，奖励 +1。只要棍子与垂直方向的夹角超过 15 度，或者小车距离中心位置超过 2.4 个单位，则游戏结束。

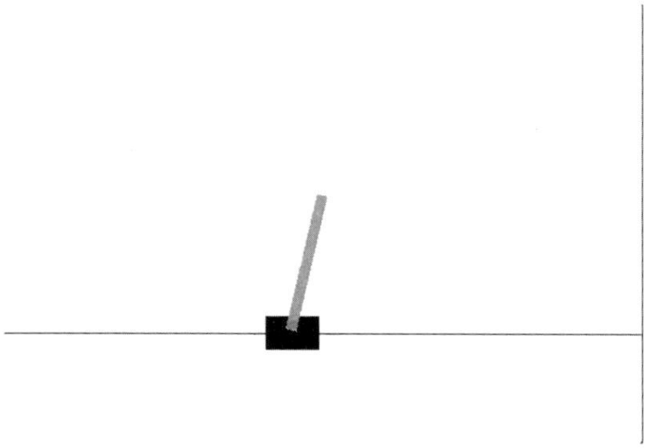

图 11-6　小车和棍子的图例

此处的代码改编自 OpenAI 的 CartPole 环境的最佳条目：https://gym.openai.com/envs/CartPole-v0/。

我们从导入必要的模块开始。显然，我们需要 gym 来提供 CartPole 环境，并需要 tensorflow 来构建 DQN 网络。除此之外，我们还需要 random 和 numpy 模块：

```
import random
import gym
import math
import numpy as np
from collections import deque
import tensorflow as tf
from tensorflow.keras.models import Sequential
from tensorflow.keras.layers import Dense
from tensorflow.keras.optimizers import Adam
```

为训练代理的最大片段（EPOCHS）设置全局值，为环境求解设置阈值（THRESHOLD），为指示是否需要记录训练设置一个布尔值（MONITOR）。注意，根据官方 OpenAI 文档，当代理能够将棍子保持在垂直位置 195 个时间步（刻度）时，可以认为求解出 CartPole 环境。为了节省时间，在下面的代码中，我们将 THRESHOLD 降低到 45：

```
EPOCHS = 1000
THRESHOLD = 195
MONITOR = True
```

现在构建 DQN。声明一个类 DQN，并在其 _init_() 函数中声明所有超参数和我们的模型。我们也在 DQN 类中创建环境。如你所见，这个类非常通用，你可以使用这个类训练所有 gym 环境，其状态空间信息包含在一个一维数组中：

```
def __init__(self, env_string, batch_size=64):
        self.memory = deque(maxlen=100000)
        self.env = gym.make(env_string)
        self.input_size = self.env.observation_space.shape[0]
        self.action_size = self.env.action_space.n

        self.batch_size = batch_size
        self.gamma = 1.0
        self.epsilon = 1.0
        self.epsilon_min = 0.01
        self.epsilon_decay = 0.995

        alpha=0.01
        alpha_decay=0.01
        if MONITOR: self.env = gym.wrappers.Monitor(self.env, '../
data/'+env_string, force=True)

        # Init model
        self.model = Sequential()
        self.model.add(Dense(24, input_dim=self.input_size,
```

```
activation='tanh'))
        self.model.add(Dense(48, activation='tanh'))
        self.model.add(Dense(self.action_size, activation='linear'))
        self.model.compile(loss='mse', optimizer=Adam(lr=alpha,
decay=alpha_decay))
```

我们构建的 DQN 是一个三层感知器。在图 11-7 的输出中，你可以看到模型概要。我们使用基于学习速衰减的 Adam 优化器。

```
Model: "sequential"

Layer (type)                 Output Shape              Param #
=================================================================
dense (Dense)                (None, 24)                120
_____
dense_1 (Dense)              (None, 48)                1200
_____
dense_2 (Dense)              (None, 2)                 98
=================================================================
Total params: 1,418
Trainable params: 1,418
Non-trainable params: 0
```

图 11-7　DQN 模型概要

变量列表 self.memory 将包含我们的经验回放缓冲区。我们需要添加两个方法：一个方法把 <S, A, R, S'> 元组保存到内存中，另一个方法从其中批量获取随机样本来训练代理。通过定义类方法 remember 和 replay 来执行这两个功能：

```
def remember(self, state, action, reward, next_state, done):
        self.memory.append((state, action, reward, next_state, done))

def replay(self, batch_size):
        x_batch, y_batch = [], []
        minibatch = random.sample(self.memory, min(len(self.memory),
batch_size))
        for state, action, reward, next_state, done in minibatch:
            y_target = self.model.predict(state)
  y_target[0][action] = reward if done else reward + self.gamma *
np.max(self.model.predict(next_state)[0])
            x_batch.append(state[0])
            y_batch.append(y_target[0])

        self.model.fit(np.array(x_batch), np.array(y_batch), batch_
size=len(x_batch), verbose=0)
```

选择动作时，我们的代理使用 ε 贪婪策略。实现如下所示：

```
def choose_action(self, state, epsilon):
        if np.random.random() <= epsilon:
            return self.env.action_space.sample()
        else:
            return np.argmax(self.model.predict(state))
```

接下来编写一个方法来训练代理。我们定义两个列表来记录得分。首先，填充经验回放缓冲区，然后从中选择一些样本来训练代理，查看代理是否慢慢学习得更好：

```
def train(self):
    scores = deque(maxlen=100)
    avg_scores = []
    for e in range(EPOCHS):
        state = self.env.reset()
        state = self.preprocess_state(state)
        done = False
        i = 0
        while not done:
            action = self.choose_action(state,self.epsilon)
            next_state, reward, done, _ = self.env.step(action)
            next_state = self.preprocess_state(next_state)
            self.remember(state, action, reward, next_state, done)
            state = next_state
            self.epsilon = max(self.epsilon_min, self.epsilon_
decay*self.epsilon) # decrease epsilon
            i += 1
        scores.append(i)
        mean_score = np.mean(scores)
        avg_scores.append(mean_score)
        if mean_score >= THRESHOLD and e >= 100:
            print('Ran {} episodes. Solved after {} trials
✓'.format(e, e - 100))
            return avg_scores
        if e % 100 == 0:
            print('[Episode {}] - Mean survival time over last 100
episodes was {} ticks.'.format(e, mean_score))

    self.replay(self.batch_size)
    print('Did not solve after {} episodes :('.format(e))
    return avg_scores
```

现在实现了所有必要的函数，我们还需要一个辅助函数来重构 CartPole 环境的状态，使模型的输入处于正确的形状。用四个连续变量描述环境的状态：小车位置（[-2.4-2.4]）、小车速度（[([-∞, ∞])]）、极角（[-41.8o-41.8o]）和极速（[([-∞, ∞])]）：

```
def preprocess_state(self, state):
    return np.reshape(state, [1, self.input_size])
```

实例化 CartPole 环境的代理并对其进行训练：

```
env_string = 'CartPole-v0'
agent = DQN(env_string)
scores = agent.train()
```

在图 11-8 中，你可以看到在我的系统上正在训练的代理。代理能够在 254 步内到达设定的阈值 45。

```
[Episode 0] - Mean survival time over last 100 episodes was 16.0 ticks.
[Episode 100] - Mean survival time over last 100 episodes was 17.47 ticks.
[Episode 200] - Mean survival time over last 100 episodes was 28.1 ticks.
Ran 254 episodes. Solved after 154 trials ✔
```

图 11-8　训练 CartPole 环境的代理，在 254 步内到达目标阈值

代理学习到的平均奖励图如图 11-9 所示。

```
import matplotlib.pyplot as plt
plt.plot(scores)
plt.show()
```

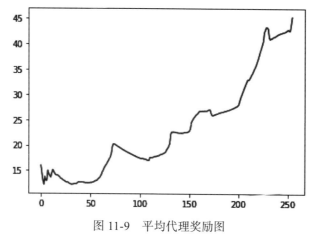

图 11-9　平均代理奖励图

训练完成后，你可以关闭环境：

```
agent.env.close()
```

可以看到，刚开始没有关于如何平衡棍子的任何信息，通过使用 DQN，代理在其学习过程中能够使棍子平衡的时间（平均）越来越长。从空白状态开始，代理能够构建信息或知识来实现所需的目标。太棒了！

11.3.2　深度 Q 网络玩 Atari 游戏

在上一节中，我们使用深度 Q 网络训练如何平衡 CartPole。这是一个简单的问题，因此可以用感知器模型求解。但是想象一下，如果环境状态只是我们看到的 CartPole 视觉状态，则用原始像素值作为输入状态空间，之前的深度 Q 网络将无法工作。我们需要的是一个卷积神经网络。接下来，我们将基于一篇开创性的论文"Playing Atari with Deep Reinforcement Learning"构建一个深度 Q 网络。

大多数代码与 CartPole 的 DQN 类似，但是 DQN 网络本身以及我们如何预处理从环境中获得的状态将会有很大的变化。

首先，让我们看看状态空间处理方式的变化。在图 11-10

图 11-10　Atari 游戏 Breakout 的截图

中，你可以看到其中一个 Atari 游戏 Breakout。

如图所示，并非所有图像都包含相关信息：顶部有冗余的得分信息，而底部有多余的空白空间，而且图像是彩色的。为了减轻模型的负担，最好删除不必要的信息，因此我们将裁剪图像，将其转换为灰度，让它成为大小是 84×84 的正方形（如论文所述）。下面的代码对输入的原始像素进行预处理：

```
def preprocess_state(self, img):
    img_temp = img[31:195]  # Choose the important area of the image
    img_temp = tf.image.rgb_to_grayscale(img_temp)
    img_temp = tf.image.resize(img_temp, [self.IM_SIZE, self.IM_SIZE],
                                method=tf.image.ResizeMethod.NEAREST_
NEIGHBOR)
    img_temp = tf.cast(img_temp, tf.float32)
    return img_temp[:,:,0]
```

另一个重要的问题是，仅根据一个时间步的图像，代理如何知道球在上升还是下降？一种方法是用 LSTM 和 CNN 记录过去的球的运动。但是，这篇论文使用了一种简单的技术。它不使用单个状态帧，而是将过去 4 个时间步的状态空间串联在一起作为 CNN 网络的一个输入，即网络将环境的 4 个过去帧作为输入。下面的代码用于合并当前状态和先前状态：

```
def combine_images(self, img1, img2):
    if len(img1.shape) == 3 and img1.shape[0] == self.m:
        im = np.append(img1[1:,:, :],np.expand_dims(img2,0), axis=2)
        return tf.expand_dims(im, 0)
    else:
        im = np.stack([img1]*self.m, axis = 2)
        return tf.expand_dims(im, 0)
```

在 _init_ 函数中定义模型。我们修改函数，得到一个输入为（$84 \times 84 \times 4$）的 CNN 网络，表示大小为 84×84 的 4 个状态帧：

```
def __init__(self, env_string,batch_size=64, IM_SIZE = 84, m = 4):
    self.memory = deque(maxlen=100000)
    self.env = gym.make(env_string)
    input_size = self.env.observation_space.shape[0]
    action_size = self.env.action_space.n
    self.batch_size = batch_size
    self.gamma = 1.0
    self.epsilon = 1.0
    self.epsilon_min = 0.01
    self.epsilon_decay = 0.995
    self.IM_SIZE = IM_SIZE
    self.m = m


    alpha=0.01
    alpha_decay=0.01
```

```
    if MONITOR: self.env = gym.wrappers.Monitor(self.env, '../
data/'+env_string, force=True)

    # Init model
    self.model = Sequential()
    self.model.add( Conv2D(32, 8, (4,4), activation='relu',padding='sa
me', input_shape=(IM_SIZE, IM_SIZE, m)))
    self.model.add( Conv2D(64, 4, (2,2), activation='relu',padding='v
alid'))
    self.model.add( Conv2D(64, 3, (1,1), activation='relu',padding='v
alid'))
    self.model.add(Flatten())
    self.model.add(Dense(512, activation='elu'))
    self.model.add(Dense(action_size, activation='linear'))
    self.model.compile(loss='mse', optimizer=Adam(lr=alpha,
decay=alpha_decay))
```

最后，我们需要对 train 函数进行一些小的修改，我们需要调用新的 preprocess 函数以及 combine_images 函数，以确保将 4 个帧串联在一起：

```
def train(self):
    scores = deque(maxlen=100)
    avg_scores = []


    for e in range(EPOCHS):
        state = self.env.reset()
        state = self.preprocess_state(state)
        state = self.combine_images(state, state)
        done = False
        i = 0
        while not done:
            action = self.choose_action(state,self.epsilon)
            next_state, reward, done, _ = self.env.step(action)
            next_state = self.preprocess_state(next_state)
            next_state = self.combine_images(next_state, state)
            #print(next_state.shape)
            self.remember(state, action, reward, next_state, done)
            state = next_state
            self.epsilon = max(self.epsilon_min, self.epsilon_
decay*self.epsilon) # decrease epsilon
            i += reward

        scores.append(i)
        mean_score = np.mean(scores)
        avg_scores.append(mean_score)
        if mean_score >= THRESHOLD and e >= 100:
            print('Ran {} episodes. Solved after {} trials
√'.format(e, e - 100))
            return avg_scores
        if e % 100 == 0:
```

```
                print('[Episode {}] - Score over last 100 episodes was
{}.'.format(e, mean_score))
    self.replay(self.batch_size)

print('Did not solve after {} episodes :('.format(e))
return avg_scores
```

这就是全部——现在，你就可以训练代理玩 Breakout 游戏了。完整的代码可以在本章 GitHub 上的 DQN_Atari.ipynb 文件中找到。

11.3.3 DQN 变体

在 DQN 获得前所未有的成功之后，人们对强化学习的兴趣增加了，很多新的强化学习算法应运而生。接下来，我们来看一些基于 DQN 的算法。他们都以 DQN 为基础，并在 DQN 基础上进行改进。

1. Double DQN

在 DQN 中，代理使用相同的 Q 值选择一个动作并评估一个动作。这可能会产生学习中的最大化偏置。例如，对于状态 S，所有可能的动作的真 Q 值为零。现在，我们的 DQN 估计会有一些值大于零，而一些值则小于零，并且因为我们选择具有最大 Q 值的动作，然后使用相同的（最大化的）估计值函数评估每个动作的 Q 值，所以我们过高估计了 Q，或者说，我们的代理过于乐观。这可能会产生不稳定的训练和低质量的策略。为了解决这一问题，DeepMind 团队的 Hasselt 等人在他们的论文 "Deep Reinforcement Learning with Double Q-Learning" 中提出了 Double DQN 算法。在 Double DQN 中，我们有两个结构相同但权重不同的 Q 网络。其中一个 Q 网络使用 ε 贪婪策略确定动作，另一个 Q 网络用来确定其值（Q 目标）。

回想一下，在 DQN 中，Q 目标由下式给出：

$$Q_{\text{target}} = R_{t+1} + \gamma \max_A Q(S_{t+1}, A_t)$$

这里，使用相同的 DQN 网络 $Q(S, A; W)$ 选择动作 A，其中 W 是网络的训练参数。也就是说，我们把 Q 值函数及其训练参数一起编写，以强调香草 DQN 和 Double DQN 之间的区别：

$$Q_{\text{target}} = R_{t+1} + \gamma \max_A Q(S_{t+1}, \arg\max_t Q(S, A; W); W)$$

在 Double DQN 中，目标的方程会发生变化。现在 DQN $Q(S, A; W)$ 用来确定动作，DQN $Q(S, A; W')$ 用来计算目标（注意权重不同），那么上式将变为：

$$Q_{\text{target}} = R_{t+1} + \gamma \max_A Q(S_{t+1}, \arg\max_t Q(S, A; W); W')$$

这个简单的修改降低了过高的估计，并帮助我们快速、可靠地训练代理。

2. Dueling DQN

这个架构是 2015 年 Wang 等人在论文"Dueling Network Architectures for Deep Reinforcement Learning"中提出的。与 DQN 和 Double DQN 一样,Dueling DQN 也是一种无模型算法。

Dueling DQN 将 Q 函数解耦为价值函数和收益函数(也称为优势函数)。前面已经讨论过,价值函数表示独立于所有动作的状态值。另一方面,收益函数提供了在状态 S 下动作 A 的效用(收益 / 优势)的相对度量。Dueling DQN 在初始层使用卷积网络从原始像素中提取特征。但是,在之后的阶段中分为两个不同的网络,一个近似价值,另一个近似收益。这样可以确保网络对价值函数和收益函数单独进行估计:

$$Q(S, A) = A(S, A; \theta, \alpha) + V^{\pi}(S; \theta, \beta)$$

这里,θ 是共享卷积网络(由 V 和 A 共享)的训练参数的一个数组,α 和 β 是收益和价值估计器网络的训练参数。随后,这两个网络使用聚合层重新组合来估计 Q 值。

在图 11-11 中,你可以看到 Dueling DQN 架构。

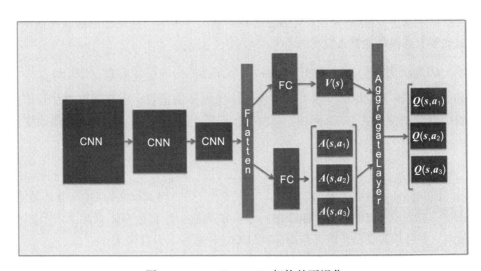

图 11-11　Dueling DQN 架构的可视化

你可能想知道,这样做有什么好处呢?如果我们能将其组装在一起,为什么还要分解 Q 呢?解耦价值函数和收益函数让我们知道哪些状态是有价值的,而不必考虑每个动作对每个状态的影响。无论选取什么动作,它们都有很多状态,或好或坏。例如,在一个度假胜地与你的爱人吃早餐永远都是一个好的状态,而被送往医院急诊室则永远都是一个坏的状态。因此,将价值与收益分开可以使人们对价值函数有一个更鲁棒的近似。接下来,你可以看到论文中的一个图(见图 11-12),它突出显示了在 Atari 游戏 Enduro 中,价值网络学习关注路况,而收益网络仅在前方有车时才学习关注路况,以避免碰撞。

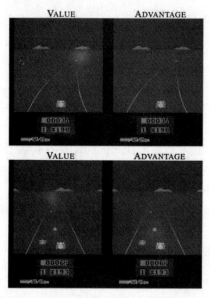

图 11-12　图像来源：`https://arxiv.org/pdf/1511.06581.pdf`

聚合层的实现方式允许一个人从给定的 Q 中恢复 V 和 A。这是通过强制收益函数估计器在所选动作上的收益为零来实现的：

$$Q(S, A; \theta, \alpha, \beta) = A(S, A; \theta, \alpha) + V^{\pi}(S; \theta, \beta) - \max_{a' \epsilon |A|} A(S, A'; \theta, \alpha)$$

Wang 等人在论文中指出，如果用平均运算代替 max 运算，会使网络更加稳定。这是因为收益的变化速度现在与平均值的变化速度相同，而不是与最佳（max）值的变化速度相同。

3. Rainbow

目前，Rainbow 是最先进的 DQN 变体。从技术上讲，将其称之为 DQN 变体是错误的。从本质上讲，它是许多 DQN 变体组成的一个算法集合。它将分布式强化学习 [6] 损失修改为多步损失，并使用贪婪动作将其与 Double DQN 相结合。引自论文：

"该网络架构是一种对抗性网络架构，适合与返回分布一起使用。网络有一个共享表示 $f\xi(s)$，然后将其送入一个带有 N_{atoms} 输出的价值流 v_{η} 和一个带有 $N_{atoms} \times N_{atoms}$ 输出的收益流 $a\xi$，其中 $a_{\xi}^{i}(f\xi(s), a)$ 表示对应于原子 i 和动作 a 的输出。对于每个原子 z_i，与在 Dueling DQN 中一样，将价值流和收益流聚合，然后通过 softmax 层获得用于估计收益分布的归一化参数分布。"

Rainbow 结合了 6 种不同的强化学习算法：

❏ N 步返回

❏ 分布式状态 – 动作价值学习

❏ Dueling 网络

❑ 噪声网络
❑ Double DQN
❑ 优先经验回放

11.4　深度确定性策略梯度

DQN 及其变体已经成功地应用于求解状态空间是连续的而动作空间是离散的这一问题。例如，在 Atari 游戏中，输入空间由原始像素组成，但是动作是离散的——[上、下、左、右、无操作]。我们如何求解连续动作空间的问题呢？例如，假设驾驶汽车的强化学习代理需要转动车轮，这个动作有一个连续的动作空间，处理这种情况的一种方法是离散化动作空间并继续使用 DQN 或其变体。但是，更好的解决方案是使用策略梯度算法。在策略梯度方法中，直接近似策略 $\pi(A|S)$。

使用神经网络近似策略。在最简单的形式中，神经网络通过选择最陡的梯度上升调整其权重，从而学习一种策略用于选择使奖励最大化的动作，因此，将其命名为策略梯度。

在本节中，我们将重点介绍**深度确定性策略梯度（DDPG）**算法，这是谷歌 DeepMind 团队在 2015 年成功使用的另一种强化学习算法。DDPG 算法使用两个网络实现，一个称为参与者（actor）网络，另一个称为评论家 (critic) 网络。

参与者网络确定性地近似最佳策略，即对于任何给定的输入状态，参与者网络都会输出最喜欢的动作。本质上，参与者是在学习。评论家网络使用参与者最喜欢的动作来评估最佳动作价值函数。在继续之前，让我们将其与上一节中讨论的 DQN 算法进行对比。在图 11-13 中，可以看到 DDPG 的通用架构。

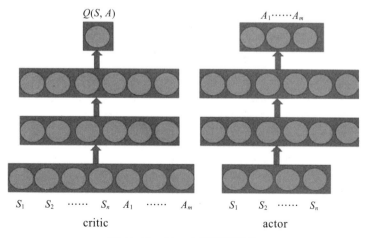

图 11-13　DDPG 的通用架构

参与者网络输出最喜欢的动作，评论家网络将输入状态和所采取的动作都作为输入，并评估其 Q 值。为了训练评论家网络，我们遵循与 DQN 相同的过程，即，我们试着最小化估计 Q 值和目标 Q 值之间的差异。然后将 Q 值相对于动作的梯度反向传播以训练参与者网络。因此，如果评论家网络足够优秀，将会使参与者网络选择具有最佳价值函数的动作。

11.5　小结

近年来，强化学习取得了很大的进展，要在一章中介绍所有内容是不可能的。在本章中，我们重点介绍了强化学习算法。首先，本章介绍强化学习领域中的重要概念、面临的挑战以及促使其向前发展的解决方案。接下来，我们深入研究了两个重要的强化学习算法：DQN 算法和 DDPG 算法。最后，本书涵盖了深度学习领域中的重要主题。在第 12 章中，我们将把学到的知识应用于实际。

11.6　参考文献

1. https://www.technologyreview.com/s/614325/open-ai-algorithms-learned-tool-use-and-cooperation-after-hide-and-seek-games/?fbclid=IwAR1JvW-JTWnzP54bk9eCEvuJOq1y7vU4qz4OFfilWr7xHGHsILakKSD9UjY

2. Coggan, Melanie. *Exploration and Exploitation in Reinforcement Learning*. Research supervised by Prof. Doina Precup, CRA-W DMP Project at McGill University (2004).

3. Lin, Long-Ji. *Reinforcement learning for robots using neural networks*. No. CMU-CS-93-103. Carnegie-Mellon University Pittsburgh PA School of Computer Science, 1993.

4. Schaul, Tom, John Quan, Ioannis Antonoglou, and David Silver. *Prioritized Experience Replay*. arXiv preprint arXiv:1511.05952 (2015).

5. *Chapter 4, Reinforcement Learning*, Richard Sutton and Andrew Barto, MIT Press. https://web.stanford.edu/class/psych209/Readings/SuttonBartoIPRLBook2ndEd.pdf.

6. Dabney, Will, Mark Rowland, Marc G. Bellemare, and Rémi Munos. *Distributional Reinforcement Learning with Quantile Regression*. In Thirty-Second AAAI Conference on Artificial Intelligence. 2018.

7. Hessel, Matteo, Joseph Modayil, Hado Van Hasselt, Tom Schaul, Georg Ostrovski, Will Dabney, Dan Horgan, Bilal Piot, Mohammad Azar, and David Silver. *Rainbow: Combining improvements in Deep Reinforcement Learning*. In Thirty-Second AAAI Conference on Artificial Intelligence. 2018.

8. Pittsburgh PA School of Computer Science, 1993.

9. The details about different environments can be obtained from https://gym.openai.com/envs.

10. Wiki pages are maintained for some environments at https://github.com/openai/gym/wiki.

11. Details regarding installation instructions and dependencies can be obtained from `https://github.com/openai/gym`.

12. `https://arxiv.org/pdf/1602.01783.pdf`
`http://ufal.mff.cuni.cz/~straka/courses/npfl114/2016/sutton-bookdraft2016sep.pdf`
`http://karpathy.github.io/2016/05/31/rl/`

13. Xavier Glorot and Yoshua Bengio, *Understanding the difficulty of training deep feedforward neural networks.* Proceedings of the Thirteenth International Conference on Artificial Intelligence and Statistics, 2010, `http://proceedings.mlr.press/v9/glorot10a/glorot10a.pdf`.

14. A good read on why RL is still hard to crack: `https://www.alexirpan.com/2018/02/14/rl-hard.html`.

第 12 章

TensorFlow 和云服务

AI 算法需要大量的计算资源。随着大量云平台以具有竞争力的价格优势提供服务，云计算提供了一种经济高效的解决方案。在本章中，我们将讨论占据大部分市场份额的三大主要云平台供应商：**亚马逊网络服务（Amazon Web Service，AWS）**、微软 Azure 和谷歌云平台（GCP）。此外，只要在云端训练了模型，你就可以使用 TensorFlow Extended（TFX）将模型迁移到生产中。本章涵盖以下主题：

❑ 在云端创建和使用虚拟机

❑ 直接在云端的 Jupyter Notebook 上进行创建和训练

❑ 在云端部署模型

❑ 使用 TFX 进行生产

❑ TensorFlow 企业版

12.1 云端深度学习

曾有一段时间，如果你想从事深度学习领域的工作，则需要花费数千美元获得训练深度学习模型所需的基础架构。如今，很多公用云服务供应商都提供了价格合理的云计算服务。在云端训练**深度学习（Deep Learning，DL）**模型有很多优点：

❑ **可购性**：大多数云服务供应商都提供一系列订阅选项，你可以选择按月订阅或者按需付费。大多数云服务供应商还为新用户提供无条件信用额度。

❑ **灵活性**：无须绑定一个物理位置，可以从任何物理位置登录到云并继续工作。

❑ **可扩展性**：随着需求的增长，你可以扩展云资源，与请求增加配额或更改订阅模型一样简单。

❑ **无忧安装**：在个人系统中，从硬件选择到软件依赖项的安装都由你负责，而云服务则不同，云服务以预制系统镜像的形式提供现成的解决方案。这些镜像附带了训练深度学习模型可能需要的所有软件包。

❑ **语言支持**：所有服务都支持多种计算机语言。你可以用自己喜欢的语言编写代码。

❑ **部署 API**：大多数云服务还允许你将深度学习模型直接嵌入应用程序和 Web 中。

根据所提供的服务，云平台可分为：

❑ **基础设施即服务**（Infrastructure as a Service，IaaS）：服务供应商仅提供物理基础设施。例如，虚拟机和数据存储中心。

❑ **平台即服务**（Platform as a Service，PaaS）：服务供应商为应用程序的开发和部署提供了运行时环境（包括硬件和软件）。例如，Web 服务器和数据中心。

❑ **软件即服务**（Software as a Service，SaaS）：服务供应商将软件应用程序作为服务提供。例如，Microsoft Office 365 和云端可用的交互式 Jupyter notebook。

在深入研究如何使用各种云服务的细节之前，让我们先了解一些流行的云服务供应商及其提供的服务。我们将考虑使用微软 Azure、AWS 和谷歌云平台。它们都提供了构建、部署和管理应用程序的工具，此外，它们还可以通过全球 Web 提供服务。

12.1.1　微软 Azure

微软 Azure 同时提供 PaaS 和 SaaS 服务。Azure 平台提供了无数服务：虚拟机、网络、存储，甚至是物联网解决方案。若要访问这些服务，你需要在 Azure 上注册一个账户。你需要一个电子邮件地址完成这一任务。访问网站（https://azure.microsoft.com/en-in/）打开你的账户。Azure 平台还提供了与 GitHub 的集成，因此如果你已经有一个 GitHub 账户，那么就可以使用这个账户来登录。成功创建账户并登录后，你将看到如图 12-1 所示的控制面板。

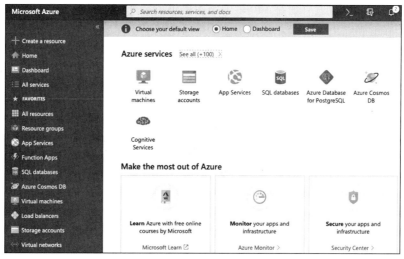

图 12-1　微软 Azure 控制面板

对于新用户，Azure 提供 200 美元的信用额度以及一系列免费服务。对于付费服务，可以从按月支付计划或"按需付费"一系列选项（在 Azure 平台上称为"订阅"）中进行选择。你需要提供信用卡信息才能访问付费服务。Azure 提供的一些流行服务包括：

❑ **虚拟机**：你可以在网络上创建自己的计算机，拥有最多 128 个虚拟 CPU（vCPU）以及最多 6 TB 的内存。Azure 提供了各种虚拟机系列。因为本书的主题是深度学习，因此仅介绍 Azure 提供的 N 系列虚拟机，这些虚拟机足以满足我们的需求。在 12.2 节中，你将学习 N 系列的功能及其如何部署。要查看所提供虚拟机的完整范围，可参阅：https://azure.microsoft.com/en-in/pricing/details/virtual-machines/series/。

❑ **函数**：提供无服务器架构。无须担心硬件或网络，你只需要部署代码，剩下的就由函数来处理。

❑ **存储服务**：Azure 提供了 Blob 存储，可以在云中存储任何类型的数据。存储在 Blob 上的数据可用于内容分发、备份和大数据分析。

❑ **物联网集线器**：提供中央通信服务，在物联网设备和代码之间进行通信。使用物联网集线器，你几乎可以将所有设备连接到云。

❑ **Azure DevOps**：提供一组集成的特征，允许你与团队协作。你可以创建一个工作计划，一起编写代码、开发和部署应用程序，并实施持续的集成和部署。

12.1.2 AWS

自 2006 年以来，亚马逊开始以 AWS 的名义向企业提供其云基础设施。AWS 提供了一系列基于云的全球产品，包括计算实例、存储服务、数据库、分析、网络、移动和开发工具、物联网、管理工具、安全和企业应用程序。这些服务都是按需提供的，可以按需付费，也可以按月订阅。AWS 上有超过 140 多个服务提供数据仓库、目录、部署工具和内容交付等服务。

在使用 AWS 之前，你需要先开设一个账户。如果你已经有一个账户了，可以使用这个账户登录。否则，请访问 http://aws.amazon.com 并单击"Create a AWS Account"创建一个新账户，如图 12-2 所示。

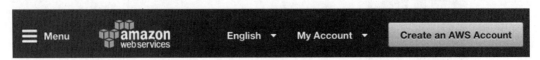

图 12-2 "Create a AWS Account"选项卡

账户可以免费创建，并且"free basic plan"提供了许多服务。要了解有关免费服务的详细信息，你可以访问 https://aws.amazon.com/free/。即使你可以选择一个免费账户和免费服务，门户网站仍要求你提供信用卡或借记卡的详细信息用于验证。登录后，你将被引导到管理控制台。图 12-3 是管理控制台的截图。

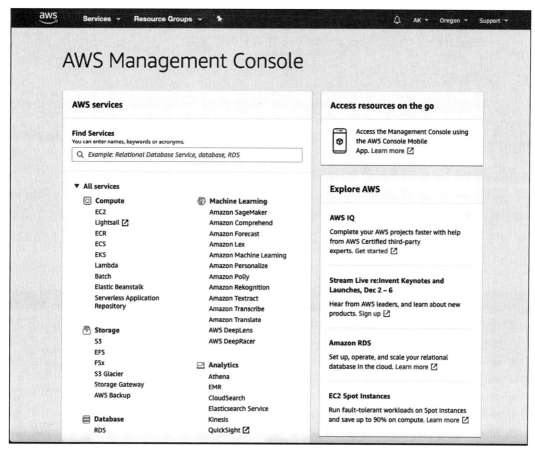

图 12-3　管理控制台界面

你可以通过访问 `https://docs.aws.amazon.com/index.html?nc2=h_ql_doc_do` 了解 AWS 提供的所有服务。现在，让我们来看看深度学习工程师或研究人员可以使用的一些重要的 AWS 服务：

- ❑ **弹性云计算（Elastic Compute Cloud，EC2）**：提供虚拟计算机。你可以根据基础设施的需求配置硬件和软件。你可以从 CPU、GPU、存储、网络和磁盘镜像配置中进行选择。下一节将讨论如何为深度学习创建 EC2 实例。
- ❑ **Lambda**：亚马逊提供的无服务器计算机服务。它允许你在不配置或无管理服务器的情况下运行代码。你只需要为消耗的计算时间付费——当代码不运行时，这是不收费的。它允许人们为几乎所有类型的应用程序或后端服务运行代码，而没有管理要求。
- ❑ **Elastic Beanstalk**：为应用程序的部署、监视和扩展提供快速有效的服务。

❑ **AWS IoT**：允许你连接和管理云中的设备。

❑ **SageMaker**：用于开发和部署机器学习模型的一个平台。借助其预构建的 ML 模型，你可以轻松地训练和部署 ML 算法。在本章的后面，我们将学习如何使用 SageMaker 的集成 Jupyter Notebook 在云上训练模型。

12.1.3 谷歌云平台

从计算基础设施到软件管理，谷歌云平台提供了一套云计算服务。谷歌云平台提供的所有服务的完整列表可参见：`https://cloud.google.com/docs/`。谷歌云提供了与 Gmail、谷歌搜索和 YouTube 等终端用户产品相同的基础架构。除了 CPU 和 GPU 外，谷歌云平台还提供了 TPU（参见第 16 章）。

谷歌云平台允许你免费注册账户，你只需要使用电子邮件地址（或电话）和卡（借记卡 / 信用卡）的详细信息进行注册即可。谷歌云平台向新用户提供 300 美元的信用额度，有效期为 12 个月，可在其所有产品中使用。登录到谷歌控制台后，即可访问所有服务。图 12-4 是原书作者的谷歌控制台的截图。

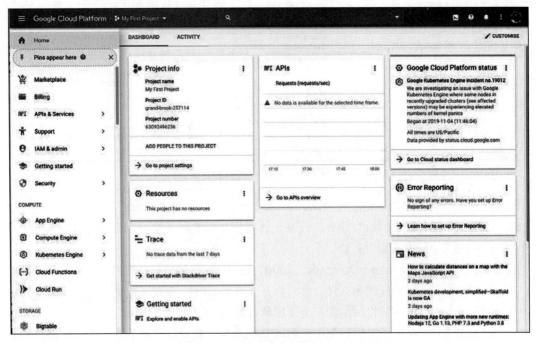

图 12-4　谷歌云平台的控制台界面

与 Azure 和 AWS 一样，谷歌云平台也提供了大量的服务。深度学习科学家和工程师感兴趣的一些服务如下（正如最新的 Google GCP 文档中定义的那样）：

❑ **计算引擎**（`https://cloud.google.com/compute/docs/`）：计算引擎可让你在谷歌基础

设施上创建并运行虚拟机。计算引擎提供的规模、性能和价值，使你能够轻松地在谷歌基础设施上启动大型计算集群。无须前期投资，你可以在快速并提供强一致性性能的系统上运行数千个虚拟 CPU。

❑ **深度学习容器**（https://cloud.google.com/ai-platform/deep-learning-containers/docs/）：AI 平台深度学习容器为你提供了性能优化、一致的环境，帮助你快速创建原型并实现工作流。深度学习容器镜像预置了最新的机器学习数据科学框架、库和工具。

❑ **App 引擎**（https://cloud.google.com/appengine/docs/）：App 引擎是一个完全托管的无服务器平台，用于大规模开发和托管 Web 应用程序。你可以从几种流行的语言、库和框架中进行选择来开发应用，然后让 App 引擎负责提供服务器，并根据需要扩展应用实例。

❑ **云函数**（https://cloud.google.com/functions/docs/concepts/overview）：谷歌云函数是用于构建和连接云服务的无服务器执行环境。使用云函数，你可以编写简单、单一用途的函数，这些函数附加到从云基础设施和服务发出的事件上。触发正在监视的事件时，将触发你的函数。你的代码在完全托管的环境中执行。无须提供任何基础设施，也无须担心管理任何服务器。

可以使用 JavaScript、Python 3 或 Go 运行时在谷歌云平台上编写云函数。你可以在任何标准的 Node.js（Node.js 6、8 或 10）、Python 3（Python 3.7）或 Go（Go 1.11）环境中运行函数，这使得可移植性和本地测试变得轻而易举。

❑ **云计算物联网核心**（https://cloud.google.com/iot/docs/）：谷歌云计算物联网（Google Cloud of Things，IoT）核心是一个完全托管的服务，用于安全地连接和管理几个乃至数百万个物联网设备。你可以从连接设备中获取数据，构建与谷歌云平台的其他大数据服务集成的丰富应用程序。

❑ **云 AutoML**（https://cloud.google.com/automl/docs/）：云 AutoML 让你可以使用机器学习的功能，即使你的机器学习知识有限。你可以使用 AutoML 构建谷歌的机器学习功能，创建适合业务需求的自定义机器学习模型，然后将这些模型集成到你的应用程序和 Web 站点中。

在介绍了谷歌云平台之后，让我们继续介绍另一个云服务：IBM 云。

12.1.4 IBM 云

IBM 提供了大约 190 个云服务，允许用户用 200 美元的信用额（不需要信用卡）免费创建一个账户。你可以通过提供电子邮件和一些附加详细信息注册账户：https://cloud.ibm.com/registration。IBM 云的最好之处在于它提供了对 Watson Studio 的访问，你可以在其中利用 Watson API 并使用其预训练模型来构建和部署应用程序。它还提供了沃森（Watson）机器学习功能，允许你从头开始构建深度学习模型。

现在，我们已经介绍了一些云服务供应商，接下来看看能够在这些云端使用的虚拟机。

12.2 云端虚拟机

顾名思义，**虚拟机（virtual machines，VM）**并不是真正的系统，而是一种计算机文件（称为镜像），模拟了实际计算机的行为。我们可以在一台计算机内创建一个虚拟计算机。虚拟机为你提供了与相同的物理系统一样的体验（尽管有一些延迟），与其他所有程序几乎一样，虚拟机可以在你现有的操作系统上运行。

每个虚拟机都有自己的虚拟硬件，包括 CPU、GPU、内存、硬盘驱动器、网络接口和其他设备。云服务供应商允许你使用 VM 服务在其物理硬件上创建虚拟机。本节将介绍如何在这三个云服务供应商上创建虚拟机，并介绍其提供的功能。

12.2.1 亚马逊上的 EC2

要在 Amazon EC2 上创建一个虚拟机，你需要单击 EC2 控制面板中可用的"Launch Instance"按钮来启动一个 Amazon EC2 实例，如图 12-5 所示。

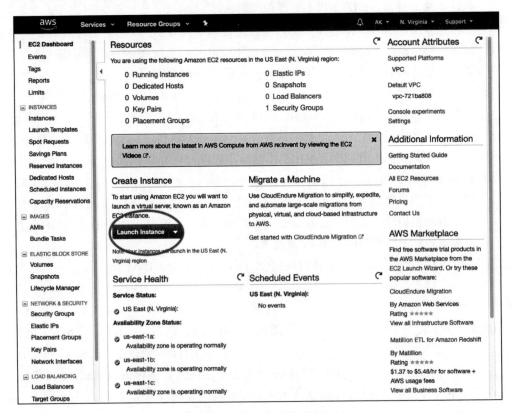

图 12-5　EC2 控制面板的界面

单击"Launch Instance"后，可以通过两个简单步骤创建虚拟机：

1）**选择一个亚马逊机器镜像（Amazon Machine Image，AMI）**：亚马逊提供了多种用于深度学习的预构建 AMI（`https://aws.amazon.com/machine-learning/amis/`）。Conda AMI（适用于 AWS Linux、Ubuntu 和 Windows 操作系统）为包括 Tensor-Flow 在内的各种深度学习框架提供预构建的 Conda 虚拟环境。Base AMI（在 AWS Linux 和 Ubuntu 上）有各种版本的 CUDA 预安装，用户需要启用合适的 CUDA 版本并安装所选的框架。

 截至 2019 年 11 月，亚马逊市场中的现有 AMI 不支持 TensorFlow 2.x.

2）**选择实例类型**：亚马逊提供了广泛的实例选择，从通用计算到加速计算。为了进行深度学习，我们需要 GPU 的实例。P3、P2、G4、G3 和 G2 实例支持 GPU（`https://docs.aws.amazon.com/AWSEC2/latest/UserGuide/accelerated-computing-instances.html`）。因此，对于 DL 项目，你应该选择其中一个。注意，AWS 设置了实例限制，默认情况下，所有加速计算实例都设置为 0。首先，你需要请求增加实例限制（不是每个实例在每个区域内都可用，因此请仔细阅读文档，了解你需要为你的实例选择哪些区域）。

现在，除非你想进行高级网络和安全设置，否则就可以准备启动你的计算机了。只需查看你的选择并启动即可。Amazon EC2 允许你通过 SSH 或使用一个 Web 浏览器通过命令行与虚拟机通信。

Amazon EC2 的替代方法是计算实例，它在谷歌云平台上可用。

12.2.2　谷歌云平台上的计算实例

要访问计算实例，请转到"Google Cloud Console"并选择"Compute Engine"，然后你将到达控制面板，在那里可以选择虚拟机所需的配置。图 12-6 是计算引擎控制面板的截图。选择 Create 或 Import（如果你已经保存了一个 VM 配置）创建一个新的虚拟机实例。

你还可以从 marketplace 中选择完整的配置，这将启动具有相应（最小）基础设施的环境。然后，你只需要部署实例。每个实例每月都有不同的价格等级，这取决于其所需的计算资源。

谷歌云平台计算引擎为 CPU 系列提供了两个选项，一个是英特尔 Skylake 平台（也称为 N1，该系列允许 GPU），另一个是英特尔级联 Lake 平台。你可以在计算机上选择添加 GPU。在编写本书时，谷歌云平台提供了 4 个不同的 GPU（以及 TPU。有关 TPU 的更多信息，参见第 16 章）：

❏ Nvidia Tesla K80

❏ Nvidia Tesla P4

❏ Nvidia Tesla T4

❏ Nvidia Tesla V100

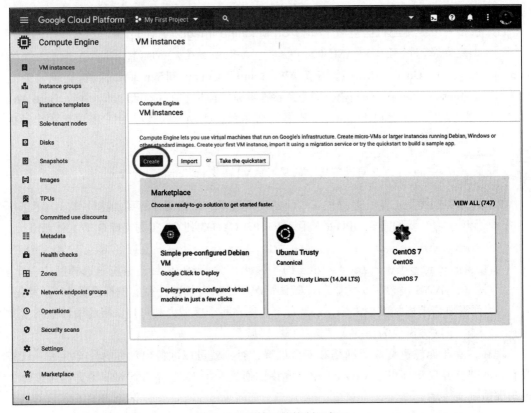

图 12-6　计算引擎控制面板

12.2.3　微软 Azure 上的虚拟机

对于深度学习和预测应用程序，Azure 为计算机提供了 GPU 功能。这些被称为 N 系列机器。

根据 Microsoft Azure 网站（https://azure.microsoft.com/en-in/pricing/details/virtual-machines/series/），有 3 种不同的 N 系列产品，每种产品都针对特定的工作负载：

❑ NC 系列：它专注于高性能计算和机器学习应用程序。最新版本（NCsv3）配备了 Nvidia 的 Tesla V100 GPU。

❑ ND 系列：它专注于深度学习的训练和推理方案。它使用的是 Nvidia Tesla P40 GPU。最新版本（NDv2）配备了 Nvidia Tesla V100 GPU。

❑ NV 系列：它支持强大的远程可视化应用程序以及其他由 Nvidia Tesla M60 GPU 支持的图形密集型工作负载。

它们都提供可选的 InfiniBand 互连以提高性能。在 Azure 上创建虚拟机需要遵循 3 个基本步骤：

1）登录到 Azure 门户；

2）选择虚拟机作为一个资源，然后选择"Creat Virtual Machine"；

3）选择你所需要的配置并启动它。

在 Azure 中，你还需要为某些计算实例请求增加配额。

12.3　云端的 Jupyter Notebook

在模型的开发和测试过程中，机器学习社区的许多人发现使用 Jupyter Notebook 非常方便。Jupyter Notebook 提供了一个集成环境用于运行和查看结果。在你想要和一个客户合作或者讨论代码时，它们非常有用。有了 LaTeX 的支持，许多研究人员甚至转向了展示关于 Jupyter 的研究论文，因此将 Jupyter Notebook 环境放在云端是有意义的。

你只需要分享链接，其他人就可以查看并运行 Jupyter Notebook，没有任何操作系统环境和软件依赖的麻烦。在本节中，我们将介绍由 Google、Microsoft 和 Amazon 提供的 Jupyter Notebook 环境。

12.3.1　SageMaker

亚马逊 SageMaker 是一个完全托管的机器学习服务。你可以使用它来轻松、快速地构建和训练机器学习模型。然后，可以将训练后的模型直接部署到可用于生产的托管环境中。SageMaker 提供了一个集成的 Jupyter Notebook 实例，使得访问数据源变得很容易，并提供了一个方便的编码平台用于探索和分析，这样就不需要去管理服务器了。

SageMaker 提供的另一个功能是提供了优化的通用机器学习算法。这允许用户高效地运行代码，即使使用的数据集非常大。它提供了灵活的分布式训练选项，你可以根据特定的工作流进行调整。只需在亚马逊 SageMaker 控制台单击一下，即可将训练后的模型部署到一个可扩展的安全环境中。训练和托管都是根据使用的分钟数计费的。没有最低费用，也没有前期承诺。你可以访问 `https://docs.aws.amazon.com/sagemaker/latest/dg/gs.html`，根据亚马逊文档了解如何设置 SageMaker。

为了加载数据和部署模型，你需要使用 SageMaker 模块和函数。本教程是一个很好的开始：`https://www.bmc.com/blogs/amazon-sagemaker/`。正如你可能从教程中了解到的，亚马逊 SageMaker 并不是免费的。即使在其上进行实验，为本书编写代码，也要付费。但是，它提供了易于部署的特性。

12.3.2　Google Colaboratory

谷歌和 Jupyter 开发团队在 2014 年推出了 Google Colaboratory。此后，这个 Colaboratory 的功能和用途都有所增加。现今，它支持 GPU 和 TPU 硬件加速，且支持 Python（2.7 和 3.6 版本）。Colab 集成了谷歌驱动器，所以把 notebook 保存到你的驱动器中，你还可以从自己的驱动器中读取数据（需要先对 notebook 授权）。

　　Google Colaboratory 最大的优势是完全免费。你可以在其上连续运行代码 12 个小时。为了能够用 Colaboratory 工作，你需要一个谷歌账户或正常的 Gmail 账户。

　　访问 https://colab.research.google.com/notebooks/intro.ipynb#recent=true 登录 Colaboratory 时，可以选择从驱动器或 GitHub 中打开一个现有的 Jupyter Notebook。你还可以从计算机上传现有的 notebook 或者创建一个新的 notebook。对于初学者，它还包含一些示例 notebook，界面如图 12-7 所示。

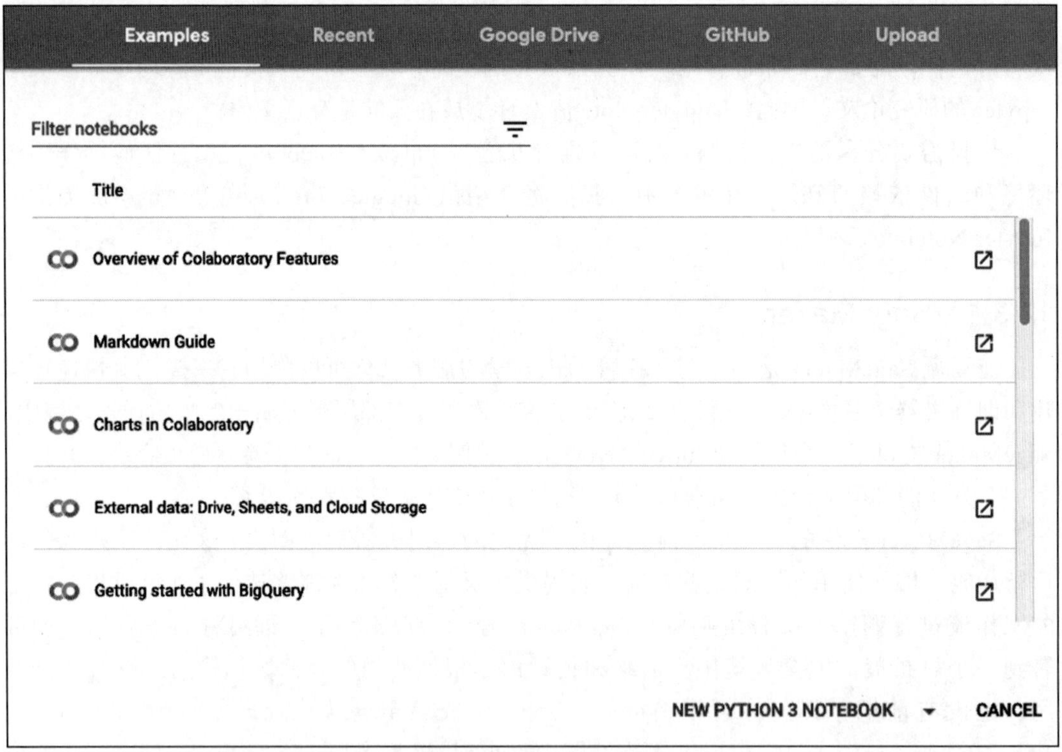

图 12-7　Colaboratory 的界面

　　你也可以通过单击图 12-7 中下角的"NEW PYTHON 3 NOTEBOOK"创建一个新的 notebook。这将创建一个 Python 3 notebook。

　　📝 Jupyter 计划在 2020 年 1 月前逐步淘汰对 Python 2 的支持。此后，谷歌也将从 Colaboratory 中逐步淘汰对 Python 2 的支持。

　　要选择硬件加速器，你需要转到"Edit|Notebook Settings"，然后选择所需的硬件加速器（None / GPU / TPU。有关 TPU 的更多信息，请参阅第 16 章）。Notebook 环境安装了最有用的 Python 软件包（TensorFlow、NumPy、Matplotlib、Pandas，等等）。

如果你需要安装一个特定的版本或模块，而不是默认的 Colaboratory 环境部分，则可以使用 pip install 或者 apt-get install。例如，在 Colab notebook 单元中执行以下命令，安装 TensorFlow GPU 2.0 版本：

```
! pip install tensorflow-gpu
```

 在编写本书时，TensorFlow 的默认版本是 1.15，有消息称很快就会过渡到 TensorFlow 2.0、NumPy1.17.3、Matplotlib 3.1.1 和 Pandas 0.25.3。

如果你有兴趣了解 Colaboratory notebook 运行环境的硬件详细信息，可以使用 cat 命令获取信息：

对于处理器：

```
!cat /proc/cpuinfo
```

对于内存：

```
!cat /proc/meminfo
```

要运行这些启动命令并获取你所在地区的版本信息，可以使用以下 Colaboratory Notebook：

```
https://colab.research.google.com/drive/1i60H5hcJShrMKhytBUlItJ7Win0o
FjM6
```

与标准的 Jupyter notebook 一样，你可以在以感叹号"！"为前缀的 Notebook 上直接运行 Unix 命令行命令。

你还可以挂载 Google Drive 并访问保存在驱动器中的文件。为此，你将使用：

```
from google.colab import drive
drive.mount('/content/drive/')
```

这将生成一个链接。单击链接后，你将得到一个授权码，输入授权码，notebook 就可以访问你的驱动器。你可以使用 !ls "/content/drive/My Drive" 检查驱动器的内容，并通过指定路径访问其中的任何文件夹。

Colab 接口与 Jupyter 非常相似，因此现在你可以在 Colaboratory 上运行机器学习实验了。Colaboratory 的一个缺点是在演示模式下无法很好地工作。幸运的是，我们还有 Azure Notebook。

12.3.3 微软 Azure Notebook

微软提供了 Azure Notebook，这是一项免费服务，任何人都可以使用 Jupyter 在其 Web 浏览器中开发和运行代码。它支持 Python 2、Python 3、R 和 F # 及其流行的软件包。它是一个通用的代码编写、执行和共享平台。根据微软文档，人们可以在不同的场景下使用

Notebook。例如，进行在线网络研讨会，在幻灯片中使用可执行代码进行类似 PowerPoint 的演示文稿，或者学习一个新的模型。这项服务是免费的。然而，为了防止滥用，他们对网络设置了限制。目前，每个用户的内存限制为 4 GB，数据限制为 1 GB。

Azure Notebook 是一个繁荣的地方，DL 社区共享了许多现有的和令人兴奋的 notebook。你可以在这里访问它们：https://github.com/jupyter/jupyter/wiki/A-gallery-of-interesting-Jupyter-Notebooks。

与 Colaboratory 一样，Azure Notebook 预安装了大部分软件包，如果需要，可以通过 !pip install 安装新的软件包。你可以运行带感叹号前缀的所有 Unix 命令行命令。为了能够使用 Azure Notebook，你需要注册一个账户。你可以使用现有的微软账户，也可以创建一个新账户。它甚至提供了创建儿童账户的选项，以鼓励年轻人学习编程，并且这些账户有家长监控。

 在 Azure Notebook 中还没有提供某些软件包。

你可以使用上传 / 下载命令通过 notebook 接口直接访问数据。你甚至可以使用 !wget url_address 从 URL 下载数据。

现在，我们已经了解了云服务以及可以帮助我们进行训练的虚拟机，现在让我们看看如何使用 TensorFlow Extended 进入生产阶段。

12.4　用于生产的 TensorFlow Extended

TFX 是用于部署机器学习管道的一个端到端的平台。作为 TensorFlow 生态系统的一部分，它提供了一个配置框架和共享库，以便集成基于 ML 模型的定义、启动和监控软件所需的通用组件。TFX 包括许多生产软件部署和最佳实践的需求：可伸缩性、一致性、可测试性、安全性，等等。

它从收集数据开始，然后是数据验证、特征工程、训练和服务。谷歌已为管道的每个主要阶段创建了库，并且为各种部署目标提供了框架。TFX 实现了一系列 ML 管道组件。这些通过为管道存储、配置和编制之类的事物创建水平层来实现。这些层对于管理和优化管道以及在其管道上运行的应用程序非常重要。

可以使用 pip 命令安装 TensorFlow Extended：

```
pip install tfx
```

在下一节中，我们将介绍 TFX 的基本原理、架构以及其中的各种可用库。

12.4.1　TFX 管道

TFX 管道由实现 ML 管道的一系列组件构成，特别是确保了带下划线的 ML 任务的可

伸缩性和高性能。它包括建模、训练、推理以及部署到 Web 或移动目标。如图 12-8 所示，

TFX 管道包含几个组件，每个组件都由三个主要元素
组成：驱动程序、执行程序和发布程序。驱动程序查
询元数据存储，并将生成的元数据提供给执行程序，
发布程序接受执行程序的结果，并将其保存在元数据
中。执行程序执行所有的处理。作为 ML 软件开发人
员，你需要编写要在执行程序中运行的代码，这取决
于你正在使用的组件类。

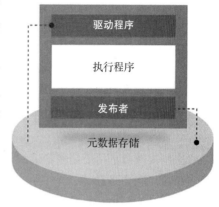

　　在 TFX 管道中，称为构件的数据单元在组件之间
传递。通常，一个组件有一个输入构件和一个输出构
件。每个构件都有一个关联元数据，定义其类型和属
性。构件类型定义了整个 TFX 系统中构件的本体，而

图 12-8　TFX 管道示意图

构件属性则指定了特定于构件类型的本体。用户可以选择在全局或本地扩展本体。

12.4.2　TFX 管道组件

　　图 12-9 显示了不同 TFX 组件之间的数据流。

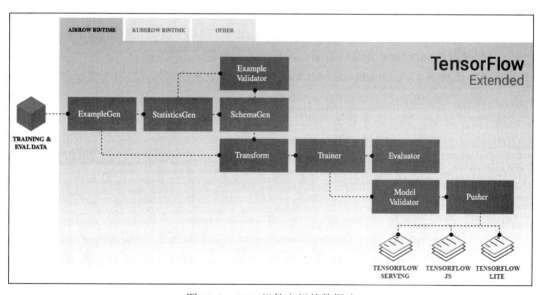

图 12-9　TFX 组件之间的数据流

 TFX 部分中的所有图片都改编自 TensorFlow Extended 官方指南：`https://www.`
`tensorflow.org/tfx/guide`。

　　数据流为：ExampleGen，提取输入数据，还可以拆分输入数据集；StatisticsGen，计算

数据集的统计信息；SchemaGen，检查统计数据并创建数据模式；ExampleValidator，查找数据中的异常值和缺失值；Transform，在数据集中执行特征工程；Trainer，接收转换后的数据集并训练模型；Evaluator 和 ModelValidator，评估模型的性能；Pusher，在服务基础设施上部署模型。

12.4.3　TFX 库

TFX 提供了几个用于创建管道组件的 Python 软件包。引用自 TensorFlow Extended User Guide(https://www.tensorflow.org/tfx/guide)。

这些软件包是用于创建管道组件的库，这样你的代码就可以专注于管道的独特方面。

TFX 中包含各种库：

❑ TensorFlow 数据验证（TensorFlow Data Validation，TFDV）是用于分析和验证机器学习数据的一个库。

❑ TensorFlow 转换（TensorFlow Transform，TFT）是使用 TensorFlow 进行预处理数据的一个库。

❑ TensorFlow 基于 TFX 来训练模型。

❑ TensorFlow 模型分析（TensorFlow Model Analysis，TFMA）是用于评估 TensorFlow 模型的一个库。

❑ TensorFlow 元数据（TensorFlow Metadata，TFMD）提供元数据的标准表示形式，在使用 TensorFlow 训练机器学习模型时非常有用。

❑ ML 元数据（ML Metadata，MLMD）是用于记录和检索与 ML 开发人员和数据科学家的工作流相关的元数据的一个库。

图 12-10 展示了 TFX 库和管道组件之间的关系。

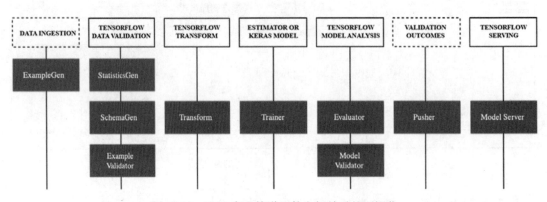

图 12-10　TFX 库和管道组件之间关系的可视化

TFX 使用开源 Apache Beam 实现数据并行管道，还可选地允许 Apache Airflow 和 Kubeflow 简化 ML 管道的配置、操作、监视和维护。开发并训练模型后，你可以使用 TFX

将其部署到一个或多个部署目标，在部署目标中它将接收推理请求。TFX 支持部署到三类部署目标：TensorFlow Serving（与 REST 或 gRPC 接口一起使用）、TensorFlow.js（用于浏览器应用程序）和 TensorFlow Lite（用于本地移动和物联网应用程序）。可以将已导出为 SavedModel 的已训练的模型部署到任意一个或多个部署目标中。

12.5　TensorFlow 企业版

TensorFlow 企业版是谷歌的最新产品，可提供企业级支持、云级别的性能和托管服务。TensorFlow 企业版已经发布了 beta 版本，其目标是加速软件开发，并确保已发布的 AI 应用程序的可靠性。它与谷歌云及其服务完全集成，并对 TensorFlow 数据集从云存储读取数据的方式进行了一些改进。TensorFlow 企业版还引入了 BigQuery 读取器，顾名思义，这个读取器允许用户直接从 BigQuery 读取数据。

在 ML 任务中，速度是关键，其中一个主要瓶颈是在训练过程中访问数据的速度。TensorFlow 企业版提供了经过优化的性能以及易于访问的数据源，使其在谷歌云平台上极为高效。

12.6　小结

在本章中，我们探索了各种云服务供应商，这些云服务供应商可以提供训练、评估和部署深度学习模型所需的计算能力。首先，我们要了解现今可用的云计算服务的类型。本章探讨了用于创建虚拟机的亚马逊、谷歌和微软的 IaaS 服务。讨论了每个项目中可用的各种基础设施选项。接下来，我们转向 SaaS 服务，特别是在云端的 Jupyter Notebook。本章还介绍了亚马逊 SageMaker、谷歌 Colaboratory 以及 Azure Notebook。只训练一个模型是不够的，最终，我们希望以可扩展的方式对其进行部署。因此，我们深入研究了 TensorFlow Extended，允许用户以可扩展的、安全且可靠的方式开发和部署 ML 模型。最后，我们介绍了 TensorFlow 生态系统中的最新产品——TensorFlow 企业版，并简要讨论了其功能。

12.7　参考文献

1. To get a complete list of virtual machine types offered by Microsoft Azure: https://azure.microsoft.com/en-in/pricing/details/virtual-machines/series/

2. A good tutorial on Amazon SageMaker: https://www.bmc.com/blogs/amazon-sagemaker/

3. https://colab.research.google.com/notebooks/intro.ipynb#recent=true

4. A collection of interesting Azure Notebooks: `https://github.com/ipython/ipython/wiki/A-gallery-of-interesting-IPython-Notebooks`

5. Sculley, David, Gary Holt, Daniel Golovin, Eugene Davydov, Todd Phillips, Dietmar Ebner, Vinay Chaudhary, Michael Young, Jean-Francois Crespo, and Dan Dennison. *Hidden Technical Debt in Machine Learning Systems.* In *Advances in neural information processing systems*, pp. 2503-2511. 2015

6. TensorFlow Extended tutorials: `https://www.tensorflow.org/tfx/tutorials`

7. Baylor, Denis, Eric Breck, Heng-Tze Cheng, Noah Fiedel, Chuan Yu Foo, Zakaria Haque, Salem Haykal et al. *Tfx: A TensorFlow-Based Production-Scale Machine Learning Platform.* In *Proceedings of the 23rd ACM SIGKDD International Conference on Knowledge Discovery and Data Mining*, pp. 1387-1395. ACM, 2017.

8. A nice comparison between Google Colab and Azure Notebooks: `https://dev.to/arpitgogia/azure-notebooks-vs-google-colab-from-a-novices-perspective-3ijo`

9. TensorFlow Enterprise: `https://cloud.google.com/blog/products/ai-machine-learning/introducing-tensorflow-enterprise-supported-scalable-and-seamless-tensorflow-in-the-cloud`

第 13 章

用于移动设备和物联网的 TensorFlow
以及 TensorFlow.js

在本章中，我们将学习用于移动设备和**物联网**（Internet of Thing，IoT）的 TensorFlow 的基础知识。我们将简要介绍 TensorFlow Mobile，并将更详细地介绍 TensorFlow Lite。TensorFlow Mobile 和 TensorFlow Lite 是用于设备推断的开源深度学习框架。本章将讨论 Android、iOS 和 Raspberry PI（树莓派）应用程序的一些示例，以及部署预训练模型的示例，例如 MobileNet v1、v2、v3（为移动和嵌入式视觉应用程序设计的图像分类模型）、用于姿势估计的 PoseNet（估计图像或视频中人物姿势的视觉模型）、DeepLab 分割（将语义标签（例如狗、猫、汽车）分配给输入图像中每个像素的图像分割模型）和 MobileNet SSD 对象检测（使用边框检测多个对象的图像分类模型）。本章将以一个联合学习的示例作为结尾，该联合学习示例是一种的新的机器学习框架，分布在数百万个移动设备上，尊重用户隐私。

13.1 TensorFlow Mobile

TensorFlow Mobile 是在 iOS 和 Android 上用于生成代码的框架。它的核心思想是拥有一个平台，使你可以拥有不会消耗电池和内存等过多设备资源的轻量级模型。典型的应用程序示例是设备上的图像识别、语音识别或手势识别。在 2018 年之前，TensorFlow Mobile 一直很受欢迎，但是随着 TensorFlow Lite 的兴起，现在很少有人使用 TensorFlow Mobile。

13.2 TensorFlow Lite

TensorFlow Lite 是 TensorFlow 设计的轻量级平台。该平台专注于 Android、iOS 和

Raspberry PI 等移动和嵌入式设备。主要目标是通过在以下三个主要特征上投入大量精力，在设备上直接实现机器学习推理：（1）小二进制和小模型以节省内存；（2）低能耗以节省电池；（3）低延迟以提高效率。毋庸置疑，电池和内存是移动设备和嵌入式设备的两大重要资源。为实现这些目标，Lite 使用了 Quantization(量化)、FlatBuffer、Mobile 解释器和 Mobile 转换器等多种技术，我们将在以下各节中对这些技术进行简要介绍。

13.2.1 量化

量化是指将实数等连续值组成的输入约束为整数等离散集的一组技术。其核心思想是通过用整数（而不是实数）表示内部权重，减少**深度学习（Deep Learning，DL）**模型的空间占用。当然，这意味着要用空间收益换取模型的性能。但是，在许多情况下，经验表明量化模型不会经历性能的显著衰减。在围绕支持量化和浮点运算的一组核心运算符内构建 TensorFlow Lite。

模型量化是应用量化的一个工具包，适用于权重的表示，或者可用于存储和计算的激活。有两种可用的量化方法：

❑ 训练后量化可量化训练后的权重和激活结果。

❑ 量化感知训练允许以最小的精度下降（仅适用于特定的 CNN）量化网络的训练。因为这是一项相对实验性的技术，所以在本章中我们不会讨论该内容，有兴趣的读者可以在参考文献 [1] 中找到更多信息。

TensorFlow Lite 支持将值的精度从全浮点数降为半精度浮点数（`float16`）或 8 位整数。TensorFlow 报告了选定的 CNN 模型在准确度、延迟和空间方面的多种权衡。参见图 13-1，来源：`https://www.tensorflow.org/lite/performance/model_optimization`。

模型	Top-1 准确率 (原始)	Top-1 准确率 (训练后量化)	Top-1 准确率 (量化感知训练)	延迟 (原始) (毫秒)	延迟 (训练后量化) (毫秒)	延迟 (量化感知训练) (毫秒)	大小 (原始) (兆字节)	大小 (量化的) (兆字节)
Mobilenet-1-1-224	0.709	0.657	0.70	124	112	64	16.9	4.3
Mobilenet-v2-1-224	0.719	0.637	0.709	89	98	54	14	3.6
Inception_v3	0.78	0.772	0.775	1130	845	543	95.7	23.9
Resnet-v2101	0.770	0.768	N/A	3973	2868	N/A	178.3	44.9

图 13-1　各种量化 CNN 模型的权衡

13.2.2 FlatBuffer

FlatBuffer（`https://google.github.io/flatbuffers/`）是一种开源格式，经过优化可在移动和嵌入式设备上序列化数据。这种格式最初是由谷歌创建的，用于游戏开发以及其他对性能要求很高的应用程序。FlatBuffers 支持对序列化数据的访问，无须解析或拆包即可实现快速处理。该格式旨在通过避免内存中不必要的多个副本来提高内存效率和速度。FlatBuffers 可跨多种平台和语言运行，例如 C ++、C #、C、Go、Java、JavaScript、Lobster、Lua、TypeScript、PHP、Python 和 Rust。

13.2.3　Mobile 转换器

使用 TensorFlow 生成的模型需要转换为 TensorFlow Lite 模型。转换器可以引入改进二进制大小和提升性能的优化。例如，Transformer 可以剔除计算图中的所有与推理没有直接关系但却在训练中需要的节点。

13.2.4　移动优化解析器

TensorFlow Lite 在高度优化的解释器上运行，该解释器用于优化底层的计算图（参见第 2 章），底层计算图又转而用于描述机器学习模型。在内部，解释器使用多种技术通过引入静态图顺序并确保更好的内存分配来优化计算图。解释器核心单独占用约 100 kb，而所有支持的核占用约 300 kb。

13.2.5　支持平台

在 Android 上，可以使用 Java 或 C ++ 运行 TensorFlow Lite 推理。在 iOS 上，可以使用 Swift 和 Objective-C 运行 TensorFlow Lite 推理。在 Linux 平台上（例如，树莓派）上，可以使用 C ++ 和 Python 运行 TensorFlow Lite 推理。用于微控制器的 TensorFlow Lite 是 TensorFlow Lite 的一个实验端口，旨在在基于 Arm Cortex-M（`https://developer.arm.com/ip-products/processors/cortex-m`）系列处理器的微控制器上运行机器学习模型。这些处理器包括 Arduino Nano 33 BLE Sense（`https://store.arduino.cc/usa/nano-33-ble-sense-with-headers`)、SparkFun Edge（`https://www.sparkfun.com/products/15170`）和 STM32F746 探索套件（`https://www.st.com/en/evaluation-tools/32f746gdiscovery.html`）这些微控制器经常用于物联网应用。

13.2.6　架构

图 13-2 介 绍 了 TensorFlow Lite 的 架 构（来 自 `https://www.tensorflow.org/lite/convert/index`）。如你所见，该架构既支持 tf.keras（例如，TensorFlow 2.x），又支持低级 API。可以使用 TFLite 转换器转换一个标准 TensorFlow 2.x 模型，再将其保存为 TFLite FlatBuffer 格式（名为 .tflite），然后由 TFLite 解释器在可用设备（GPU–CPU）和本机设备 API 上执行。图 13-2 中的具体函数定义了可以转换为 TensorFlow Lite 模型或导出到 SavedModel 的图形。

13.2.7　使用 TensorFlow Lite

使用 TensorFlow Lite 涉及以下步骤：

1）**模型选择**：选择一个标准 TensorFlow 2.x 模型解决一个特定的任务。这可以是一个定制的模型，也可以是一个预训练模型。

2）**模型转换**：用 TensorFlow Lite 转换器转换所选模型，通常使用几行 Python 代码调用。

3）**模型部署**：在选定的设备（手机或者物联网设备）上部署转换后的模型，然后使用 TensorFlow Lite 解释器运行它。如上所述，API 可用于多种语言。

4）**模型优化**：使用 TensorFlow Lite 优化框架可以有选择地优化模型。

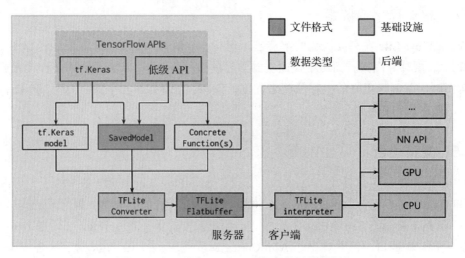

图 13-2　TensorFlow Lite 内部架构（附彩图）

13.2.8　应用程序的一个通用示例

在本节中，我们将学习如何将一个模型转换为 TensorFlow Lite，然后运行它。注意，在最适合你的需求的环境中，仍然可以通过 TensorFlow 训练。但是，推理在移动设备上运行。让我们看看如何使用 Python 中的以下代码片段：

```
import tensorflow as tf
converter = tf.lite.TFLiteConverter.from_saved_model(saved_model_dir)
tflite_model = converter.convert()
open("converted_model.tflite", "wb").write(tflite_model)
```

这段代码不言自明。使用 `tf.lite.TFLiteConverter.from_saved_model(saved_model_ dir)` 打开并转换标准 TensorFlow 2.x 模型。相当简单！注意，不需要进行特定的安装。我们只使用 `tf.lite` API（https://www.tensorflow.org/api_docs/python/tf/lite）。也可以应用一些优化。例如，默认情况下可以应用训练后量化：

```
import tensorflow as tf

converter = tf.lite.TFLiteConverter.from_saved_model(saved_model_dir)
converter.optimizations = [tf.lite.Optimize.DEFAULT]
tflite_quant_model = converter.convert()
open("converted_model.tflite", "wb").write(tflite_quantized_model)
```

转换模型后，可以将其复制到特定的设备上。当然，对于每个不同的设备，此步骤是不同的。然后，可以使用你喜欢的语言运行模型。例如，在 Java 中，使用以下代码段进行调用：

```
try (Interpreter interpreter = new Interpreter(tensorflow_lite_model_
file)) {
  interpreter.run(input, output);
}
```

同样非常简单！对于移动和物联网设备的一个异构集合，可以遵循相同的步骤。

13.2.9　使用 GPU 和加速器

通常，现代手机经常都有可以更快地执行浮点矩阵运算的加速器。在这种情况下，解释器要使用 GPU，可以使用 Delegate 的概念，特别是 GpuDelegate()。让我们来看一个 Java 中的示例：

```
GpuDelegate delegate = new GpuDelegate();
Interpreter.Options options = (new Interpreter.Options()).
addDelegate(delegate);
Interpreter interpreter = new Interpreter(tensorflow_lite_model_file,
options);
try {
  interpreter.run(input, output);
}
```

同样，代码不言自明。创建一个新的 GpuDelegate()，然后由解释器在 GPU 上运行模型。

13.2.10　应用程序示例

在本节中，我们将使用 TensorFlow Lite 构建稍后将在 Android 上部署的一个示例应用程序。我们将使用 Android Studio (https://developer.android.com/studio/) 编译代码。第一步是克隆存储库：

```
git clone https://github.com/tensorflow/examples
```

使用路径 examples/lite/examples/image_classification/android 打开一个现有项目，如图 13-3 所示。

你需要从 `https://developer.android.com/studio/install` 和一个合适的 Java 发行版安装 Android Studio。本书作者选择了 Android Studio MacOS 发行版，并使用以下命令，通过 `brew` 安装 Java：

```
brew tap adoptopenjdk/openjdk
brew cask install  homebrew/cask-versions/adoptopenjdk8
```

之后，你可以启动 `sdkmanager` 并安装所需的软件包。本书作者使用内部模拟器，并将应用程序部署在模拟 Google Pixel 3 XL 的虚拟设备上。所需的软件包如图 13-3 所示。

```
                                   ] 100% Unzipping... x86/verifiedBootLid
From-4590-back-to-2018-to-observe-the-world-before-the-big-fall:~ antonio$ sdkmanager --list
Warning: File /Users/antonio/.android/repositories.cfg could not be loaded.
Installed packages:====================] 100% Computing updates...
  Path                                              | Version | Description
  -------                                           | ------- | -------
  add-ons;addon-google_apis-google-24               | 1       | Google APIs
  build-tools;28.0.3                                 | 28.0.3  | Android SDK Build-Tools 28.0.3
  build-tools;29.0.2                                 | 29.0.2  | Android SDK Build-Tools 29.0.2
  emulator                                          | 29.2.1  | Android Emulator
  patcher;v4                                        | 1       | SDK Patch Applier v4
  platforms;android-28                              | 6       | Android SDK Platform 28
  platforms;android-29                              | 3       | Android SDK Platform 29
  system-images;android-29;google_apis_playstore;x86 | 8     | Google Play Intel x86 Atom System Image
  tools                                             | 26.1.1  | Android SDK Tools 26.1.1
```

图 13-3　使用 Google Pixel 3 XL 模拟器所需的软件包

然后启动 Android Studio，选择 "Open an existing Android Studio project"，如图 13-4 所示。

图 13-4　打开一个新的 Android 项目

打开"Adv Manager"(在"Tool"菜单下),并按照说明创建一个虚拟设备,如图 13-5 所示。

图 13-5 创建一个虚拟设备

13.3 TensorFlow Lite 中的预训练模型

在许多有趣的用例中,使用已适合移动计算的一个预训练模型是可能的。这是一个活跃的研究领域,几乎每个月都会有新的方案出现。 TensorFlow Lite 提供了可随时使用的一组预构建模型(https://www.tensorflow.org/lite/models/)。截至 2019 年 10 月,这些模型包括:

- ❏ **图像分类**:用于识别多个类别的对象,例如,地点、植物、动物、活动和人。
- ❏ **对象检测**:用于检测带有边框的多个对象。
- ❏ **姿势估计**:用于估计一个人或多个人的姿势。
- ❏ **智能回复**:用于为会话聊天消息创建回复建议。
- ❏ **分割**:识别对象的形状及其人、地点、动物等语义标签。
- ❏ **风格迁移**:用于将艺术风格应用于任何给定的图像。
- ❏ **文本分类**:用于为文本内容分配不同的类别。
- ❏ **问答**:用于为用户提出的问题提供答案。

在本节中,我们将讨论截至 2019 年 11 月 TensorFlow Lite 开箱即用的所有优化的预训练模型。可以将这些模型用于大量移动和边缘计算用例。编译示例代码非常简单。

你只需要从每个示例目录导入一个新项目,Android Studio 就会使用 Gradle(https://gradle.org/)将代码与存储库中的最新版本同步,并进行编译。如果你编译了所有示例,那么应该能够在模拟器中看到这些内容(参见图 13-6)。记住选择"Build | Make Project",其余的工作将由 Android Studio 完成。

 边缘计算是一种分布式计算模型,可使计算和数据更接近需要的位置。

13.3.1   图片分类

截至 2019 年 11 月，用于预训练分类的可用模型列表相当大，这为空间、准确率和性能权衡提供了机会，如图 13-7 所示（来源：`https://www.tensorflow.org/lite/guide/hosted_models`）。

Model name	Model size	Top-1 accuracy	Top-5 accuracy	TF Lite performance
Mobilenet_V1_0.25_128_quant	0.5 Mb	39.5%	64.4%	3.7 ms
Mobilenet_V1_0.25_160_quant	0.5 Mb	42.8%	68.1%	5.5 ms
Mobilenet_V1_0.25_192_quant	0.5 Mb	45.7%	70.8%	7.9 ms
Mobilenet_V1_0.25_224_quant	0.5 Mb	48.2%	72.8%	10.4 ms
Mobilenet_V1_0.50_128_quant	1.4 Mb	54.9%	78.1%	8.8 ms
Mobilenet_V1_0.50_160_quant	1.4 Mb	57.2%	80.5%	13.0 ms
Mobilenet_V1_0.50_192_quant	1.4 Mb	59.9%	82.1%	18.3 ms
Mobilenet_V1_0.50_224_quant	1.4 Mb	61.2%	83.2%	24.7 ms
Mobilenet_V1_0.75_128_quant	2.6 Mb	55.9%	79.1%	16.2 ms
Mobilenet_V1_0.75_160_quant	2.6 Mb	62.4%	83.7%	24.3 ms
Mobilenet_V1_0.75_192_quant	2.6 Mb	66.1%	86.2%	33.8 ms
Mobilenet_V1_0.75_224_quant	2.6 Mb	66.9%	86.9%	45.4 ms
Mobilenet_V1_1.0_128_quant	4.3 Mb	63.3%	84.1%	24.9 ms
Mobilenet_V1_1.0_160_quant	4.3 Mb	66.9%	86.7%	37.4 ms
Mobilenet_V1_1.0_192_quant	4.3 Mb	69.1%	88.1%	51.9 ms
Mobilenet_V1_1.0_224_quant	4.3 Mb	70.0%	89.0%	70.2 ms
Mobilenet_V2_1.0_224_quant	3.4 Mb	70.8%	89.9%	53.4 ms
Inception_V1_quant	6.4 Mb	70.1%	89.8%	154.5 ms
Inception_V2_quant	11 Mb	73.5%	91.4%	235.0 ms
Inception_V3_quant	23 Mb	77.5%	93.7%	637 ms
Inception_V4_quant	41 Mb	79.5%	93.9%	1250.8 ms

图 13-6   使用 TensorFlow Lite 示例应用　　图 13-7   不同移动模型的空间、准确率和性能之间的权衡
程序模拟的 Google Pixel 3 XL

MobileNet v1 是 Benoit Jacob[2] 中描述的量化 CNN 模型。MobileNet V2 是 Google 提出的一种高级模型 [3]。在网上，你还可以找到浮点模型，这些模型在模型大小和性能之间提供了最佳平衡。注意，GPU 加速需要使用浮点模型。最近提出的基于自动**移动神经架构搜索**（Mobile Neural Architecture Search，MNAS）方法 [4] 的移动 AutoML 模型，优于人工模型。

我们将在第 14 章中讨论 AutoML，感兴趣的读者可以阅读参考文献 [4] 中移动应用程序的 MNAS 文档。

13.3.2　物体检测

TensorFlow Lite 有一个预训练模型，可以检测图像中带有边框的多个对象，识别 80 种不同类别的对象。该网络基于预训练的量化 COCO SSD MobileNet v1 模型。对于每个对象，模型都提供了类别、检测的置信度以及边框的顶点（`https://www.tensorflow.org/lite/models/object_detection/overview`）。

13.3.3　姿势估计

TensorFlow Lite 包含一个预训练模型，用于检测图像或视频中的人体部位。例如，它可以检测鼻子、双眼、臀部、脚踝以及许多其他部位。每次检测都有一个相关置信度（`https://www.tensorflow.org/lite/models/pose_estimation/overview`）。

13.3.4　智能回复

TensorFlow Lite 还有一个预训练模型，用于生成聊天消息回复。这些回复与内容相关，类似于 Gmail 上的回复（`https://www.tensorflow.org/lite/models/smart_reply/overview`）。

13.3.5　分割

TensorFlow Lite 还有一个预训练模型，用于图像分割（`https://www.tensorflow.org/lite/models/segmentation/overview`），其目的是确定分配给输入图像中每个像素的语义标签（例如，人、狗、猫）是什么。分割基于 DeepLab 算法[5]。

13.3.6　风格迁移

TensorFlow Lite 通过基于 MobileNetV2 的神经网络和风格迁移模型的一个组合支持艺术风格迁移（请参阅第 5 章），基于 MobileNetV2 的神经网络将输入的图像风格降低为 100 维风格矢量，风格迁移模型将风格矢量应用到内容图像来创建风格化图像（`https://www.tensorflow.org/lite/models/style_transfer/overview`）。

13.3.7　文本分类

TensorFlow Lite 有一个用于文本分类和情感分析的模型（`https://www.tensorflow.org/lite/models/text_classification/overview`），在大型电影评论数据集 v1.0（`http://ai.stanford.edu/~amaas/data/sentiment/`）上对这个模型进行训练，IMDb 影评为正或负。图 13-8 中给出了一个文本分类的示例。

13.3.8　问答

TensorFlow Lite 还包括一个预训练模型（`https://www.tensorflow.org/lite/models/bert_qa/overview`），用于基于文本片段回答问题。该模型基于名为 MobileBERT [7] 的 BERT[6]（参见第 7 章）的压缩变体，其运行速度提高了 4 倍，并且大小压缩了 4 倍。图 13-9 给出了一个问答示例。

图 13-8　Android 上基于 TensorFlow Lite 的文本分类示例　　图 13-9　Android 上基于 TensorFlow Lite 和 Bert 的问答示例

13.3.9　使用移动 GPU 的注意事项

本节总结了用于移动设备和物联网的预训练模型的概述。注意，现代手机都配备了内部 GPU。例如，在 Pixel 3 上，对于许多模型来说，TensorFlow Lite GPU 推理速度是 CPU 推理速度的 2～7 倍（参见图 13-10，来源：`https://medium.com/tensorflow/tensorflow-lite-now-faster-with-mobile-gpus-developer-preview-e15797e6dee7`）。

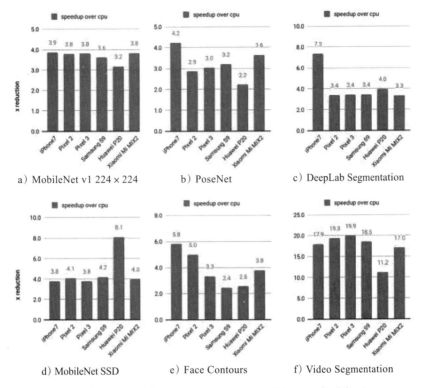

a）MobileNet v1 224×224　　　b）PoseNet　　　c）DeepLab Segmentation

d）MobileNet SSD　　　e）Face Contours　　　f）Video Segmentation

图 13-10　在各种手机上运行各种学习模型，其中 GPU 加速超过 CPU

13.4　边缘联合学习概述

如前所述，边缘计算是一种分布式计算模型，使计算和数据更接近需要的位置。

现在，让我们从两个用例开始介绍边缘**联合学习（Federated Learning，FL）**[8]。

假设你构建了一个应用程序，用于在移动设备上播放音乐，然后你想添加推荐功能，帮助用户发现他们喜欢的新歌。有没有一种方法可以构建一个分布式模型，利用每个用户的体验而不会泄露任何私人数据？

假设你是一家汽车制造商，生产数百万辆通过 5G 网络连接的汽车，然后你需要构建一个分布式模型优化每辆汽车的燃料消耗。有没有一种方法可以建立不会泄露每个用户驾驶行为的模型？

传统的机器学习需要你有一个集中的存储库，用于在桌面、数据中心或云中训练数据。联合学习（也称为联邦学习）通过将计算分布在数百万台移动设备上，将训练阶段推向边缘。这些设备是临时的，因为在学习过程中它们并不总是可用的，并且它们可以无声无息地消失（例如，手机突然关闭）。其核心思想是利用每部手机的 CPU 和 GPU 进行 FL 计算。构成分布式 FL 训练一部分的每个移动设备都从中央服务器下载一个（预训练的）模型，并根据每个特定移动设备收集的本地训练数据执行本地优化。这个过程类似于迁移学习过程

（请参阅第 5 章），但是此过程分布在边缘。然后，数百万个边缘设备将每个本地更新的模型发送回一个中央服务器，构建一个平均共享模型。

当然，有许多问题需要考虑。让我们回顾一下：

1）**电池使用量**：作为 FL 计算的一部分，每个移动设备都应该尽可能地节省本地电池的使用量。

2）**加密通信**：属于 FL 计算的每个移动设备都必须使用中央服务器的加密通信来更新本地构建的模型。

3）**高效会话**：通常，深度学习模型使用 SGD 等优化算法进行优化（参见第 1 章以及第 15 章）。但是，FL 与数百万个设备一起工作，因此迫切需要最小化通信模式。Google 引入了一种联合平均算法 [8]，据报道，与普通 SGD 相比，该算法可将通信量减少 10～100 倍。此外，压缩技术 [9] 通过随机旋转和量化将通信成本降低了 100 倍。

4）**确保用户隐私**：这可能是最重要的一点。在边缘获取的所有本地训练数据都必须保留在边缘。这意味着在移动设备上获取的训练数据无法发送到中央服务器。同样重要的是，必须对在本地训练模型中学习到的所有用户行为都进行匿名处理，结果就是不可能理解特定个人所做的任何特定行为。

图 13-11 显示了一个典型的 FL 架构 [10]。FL 服务器将模型和训练计划发送到数百万台设备中。训练计划包括期望的更新频率和其他元数据的信息。

每个设备都运行本地训练，并将模型更新发送回全局服务。注意，每个设备都有一个 FL 运行时，为将数据存储在本地示例存储中的应用程序进程提供联合学习服务。FL 运行时从示例存储中获取训练示例。

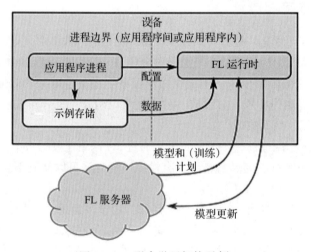

图 13-11　联合学习架构示例

TensorFlow FL API

TensorFlow 联合（The TensorFlow Federated，TTF）平台有两层：

- ❑ **联合学习**，这是一个高级接口，可与 `tf.keras` 和非 `tf.keras` 模型很好地配合使用。在大多数情况下，你会使用这个 API 进行分布式训练，以保护隐私。
- ❑ **联合核心（Federated Core，FC）**，这是一个高度自定义的低层接口，允许你与低层通信和联合算法进行交互。仅当你打算实施新的、复杂的分布式学习算法时，才需要这个 API。这是一个高级主题，在本书中，我们不会对此进行讨论。如果你想了解更多信息，可以在网上（`https://www.tensorflow.org/federated/federated_core`）找到更多信息。

FL API 有三个关键部分：

1）**模型**：用于封装现有模型以支持联合学习。这可以通过 `tff.learning.from_keras_model()`，或者通过 `tff.learning.Model()` 的子类来实现。例如，可以有以下代码片段：

```
keras_model = …
keras_model.compile(...)
keras_federated_model = tff.learning.from_compiled_keras_
model(keras_model, ..)
```

2）**构建器**：这是进行联合计算的层。有两个阶段：编译阶段和执行阶段。编译阶段把学习算法序列化为计算的一种抽象表示，执行阶段运行表示的计算。

3）**数据集**：这是一个大的数据集，可用于模拟本地联合学习——对于初始微调非常有用。

你可以在网上找到有关 API 的详细说明（`https://www.tensorflow.org/federated/federated_learning`）以及许多编码示例。建议首先使用 Google 提供的 Colab notebook（`https://colab.research.google.com/github/tensorflow/federated/blob/v0.10.1/docs/tutorials/federated_learning_for_image_classification.ipynb`）。该框架允许我们在真实环境中运行之前模拟分布式训练。负责 FL 学习的库为 `tensorflow_federated`。图 13-12 讨论了在具有多个节点的联合学习中使用的所有步骤，对于更好地理解本节中讨论的内容可能很有帮助。下一节将介绍 TensorFlow.js，它是 TensorFlow 的一个变体，可以在 JavaScript 中本地使用。

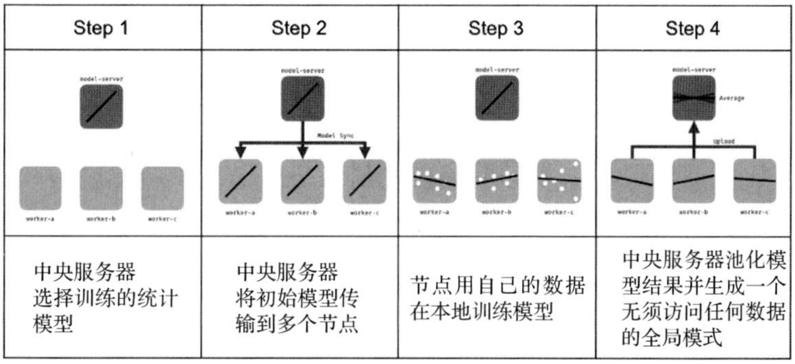

图 13-12   有多个节点的联合学习示例（来源：https://upload.wikimedia.org/wikipedia/commons/e/e2/Federated_learning_process_central_case.png）

13.5　TensorFlow.js

TensorFlow.j 是一个用于机器学习模型的 JavaScript 库，既可以在普通模式下工作，又可以通过 Node.js 工作。在本节中，我们将介绍这两种工作模式。

13.5.1　普通 TensorFlow.js

TensorFlow.js 是一个 JavaScript 库，用于在浏览器中训练和使用机器学习模型。它源自 deeplearn.js，这是一个用 JavaScript 进行深度学习的开源硬件加速库，现在是 TensorFlow 的一个配套库。

TensorFlow.js 最常见的用途是使预训练的 ML / DL 模型在浏览器上可用。因为网络带宽或安全问题而无法将客户端数据发送回服务器的情况下，这可能会有所帮助。但是，TensorFlow.js 是一个全栈的 ML 平台，可以从头开始构建和训练 ML / DL 模型，也可以使用新的客户端数据微调现有的预训练模型。

TensorFlow.js 应用程序的一个示例是 TensorFlow Projector（`https://projector.tensorflow.org`），它允许一个客户端使用其中一种降维算法在 3 维空间中可视化自己的数据（作为词向量）。TensorFlow.js 演示页面（`https://www.tensorflow.org/js/demos`）上列出了 TensorFlow.js 应用程序的一些其他示例。

与 TensorFlow 相似，TensorFlow.js 还提供了两个主要的 API ——运维 API（揭示矩阵乘法等底层张量操作）和层 API（揭示神经网络 Keras 风格的高层构建块）。

在编写本书时，TensorFlow.js 在三个不同的后端上运行。最快（也是最复杂）的是 WebGL 后端，提供访问 WebGL 底层 3D 图形 API，并可以利用 GPU 硬件加速。另一个受欢迎的后端是 Node.js，允许在服务器端应用程序中使用 TensorFlow.js。最后，作为一个后备，在普通 JavaScript 中有一个基于 CPU 的实现，可以在任何浏览器中运行。

为了更好地理解如何编写 TensorFlow.js 应用程序，我们将逐步介绍一个利用 TensorFlow.js 团队提供的卷积神经网络来分类 MNIST 数字的示例（`https://storage.googleapis.com/tfjs-examples/mnist/dist/index.html`）。

这里的步骤类似于标准监督模型开发管道——加载数据，定义、训练和评估模型。

JavaScript 在 HTML 页面内的一个浏览器环境中工作。下面的 HTML 文件（名为 `index.html`）表示这个 HTML 页面。注意 TensorFlow.js（`tf.min.js`）和 TensorFlow.js 可视化库（`tfjs-vis.umd.min.js`）的两个导入，它们提供了我们将在应用程序中使用的库函数。我们应用程序的 JavaScript 代码来自 `data.js` 和 `script.js` 文件，这两个文件与 `index.html` 文件在同一个目录中：

```
<!DOCTYPE html>
<html>
<head>
  <meta charset="utf-8">
```

```
<meta http-equiv="X-UA-Compatible" content="IE=edge">
<meta name="viewport" content="width=device-width, initial-scale=1.0">

<!-- Import TensorFlow.js -->
<script src="https://cdn.jsdelivr.net/npm/@tensorflow/tfjs@1.0.0/
dist/tf.min.js"></script>
<!-- Import tfjs-vis -->
<script src="https://cdn.jsdelivr.net/npm/@tensorflow/tfjs-
vis@1.0.2/dist/tfjs-vis.umd.min.js"></script>

<!-- Import the data file -->
<script src="data.js" type="module"></script>
<!-- Import the main script file -->
<script src="script.js" type="module"></script>
</head>
<body>
</body>
</html>
```

为了部署，我们将在一个 Web 服务器上部署这 3 个文件（`index.html`、`data.js` 和 `script.js`），但是对于开发，我们可以通过调用 Python 发行版附带的一个简单程序启动 Web 服务器。这将在本地主机的端口 8000 上启动一个 Web 服务器，并在浏览器 `http://localhost:8000` 上可以呈现 `index.html` 文件：

`python -m http.server`

接下来的步骤是加载数据。幸运的是，Google 提供了一个 JavaScript 脚本，我们已经直接从 `index.html` 文件调用了这个脚本。JavaScript 脚本从 GCP 存储区下载图像和标签，返回经过重组和归一化的批处理图像，并标记训练和测试对。我们可以使用以下命令将其下载到与 `index.html` 文件相同的文件夹中：

`wget https://raw.githubusercontent.com/tensorflow/tfjs-examples/master/mnist-core/data.js`

模型定义、训练和评估代码都在 `script.js` 文件中指定。定义和构建网络的函数如下列代码块所示。如你所见，与使用 `tf.keras` 构建序列模型的方式非常相似。唯一的区别是指定参数的方式，该处将参数指定为一个"名称－值"对的字典，而不是参数列表。该模型是一个序列模型，即一个图层列表。最后，使用 Adam 优化器编译模型：

```
function getModel() {
  const IMAGE_WIDTH = 28;
  const IMAGE_HEIGHT = 28;
  const IMAGE_CHANNELS = 1;
  const NUM_OUTPUT_CLASSES = 10;

  const model = tf.sequential();
  model.add(tf.layers.conv2d({
    inputShape: [IMAGE_WIDTH, IMAGE_HEIGHT, IMAGE_CHANNELS],
```

```
    kernelSize: 5,
    filters: 8,
    strides: 1,
    activation: 'relu',
    kernelInitializer: 'varianceScaling'
  }));
  model.add(tf.layers.maxPooling2d({
    poolSize: [2, 2], strides: [2, 2]
  }));
  model.add(tf.layers.conv2d({
    kernelSize: 5,
    filters: 16,
    strides: 1,
    activation: 'relu',
    kernelInitializer: 'varianceScaling'
  }));
  model.add(tf.layers.maxPooling2d({
    poolSize: [2, 2], strides: [2, 2]
  }));
  model.add(tf.layers.flatten());
  model.add(tf.layers.dense({
    units: NUM_OUTPUT_CLASSES,
    kernelInitializer: 'varianceScaling',
    activation: 'softmax'
  }));

  const optimizer = tf.train.adam();
  model.compile({
    optimizer: optimizer,
    loss: 'categoricalCrossentropy',
    metrics: ['accuracy'],
  });
  return model;
}
```

使用训练数据集的批处理训练模型 10 次，并使用测试数据集的批处理进行在线验证。最佳实践是从训练集创建一个独立的验证数据集。但是，为了将我们的注意力集中在如何使用 TensorFlow.js 设计端到端的 DL 管道这一更重要的方面，我们正在使用由 Google 提供的外部 data.js 文件，提供的函数仅返回训练和测试的批处理。在我们的示例中，稍后将使用测试数据集进行验证和评估。这可能会为我们带来更高的准确率，相比之下，我们可以用一个（在训练期间）未知的测试集实现，但是像下面这样的说明性示例并不重要：

```
async function train(model, data) {
  const metrics = ['loss', 'val_loss', 'acc', 'val_acc'];
  const container = {
    name: 'Model Training', styles: { height: '1000px' }
  };
  const fitCallbacks = tfvis.show.fitCallbacks(container, metrics);
```

```
const BATCH_SIZE = 512;
const TRAIN_DATA_SIZE = 5500;
const TEST_DATA_SIZE = 1000;

const [trainXs, trainYs] = tf.tidy(() => {
  const d = data.nextTrainBatch(TRAIN_DATA_SIZE);
  return [
    d.xs.reshape([TRAIN_DATA_SIZE, 28, 28, 1]),
    d.labels
  ];
});
const [testXs, testYs] = tf.tidy(() => {
  const d = data.nextTestBatch(TEST_DATA_SIZE);
  return [
    d.xs.reshape([TEST_DATA_SIZE, 28, 28, 1]),
    d.labels
  ];
});

return model.fit(trainXs, trainYs, {
  batchSize: BATCH_SIZE,
  validationData: [testXs, testYs],
  epochs: 10,
  shuffle: true,
  callbacks: fitCallbacks
});
}
```

模型训练完成后，我们想要做出预测并根据其预测评估模型。以下函数将完成预测并计算所有测试集样本中每个类的总体准确率，同时在所有测试集样本中生成一个混淆矩阵：

```
const classNames = [
  'Zero', 'One', 'Two', 'Three', 'Four',
  'Five', 'Six', 'Seven', 'Eight', 'Nine'];

function doPrediction(model, data, testDataSize = 500) {
  const IMAGE_WIDTH = 28;
  const IMAGE_HEIGHT = 28;
  const testData = data.nextTestBatch(testDataSize);
  const testxs = testData.xs.reshape(
    [testDataSize, IMAGE_WIDTH, IMAGE_HEIGHT, 1]);
  const labels = testData.labels.argMax([-1]);
  const preds = model.predict(testxs).argMax([-1]);

  testxs.dispose();
  return [preds, labels];
}

async function showAccuracy(model, data) {
```

```
  const [preds, labels] = doPrediction(model, data);
  const classAccuracy = await tfvis.metrics.perClassAccuracy(
    labels, preds);
  const container = {name: 'Accuracy', tab: 'Evaluation'};
  tfvis.show.perClassAccuracy(container, classAccuracy, classNames);
  labels.dispose();
}

async function showConfusion(model, data) {
  const [preds, labels] = doPrediction(model, data);
  const confusionMatrix = await tfvis.metrics.confusionMatrix(
    labels, preds);
  const container = {name: 'Confusion Matrix', tab: 'Evaluation'};
  tfvis.render.confusionMatrix(
      container, {values: confusionMatrix}, classNames);
  labels.dispose();
}
```

最后，`run()` 函数将依次调用所有这些函数，构建一个端到端的 ML 管道：

```
import {MnistData} from './data.js';

async function run() {
  const data = new MnistData();
  await data.load();
  await showExamples(data);
  const model = getModel();
  tfvis.show.modelSummary({name: 'Model Architecture'}, model);
  await train(model, data);
  await showAccuracy(model, data);
  await showConfusion(model, data);
}

document.addEventListener('DOMContentLoaded', run);
```

刷新浏览器位置 `http://localhost:8000/index.html` 将调用上面的 `run()` 方法。表 13-1 显示了模型架构，图 13-13 显示了训练进度。

表 13-1　模型架构

层的名称	输出形状	#参数	是否可训练
conv2d_Conv2D1	[batch, 24, 24, 8]	208	true
max _pooling2d_MaxPooling2D1	[batch, 12, 12, 8]	0	true
conv2d_Conv2D2	[batch, 8, 8, 16]	3216	true
max _pooling2d_MaxPooling2D2	[batch, 4, 4, 16]	0	true
flatten Flatten1	[batch, 256]	0	true
dense_Dense1	[batch, 10]	2570	true

图 13-13 的左侧是在每个批处理结束时观测到的验证数据集上的损失和准确率值，右侧是在每次训练结束时在训练数据集（蓝色）和验证数据集（红色）上观测到的相同的损失和准确率值。

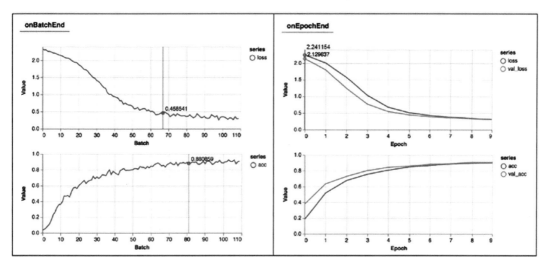

图 13-13　损失和准确度值

此外，图 13-14 显示了经过训练的模型在测试数据集上对不同的类进行预测准确率，以及测试数据集样本的预测类和实际类的混淆矩阵。

Accuracy		
Class	Accuracy	# Samples
Zero	0.9636	55
One	0.9649	57
Two	0.9434	53
Three	0.9524	42
Four	0.9574	47
Five	0.7949	39
Six	0.902	51
Seven	0.9286	56
Eight	0.9038	52
Nine	0.8125	48

Confusion Matrix

label \ prediction	Class 0	Class 1	Class 2	Class 3	Class 4	Class 5	Class 6	Class 7	Class 8	Class 9
Class 0	61	0	0	0	0	0	1	0	0	0
Class 1	0	51	1	0	0	0	0	0	2	0
Class 2	0	0	42	0	0	0	0	0	3	0
Class 3	0	0	1	44	0	0	0	1	1	0
Class 4	0	0	0	0	44	0	0	0	0	0
Class 5	0	1	0	0	0	32	2	0	1	1
Class 6	0	0	0	0	1	0	47	0	0	0
Class 7	0	0	3	0	0	0	0	49	1	1
Class 8	1	0	0	1	0	0	0	0	42	0
Class 9	1	0	0	0	4	0	0	4	1	50

图 13-14　预测的准确度和混淆矩阵

我们已经知道了如何在浏览器中使用 TensorFlow.js。下一节将说明如何将一个模型从 Keras 转换为 TensorFlow.js。

13.5.2　模型转换

有时，转换已经用 `tf.keras` 创建的模型是很方便的。这非常简单，可以使用以下命令脱机完成，该命令从 `/tmp/model.h5` 获取 Keras 模型，并将 JavaScript 模型输出到 `/tmp/tfjs_model`：

```
tensorflowjs_converter --input_format=keras /tmp/model.h5 /tmp/tfjs_model
```

下一节将说明如何在 TensorFlow.js 中使用预训练的模型。

13.5.3　预训练模型

TensorFlow.js 提供了大量预训练模型，用于图像、视频和文本的深度学习。这些模型托管在 NPM 上，因此如果你熟悉 Node 开发，那么使用这些模型是非常简单的。

表 13-2 总结了截至 2019 年 11 月可用的模型（来源：`https://github.com/tensorflow/tfjs-models`）。

表　13-2

类型	模型	细节	配置
图像	MobileNet (`https://github.com/tensorflow/tfjs-models/tree/master/mobilenet`)	用来自 ImageNet 数据库的标签分类图像	`npm i @tensorflow-models/mobilenet`
	PoseNet (`https://github.com/tensorflow/tfjs-models/tree/master/posenet`)	一个机器学习模型，允许在浏览器中进行实时的人体姿态估计，详细介绍请参阅 `https://medium.com/tensorflow/real-time-human-pose-estimation-in-the-browser-with-tensorflow-js-7dd0bc881cd5`	`npm i @tensorflow-models/posenet`
	Coco SSD (`https://git-hub.com/tensorflow/tfjs-models/tree/master/coco-ssd`)	物体检测模型，旨在定位和识别一张图像中的多个物体。基于 TensorFlow 物体检测 API (`https://github.com/tensorflow/models/blob/master/research/object_detection/README.md`)	`npm i @tensorflow-models/coco-ssd`
	BodyPix (`https://github.com/tensorflow/tfjs-models/tree/master/body-pix`)	使用 TensorFlow.js 在浏览器中进行实时人和身体部位分割	`npm i @tensorflow-models/body-pix`
	DeepLab v3 (`https://github.com/tensorflow/tfjs-models/tree/master/deeplab`)	语义分割	`npm i @tensorflow-models/deeplab`
视频	语音命令 (`https://github.com/tensorflow/tfjs-models/tree/master/speech-commands`)	从语音命令数据集分类 1 秒钟音频片段 (`https://github.com/tensorflow/docs/blob/master/site/en/r1/tutorials/sequences/audio_recognition.md`)	`npm i @tensorflow-models/speech-commands`

(续)

类型	模型	细节	配置
文本	万能语句编码器 (https://github.com/tensorflow/tfjs-models/tree/master/universal-sentence-encoder)	将文本编码为一个 512 维的嵌入,作为自然语言处理任务的输入,例如,情感分类和文本相似度	npm i @tensorflow-models/universal-sentence-encoder
	文本副作用	为一个评论可能对谈话产生的影响打分,从"非常有害"到"非常健康"	npm i @tensorflow-models/toxicity
通用工具	KNN 分类器 (https://github.com/tensorflow/tfjs-models/tree/master/knn-classifier)	这个包提供了一个实用程序,使用 K 近邻算法创建一个分类器,可用于迁移学习	npm i @tensorflow-models/knn-classifier

可以直接从 HTML 使用每个预训练模型。例如,这是 KNN 分类器的一个示例:

```
<html>
  <head>
    <!-- Load TensorFlow.js -->
    <script src="https://cdn.jsdelivr.net/npm/@tensorflow/tfjs"></script>
    <!-- Load MobileNet -->
    <script src="https://cdn.jsdelivr.net/npm/@tensorflow-models/mobilenet"></script>
    <!-- Load KNN Classifier -->
    <script src="https://cdn.jsdelivr.net/npm/@tensorflow-models/knn-classifier"></script>
  </head>
```

下一节将说明如何在 Node.js 中使用预训练模型。

13.5.4 Node.js

在本节中,我们将概述如何使用基于 Node.js 的 TensorFlow。让我们开始吧。

使用以下代码行导入 CPU 软件包,该代码行适用于所有 Mac、Linux 和 Windows 平台:

```
import * as tf from '@tensorflow/tfjs-node'
```

使用以下代码行导入 GPU 软件包(自 2019 年 11 月起,这只适用于 CUDA 环境中的 GPU):

```
import * as tf from '@tensorflow/tfjs-node-gpu'
```

下面报告了用于定义和编译一个简单密集模型的 Node.js 代码示例。这段代码是不言自明的:

```
const model = tf.sequential();
```

```
model.add(tf.layers.dense({ units: 1, inputShape: [400] }));
model.compile({
  loss: 'meanSquaredError',
  optimizer: 'sgd',
  metrics: ['MAE']
});
```

可以从典型的 Node.js 异步调用开始训练：

```
const xs = tf.randomUniform([10000, 400]);
const ys = tf.randomUniform([10000, 1]);
const valXs = tf.randomUniform([1000, 400]);
const valYs = tf.randomUniform([1000, 1]);

async function train() {
  await model.fit(xs, ys, {
    epochs: 100,
    validationData: [valXs, valYs],
  });
}
train();
```

在本节中，我们讨论了如何使用基于普通 JavaScript 和 Node.js 的 TensorFlow.js，以及用于浏览器和后端计算的示例应用程序。

13.6   小结

在本章中，我们讨论了如何将 TensorFlow Lite 用于移动设备和物联网，以及如何在 Android 设备上部署实际的应用程序。然后，出于对隐私问题的考虑，我们还讨论了在数千（百万）个移动设备中进行分布式学习的联合学习。本章的最后一部分专门介绍了 TensorFlow.js，它用于基于普通 JavaScript 或者基于 Node.js 使用 TensorFlow。

第 14 章是关于 AutoML 的，AutoML 是一组技术，可以让不熟悉机器学习技术的领域专家轻松使用 ML 技术。

13.7   参考文献

1. *Quantization-aware training* https://github.com/tensorflow/tensorflow/tree/r1.13/tensorflow/contrib/quantize.

2. *Quantization and Training of Neural Networks for Efficient Integer-Arithmetic-Only Inference*, Benoit Jacob, Skirmantas Kligys, Bo Chen, Menglong Zhu, Matthew Tang, Andrew Howard, Hartwig Adam, Dmitry Kalenichenko (Submitted on 15 Dec 2017); https://arxiv.org/abs/1712.05877.

3. *MobileNetV2: Inverted Residuals and Linear Bottlenecks*, Mark Sandler, Andrew Howard, Menglong Zhu, Andrey Zhmoginov, Liang-Chieh Chen (Submitted

on 13 Jan 2018 (v1), last revised 21 Mar 2019 (v4)) `https://arxiv.org/abs/1806.08342.`

4. *MnasNet: Platform-Aware Neural Architecture Search for Mobile*, Mingxing Tan, Bo Chen, Ruoming Pang, Vijay Vasudevan, Mark Sandler, Andrew Howard, Quoc V. Le `https://arxiv.org/abs/1807.11626.`

5. *DeepLab: Semantic Image Segmentation with Deep Convolutional Nets, Atrous Convolution, and Fully Connected CRFs*, Liang-Chieh Chen, George Papandreou, Iasonas Kokkinos, Kevin Murphy, and Alan L. Yuille, May 2017, `https://arxiv.org/pdf/1606.00915.pdf.`

6. *BERT: Pre-training of Deep Bidirectional Transformers for Language Understanding*, Jacob Devlin, Ming-Wei Chang, Kenton Lee, Kristina Toutanova (Submitted on 11 Oct 2018 (v1), last revised 24 May 2019 v2)) `https://arxiv.org/abs/1810.04805.`

7. *MOBILEBERT: TASK-AGNOSTIC COMPRESSION OF BERT BY PROGRESSIVE KNOWLEDGE TRANSFER*, Anonymous authors, Paper under double-blind review, `https://openreview.net/pdf?id=SJxjVaNKwB`, 25 Sep 2019 (modified: 25 Sep 2019)ICLR 2020 Conference Blind Submission Readers: Everyone.

8. *Communication-Efficient Learning of Deep Networks from Decentralized Data*, H. Brendan McMahan, Eider Moore, Daniel Ramage, Seth Hampson, Blaise Agüera y Arcas (Submitted on 17 Feb 2016 (v1), last revised 28 Feb 2017 (this version, v3)) `https://arxiv.org/abs/1602.05629.`

9. *Federated Learning: Strategies for Improving Communication Efficiency*, Jakub Konečný, H. Brendan McMahan, Felix X. Yu, Peter Richtárik, Ananda Theertha Suresh, Dave Bacon (Submitted on 18 Oct 2016 (v1), last revised 30 Oct 2017 (this version, v2)) `https://arxiv.org/abs/1610.05492.`

10. *TOWARDS FEDERATED LEARNING AT SCALE: SYSTEM DESIGN*, Keith Bonawitz et al. 22 March 2019 `https://arxiv.org/pdf/1902.01046.pdf.`

第 14 章

AutoML 简介

AutoML 的目标是使不熟悉机器学习技术的领域专家能够轻松使用 ML 技术。

在本章中，我们将使用 Google Cloud 进行实操练习，然后在简要讨论基础知识之后，多进行一些实际动手操作。之后将讨论自动化数据准备、自动化特征工程和自动化模型生成。最后，我们将引入 AutoKeras 和 Cloud AutoML，以及后者对表（Table）、视觉（Vision）、文本（Text）、翻译（Translation）和视频处理（Video Processing）的多种解决方案。

14.1 什么是 AutoML

在前面的章节中，我们介绍了几种用于现代机器学习和深度学习的模型。例如，我们已经看过诸如稠密网络、CNN、RNN、自编码器和 GAN 等架构。

有两个观察到的现象是有规律的。首先，这些架构是由深度学习领域的专家设计的，并不易于向非专家解释明白。其次，构造这些架构本身是个手动流程，涉及很多直觉想法和反复试错。

今天，人工智能研究的一个主要目标是实现**通用人工智能（Artificial General Intelligence, AGI）**，这是一种机器的智能，它可以理解并自动学习人类可以完成的任何类型的工作或活动。然而，在 AutoML 研究和产业化应用开始之前，现实情况是很不一样的。事实上，在 AutoML 之前，设计深度学习架构非常类似手工制作装饰物件。

以用 X 射线识别乳腺癌为例。在阅读了前几章之后，你可能会认为，由多个 CNN 组成的深度学习流水线可能是达到此目的的合适工具。

首先，这可能是一个很好的直觉想法。问题在于不太容易向模型的用户解释为什么 CNN 的特定组合能在乳腺癌检测领域内起到很好的作用。理想情况下，你希望为领域专家

（在这种情况下为医疗专业人员）提供易于访问的深度学习工具，而无须具有深入的机器学习背景的工具。

另一个问题是不太容易认识到初始手工制作的模型是否存在可实现更好结果的变体（例如，不同的组成）。理想情况下，你希望提供的深度学习工具能以更原则性和自动化的方式搜寻变体空间。

因此，AutoML 的中心思想是通过使整个端到端机器学习流水线更加自动化来减缓陡峭的学习曲线和减少手工制作机器学习解决方案的巨额成本。为此，我们假设 AutoML 流水线包括三个宏步骤（macro-steps）：数据准备，特征工程和自动模型生成（见图 14-1）。在本章的开始部分中，我们将详细讨论这三个步骤。然后，我们将重点介绍 Cloud AutoML。

图 14-1   AutoML 流水线的三个步骤

14.2   实现 AutoML

AutoML 如何实现端到端自动化的目标？好吧，你可能已经想到意料之中的选择是使用机器学习，即 AutoML 使用 ML 来自动化 ML 流水线。

这有什么好处？自动地创建和调整端到端机器学习可生成更简单的解决方案，减少生产时间，最终可能会产生优于手工制作模型的架构。

这是一个业已完成的研究领域吗？恰恰相反。2020 年初，AutoML 是一个非常开放的研究领域，这并不奇怪，因为引起人们关注 AutoML 的早期论文于 2016 年底才发布。

14.3   自动数据准备

典型机器学习流水线的第一阶段负责数据准备（参见图 14-1 的流水线）。其中有两个需要考虑的主要方面：**数据清洗**（data cleansing）和**数据合成**（data synthesis）。

数据清洗用于提高数据质量，比如检查错误的数据类型、缺失值、误差，以及实施数据规范化、存储桶化（bucketization）、缩放和编码。鲁棒性好的 AutoML 流水线应该尽可能地使这些平凡单调但极其重要的步骤自动化。

数据合成通过数据增强（augmentation）来生成用于训练、评估和验证的合成数据。通常，此步骤是与领域特定相关的。例如，我们已经看到了如何通过使用裁剪、旋转、调整大小和翻转操作来生成类似 CIFAR10 的合成图像（参阅第 4 章）。还有用 GAN 生成其他图像或视频（参阅第 6 章），并用增强的合成数据集进行训练。对于文本，采取了不同的实现方式，训练 RNN 来生成合成文本（参阅第 9 章），或者采用更多的 NLP 技术（例如 BERT、seq2seq 或 Transformers）来注明或翻译跨语言的文本，然后翻译回原始文本——另一种领域特定相关的数据增强。

另一种不同的方式是生成可以进行机器学习的合成环境。这在强化学习和游戏领域中非常流行，尤其在 OpenAI Gym 等的配套软件中，它们旨在提供一种易于设置、具有各种不同（游戏）场景的模拟环境。

简而言之，我们可以说合成数据生成是 AutoML 引擎应提供的另一种选项。通常，使用的工具是特定于领域的，并且对于图像或视频有效的工具在文本等其他领域中不一定是有用。因此，我们需要（相当）大量的工具来执行跨领域的合成数据生成。

14.4　自动特征工程

特征工程是典型机器学习流水线的第二步（参见图 14-1）。它包括三个主要步骤：**特征选择**、**特征构建**和**特征映射**。让我们依次介绍。

特征选择旨在通过舍弃那些对学习任务贡献很小的特征，挑选出重要的特征子集。在这种情况下，重要性真正取决于应用程序和特定问题领域。

特征构建旨在从基本特征开始构建新的衍生特征。通常，此技术用于更好地泛化（generalizaiton）并拥有更丰富的数据表示。

特征提取旨在通过映射函数来更改原始特征空间。这可以有多种实现方式。例如，自编码器（参阅第 9 章）、PCA 或聚类（参阅第 10 章）。

简而言之，特征工程是一种基于直觉、反复试验和大量经验的艺术。现代 AutoML 引擎着眼使整个过程更加自动化，需要更少的人工干预。

14.5　自动模型生成

模型生成和**超参数调整**是典型机器学习流水线的第三步（见图 14-1）。

模型生成是创建用于解决特定任务的合适模型。例如，你可能会用到 CNN 进行视觉识别，并用到 RNN 进行时间序列分析或序列分析。当然，可能还有许多其他变体，每种变体都是人为通过反复试验的过程制定的，并用在非常特定的领域上。

手动制作模型时涉及超参数调整。该过程在计算上通常非常昂贵，并且以积极的方式显著改变结果的质量。这是因为调整超参数可以帮助进一步优化我们的模型。

自动生成模型是任一 AutoML 流水线的最终目标。如何做到这一点？一种方法是通过组合一组原始操作来生成模型，这些操作包括卷积、池化、串联、跳过连接、递归神经网络、自编码器以及我们在本书中遇到的几乎所有深度学习模型。这些操作构成了一个要探寻的搜索空间（通常非常大），目的是使该探索过程尽可能高效。用 AutoML 的术语来说，探索被称为**神经架构搜索**（Neural Architecture Search，NAS）。

关于 AutoML 的开创性论文[1] 于 2016 年 11 月发表。关键思想（见图 14-2）是使用强化学习。RNN 充当控制器，并生成候选神经网络的模型描述。RL 用于在验证集上最大化产出架构的期望准确度。

在 CIFAR-10 数据集上，此方法从零开始设计了一种新颖的网络架构，该架构在测试集准确度方面可与人类发明的最佳架构相媲美。上述 CIFAR-10 模型实现了 3.65 的测试错误率，比以前使用类似架构方案的最新模型提高了 0.09%，并且快了 1.05 倍。在 Penn Treebank 数据集上，该模型可以组成一个新颖的循环单元，其性能优于广泛使用的 LSTM 单元（参见第 9 章）和其他最新的基准。该单元在 Penn Treebank 上实现了 62.4 的测试集困惑度（perplexity），比之前的最新模型高 3.6。

该论文的主要成果如图 14-2 所示。一个基于 RNN 的控制器网络产生概率为 p 的样本架构 A。该候选架构 A 由子网络训练以获得候选准确度 R。然后计算 p 的梯度，并由 R 缩放以更新控制器。该强化学习操作被循环计算多次。如果层数超过特定值，则停止架构生成过程。关于控制器 RNN 如何使用基于 RL 的策略梯度方法生成更好架构的详细信息见参考文献 [1]。这里，我们强调一个事实，即 NAS 使用基于 Q 学习的 $\epsilon-$ 贪婪探索策略和经验回放的元建模算法（参见第 11 章）来探索模型搜索空间。

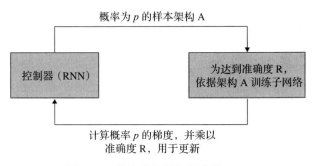

图 14-2   具有递归神经网络的 NAS

自 2016 年年末发表原始论文以来，模型生成技术呈现了爆炸式地增长。最初的目标是一步一步生成整个模型。后来，提出了一种基于单元的方法，将生成过程分为两个宏步骤：首先自动构建单元结构；然后将预定义数量的已发现单元堆叠在一起，从而生成整个端到端的架构 [2]。

与所有现存的自动模型设计方法相比，这种**高效神经架构搜索**（Efficient Neural Architecture Search，ENAS）使用显著减少的 GPU 小时来提供强大的实验性能，并且值得注意的是，其计算成本比标准的神经架构搜索（2018 年）低 1000 倍。这里，ENAS 的主要目标是通过层次结构来减少搜索空间。已提出的一些基于单元方式的变体（包括纯分级方法），通过迭代地并入较低级单元来生成较高级单元。

继续考察 NAS，一种截然不同的想法是使用迁移学习（参见第 5 章）将现有神经网络的学习迁移到新的神经网络中，从而提高设计速度[3]。换句话说，我们要在 AutoML 中使用迁移学习。

另一种方法是基于**遗传编程**（Genetic Programming，GP）和**进化算法**（Evolutionary Algorithm，EA），其中将构成模型搜索空间的基本操作编码为合适的表示，然后将该编码以类似生物遗传进化的方式逐步转化为更好的模型[4]。

超参数调整包含寻找超参数的最佳组合，超参数与学习优化（批次大小、学习率等）和模型特定参数（核大小；CNN 的特征图数量等；稠密网络或自编码器网络的神经元数量等）有关。同样，搜索空间可能非常大。通常使用两种方法：网格搜索和随机搜索。

网格搜索将搜索空间划分为离散的值网格，并测试网格中所有可能的组合。例如，如果存在三个超参数，并且每个网格只有两个候选值，则必须检查总共 $2 \times 3 = 6$ 个组合。网格搜索还有分层的变体，可以逐步优化搜索空间区域的网格并提供更好的结果。关键思想是先使用粗网格，然后找到更好的网格区域，进而对该区域进行更精细的网格搜索。

随机搜索对参数搜索空间进行随机采样，这种简单方法已被证明在许多情况下都能很好地工作[5]。

现在，我们已经简要讨论了基础知识，我们将在 Google Cloud 上进行大量实践。开始吧。

14.6　AutoKeras

AutoKeras[6] 提供了自动搜索深度学习模型的架构和超参数的功能。该框架使用贝叶斯优化来进行高效神经网络架构搜索。你可以用 pip 安装 alpha 版本：

```
pip3 install autokeras # for 0.4 version
pip3 install git+git://github.com/keras-team/autokeras@
master#egg=autokeras # for 1.0 version
```

该架构在图 14-3 中进行了说明（摘自参考文献 [6]）：

1）用户调用 API

2）搜索器在 CPU 上生成神经网络架构

3）RAM 上带有参数的真实神经网络（来自神经网络架构）

4）将神经网络复制到 GPU 进行训练

5）训练后的神经网络保存在存储设备上

6）根据训练结果更新搜索器

重复步骤 2 至 6，直到达到时间限制。

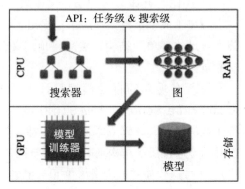

图 14-3　AutoKeras 系统概览

14.7 Google Cloud AutoML

Cloud AutoML（`https://cloud.google.com/automl/`）是用于图像、视频和文本处理的全套产品。截至 2019 年年底，该套件包含以下组件。

AutoML Tables

❏ 使你能够自动构建和部署应用在结构化数据上的最新机器学习模型，这些结构化数据用于常规监督分类和回归（参见第 1、2 和 3 章）。

AutoML Vision

❏ AutoML Vision：使你能根据自己定义的标签对机器学习模型进行训练，实现图像分类。

❏ AutoML Object Detection：用于自动构建通过边界框和标签来检测图像物体的自定义模型，然后将其部署到云平台或边缘平台上。

AutoML Natural Language

❏ AutoML Text Classification：用于自动构建将内容分类为一组自定义类别的机器学习模型。

❏ AutoML Sentiment Analysis：用于自动构建分析文本中表达的情感的机器学习模型。

❏ AutoML Entity Extraction：用于自动构建辨别文本中一组自定义实体的机器学习模型。

❏ Cloud Natural Language API：使用 Google 验证过的预训练模型进行常规内容分类、情感分析和实体识别。

AutoML Video Intelligence

❏ AutoML Video Intelligence Classification：用于自动构建对图像进行分类的自定义模型，然后将其部署到云平台或边缘平台上。

AutoML Translation

❏ AutoML Translation：基于 Google 强大的 Translation API，构建所需的单词、短语和习语。

在本章的其余部分，我们将考察这 5 个 AutoML 解决方案：AutoML Tables、AutoML Vision、AutoML Text Classification、AutoML Translation 和 AutoML Video Classification。

14.7.1 使用 Cloud AutoML——Tables 解决方案

让我们来看一个使用 Cloud AutoML Tables 的示例（见图 14-4）。我们的目标是导入一些表格数据并在该数据上训练分类器，将使用某银行的一些市场数据。注意，本示例及后续示例可能会被 Google 根据不同的使用准则进行收费（请在 `https://cloud.google.com/products/calculator/` 上在线查看最新的费用估算）。

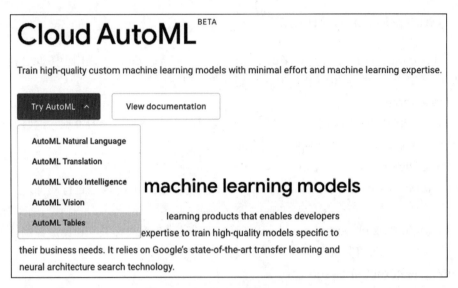

图 14-4 Google Cloud AutoML

截至 2019 年底，AutoML Tables 仍处于 beta 版本。因此，我们需要启用 beta API（见图 14-5）。

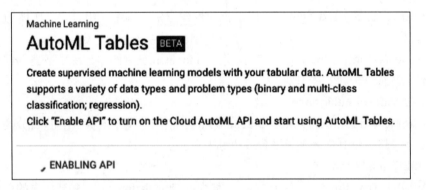

图 14-5 AutoML Tables beta API

然后，我们可以创建一个新的数据集（见图 14-6 和 14-7）并导入数据（见图 14-8）。

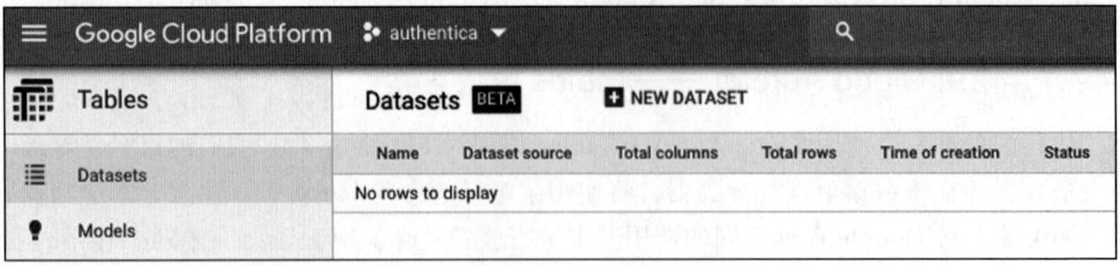

Google Cloud Platform	authentica ▾					
Tables	Datasets BETA	➕ NEW DATASET				
Datasets	Name	Dataset source	Total columns	Total rows	Time of creation	Status
Models	No rows to display					

图 14-6 AutoML Tables：初始界面

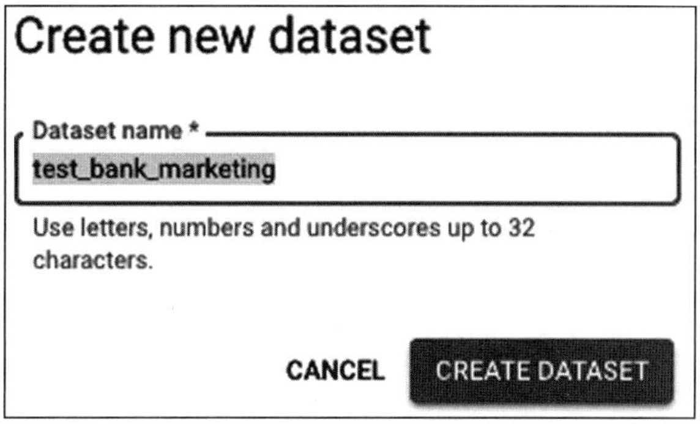

图 14-7　AutoML Tables：创建一个新的数据集

我们的示例使用 Google Cloud 上的某演示数据集，它存储在存储桶 `gs::://cloud-ml-tables-data/bank-marketing.csv`。

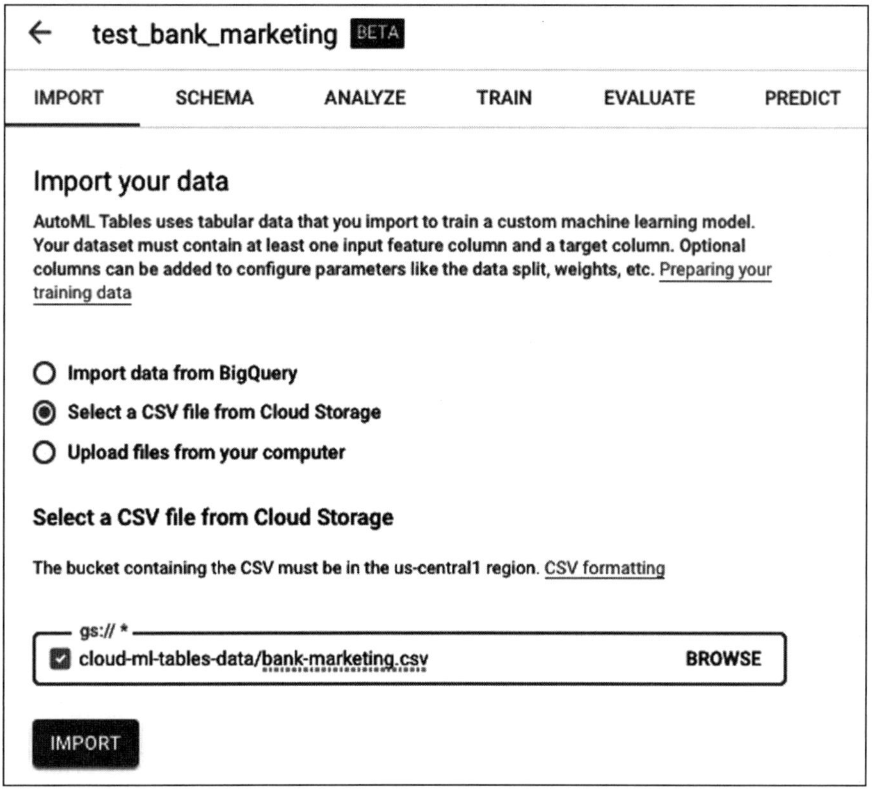

图 14-8　AutoML Tables：从云存储导入 CSV 数据集

导入可能需要一些时间（见图 14-9）。

数据导入后，AutoML 将识别每列的类型（见图 14-10）。

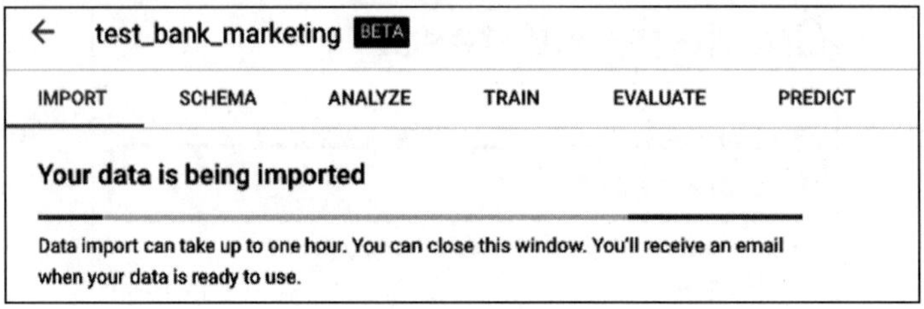

图 14-9　AutoML Tables：导入 CSV 数据集

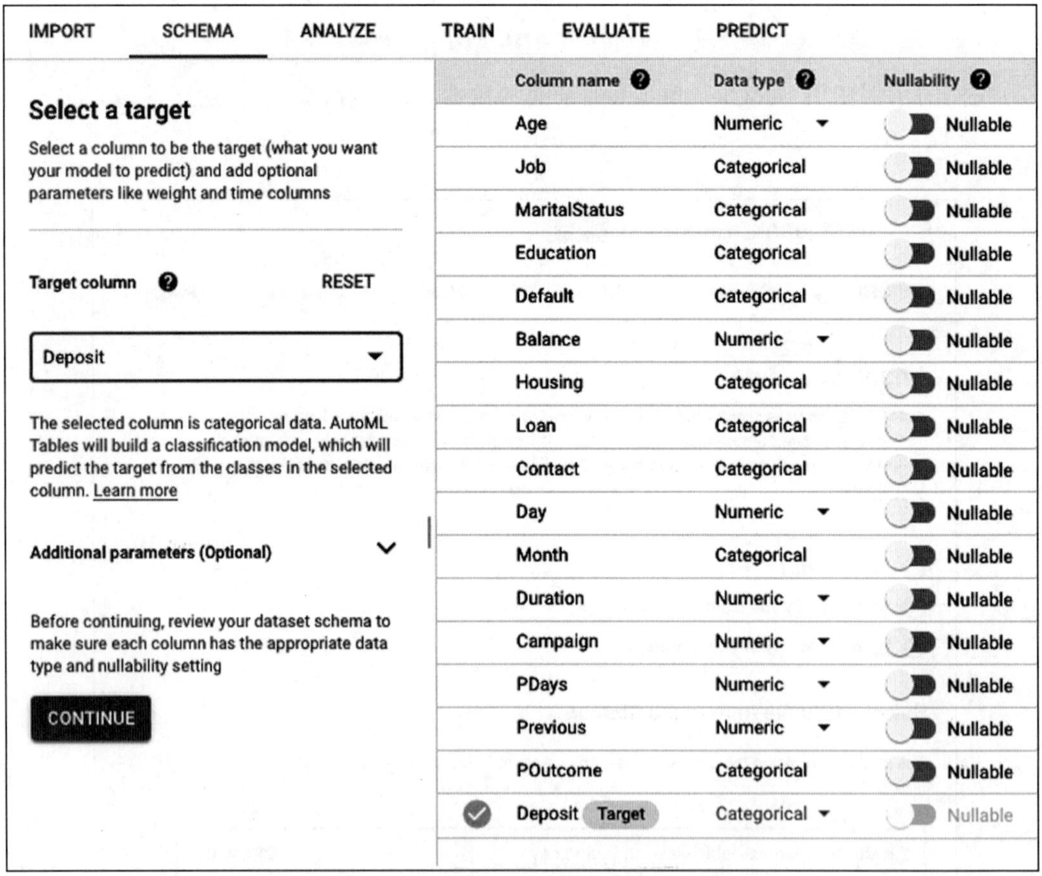

图 14-10　AutoML Tables：导入 CSV 数据集

　　让我们选择将 Deposit 列作为目标列。由于选择的列是分类数据，因此 AutoML Tables 将构建分类模型。这将从所选列的分类中预测其类别。分类是二元的：1 是否定结果，表示未在银行存款；2 是肯定结果，表示在银行有存款。

　　ANALYZE 选项卡（见图 14-11）提供若干个度量指标来分析数据集，例如特征名称、类型、缺失值、不同值、无效值、与目标的相关性、均值和标准差。

Feature name ↑	Type	Missing ❓	Distinct values ❓	Invalid values ❓	Correlation with Target ❓	Mean ❓
Age	Numeric	0% (0)	77	0	—	40.936
Balance	Numeric	0% (0)	7,168	0	—	1,362.272
Campaign	Numeric	0% (0)	48	0	—	2.764
Contact	Categorical	0% (0)	3	0	—	
Day	Numeric	0% (0)	31	0	—	15.806
Default	Categorical	0% (0)	2	0	—	
Deposit Target	Categorical	0% (0)	2	0	—	
Duration	Numeric	0% (0)	1,573	0	—	258.163
Education	Categorical	0% (0)	4	0	—	
Housing	Categorical	0% (0)	2	0	—	
Job	Categorical	0% (0)	12	0	—	
Loan	Categorical	0% (0)	2	0	—	
MaritalStatus	Categorical	0% (0)	3	0	—	
Month	Categorical	0% (0)	12	0	—	
PDays	Numeric	0% (0)	559	0	—	40.198
POutcome	Categorical	0% (0)	4	0	—	
Previous	Numeric	0% (0)	41	0	—	0.58

All features 17
Numeric 7
Categorical 10

IMPORT SCHEMA **ANALYZE** TRAIN EVALUATE PREDICT

⚠ Not up to date. Click the "Continue" button on the Schema tab to regenerate statistics.

Rows per page: 50 ▼ 1 – 17 of 17 ‹ ›

图 14-11　AutoML Tables：分析数据集

现在是时候使用 TRAIN 选项卡训练模型了（见图 14-12）。在本例中，我们接受 1 小时作为训练预算。这段时间内，你可以离开一会儿，喝杯咖啡，AutoML 会为你工作（见图 14-13）。训练预算是介于 1 到 72 之间的数字，表示花费在模型训练上的最大节点小时数。

如果你的模型在此之前停止改进，则 AutoML Tables 将停止训练，并且仅向你收取与使用的实际节点预算相对应的费用。

IMPORT SCHEMA ANALYZE **TRAIN** EVALUATE PREDICT

Train your model

Model name *
test_bank_marketi_20190913073044

Training budget

Enter a number between 1 and 72 for the maximum number of node hours to spend training your model. If your model stops improving before then, AutoML Tables will stop training and you'll only be charged for the actual node hours used. Training pricing guide

Budget *
1　　　　　　　maximum node hour ❓

Input feature selection

By default, all other columns in your dataset will be used as input features for training (excluding target, weight, and split columns).

16 feature columns *
All columns selected　　　　　　　▼

图 14-12　AutoML Tables：准备训练

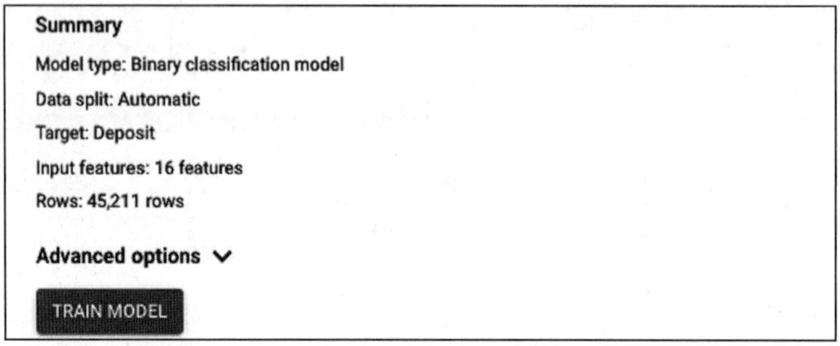

图 14-12 （续）

训练模型的计算资源需花费大约每小时 20 美元，以秒为单位计费。

该价格含有并行使用 92 台 n1-standard-4 同等机器。还包含最初 6 个小时的免费训练。

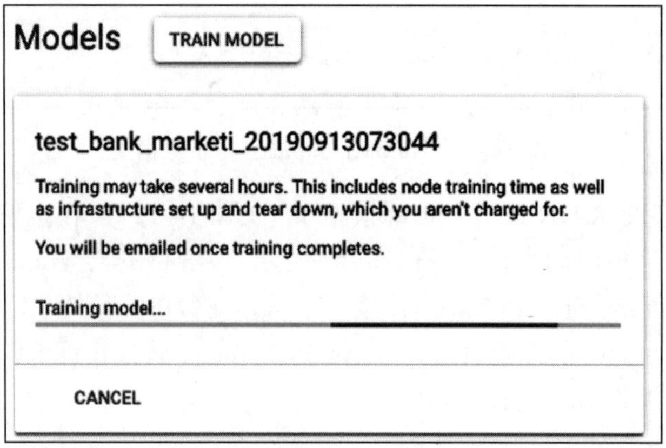

图 14-13　AutoML：训练模型

不到一个小时后，Google AutoML 向我发送了一封电子邮件（见图 14-14）。

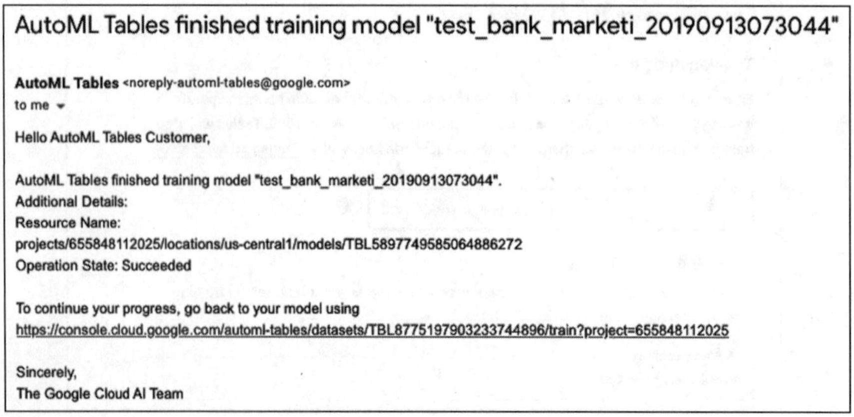
AutoML Tables finished training model "test_bank_marketi_20190913073044"

AutoML Tables <noreply-automl-tables@google.com>
to me

Hello AutoML Tables Customer,

AutoML Tables finished training model "test_bank_marketi_20190913073044".
Additional Details:
Resource Name:
projects/655848112025/locations/us-central1/models/TBL5897749585064886272
Operation State: Succeeded

To continue your progress, go back to your model using
https://console.cloud.google.com/automl-tables/datasets/TBL8775197903233744896/train?project=655848112025

Sincerely,
The Google Cloud AI Team

图 14-14　AutoML Tables：训练结束，且电子邮件已发送到我的账户

单击提供的 URL 可查看我们的训练结果。AutoML 生成的模型的准确度达到 90%（见图 14-15）。记住，准确度是模型产生的分类预测在测试集上正确的分数，测试集是自动保存的。还提供了对数损失（例如，模型预测与标签值之间的交叉熵）。较低的值表示较高质量的模型。

图 14-15　AutoML Tables：分析训练结果

另外，还给出了**接收者操作特征曲线下面积**（Area Under the Cover Receiver Operating Characteristic，AUC ROC）曲线。值范围从 0 到 1，值越高表示模型的质量越高。该统计数据汇总为 AUC ROC 曲线，表示分类模型在所有分类阈值下的性能。**真正率（True Positive Rate，TPR）**（也称为召回率（recall））为：TPR=TP/(TP+FN)，式中 TP 是真正例的个数，FN 是假负例的个数。**假正率（False Positive Rate，FPR）**为：FPR=FP/(FP+TN)，式中 FP 是假正例的个数，TN 是真负例的个数。

ROC 曲线绘制了不同分类阈值下的 TPR 与 FPR。图 14-15 中，可看到某阈值 ROC 曲线的**曲线下面积（Area Under the Curve，AUC）**，而图 17 中可看到 ROC 曲线本身。

可通过访问 Evaluation 选项卡并查看其他信息（见图 14-16）以及访问混淆矩阵（见图 14-17）来深入分析评估。

注意，https://www.kaggle.com/uciml/adult-census-income/kernels 上提供的人工制作模型的准确度为 86%～90%。因此，使用 AutoML 生成的模型绝对是一个非常好的结果！

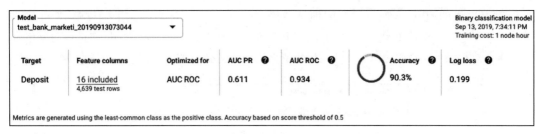

图 14-16   AutoML Tables：深入分析训练结果

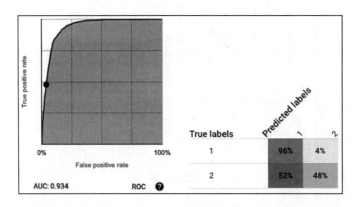

图 14-17   AutoML Tables：进一步深入分析训练结果

如果对结果感到满意，则可以通过 PREDICT 选项卡在生产环境中部署模型（见图 14-18）。然后，可以使用 REST（`https://en.wikipedia.org/wiki/Representational_state_transfer`）API 进行在线收入预测，对于本章的此示例，可使用以下命令：

```
curl -X POST -H "Content-Type: application/json" \
  -H "Authorization: Bearer $(gcloud auth application-default print-
access-token)" \
https://automl.googleapis.com/v1beta1/projects/655848112025/locations/us-
central1/models/TBL5897749585064886272:predict \
  -d @request.json
```

你可以用控制台通过 JSON（见图 14-20）生成的命令（见图 14-19）。

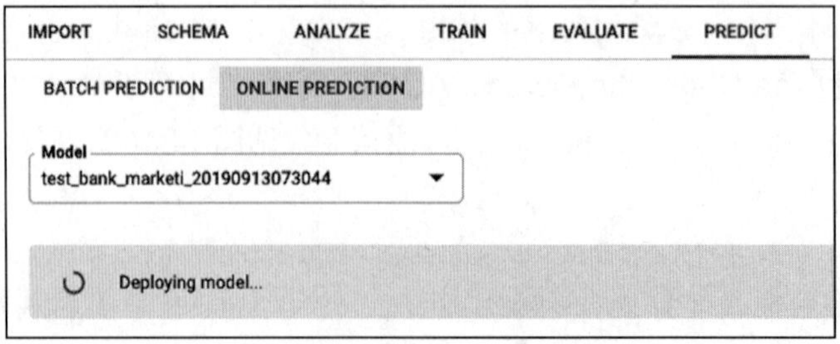

图 14-18   AutoML Tables：部署到生产环境中

```
Execute the request

$ curl -X POST -H "Content-Type: application/json" \
    -H "Authorization: Bearer $(gcloud auth application-default prir
    https://automl.googleapis.com/v1beta1/projects/655848112025/loca
    -d @request.json
```

图 14-19　AutoML Tables：查询生产环境中部署的模型

```
Access your model through a REST API

request.json

{
  "payload": {
    "row": {
      "values": [
        "39",
        "admin.",
        "married",
        "secondary",
        "no",
        "70",
        "yes",
        "no",
        "cellular",
        "31",
        "jul",
        "13",
        "11",
        "-1",
        "0",
        "unknown"
      ],
      "columnSpecIds": [
        "3086500662981165056",
        "8274647433711976448",
        "4815882919891435520",
        "204196901464047616",
        "5968804424498282496",
        "3230615851057020928",
        "7842301869484408832",
        "2077694346450173952",
        "4383537355663867904",
        "6689380364877561856",
        "8995223374091255808",
        "7121725929105129472",
        "2510039910677741568",
        "5392343672194859008",
        "780657653767471104",
        "3662961415284588544"
      ]
    }
  }
}
```

图 14-20　AutoML Tables：通过 REST API 和 JSON 访问已部署的模型

还可以通过 Web 控制台进行预测（见图 14-21）。

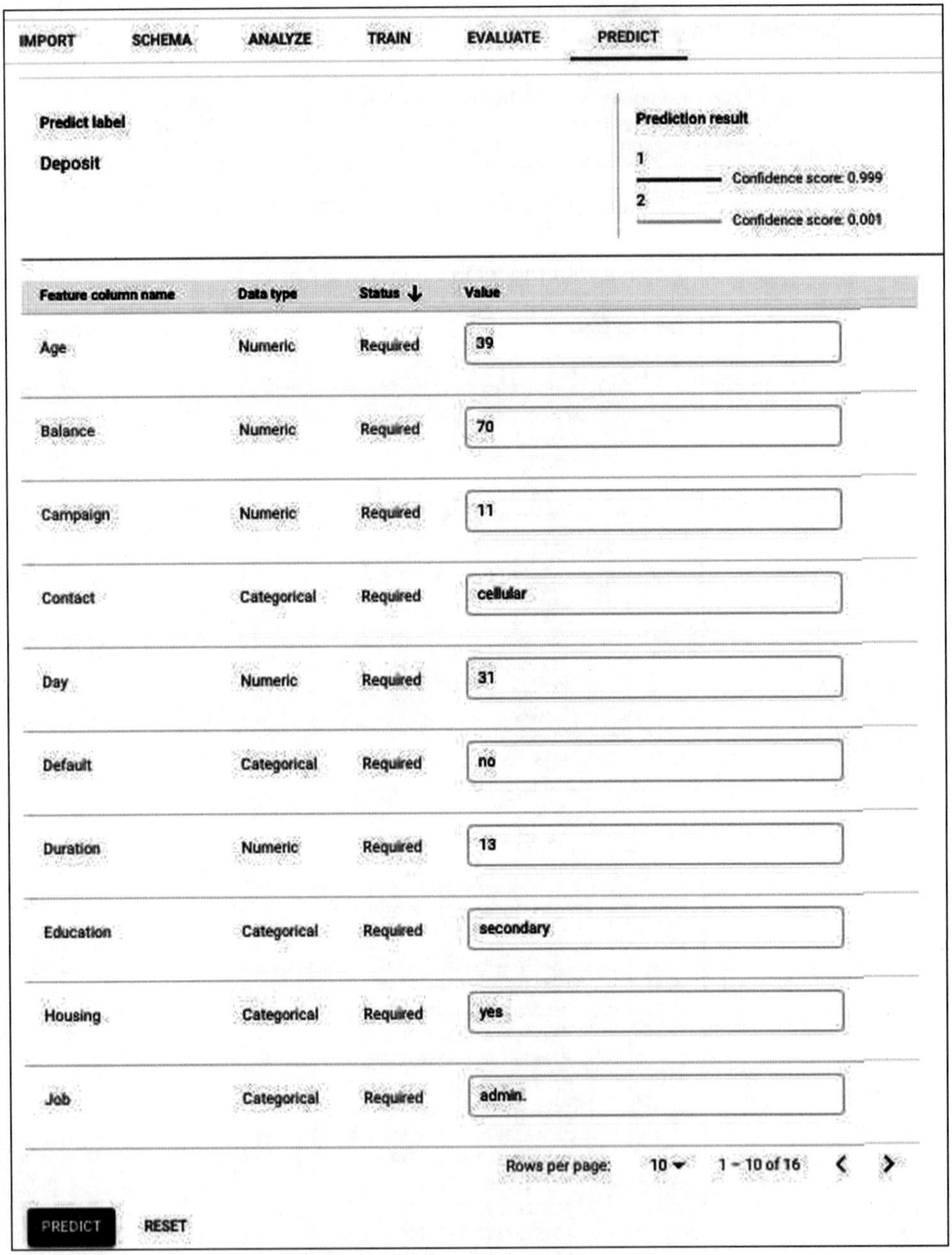

图 14-21　AutoML Tables：通过 Web 控制台预测存款

简而言之，我们可以说 Google Cloud ML 非常注重使用 AutoML 的简单性和高效性。让我们总结所需的主要步骤（见图 14-22）：

1）导入数据集

2）定义数据集的组织结构和标签

3）自动识别输入特征

4）AutoML 通过自动进行特征工程、创建模型和调整超参数来发挥作用

5）评估自动构建的模型

6）将模型部署到生产环境中

当然，还可以通过改变数据集组织结构和标签定义，重复步骤 2-6。

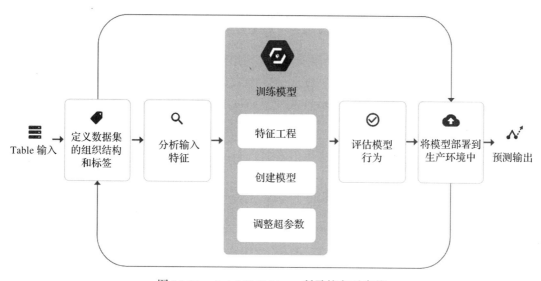

图 14-22　AutoML Tables：所需的主要步骤

在本节中，我们看到了以易用性和高效性为关注点的 AutoML 示例。Faes 等人的文章说明了取得的进展[7]，引用论文：

"据我们所知，这是非 AI 专家（即医师）首次达成为卫生保健应用程序自动设计和实现深度学习模型。尽管在二元和多分类任务的内部验证中，获得了与专家调优的医学图像分类算法相当的性能，但在更复杂的挑战中（例如，多标签分类和这些模型的外部验证等），还是存在差距的。我们相信 AI 可能会借由量身定制的预测模型，提升亚专科医生的分诊效率和个性化医疗的精准性，从而改善医疗服务。由于预测模型设计的自动化方式降低了对该技术的使用难度，所以促进了医学界的参与，并提供了一种工具，使临床医生加深了对 AI 融合的优势和潜在问题的理解。"

既然已经有了 Cloud AutoML Vision 的使用先例。让我们看一个例子。

14.7.2　使用 Cloud AutoML——Vision 解决方案

在本例中，我们将使用 Ekaba Bisong 实现的代码，它是 MIT 许可证下的开源代码（https://github.com/dvdbisong/automl-medical-image-classification/blob/master/LICENSE）。此任务是对图像进行分类（见图 14-23 ）。

正常   细菌性肺炎   病毒性肺炎

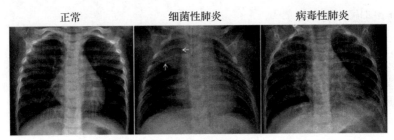

图 14-23　胸部 X 光片

这种类型的分类需要执行人具备专业知识。引用专业分析胸部 X 射线的临床医生的话："正常胸部 X 射线（见图 14-23 左图）显示了清晰的肺，没有异常的混浊区域。细菌性肺炎（见图 14-23 中图）通常表现出局部肺叶实变，如该患例的右上叶（见箭头）。而病毒性肺炎（见图 14-23 右图）则在两个肺部均表现出更为弥漫性的"间质"模式（来源：Kermany，DS，Goldbaum M.，et al.2018，Identifying Medical Diagnoses and Treatable Diseases by Image-Based Deep Learning, `https://www.cell.com/cell/fulltext/S0092-8674(18)30154-5`）。"

第一步是激活 AutoML Vision 下的 Image Classification 选项（见图 14-24）。

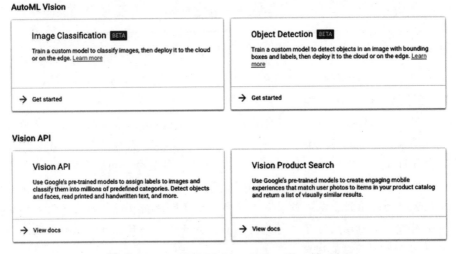

图 14-24　AutoML Vision：Image Classification

创建一个新的数据集（见图 14-25）。

图 14-25　AutoML Vision：创建一个新的数据集

数据集包含：

❑ 5232 张儿童胸部 X 射线图像

❑ 2538 个细菌性肺炎样本和 1345 个病毒性肺炎样本

❑ 1349 个健康的肺部 X 射线图像

该数据集托管在 Kaggle 上，Kaggle 是一个致力于机器学习的网站，人们可以在上面参加创建 ML 模型的比赛，并分享给社区。该数据集可通过 https://www.kaggle.com/paultimothymooney/chest-xray-pneumonia 访问。为此，我们需要从 Kaggle 获取数据集。让我们从 Google Cloud Console 的右上角激活 Cloud Shell（见图 14-26）。

图 14-26　AutoML Vision：激活 Cloud Shell

用 pip 安装 Kaggle（见图 14-27）。

图 14-27　AutoML Vision：获取 Kaggle 数据

```
sudo pip install kaggle
```

现在，需要从 Kaggle 生成令牌，可通过访问 https://www.kaggle.com/<YourLogin>/account 来完成（见图 14-28）。

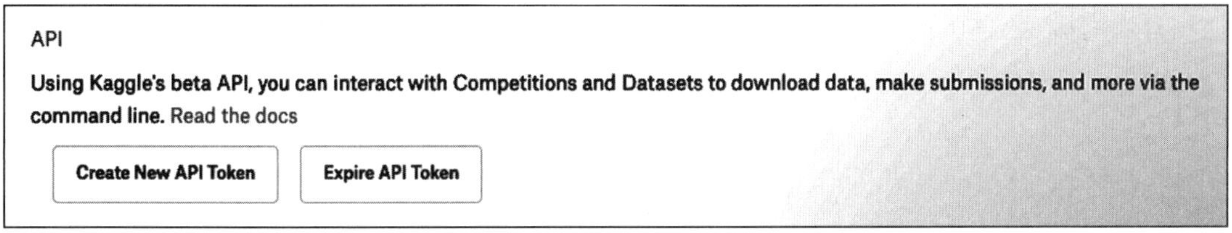

API

Using Kaggle's beta API, you can interact with Competitions and Datasets to download data, make submissions, and more via the command line. Read the docs

Create New API Token　　　Expire API Token

图 14-28　Kaggle：创建一个新的 Kaggle API 令牌

现在可以通过控制台将令牌上传到云临时虚拟机（见图 14-29）。

将上传的 kaggle.json 密钥移到目录。使用以下命令从 Kaggle 将数据集下载到 Google Cloud Storage，解压文件，然后移至 Google Cloud Platform（GCP）存储桶。

图 14-29　Kaggle：上传 Kaggle 令牌

 有关创建云存储的说明，可访问 https://cloud.google.com/storage/docs/quickstart-console。

```
a_gulli@cloudshell:~$ mv kaggle.json .kaggle/
a_gulli@cloudshell:~$ kaggle datasets download paultimothymooney/chest-xray-pneumonia
a_gulli@cloudshell:~$ unzip chest-xray-pneumonia.zip
a_gulli@cloudshell:~$ unzip chest_xray.zip
a_gulli@cloudshell:~$ gsutil -m cp -r chest_xray gs://authentica-de791-vcm/chestXrays
```

现在我们可为视觉训练创建一个新的数据集。我们需要 Google 存储的图像列表，其中每个图像都带有一个标签，如下例所示：

```
['gs://authentica-de791-vcm/chestXrays/train/NORMAL/IM-0115-0001.jpeg', 'NORMAL']
['gs://authentica-de791-vcm/chestXrays/train/NORMAL/IM-0117-0001.jpeg', 'NORMAL']
```

首先创建一个新的 notebook（见图 14-30）。

图 14-30　GCP：创建一个新的 notebook

然后使用 TensorFlow 2.0 创建一个新实例（见图 14-31）。

这将创建一台新机器（见图 14-32）。

图 14-31   GCP：用 TensorFlow 2.0 创建一个新的 notebook 实例

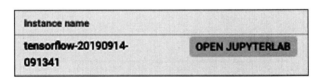

图 14-32   GCP：用 TensorFlow 2.0 设置新机器

设置好机器后，我们可以打开 Jupyter Notebook（见图 14-33），并通过单击 UI 中环境提供的链接来克隆存储库（见图 14-34）。

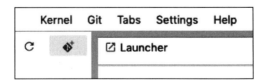

图 14-33   GCP：打开 JupyterLab

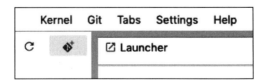

图 14-34   JupyterLab：用灰色图标克隆 Git 存储库

现在，我们可以通过运行 notebook 中的所有单元来预处理存储桶中的全部图像（见图 14-35）。notebook 将帮助对其进行预处理。确认 notebook 设置好了数据路径和 GCP 存储桶。

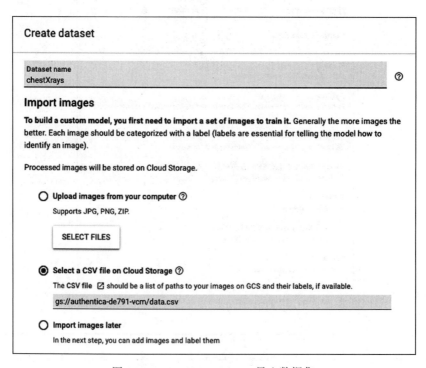

图 14-35   AutoML Vision：导入数据集

导入数据需要一段时间（见图 14-36）。结束时将发送电子邮件，并且可浏览图像（见图 14-37）。

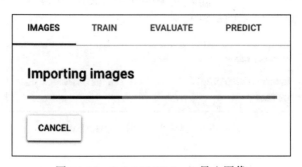

图 14-36   AutoML Vision：导入图像

下一步是开始训练（见图 14-38）。由于当前每个标签至少分配了 100 张图像，因此有足够的图像可以开始训练。图像会自动划分为训练集和测试集，以便评估模型的性能。无标签的图像不会被使用。

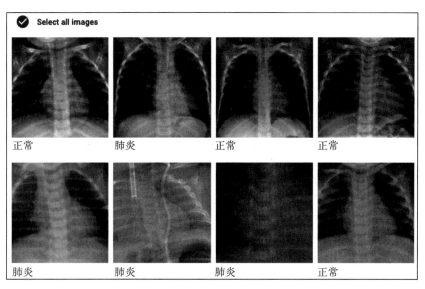

图 14-37　AutoML Vision：肺部图像

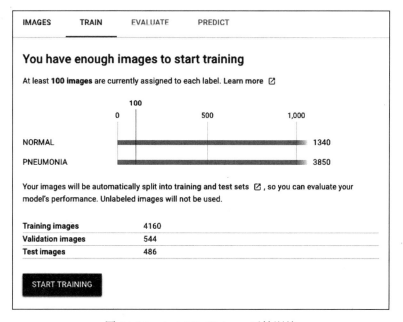

图 14-38　AutoML Vision：开始训练

　　有两种选项：将模型托管在云中，或者对其进行优化从而能在边缘平台上运行（见图 14-39）。

　　训练可能需要 15 分钟到几个小时（见图 14-40）。

　　最后，我们将收到一封电子邮件，并获得最终结果（见图 14-41）。

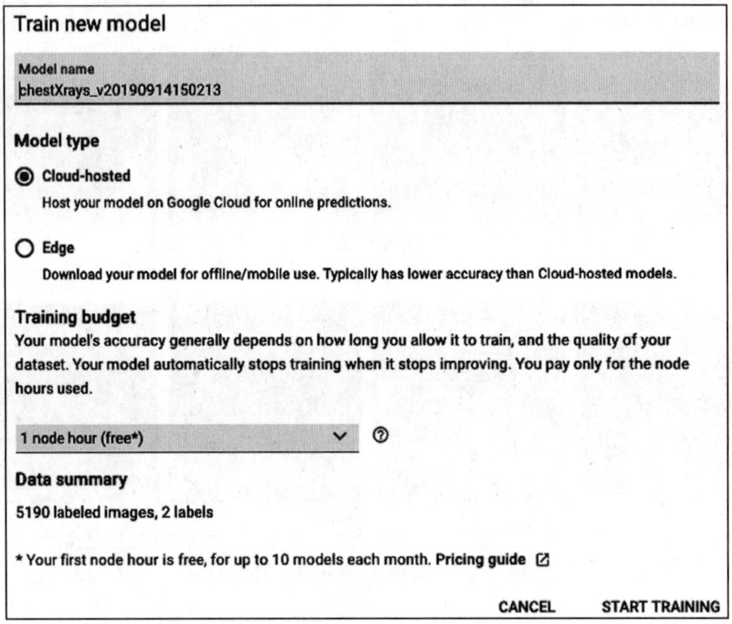

图 14-39   AutoML Vision：准备训练模型

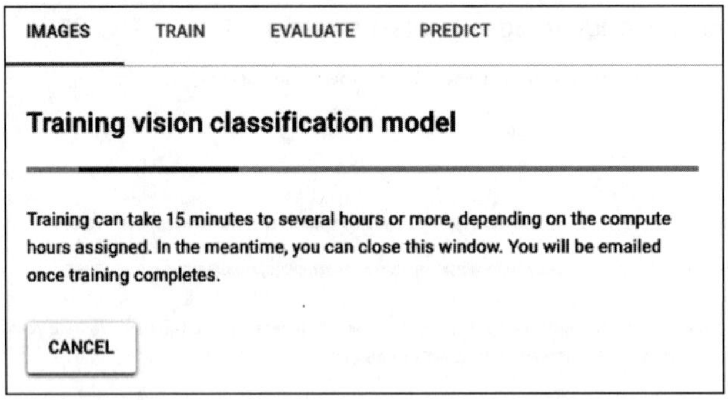

图 14-40   AutoML Vision：训练模型

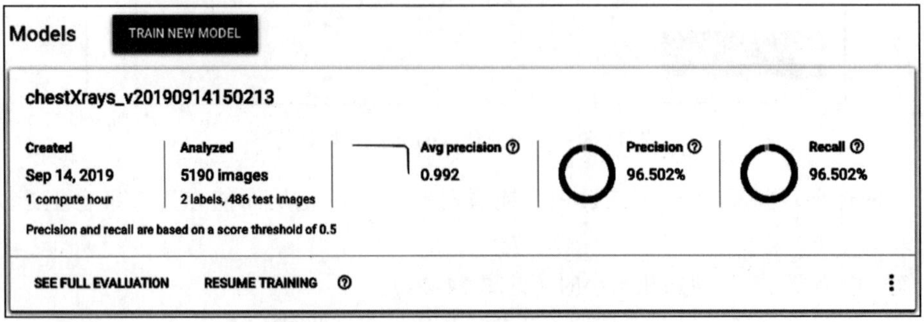

图 14-41   AutoML Vision：评估结果

当特定问题含有不平衡的数据集时，准确度并不是好的衡量指标。例如，如果你的数据集包含 95 个反例和 5 个正例，那么模型拥有 95% 的准确度根本没有意义。分类器可能会将每个示例标记为否定，但仍可以达到 95% 的准确度。因此，我们需要寻找替代指标。精度（Precision）和召回率（Recall）是解决此类问题的非常好的衡量指标。也可以通过单击 SEE FULL EVALUATION 链接访问详细评估，并查看 Precision、Precision@1 和 Recall@1（见图 14-42）以及混淆矩阵（见图 14-43）。

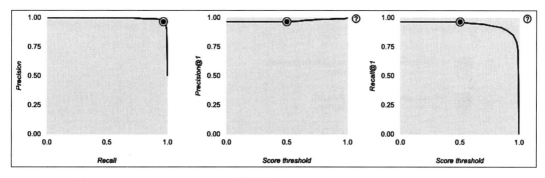

图 14-42　AutoML Vision——评估结果：Precision、Precision@1、Recall@1

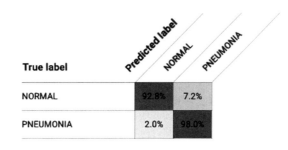

图 14-43　AutoML Vision——评估结果：混淆矩阵

注意，AutoML 生成的模型与 2019 年底人工制作的模型水平相当，甚至更好。事实上，2019 年底的最优模型（`https://www.kaggle.com/aakashnain/beating-everything-with-depthwise-convolution`）的召回率为 0.98，精度为 0.79（见图 14-44）。

14.7.3　使用 Cloud AutoML——Text Classfication 解决方案

在本节中，我们将使用 AutoML 构建分类器。通过访问 `https://console.cloud.google.com/natural-language/`，让我们激活文本分类解决方案（见图 14-45 和图 14-46）。

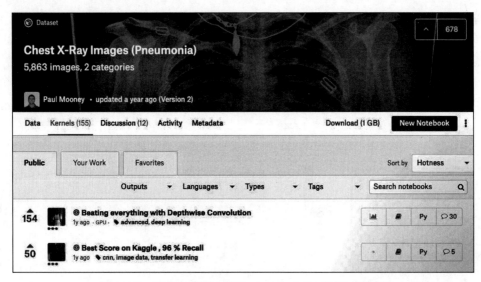

图 14-44　胸部 X 射线图像：Kaggle 上人工制作的模型

图 14-45　AutoML 文本分类：访问自然语言界面

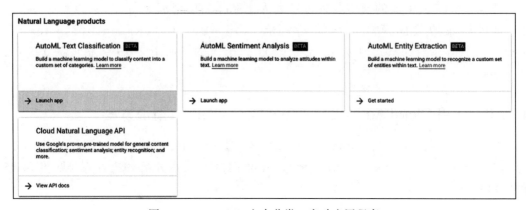

图 14-46　AutoML 文本分类：启动应用程序

我们将使用一个线上已有的数据集，将其加载到名为"happiness"的数据集中，然后执行单标签分类（见图 14-47）。该文件是从我的计算机中上传的（见图 14-48）。

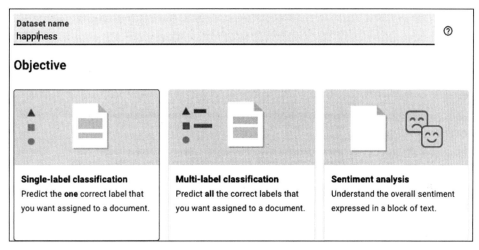

图 14-47　AutoML 文本分类：创建数据集

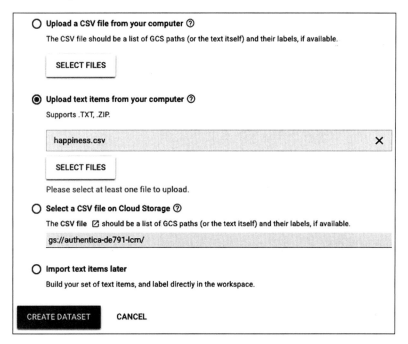

图 14-48　AutoML 文本分类：上传数据集

加载数据集后，你应该能够看到每个文本片段都用 7 个类别中的某一个进行了注释（见图 14-49）。

TEXT ITEMS	TRAIN	EVALUATE	PREDICT	

All texts	12663
Labeled	12663
Unlabeled	0

Type to filter...

achievement	3931
affection	4337
bonding	1584
enjoy_the_moment	1380
exercise	196
leisure	986
nature	249

Add label

Type to filter text items...

	Text	Label
☐	I finished all of my work by the end of the day.	achievement
☐	An event that made me happy in the past 24 hours is getting free breakfast.	enjoy_the_moment
☐	When I managed to get my custom PC up and running for the first time.	achievement
☐	My mother flew out of town to visit our family in KS. I was so happy to see her off on the plane and I could feel the joy she must have felt upon her way out there.	affection
☐ >	Nowadays, happiness is a fuzzy concept and can mean many different things to many people. Part of the challenge of a science of happiness is to identify different concepts o...	enjoy_the_moment
☐	I was given a free dessert at a restaurant.	enjoy_the_moment
☐	I was nominated for an award.	achievement

图 14-49　AutoML 文本分类：文本和类别的示例

现在是时候开始训练模型了（见图 14-50、图 14-51 和图 14-52）。

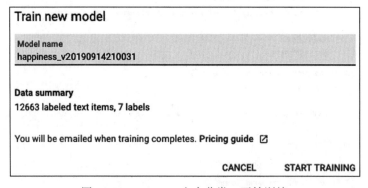

图 14-50　AutoML 文本分类：开始训练

最后，该模型构建好了，它具有 87.6% 的精度和 84.1% 的召回率（见图 14-53）。

如果你有兴趣使用与 happiness 相关的数据集做更多事情，建议你查看 Kaggle：https://www.kaggle.com/ritresearch/happydb。

14.7.4　使用 Cloud AutoML——Translation 解决方案

在此解决方案中，我们将自动创建一个用来将英语翻译为西班牙语的模型，它会构建在 Google 提供的大型基础模型之上。

与之前一样，第一步是激活解决方案（见图 14-54），然后创建一个数据集（见图 14-55）。

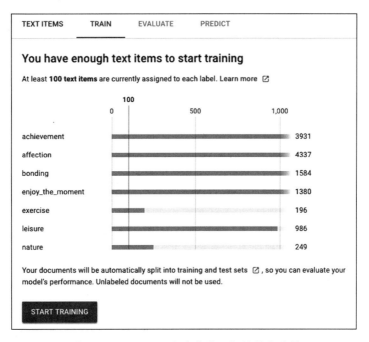

图 14-51　AutoML 文本分类：标签分布总结

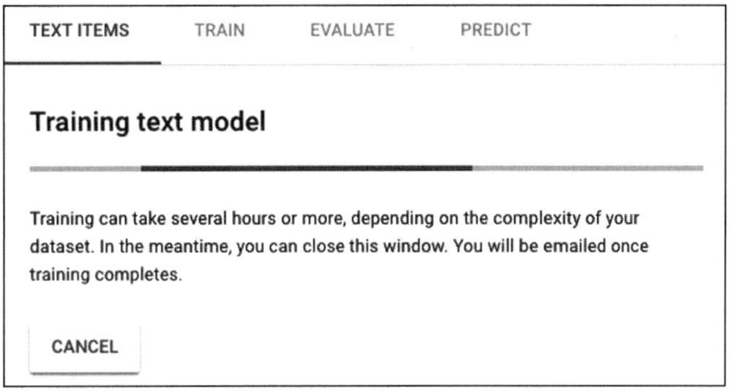

图 14-52　AutoML 文本分类：训练新模型

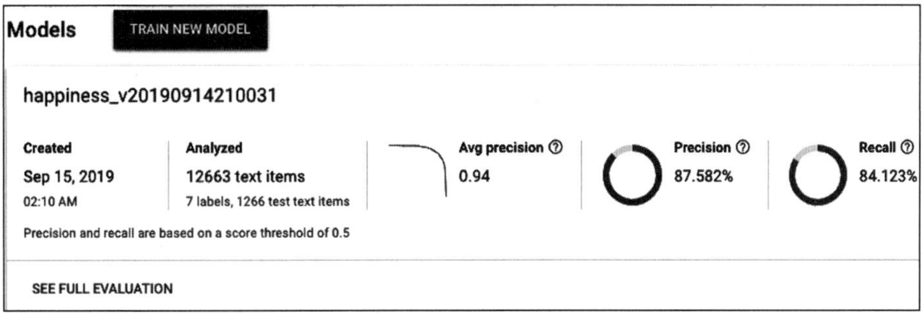

图 14-53　AutoML 文本分类：精度和召回率

Translation products
AutoML Translation BETA
Build on top of Google's powerful Translation API with the words, phrases, and idioms that matter most to you. No machine learning experience needed. Learn more
Get started

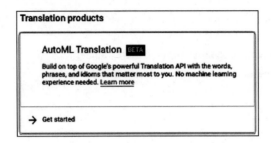

图 14-54　AutoMLText Translation：访问解决方案

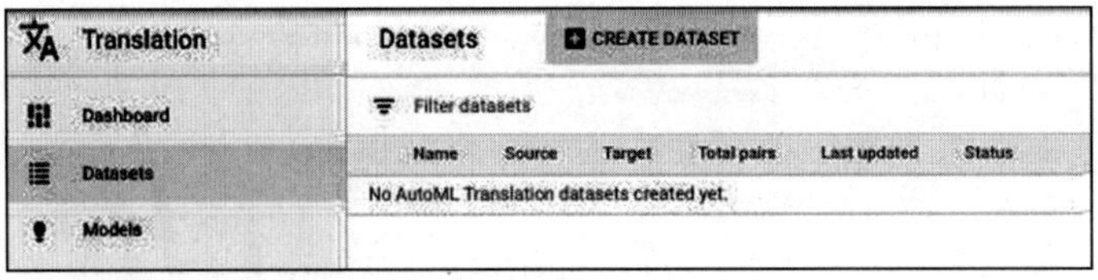

Translation
Datasets
CREATE DATASET
Dashboard
Datasets
Models
Filter datasets
Name
Source
Target
Total pairs
Last updated
Status
No AutoML Translation datasets created yet.

图 14-55　AutoML Text Translation：创建一个新的数据集

在这个简单示例中，我们使用现成的样本（`https://cloud.google.com/translate/automl/docs/sample/automl-translation-data.zip`），并从压缩文件中提取文件 `en-es.tsv`。你应该能够看到一些类似样例：

```
Make sure all words are spelled correctly.    Comprueba que todas las
palabras están escritas correctamente.
Click for video information    Haz clic para ver la información en
vídeo
Click for product information    Haz clic para ver la información
sobre el producto
Check website for latest pricing and availability.    Accede al sitio
web para consultar la disponibilidad y el precio más reciente.
Tap and hold to copy link    Mantén pulsado el enlace para copiarlo
Tap to copy link    Toca para copiar el enlace
```

然后，你可以创建数据集并选择源语言和目标语言（见图 14-56）。

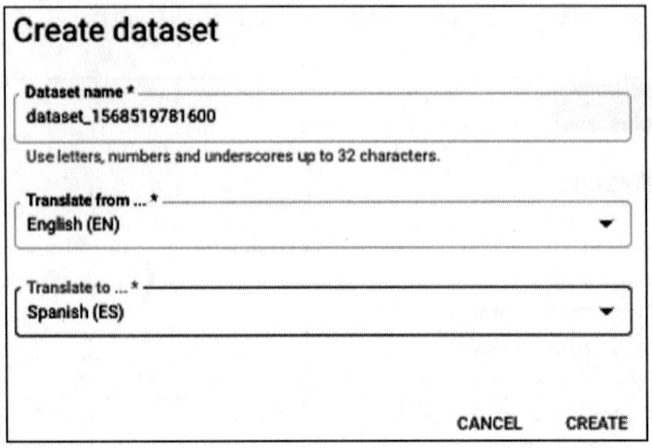

Create dataset
Dataset name *
dataset_1568519781600
Use letters, numbers and underscores up to 32 characters.
Translate from ... *
English (EN)
Translate to ... *
Spanish (ES)
CANCEL
CREATE

图 14-56　AutoML Text Translation：选择语言

上传训练文件（见图 14-57），然后等待数据录入（图 14-58）。

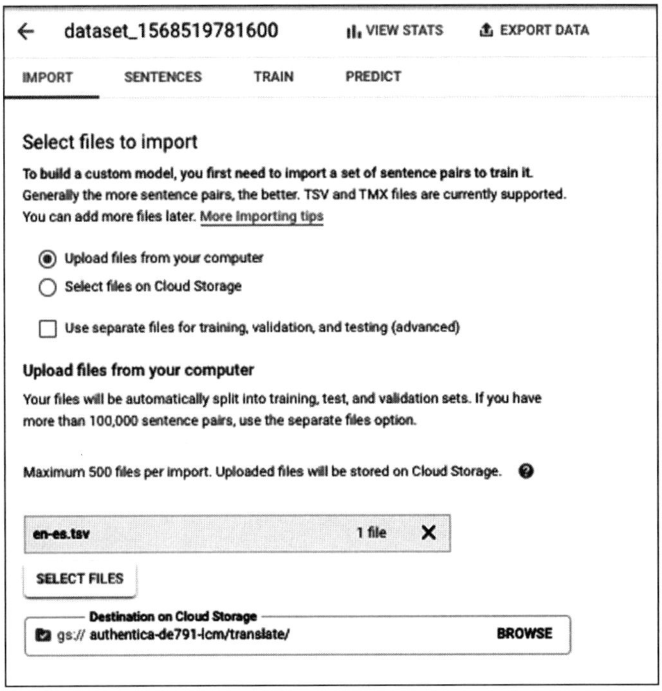

图 14-57　AutoML Text Translation：选择要训练的文件

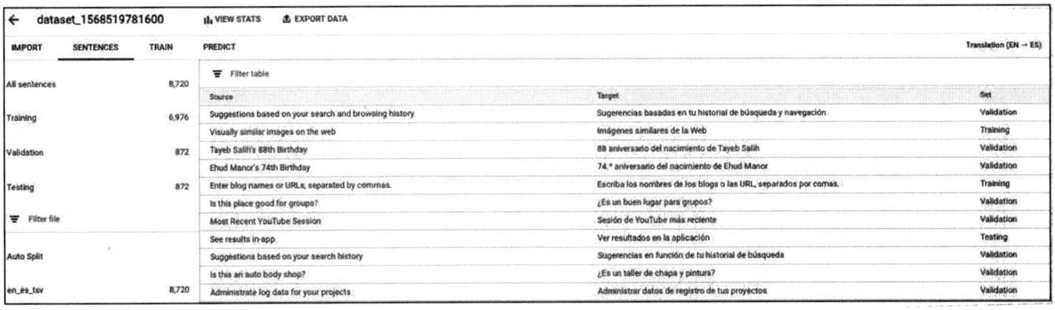

图 14-58　AutoML Text Translation：语句样例

接下来，选择一个基础模型（见图 14-59）。截至 2019 年年底，仅有一种可用的基础模型，即 Google 神经网络机器翻译（Google Neural Machine Learning，Google NMT）。这是 Google 用在生产环境中的在线翻译模型。现在，可以开始训练了（见图 14-60）。

训练好模型后，我们就可以使用它，并将结果与 Google 基本模型进行比较（见图 14-61）。

还可以通过 REST API 访问结果（见图 14-62）。

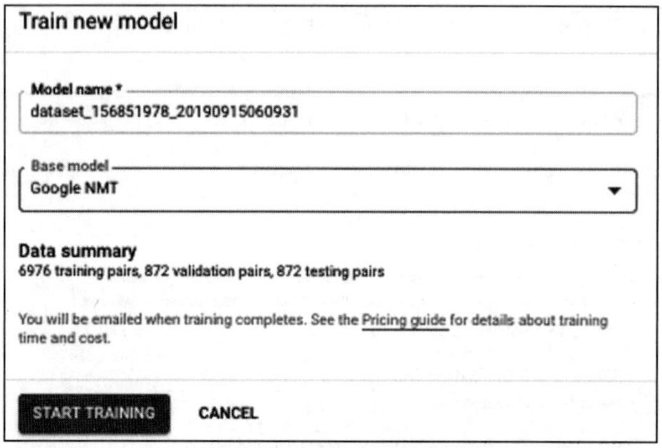

图 14-59 AutoML Text Translation：选择基础模型

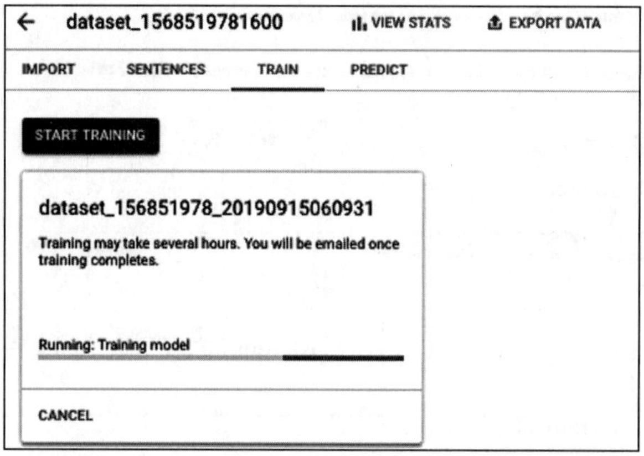

图 14-60 AutoML Text Translation：开始训练

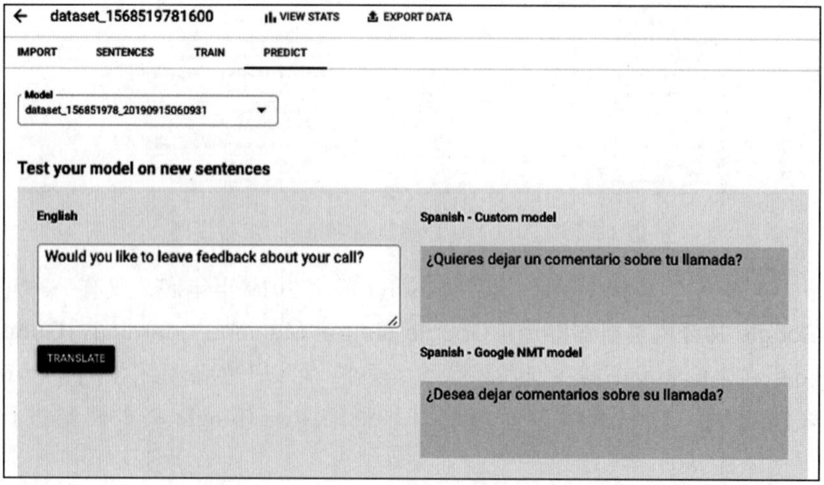

图 14-61 AutoML Text Translation：比较自定义模型和 Google NMT 模型

```
Use your AutoML model

You can now translate using your custom translation model. (Note: You will need a service account)

    REST API        PYTHON


request.json

{
  "source_language_code": "en",
  "target_language_code": "es",
  "model": "projects/655848112025/locations/us-central1/models/TRL2303314132469809152",
  "contents": "YOUR_SOURCE_CONTENT"
}


Execute the request

$ curl -X POST \
  -H "Authorization: Bearer "$(gcloud auth application-default print-access-token) \
  -H "Content-Type: application/json; charset=utf-8" \
  https://translation.googleapis.com/v3beta1/projects/655848112025/locations/us-central1:translateText \
  -d @request.json
```

图 14-62 AutoML Text Translation：REST API

14.7.5 使用 Cloud AutoML——Video Intelligence Classification 解决方案

在此解决方案中，我们将自动构建一个用于视频分类的新模型。第一步是激活解决方案（见图 14-63）并加载数据集（见图 14-64、图 14-65 和图 14-66）。我们将用到某演示里一个含有约 5000 个可用视频的集合，已存储在 GCP 存储桶上 `gs://automl-video-demo-data/hmdb_split1_40_mp4.csv` 上。

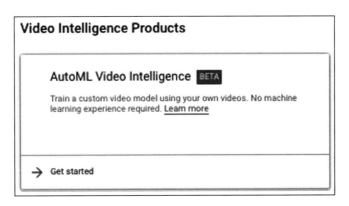

图 14-63 AutoML Video Intelligence：激活解决方案

导入视频后，你应该能够预览它们及其关联的类别（见图 14-67）。

现在我们可以开始构建模型。在本例中，该解决方案将警告我们某些类别的视频数量不足，并询问我们是否要添加更多视频。我们现在可以先忽略这些警告提示（见图 14-68）。

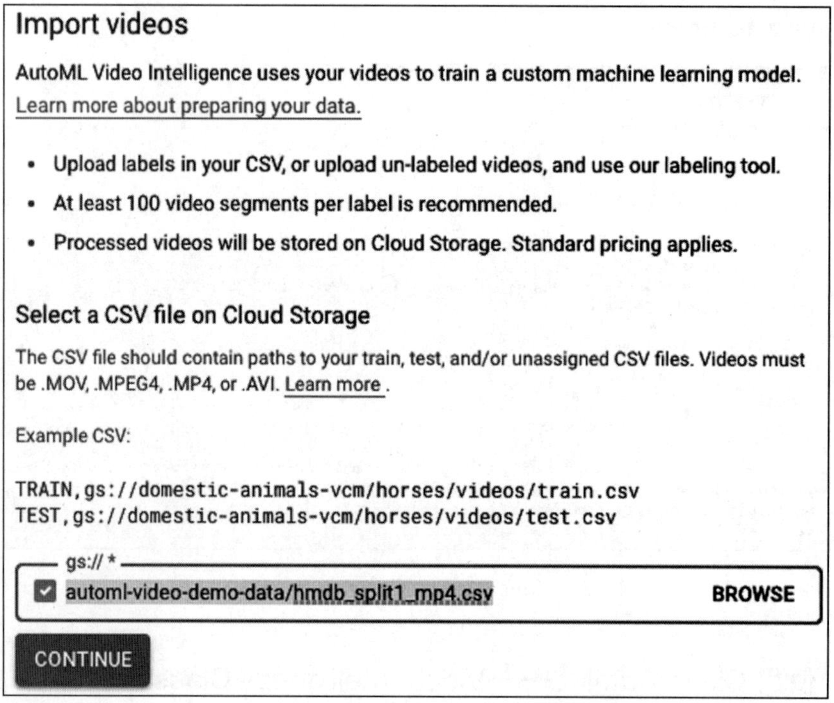

Import videos
AutoML Video Intelligence uses your videos to train a custom machine learning model.
Learn more about preparing your data.
Upload labels in your CSV, or upload un-labeled videos, and use our labeling tool.
At least 100 video segments per label is recommended.
Processed videos will be stored on Cloud Storage. Standard pricing applies.
Select a CSV file on Cloud Storage
The CSV file should contain paths to your train, test, and/or unassigned CSV files. Videos must be .MOV, .MPEG4, .MP4, or .AVI. Learn more .
Example CSV:
TRAIN,gs://domestic-animals-vcm/horses/videos/train.csv
TEST,gs://domestic-animals-vcm/horses/videos/test.csv
gs:// *
automl-video-demo-data/hmdb_split1_mp4.csv
BROWSE
CONTINUE

图 14-64　AutoML Video Intelligence：选择数据集

Datasets
BETA
CREATE DATASET
Name
Objective
Total videos
Labeled videos
Last updated
Status
No AutoML video datasets created yet.

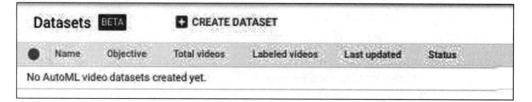

图 14-65　AutoML Video Intelligence：开始加载数据集

untitled_1568526765835
BETA
IMPORT
VIDEOS
TRAIN
EVALUATE
TEST & USE
Importing videos
This can take several minutes or more. You will be emailed when import is complete.

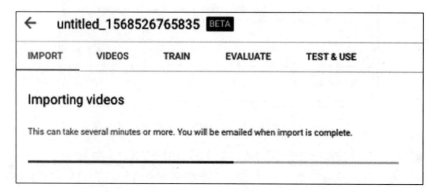

图 14-66　AutoML Video Intelligence：导入视频

IMPORT
VIDEOS
TRAIN
EVALUATE
TEST & USE
All videos 5,062
Labeled 5,062
Unlabeled 0
Filter labels
Annotations
brush_hair 100
cartwheel 100
catch 100
chew 100
clap 99
Filter videos
hit(1)
golf(1)
pullup(1)
stand(1)

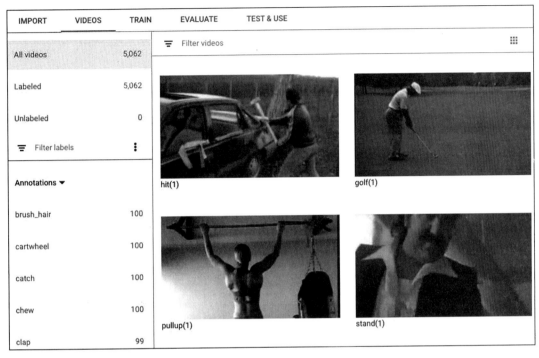

图 14-67　AutoML Video Intelligence：预览导入的视频

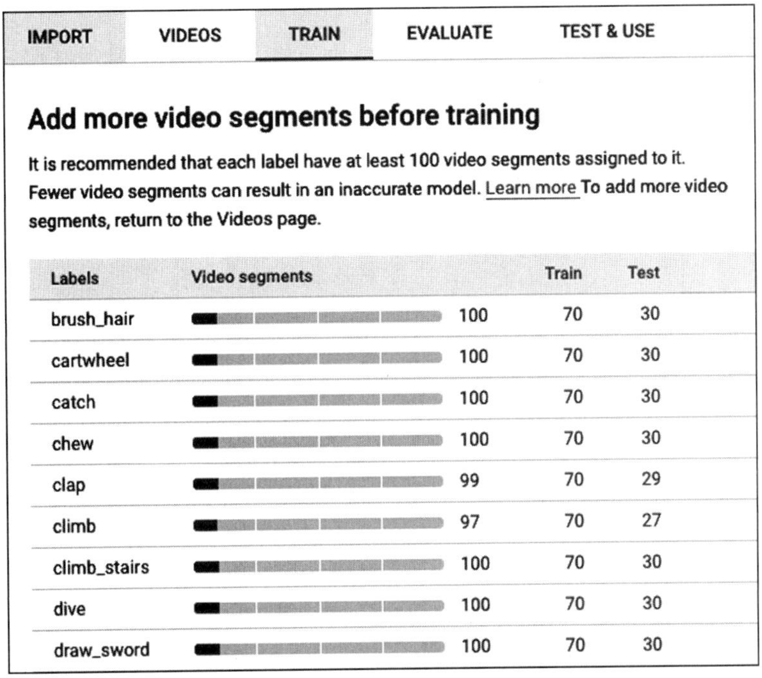

IMPORT
VIDEOS
TRAIN
EVALUATE
TEST & USE
Add more video segments before training
It is recommended that each label have at least 100 video segments assigned to it. Fewer video segments can result in an inaccurate model. Learn more To add more video segments, return to the Videos page.
Labels
Video segments
Train
Test
brush_hair 100 70 30
cartwheel 100 70 30
catch 100 70 30
chew 100 70 30
clap 99 70 29
climb 97 70 27
climb_stairs 100 70 30
dive 100 70 30
draw_sword 100 70 30

图 14-68　AutoML Video Intelligence：需要更多视频的警告提示

现在我们可以开始训练了（见图 14-69 和图 14-70）。

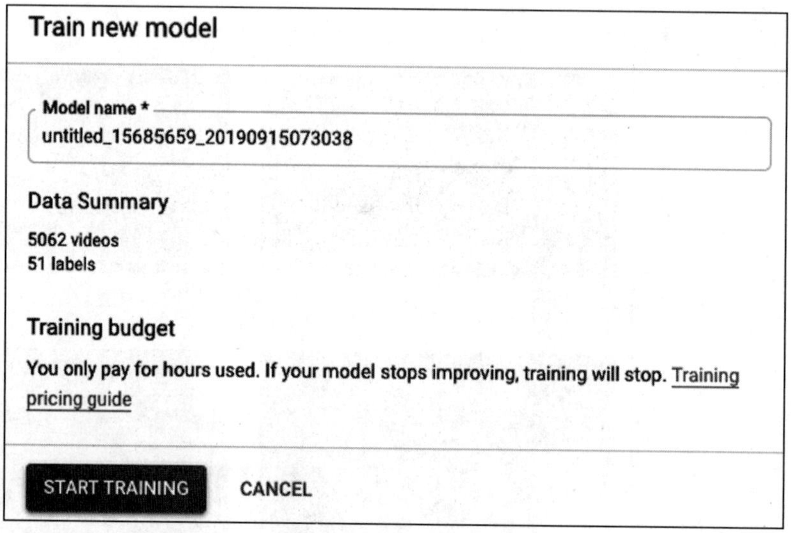

Train new model
Model name *
untitled_15685659_20190915073038
Data Summary
5062 videos
51 labels
Training budget
You only pay for hours used. If your model stops improving, training will stop. Training pricing guide
START TRAINING
CANCEL

图 14-69　AutoML Video Intelligence：开始训练

训练好模型后，你可以从控制台访问结果（图 14-70）。在这种情况下，我们实现了 81.18% 的精度和 76.65% 的召回率。你可以在该模型上做一些发挥，比如增加可用的带标签视频的数量，然后查看性能会如何变化。

Video Classification
untitled_15685659_20190915073038
Average precision:
0.839
Precision: 81.18%
Recall: 76.75%
Model ID
VCN6035672323653107712
Created
Sep 15, 2019, 7:30:57 PM
Data
5062 videos
5062 annotations
51 labels
SEE FULL EVALUATION

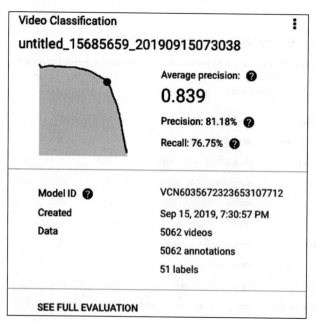

图 14-70　AutoML Video Intelligence：评估结果

让我们通过 EVALUATE 选项卡详细查看结果。比如，我们可以分析不同阈值水平下精度 / 召回率的图（见图 14-71），以及混淆矩阵，其中显示了错误的镜头分类样例（见图 14-72）。

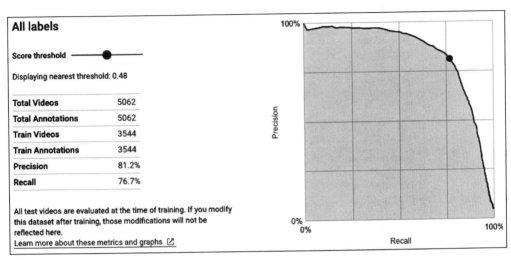

图 14-71　AutoML Video Intelligence：精度和召回率

Confusion matrix

This table helps you understand where misclassifications occur (which labels get "confused" with each other). The top three misclassifications per label are shown here.

True Label ↑	Correct Prediction	Confused with...		
brush_hair	90%	wave : 6.67%	sit : 3.33%	
cartwheel	86.67%	flic_flac : 10%	handstand : 3.33%	
catch	96.67%	jump : 3.33%		
chew	90%	drink : 6.67%	eat : 3.33%	
clap	89.66%	throw : 6.9%	pick : 3.45%	
climb	100%			
climb_stairs	73.33%	run : 13.33%	walk : 6.67%	climb : 3.33%
dive	76.67%	climb : 10%	fall_floor : 6.67%	somersault : 3.33%

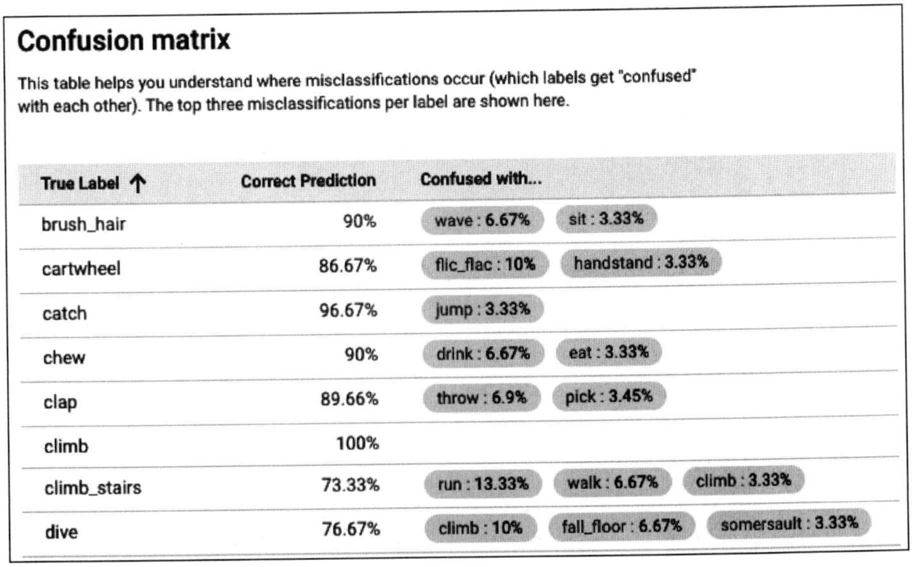

图 14-72　AutoML Video Intelligence：混淆矩阵

我们还可以测试刚创建的模型的预测能力。例如，我们使用一个可用的演示数据集：`gs://automl-video-demo-data/hmdb_split1_test_gs_predict.csv`（见图 14-73）。

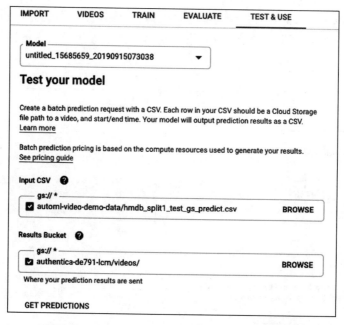

图 14-73　AutoML Video Intelligence：测试模型

　　这将开始一个批处理过程，其中测试数据集中的所有视频都会被我们自动生成的模型进行分析。完成后，你可以查看每个视频，并获得有关所有不同视频片段的预测结果（见图 14-74，其预测是"骑马"）。

图 14-74　AutoML Video Intelligence：分析视频片段

14.7.6　费用

在 GCP 上训练的费用不尽相同，具体取决于用到 AutoML 的解决方案。比如，训练本章介绍的所有解决方案和提供测试模型的伺服，在 2019 年底时的费用不到 10 美元。而且，这还不包括该账户最初可用的 6 小时免费折扣（总计不到 $150）。根据你所在组织的需求，这可能比购买昂贵的本地硬件花销要少得多。

图 14-75 中列出了作者的数据集中最昂贵的解决方案。当然，根据你的特定需求和生成模型，费用可能会有所不同。

SKU	Product	SKU ID	Usage	Cost	One time credits	Discounts	↓ Subtotal
● AutoML Content Classification Model Training Operations	Cloud Natural Language API	41FE-745B-850A	3.32 hour	$9.95	$0.00	—	$9.95
● AutoML Tables Deployment	Cloud AutoML	3FEA-6ED1-5D9F	1,562,005,950 mebibyte-second	$2.12	$0.00	—	$2.12
● N1 Predefined Instance Core running in Americas	Compute Engine	2E27-4F75-95CD	35.17 hour	$1.11	$0.00	—	$1.11
● N1 Predefined Instance Ram running in Americas	Compute Engine	6C71-E844-38BC	131.88 gibibyte hour	$0.56	$0.00	—	$0.56
● Class A Request Regional Storage	Cloud Storage	4DBF-185F-A415	11,336 count	$0.03	$0.00	—	$0.03
● AutoML Tables Online Prediction	Cloud AutoML	F664-8B0D-F8BE	0 hour	$0.00	$0.00	—	$0.00
● Network Internet Egress from Americas to China	Compute Engine	9DE9-9092-B3BC	0 gibibyte	$0.00	$0.00	—	$0.00
● AutoML Image Classification Model Training First Compute Hours	Cloud Vision API	8018-CE2C-1DF5	1 count	$0.00	$0.00	—	$0.00
● AutoML Tables Training	Cloud AutoML	3B5C-4F27-B029	1 hour	$19.32	-$19.32	—	$0.00
● Class B Request Regional Storage	Cloud Storage	7870-010B-2763	641 count	$0.00	$0.00	—	$0.00

图 14-75　AutoML：成本示例

14.8　将 Google AutoML 集成到 Kaggle

2019 年 11 月 4 日，谷歌决定将 AutoML 直接集成到 Kaggle 中。首先，你需要在 Kaggle 上关联 GCP 账户，并授权访问。可通过 Kaggle Notebook 轻松完成此操作，如图 14-76 所示。

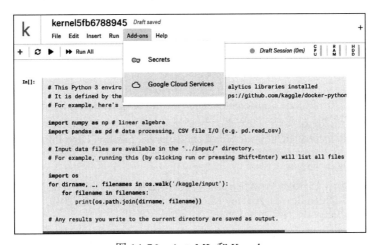

图 14-76　AutoML 和 Kaggle

最后一步是激活 AutoML（见图 14-77）。

图 14-77　从 Kaggle 激活 AutoML

14.9　小结

AutoML 的目标是使不熟悉机器学习技术的领域专家能够轻松使用 ML 技术。主要目的是通过使整个端到端机器学习流水线（数据准备、特征工程和自动模型生成）更加自动化，从而减小陡峭的学习曲线，并降低人工制作机器学习解决方案的巨额成本。

通过回顾 2019 年年底可用的最新解决方案之后，我们讨论了如何将 Cloud AutoML 用于文本、视频和图像，从而获得了与人工制作的模型不相上下的结果。AutoML 可能是发展最快的研究领域，感兴趣的读者可在 https://www.automl.org/ 上了解最新成果。

下一章讨论深度学习背后的数学，这是一个比较高阶的话题，如果你想了解使用神经网络时"幕后"发生的事情，建议学习一下。

14.10　参考文献

1. *Neural Architecture Search with Reinforcement Learning*, Barret Zoph, Quoc V. Le; 2016, http://arxiv.org/abs/1611.01578.

2. *Efficient Neural Architecture Search via Parameter Sharing*, Hieu Pham, Melody Y. Guan, Barret Zoph, Quoc V. Le, Jeff Dean, 2018, https://arxiv.org/abs/1802.03268.

3. *Transfer NAS: Knowledge Transfer between Search Spaces with Transformer Agents*, Zalán Borsos, Andrey Khorlin, Andrea Gesmundo, 2019, https://arxiv.org/abs/1906.08102.

4. *NSGA-Net: Neural Architecture Search using Multi-Objective Genetic Algorithm*, Zhichao Lu, Ian Whalen, Vishnu Boddeti, Yashesh Dhebar, Kalyanmoy

Deb, Erik Goodman, Wolfgang Banzhaf, 2018 `https://arxiv.org/abs/1810.03522.`

5. *Random Search for Hyper-Parameter Optimization*, James Bergstra, Yoshua Bengio, 2012, `http://www.jmlr.org/papers/v13/bergstra12a.html.`

6. *Auto-Keras: An Efficient Neural Architecture Search System*, Haifeng Jin, Qingquan Song and Xia Hu, 2019, `https://www.kdd.org/kdd2019/accepted-papers/view/auto-keras-an-efficient-neural-architecture-search-system.`

7. *Automated deep learning design for medical image classification by healthcare professionals with no coding experience: a feasibility study*, Livia Faes et al, The Lancet Digital Health Volume 1, Issue 5, September 2019, Pages e232-e242 `https://www.sciencedirect.com/science/article/pii/S2589750019301086.`

第 15 章

深度学习相关的数学知识

在本章中，我们讨论深度学习相关的数学知识。该主题较为高阶，对从业人员不是必须要求的。但是，如果你有兴趣了解使用神经网络时内部发生的事情，则建议阅读一下。首先，我们做个历史介绍，然后回顾一下导数和梯度的概念。我们还将介绍常用于优化深度学习网络的梯度下降和反向传播算法。

15.1 历史

1960 年，Henry J. Kelley[1] 在使用动态规划时提出了连续反向传播的基础理论。1962 年，Stuart Dreyfus 提出了链式法则 [2]。1974 年，Paul Werbos 在他的博士论文 [3] 中首次提出将反向传播用于神经网络。然而，直到 1986 年，David E. Rumelhart、Geoffrey E. Hinton 和 Ronald J. Williams 的著作在《自然》杂志上发表，反向传播才获得了成功 [4]。1987 年，Yann LeCun 描绘出了当前用于训练神经网络的反向传播的现代版本 [5]。

1951 年，SGD 的基本直觉是由 Robbins 和 Monro 在不同于神经网络的背景下提出的 [6]。2012 年，即反向传播首次提出 52 年后，AlexNet[7] 在 ImageNet 2012 挑战赛中采用 GPU 获得了前 5 名，错误率为 15.3%。根据《经济学人》[8] 的说法，"突然之间，人们开始了关注，不仅是在 AI 社区内部，而且是整个技术行业。"这一领域的创新并非一蹴而就。相反，这是长达 50 多年的漫长征程!

15.2 数学工具

在介绍反向传播之前，我们需要回顾微积分的一些数学工具。

15.2.1　随处可见的导数和梯度

导数是强大的数学工具。我们将使用导数和梯度来优化网络。变量 x 的函数 $y = f(x)$ 的导数是函数值 y 相对于变量 x 的变化速率。假设 x 和 y 是实数，且相对于 x 绘制了 f 的图，则导数是该图在每个点的斜率。

如果函数是线性的，$y = f(x) = ax + b$，则斜率是 $a = \Delta y / \Delta x$。这是一个微积分的简单结果，可以鉴于下式推导得出：

$$y + \Delta(y) = f(x + \Delta x) = a(x + \Delta x) + b = ax + a\Delta x + b = y + a\Delta x$$

$$\Delta(y) = a\Delta(x)$$

$$a = \frac{\Delta y}{\Delta x}$$

图 15-1 中展示了 Δx、Δy 的几何含义以及线性函数与 x 直角坐标轴之间的夹角 θ。

如果函数不是线性的，则直觉是计算变化率，即随着 $\Delta(x)$ 变得无限小，$\Delta y / \Delta x$ 之比的数学极限值。在几何上，这是 $(x, y = f(x))$ 处的切线，如图 15-2 所示。

例如，考虑 $f(x) = x^2$ 及其在给定点（比如 $x = 2$）的导数 $f'(x) = 2x$，我们得出该点的导数为 $f'(2) = 4$（见图 15-3）。

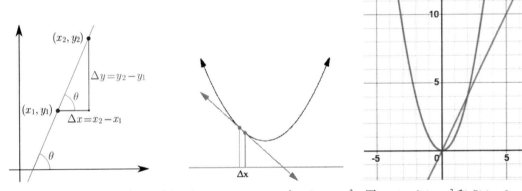

图 15-1　线性函数和变化率的示例　图 15-2　$\Delta x \to 0$ 时，$f(x) = x^2$　图 15-3　$f(x) = x^2$ 和 $f'(x) = 2x$
　　　　　　　　　　　　　　　　　的变化率和切线

梯度是多个变量的导数的泛化。注意，单变量函数的导数是标量值函数，而多变量函数的梯度是矢量值函数。梯度用倒置的 ∇ 表示，称为 del，或希腊字母中的 nabla。这是有道理的，因为增量表示一个变量的变化，而梯度表示所有变量的变化。

假设 $x \in \mathbb{R}^m$（比如，m 维的实数空间），且 f 从 $\mathbb{R}^n$ 映射到 $\mathbb{R}$。梯度定义如下：

$$\nabla(f) = \left(\frac{\partial f}{\partial x_1}, \cdots, \frac{\partial f}{\partial x_m} \right)$$

在数学中，若干变量函数的偏导数 $\partial f / \partial x_i$ 是相对于这些变量之一的导数，而其他变量则保持不变。

注意，梯度可能表示为一个矢量（移动方向），该矢量：

❑ 指向函数最大增加的方向。

❑ 在局部最大值或局部最小值处为 0。这是因为如果为 0，则无法进一步增加或减少。

该证明留给有兴趣的读者练习（提示：参考图 15-2 和图 15-3）。

15.2.2 梯度下降

如果梯度指向函数的最大增加方向，则可以通过简单地沿与梯度相反的方向移动来朝函数的局部最小值移动。这是用于梯度下降算法的关键监测，将很快用到。图 15-4 提供了一个示例。

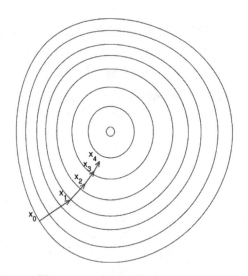

图 15-4　三变量函数的梯度下降

15.2.3 链式法则

根据链式法则，如果有一个函数 $y = g(x)$ 和 $z = f(g(x)) = f(y)$，则导数定义如下：

$$\frac{\mathrm{d}z}{\mathrm{d}x} = \frac{\mathrm{d}z}{\mathrm{d}y}\frac{\mathrm{d}y}{\mathrm{d}x}$$

可以将其推广到标量以外。假设 $x \in \mathbb{R}^m$ 且 $y \in \mathbb{R}^n$，其中 g 从 $\mathbb{R}^m$ 映射到 $\mathbb{R}^n$，而 f 从 $\mathbb{R}^n$ 映射到 $\mathbb{R}$，$y = g(x)$ 且 $z = f(y)$，那么有：

$$\frac{\partial z}{\partial x_i} = \sum_j \frac{\partial z}{\partial y_j}\frac{\partial y_j}{\partial x_i}$$

当处理多变量函数时，使用偏导数的广义链式法则将作为反向传播算法的基本工具。

15.2.4　一些微分规则

回顾一些稍后将用到的其他微分规则可能会有帮助：

❑ 常数微分：$c' = 0$，其中 c 为常数

❑ 微分变量：当对微分变量求导时，$\dfrac{\partial y}{\partial z} z = 1$

❑ 线性微分：$[af(x) + bg(x)] = af'(x) + bg'(x)$

❑ 倒数微分：$\left[\dfrac{1}{f(x)}\right]' = \dfrac{f'(x)}{f(x)^2}$

❑ 指数微分：$[f(x)^n]' = n*f(x)^{n-1}$

15.2.5　矩阵运算

关于矩阵微积分的书有很多。在这里，我们仅关注一些神经网络使用的基本运算。让我们回想一下，可以用矩阵 $m \times n$ 表示权重 w_{ij}，其中 $0 \leqslant i \leqslant m$，$0 \leqslant j \leqslant n$，与两个相邻层之间的弧关联。

注意，通过调整权重，我们可以控制网络的"行为"，并且特定 w_{ij} 的微小变化将遵循其拓扑结构通过网络来传播（参见图 15-5，其中粗体的边缘是受特定 w_{ij} 的微小变化影响的边缘）。

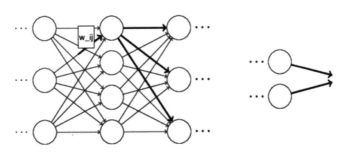

图 15-5　网络传播 w_{ij} 经由粗体边线的变化

现在，已经回顾了一些微积分的基本概念，让我们开始将其用于深度学习。第一个问题是如何优化激活函数。好吧，我很确定你正在考虑计算导数，所以让我们开始吧！

15.3　激活函数

在第 1 章中，我们看到了一些激活函数，包括 sigmoid、tanh 和 ReLU。接下来，我们将计算这些激活函数的导数。

15.3.1 sigmoid 函数的导数

回忆下，sigmoid 函数定义为 $\sigma(z) = \dfrac{1}{1+e^{-z}}$（参见图 15-6）。

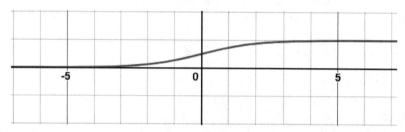

图 15-6　sigmoid 激活函数

导数可由下式计算得出：

$$
\begin{aligned}
\sigma'(z) &= \frac{d}{dz}\left(\frac{1}{1+e^{-z}}\right) = \frac{1}{(1+e^{-z})^{-2}}\frac{d}{dz}(e^{-z}) = \frac{e^{-z}}{(1+e^{-z})}\frac{1}{(1+e^{-z})} \\
&= \frac{e^{-z}+1-1}{(1+e^{-z})}\frac{1}{(1+e^{-z})} = \left(\frac{(1+e^{-z})}{(1+e^{-z})} - \frac{1}{(1+e^{-z})}\right)\frac{1}{(1+e^{-z})} \\
&= \left(1 - \frac{1}{(1+e^{-z})}\right)\left(\frac{1}{(1+e^{-z})}\right) \\
&= (1-\sigma(z))\sigma(z)
\end{aligned}
$$

因此，$\sigma(z)$ 的导数可以计算为 $\sigma'(z) = (1-\sigma(z))\sigma(z)$。

15.3.2 tanh 函数的导数

回忆下，反正切函数定义为 $\tanh(z) = \dfrac{e^{z}-e^{-z}}{e^{z}+e^{-z}}$，如图 15-7 所示。

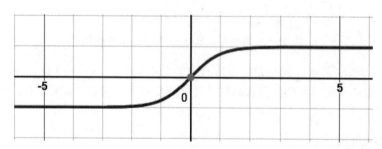

图 15-7　Tanh 激活函数

如果你还记得 $\dfrac{d}{dz}e^{z} = e^{z}$ 和 $\dfrac{d}{dz}e^{-z} = -e^{-z}$，那么导数可由下式计算：

$$\frac{\mathrm{d}}{\mathrm{d}z}\tan h(x) = \frac{(e^z + e^{-z})(e^z + e^{-z}) - (e^z - e^{-z})(e^z + e^{-z})}{(e^z + e^{-z})^2}$$

$$= 1 - \frac{(e^z - e^{-z})^2}{(e^z + e^{-z})^2}$$

$$= 1 - \tanh^2(z)$$

因此，可将 $\tanh(z)$ 的导数计算为：$\tanh'(z) = 1 - \tanh^2(z)$

15.3.3　ReLU 函数的导数

ReLU 函数定义为 $f(x) = \max(0, x)$（参见图 15-8）。ReLU 的导数为：

$$f'(x) = \begin{cases} 1, & \text{如果} x > 0 \\ 0, & \text{否则} \end{cases}$$

注意，ReLU 在零点处不可微。但是，它在其他任何地方都是可微的，所以零点处的导数值可任意选择 0 或 1，如图 15-8 所示。

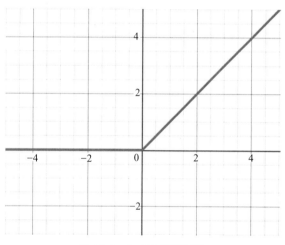

图 15-8　ReLU 激活函数

15.4　反向传播

由于已经计算了激活函数的导数，因此可以描述反向传播算法——深度学习的数学核心。有时，反向传播简称为 backprop。

神经网络可以具有多个隐藏层，以及一个输入层和一个输出层。

除此之外，回想第 1 章中，反向传播可以描述为一种在发现误差后逐步纠正误差的方法。为了减少神经网络造成的误差，我们必须训练网络。训练需要一个包含输入值和相应的真实输出值的数据集。我们希望使用网络来预测输出，使其尽可能接近真实输出值。反向传播算法的主要直觉是基于在输出神经元处测得的误差来更新连接的权重。在本节的其余部分，我们将解释如何形式化这种直觉。

当反向传播开始时，所有权重都是一些随机分配值，随后训练集中的每个输入激活网络：值从输入阶段通过隐藏阶段前向传播到进行预测的输出阶段（注意，我们用虚线表示少量数值来简化图 15-9，但实际上所有值都通过网络前向传播）。

由于我们知道训练集中的真实观测值，因此可以计算出预测中的误差。

考虑反向追踪的最简单方法是使用适当的优化器算法（例如梯度下降）将误差传播回去（参见图 15-10），从而调整神经网络权重，以减少误差（同样出于简化，这里表示了少量误差值）。

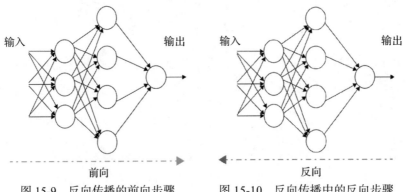

图 15-9　反向传播的前向步骤　　　图 15-10　反向传播中的反向步骤

从输入到输出的前向传播和误差的反向传播过程重复多次，直到误差降低至预定的阈值以下。整个过程如图 15-11 所示。选择一组特征作为机器学习模型的输入，该模型会生成预测。将预测值与（true）标签进行比较，并通过优化器最小化由此产生的损失函数，从而更新模型的权重。

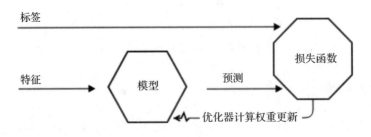

图 15-11　前向传播和反向传播

让我们详细了解前向和反向步骤是如何实现的。回看图 15-5，并回想一下，特定 w_{ij} 的细微变化将按照其拓扑在网络中传播（参见图 15-5，其中粗体的边缘是受特定权重细微变化影响的边缘），这可能会很有用。

15.4.1　前向步骤

在前向步骤中，将输入与权重相乘后求和。然后应用激活函数（参见图 15-12）。每一层都重复此步骤。第一层以输入特征作为输入，并产生其输出。然后，后续层将上一层的输出作为其输入。

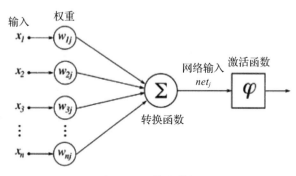

图 15-12　前向传播

如果分析某一层，会发现两个数学公式：

1）传递公式：$z = \sum_i w_i x_i + b$，式中 x_i 是输入值，w_i 是权重，b 是偏置。向量表示形式为 $z = W_T X$。注意，可以通过设置 $w_0 = b$ 和 $x_0 = 1$ 将 b 引入求和式中。

2）激活函数：$y = \sigma(z)$，式中 σ 是选用的激活函数。

人工神经网络由输入层 I、输出层 O 和位于输入层和输出层之间的任意数量的隐藏层 H_i 组成。为了简单起见，我们假定只有一层隐藏层，毕竟结论可以很容易地类推到多层。

如图 15-12 所示，将输入层的特征 x_i 乘以一组将输入层连接到隐藏层的全连接权重 w_{ij}（参见图 15-12 的左侧）。为了计算 $z_j = \sum_i w_i x_i + b_j$ 的结果，将加权值与偏置值相加求和。

上述结果经由激活函数 $y_j = \sigma_j(z_j)$ 继续传递，从隐藏层离开，去往输出层（参见图 15-12 的右侧）。

总结一下，在前向步骤中，我们需要执行以下操作：

❑ 对于层中的每个神经元，将每个输入乘以其对应的权重。

❑ 对于层中的每个神经元，将所有输入 x 的权重相加。

❑ 对于每个神经元，对结果应用激活函数以计算新的输出。

在前向步骤的最后，我们从输出层 o 获得基于输入层给定输入矢量 x 的预测矢量 y_o。现在的问题是：预测向量 y_o 与真实值向量 t 有多接近？

这就是反向步骤的用武之地。

15.4.2　反向步骤

为了理解预测向量 y_o 与真实值向量 t 有多接近，我们需要一个函数来测量输出层 o 的误差。该函数就是本书前面定义的损失函数。损失函数有很多选择。例如，我们可以定义均方误差（MSE）如下：

$$E = \frac{1}{2}\sum_o (y_o - t_o)^2$$

注意，E 是二次函数，因此，当 t 远离 y_o 时，该差的平方增大，且符号不重要。注意，这种二次误差（损失）函数不是我们可以使用的唯一函数。在本章的后面，我们将看到如何处理交叉熵。

现在的关键点在于，在训练过程中，我们希望调整网络的权重，以最大限度地减少最终误差。如上所述，我们可以通过在与梯度 $-\nabla w$ 相反的方向上移动而向局部最小值逼近。向与梯度相反的方向移动是将此算法称为梯度下降的原因。因此，定义用于更新权重 w_{ij} 的如下等式是合理的：

$$w_{ij} \leftarrow w_{ij} - \nabla w_{ij}$$

对于具有多个变量的函数，用偏导数计算梯度。我们引入超参数 η（用 ML 术语来说，是学习率），以说明在与梯度相反的方向上应"走多大步"。

考虑到误差 E，我们有以下公式：

$$\nabla w = -\eta \frac{\partial E}{\partial w_{ij}}$$

上述公式只是抓住一个事实，即微小变化会影响最终误差，如图 15-13 所示。

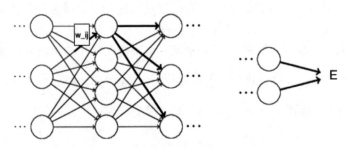

图 15-13 w_{ij} 的微小变化将影响最终误差 E

让我们定义下后续内容的所有公式中用到的数学符号：

❑ z_j 是第 l 层中节点 j 的输入
❑ δ_j 是第 l 层中节点 j 的激活函数（应用于 z_j）
❑ $y_j = \delta_j (z_j)$ 是第 l 层中节点 j 激活的输出
❑ w_{ij} 是权重矩阵，将第 l–1 层的神经元 i 连接到第 l 层的神经元 j
❑ b_j 是第 l 层中单元 j 的偏置
❑ t_o 是输出层中节点 o 的目标值

现在，我们需要计算，当权重由 ∂w_{ij} 改变时，输出层误差的偏导数 ∂E。有两种不同的情况：

情况 1：神经元从隐藏（或输入）层到输出层的权重更新方程。

情况 2：神经元从隐藏（或输入）层到隐藏层的权重更新方程。

我们从情况 1 开始。

1. 情况 1：从隐藏层到输出层

在这种情况下，我们需要考虑从隐藏层 j 到输出层 o 的神经元方程。代入 E 的定义并求导，得到：

$$\frac{\partial E}{\partial \boldsymbol{w}_{jo}} = \frac{\partial \frac{1}{2} \sum_o (y_o - t_o)^2}{\partial \boldsymbol{w}_{jo}} = (y_o - t_o) \frac{\partial (y_o - t_o)}{\partial \boldsymbol{w}_{jo}}$$

其中，求和运算消去了，这是因为当对第 j 维取偏导数时，误差中唯一不为零的项就是第 j 项。考虑到微分是线性运算，且 $\frac{\partial t_o}{\partial \boldsymbol{w}_{jo}} = 0$（因为真实值 t_o 不依赖于 $\boldsymbol{w}_{jo}$），于是有下式：

$$\frac{\partial (y_o - t_o)}{\partial \boldsymbol{w}_{jo}} = \frac{\partial y_o}{\partial \boldsymbol{w}_{jo}} - 0$$

应用链式法则，由于 $y_o = \delta_o(z_o)$，有：

$$\frac{\partial E}{\partial \boldsymbol{w}_{jo}} = (y_o - t_o) \frac{\partial y_o}{\partial \boldsymbol{w}_{jo}} = (y_o - t_o) \frac{\partial \delta_o(z_o)}{\partial \boldsymbol{w}_{jo}} = (y_o - t_o) \delta'_o(z_o) \frac{\partial z_o}{\partial \boldsymbol{w}_{jo}}$$

由于 $z_o = \sum_j \boldsymbol{w}_{jo} \delta_j(z_j) + b_o$，于是有下式：

$$\frac{\partial z_o}{\partial \boldsymbol{w}_{jo}} = \delta_j(z_j)$$

另外，由于当对第 j 维取偏导数时，误差中唯一不为零的项就是第 j 项。根据定义 $\delta_j(z_j) = y_j$，将所有等式代入整理后有：

$$\frac{\partial E}{\partial \boldsymbol{w}_{jo}} = (y_o - t_o) \delta'_o(z_o) y_j$$

因此，误差 E 对于权重 $\boldsymbol{w}_j$ 从隐藏层 j 到输出层 o 的梯度仅仅是以下三项的乘积：预测值 y_o 与真实值 t_o 之间的差、输出层激活函数的导数 $\delta'_o(z_o)$ 和隐藏层中节点 j 的激活输出 y_j。为了简单起见，我们还可以定义 $v_o = (y_o - t_o) \delta'_o(z_o)$ 并得到：

$$\frac{\partial E}{\partial \boldsymbol{w}_{jo}} = v_o y_j$$

简而言之，对于情况 1，每个隐藏输出连接的权重更新方程为：

$$w_{jo} \leftarrow w_{jo} - \eta \frac{\partial E}{\partial w_{jo}}$$

如果我们要显式地计算相对于输出层偏置的梯度，则遵循的步骤与上面的步骤相似，只有一个区别。

$$\frac{\partial z_o}{\partial b_o} = \frac{\partial \sum_j w_{jo} \delta_j(z_j) + b_o}{\partial b_o} = 1$$

所以在这种情况下 $\frac{\partial E}{\partial b_o} = v_o$。

接下来，我们来看情况 2。

2. 情况 2：从隐藏层到隐藏层

在这种情况下，我们需要考虑从隐藏层（或输入层）到隐藏层的神经元的方程。图 15-13 表明，隐藏层权重变化与输出误差之间存在间接关系。这使得梯度的计算更具挑战性。此时，我们需要考虑从隐藏层 i 到隐藏层 j 的神经元方程。代入 E 的定义并求导，得到：

$$\frac{\partial E}{\partial w_{ij}} = \frac{\partial \frac{1}{2} \sum_o (y_o - t_o)^2}{\partial w_{ij}} = \sum_o (y_o - t_o) \frac{\partial (y_o - t_o)}{\partial w_{ij}} = \sum_o (y_o - t_o) \frac{\partial y_o}{\partial w_{ij}}$$

在这种情况下，求和运算不会消去，因为隐藏层中权重的变化直接影响输出。替换 $y_o = \delta_o(z_o)$ 并应用链式法则，有：

$$\frac{\partial E}{\partial w_{ij}} = \sum_o (y_o - t_o) \frac{\partial \delta_o(z_o)}{\partial w_{ij}} = \sum_o (y_o - t_o) \delta_o'(z_o) \frac{\partial z_o}{\partial w_{ij}}$$

z_o 和内部权重 w_{ij}（见图 15-13）之间的间接关系用数学表达式展开：

$$z_o = \sum_j w_{jo} \delta_j(z_j) + b_o$$

$$= \sum_j w_{jo} \delta_j \left(\sum_i w_{ij} z_i + b_i \right) + b_o \quad 由于 z_j = \sum_i w_{ij} z_i + b_i$$

再次应用链式法则：

$$\frac{\partial z_o}{\partial w_{ij}} = \frac{\partial z_o}{\partial y_j} \frac{\partial y_j}{\partial w_{ij}} = (代入\ z_o)$$

$$= \frac{\partial y_j w_{jo}}{\partial y_j} \frac{\partial y_j}{\partial w_{ij}}$$

$$= w_{jo} \frac{\partial y_j}{\partial w_{ij}} (代入\ y_j = \delta_j(z_j))$$

$$= w_{jo} \frac{\partial \delta_j(z_j)}{\partial w_{ij}}$$

$$= w_{jo} \delta_j^{'}(z_j) \frac{\partial z_j}{\partial w_{ij}} (代入 \ z_j = \sum_i y_i w_{ij} + b_i)$$

$$= w_{jo} \delta_j^{'}(z_j) \frac{\partial (\sum_i y_i w_{ij} + b_i)}{\partial w_{ij}}$$

$$= w_{jo} \delta_j^{'}(z_j) y_i$$

现在我们可以合并前面的两个结果：

$$\frac{\partial E}{\partial w_{ij}} = \sum_o (y_o - t_o) \delta_o^{'}(z_o) \frac{\partial z_o}{\partial w_{ij}}$$

$$\frac{\partial z_o}{\partial w_{ij}} = w_{jo} \delta_j^{'}(z_j) y_i$$

并得到：

$$\frac{\partial E}{\partial w_{ij}} = \sum_o (y_o - t_o) \delta_o^{'}(z_o) w_{jo} \delta_j^{'}(z_j) y_i = y_i \delta_j^{'}(z_j) \sum_o (y_o - t_o) \delta_o^{'}(z_o) w_{jo}$$

由于定义 $v_o = (y_o - t_o) \delta_o^{'}(z_o)$，得到：

$$\frac{\partial E}{\partial w_{ij}} = \sum_o (y_o - t_o) \delta_o^{'}(z_o) w_{jo} \delta_j^{'}(z_j) y_i = y_i \delta_j^{'}(z_j) \sum_o v_o w_{jo}$$

用 v_o 进行的最后一次替换特别有趣，因为它将后一层计算出的信号 v_o 反向传播。因此，相对于权重 w_{ij} 变化率的误差变化率 ∂E 是以下四个因子的乘积：来自下一层的输出激活 y_i、隐藏层激活函数 δ_j 的导数和之前在后续层中通过 w_{jo} 加权计算得出的反向传播信号 v_o 的和。我们可以通过定义 $v_j = \delta_j^{'}(z_j) \sum_o v_o w_{jo}$，从而得到 $\frac{\partial E}{\partial w_{ij}} = y_i v_j$，然后来使用这种反向传播误差信号的思想。这表明，为了计算深度神经网络中任意层 l 的梯度，我们可以简单地将反向传播的误差信号 v_j 相乘，然后将其与到达层 l 的前馈信号 y_{l-1} 相乘。注意，数学上有点复杂，但结果确实非常简单！直观图如图 15-14 所示。给定具有输入 x 和 y 神经元的局部计算函数 $z = f(x, y)$，其梯度 $\frac{\partial L}{\partial z}$ 是反向传播的。然后，通过结合链式法则与局部梯度 $\frac{\partial z}{\partial x}$ 和 $\frac{\partial z}{\partial y}$，执行进一步的反向传播。

这里，L 表示来自上一层的误差。

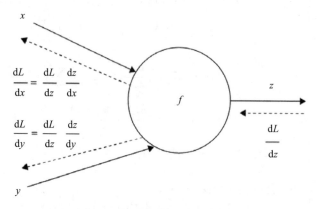

图 15-14   反向传播的数学示例

如果要显式地计算出对于输出层偏置的梯度，则可以证明 $\dfrac{\partial E}{\partial b_i} = v_j$。我们将其作为练习留给读者。

简而言之，对于情况 2（隐藏到隐藏的连接），权重增量为 $\Delta w = \eta v_j y_i$，并且每个隐藏到隐藏的连接的权重更新方程很简单：

$$w_{ij} \leftarrow w_{ij} - \eta \frac{\partial E}{\partial w_{ij}}$$

到了本节末尾，所有用于证明最终结论的数学工具也已经定义了。反向的本质无非就是将权重更新规则一层又一层地使用，从最后的输出层开始，移回最初的输入层。可以肯定的是，推导过程很难，但是一旦定义完成后就非常容易使用。深度学习整体的核心是前向－向后算法，如下所示：

1）计算从输入到输出的前馈信号。

2）根据预测值 y_o 和真实值 t_o 计算输出误差 E。

3）反向传播误差信号。将它们与先前图层中的权重以及关联的激活函数的梯度相乘。

4）根据反向传播的误差信号和来自输入的前馈信号，计算所有参数 θ 的梯度 $\partial E / \partial \theta$。

5）使用计算出的梯度更新参数 $\theta \leftarrow \theta - \eta \dfrac{\partial E}{\partial \theta}$。

注意，以上算法将适用于任何可微误差函数 E 和任何可微激活函数 δ_l。唯一的要求是两者必须是可导的。

15.4.3　反向传播的局限性

反向传播的梯度下降不能保证找到损失函数的全局最小值，而只能找到局部最小值。然而，这在实际应用中不一定是个问题。

15.4.4 交叉熵及其导数

当采用交叉熵作为损失函数时，可以使用梯度下降。如第 1 章中所述，logistic 损失函数定义为：

$$E = L(c, p) = -\sum_i [c_i \ln(p_i) + (1-c_i)\ln(1-p_i)]$$

其中 c 表示独热编码类（或标签），而 p 表示 softmax 概率。由于交叉熵适用于 softmax 概率和独热编码类，因此我们需要考虑链式法则，以计算相对于最终权重 $score_i$ 的梯度。从数学上讲，有：

$$\frac{\partial E}{\partial score_i} = \frac{\partial E}{\partial p_i}\frac{\partial p_i}{\partial score_i}$$

分别计算每个部分，从 $\frac{\partial E}{\partial p_i}$ 开始：

$$\frac{\partial E}{\partial p_i} = \frac{\partial(-\Sigma[c_i \ln(p_i) + (1-c_i)\ln(i-p_i)])}{\partial p_i}$$
$$= \frac{\partial(-c_i \ln(p_i) + (1-c_i)\ln(i-p_i)])}{\partial p_i}$$

注意，对于固定的 ∂p_i，除了所选项，求和中的所有其他项都是不变的。

于是，有：

$$-\frac{\partial c_i \ln p_i}{\partial p_i} - \frac{\partial(1-c_i)\ln(i-p_i)}{\partial p_i} = -\frac{c_i}{p_i} - \frac{(1-c_i)}{(1-p_i)}\frac{\partial(i-p_i)}{\partial p_i}$$

将偏导数应用于求和运算，由于 $\ln'(x) = 1/x$。

于是，有：

$$\frac{\partial E}{\partial p_i} = -\frac{c_i}{p_i} + \frac{(1-c_i)}{(1-p_i)}$$

现在计算另一部分 $\frac{\partial p_i}{\partial score_i}$，其中 p_i 是定义为 $\sigma(x_j) = \frac{e^{xi}}{\sum_i e^{xi}}$ 的 softmax 函数。

导数是：

$$\frac{\partial \sigma(x_j)}{\partial x_k} = \sigma(x_j)(1-\sigma(x_j)) \quad \text{如果} \ \ j = k$$

$$\frac{\partial \sigma(x_j)}{\partial x_k} = -\sigma(e^{x_i})\sigma(e^{x_k}) \quad\quad \text{如果} \ \ j \neq k$$

使用克罗内克（Kronecker delta）函数 $\delta_{ij} = \begin{cases} 1 & j = k \\ 0 & \text{其他} \end{cases}$，有：

$$\frac{\partial \sigma(x_j)}{\partial x_k} = \sigma(x_j)(\delta_{ij} - \sigma(x_j))$$

注意到正在计算偏导数，所有分量都为零，只有一个除外，于是有：

$$\frac{\partial p_i}{\partial \text{score}_i} = p_i(1 - p_i)$$

合并结果，得到：

$$\begin{aligned}
\frac{\partial E}{\partial \text{score}_i} = \frac{\partial E}{\partial p_i} \frac{\partial p_i}{\partial \text{score}_i} &= \left[-\frac{c_i}{p_i} + \frac{(1 - c_i)}{(1 - p_i)} \right] [p_i(1 - p_i)] \\
&= -\frac{c_i[p_i(1 - p_i)]}{p_i} + \frac{(1 - c_i)p_i(1 - p_i)}{(1 - p_i)} \\
&= -c_i(1 - p_i) + (1 - c_i)p_i \\
&= -c_i + c_i p_i + p_i - c_i p_i \\
&= p_i - c_i
\end{aligned}$$

其中，c_i 表示独热编码类，p_i 表示 softmax 概率。简而言之，可以看出，导数结果既优雅又易于计算：

$$\frac{\partial E}{\partial \text{score}_i} = p_i - c_i$$

15.4.5 批量梯度下降、随机梯度下降和小批量

如果归纳前面的讨论，那么可以说，优化神经网络的问题是以最小化损失函数的方式调整网络的权重 w。为了简单起见，可以把损失函数想成某个求和函数的形式，毕竟这种形式的确代表了所有常用的损失函数：

$$Q(w) = \frac{1}{n} \sum_{i=1}^{n} Q_i(w)$$

在这种情况下，我们可以使用与上一段中讨论的步骤非常相似的步骤执行推导，其中 η 是学习率，∇ 是梯度：

$$w = w - \eta \nabla Q(w) = w - \eta \sum_{i=1}^{n} \nabla Q_i(w)$$

在许多情况下，评估上述梯度结果可能需要对所有求和函数的梯度进行评估。当训练集很大时，这可能会非常昂贵。假如有 300 万个样本，则必须遍历 300 万次或使用点积。这太多了！如何简化呢？梯度下降有 3 种类型，每种处理训练数据集的方式都不尽相同。

1. 批次梯度下降

批次梯度下降（Batch Gradient Descent，BGD）计算误差的变化，但仅在整个数据集评估后才更新整个模型。从计算上讲，这是非常高效的，但是它要求将整个数据集的结果保存在内存中。

2. 随机梯度下降

与在数据集被评估后更新模型的 BGD 不同，随机梯度下降（Stochastic Gradient Descent，SGD）在每次训练实例后进行更新。关键思想很简单：SGD 在每个步骤都对求和函数的子集进行采样。

3. 小批量梯度下降

这是深度学习中非常常用的方法。Mini-Batch Gradient Descent，MBGD）将 BGD 和 SGD 合并为一个启发式算法。数据集被划分为大小约为 bs 的小批次，通常为 64 到 256。然后分别评估各个批次。

注意，bs 是在训练过程中需要微调的另一个超参数。MBGD 位于 BGD 和 SGD 的极端值之间——通过调整批大小和学习率参数，有时会找到一种比任何一个极端值都更接近全局最小值的解决方案。

梯度下降的成本函数可以更平稳地最小化，而小批量梯度下降则具有更多的噪声和颠簸，但是成本函数仍然趋于下降。产生噪声的原因是小批量是所有示例的样本，并且该样本可能导致损失函数振荡。

15.5　关于反向传播和卷积的思考

在本节中，我们希望你对反向传播和卷积网络有所了解。为了简单起见，我们将以一个卷积为例，其中输入 X 的大小为 3×3，一个单滤波器 W 的大小为 2×2，无填充，跨度为 1，并且无空洞（参见第 5 章）。泛化留作练习。

标准卷积操作如图 15-15 所示。简单地说，卷积操作为前向传递。

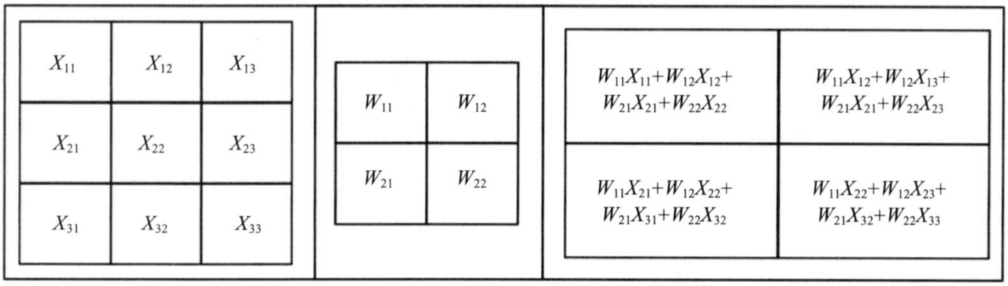

X_{11}	X_{12}	X_{13}
X_{21}	X_{22}	X_{23}
X_{31}	X_{32}	X_{33}

W_{11}	W_{12}
W_{21}	W_{22}

$W_{11}X_{11}+W_{12}X_{12}+W_{21}X_{21}+W_{22}X_{22}$	$W_{11}X_{12}+W_{12}X_{13}+W_{21}X_{21}+W_{22}X_{23}$
$W_{11}X_{21}+W_{12}X_{22}+W_{21}X_{31}+W_{22}X_{32}$	$W_{11}X_{22}+W_{12}X_{23}+W_{21}X_{32}+W_{22}X_{33}$

图 15-15　简单卷积示例的前向传递

按照图 15-15 的直观表示，现在可以将注意力集中在当前层的反向传递上。关键假设是，接收到反向传播信号 $\frac{\partial h}{\partial h_{ij}}$ 作为输入，并需要计算 $\frac{\partial L}{\partial w_{ij}}$ 和 $\frac{\partial L}{\partial x_{ij}}$。该计算过程留作练习，但请注意，过滤器的每个权重都会影响输出图的像素，换句话说，过滤器权重的任何变化都会影响所有输出像素。

15.6　关于反向传播和 RNN 的思考

如第 8 章所述，RNN 的基本方程为 $s_t = \tanh(U_{x_t} + W_{s_{t-1}})$，在步骤 t 的最终预测为 $\hat{y}_t =$ softmax (Vs_t)，正确值为 y_t，并且误差 E 是交叉熵。在这里，U、V、W 是用于 RNN 方程的学习参数。这些方程可用图 15-16 进行可视化，图中对递归进行了展开。核心思想是总误差是每个时间步的误差之和。

如果使用 SGD，则需要针对一个给定的训练示例在每个时间步对误差和梯度进行求和。

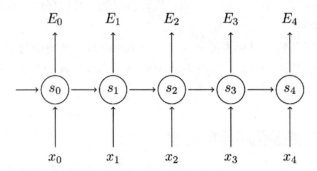

图 15-16　递归神经网络的展开公式

我们不会写出所有梯度后面烦琐的数学运算，而只关注一些特殊情况。例如，使用与前几章类似的数学计算，可以通过使用链法则证明 V 的梯度仅取决于当前时间步 s_3、y_3 和 $\hat{y}_3$ 的值：

$$\frac{\partial E_3}{\partial V} = \frac{\partial E_3}{\partial \hat{y}_3} \frac{\partial \hat{y}_3}{\partial V} = \frac{\partial E_3}{\partial \hat{y}_3} \frac{\partial \hat{y}_3}{\partial z_3} \frac{\partial z_3}{\partial V} = (\hat{y}_3 - y_3)s_3$$

但是，$\frac{\partial E_3}{\partial W}$ 具有跨时间步的依赖性，因为实例 $s_3 = \tanh(U_{x_t} + W_{s_2})$ 取决于 s_2，而 s_2 取决于 W_2 和 s_1。结果就是，梯度要复杂一些，因为需要求和计算每个时间步的贡献：

$$\frac{\partial E_3}{\partial W} = \sum_{k=0}^{3} \frac{\partial E_3}{\partial \hat{y}3} \frac{\partial \hat{y}_3}{\partial s_3} \frac{\partial s_3}{\partial s_k} \frac{\partial s_k}{\partial W}$$

为了理解前面的公式，可以认为用的是传统前馈神经网络的标准反向传播算法，但是对于 RNN，需要在时间步上另外添加 W 的梯度。这是因为可通过展开 RNN 来有效地使时间上的依存关系明确。这就是 RNN 的反向传播通常称为**时间反向传播**（Backpropagation Through Time，BTT）的原因。直观图如图 15-17 所示，其中表示了反向传播的信号。

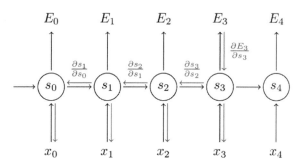

图 15-17　RNN 公式和反向传播信号

希望你能跟上目前的分析结论，因为现在的讨论会稍微困难一些。如果考虑：

$$\frac{\partial E_3}{\partial W} = \sum_{k=0}^{3} \frac{\partial E_3}{\partial \hat{y}_3} \frac{\partial \hat{y}_3}{\partial s_3} \frac{\partial s_3}{\partial s_k} \frac{\partial s_k}{\partial W}$$

注意到，应再次使用链式法则产生多个乘法来计算 $\dfrac{\partial s_3}{\partial s_k}$。在这种情况下，我们求一个向量函数对于向量的导数，因此需要一个矩阵，该矩阵的所有元素都是点状导数（在数学上，此矩阵称为雅可比矩阵）。从数学上可以证明：

$$\frac{\partial s_3}{\partial s_k} = \prod_{j=k+1}^{3} \frac{\partial s_j}{\partial s_{j-1}}$$

因此，有：

$$\frac{\partial E_3}{\partial W} = \sum_{k=0}^{3} \frac{\partial E_3}{\partial \hat{y}_3} \frac{\partial \hat{y}_3}{\partial s_3} \left(\prod_{j=k+1}^{3} \frac{\partial s_j}{\partial s_{j-1}} \right) \frac{\partial s_k}{\partial W}$$

上式中的乘法有很大问题，因为 sigmoid 函数和 tanh 函数在两端都饱和且它们的导数变为 0。当这种情况发生时，它们将前一层中的其他梯度趋向于 0。这使得梯度在几个时间步后完全消失，网络早早地开始停止学习。

第 8 章，讨论了如何使用 LSTM 和 GRU 来解决梯度消失的问题并有效地学习远程依赖关系。以类似的方式，当雅各比矩阵的乘法中有一项变大时，梯度可能会爆炸。第 8 章讨论了如何使用梯度修剪来解决此问题。

现在，你应该能更好地了解反向传播的工作原理，以及反向传播如何在稠密网络、CNN 和 RNN 的神经网络中应用。在下一节中，我们将讨论 TensorFlow 如何计算梯度，以及为什么它对反向传播有用。

15.7　关于 TensorFlow 和自动区分的说明

TensorFlow 可以自动计算导数,此功能称为自动求导。这是通过使用链式法则来实现的。计算图中的每个节点(参见第 2 章)都有一个附加的梯度运算,用于计算输入相对于输出的导数。此后,在反向传播期间会自动计算相对于参数的梯度。

自动求导是一项非常重要的功能,因为你无须为每个新的神经网络模型手动编码反向传播的新变化。这样可以进行快速迭代并更快地运行许多实验。

15.8　小结

在本章中,我们讨论了深度学习背后的数学原理。简而言之,深度学习模型在给定输入向量的情况下计算函数以产生输出。有趣的是,实际上可以调整数十亿个参数(权重)。反向传播是深度学习使用的核心数学算法,用于遵循利用链式法则的梯度下降方法来有效地训练人工神经网络。该算法基于交替重复的两个步骤:前向步骤和反向步骤。

在前向步骤中,输入将通过网络传播,以预测输出。这些预测可能与评估网络质量的真实值有所不同。换句话说,预测值与真实值存在误差,我们的目标是最小化该误差。通过调整网络的权重以使误差最小化,这就是反向步骤发挥作用的地方。

误差可以通过损失函数(例如,MSE)或针对非连续值的交叉熵(例如,布尔值)来计算(参见第 1 章)。梯度下降优化算法用于通过计算损失函数的梯度来调整神经元的权重。反向传播计算梯度,梯度下降使用梯度训练模型。预测误差率的降低可提高准确度,从而改善机器学习模型。随机梯度下降是可能做到的最简单的事情,只需在梯度方向上迈出一步即可。本章不讨论其他优化器(例如,Adam 和 RMSProp)的数学运算(参见第 1 章)。但是,它们涉及使用梯度的一阶矩和二阶矩。一阶矩涉及先前梯度的指数衰减平均值,而二阶矩涉及先前平方梯度的指数衰减平均值。

数据的三大属性可以证明使用深度学习是合理的,否则可能只需要使用常规机器学习即可:(1)超高维输入(文本、图像、音频信号、视频和时间序列);(2)处理无法用低阶多项式函数近似的复杂决策面;(3)具有大量可用的训练数据。

可将深度学习模型视为若干基本组件构成的计算图,组件包括:Dense(参见第 1 章)、CNN(参见第 4 和第 5 章)、Embeddings(参见第 6 章)、RNN(参见第 7 章)、GAN(参见第 8 章)、自编码器(参见第 9 章),有时,还采用快捷连接(shortcut connection),比如窥孔(peephole)、跳过(skip)和残余(residual),因为它们有助于使数据流动更加平稳(参见第 5 和第 7 章)。计算图中的每个节点均以张量为输入,并产生张量作为输出。如所讨论的,训练是通过反向传播调整每个节点的权重来进行的,其中的主要直觉是通过梯度下降来减少最终输出节点中的误差。GPU 和 TPU（参见第 16 章）实质上基于（数百个）数百万个矩阵计算，因此可以极大地加快优化过程。

还有其他一些数学工具可能有助于改善你的学习过程。正则化（L1、L2、Lasso，参见第 1 章）可以通过保持权重标准化来显著改善学习。批量归一化（参见第 1 章）有助于跟踪多个深度层的数据集的平均值和标准差。关键的直觉是在数据流经计算图时使其具有类似于正态分布的数据。随机失活（参见第 1、4 和 5 章）通过在计算中引入一些冗余元素来提供帮助，这样可以防止过拟合，并更好地进行泛化。

本章介绍了直觉背后的数学基础。如所讨论的，该主题是相当高阶的，对从业者不是必需的。如果你有兴趣了解使用神经网络时"幕后"发生的事情，则建议阅读。

下一章将介绍 TPU，TPU 是 Google 开发的一种特殊芯片，用于超快执行本章所述的许多数学运算。

15.9　参考文献

1. Kelley, Henry J. (1960). *Gradient theory of optimal flight paths*. ARS Journal. 30 (10): 947–954. Bibcode:1960ARSJ...30.1127B. doi:10.2514/8.5282.

2. Dreyfus, Stuart (1962). *The numerical solution of variational problems*. Journal of Mathematical Analysis and Applications. 5 (1): 30–45. doi:10.1016/0022-247x(62)90004-5.

3. Werbos, P. (1974). *Beyond Regression: New Tools for Prediction and Analysis in the Behavioral Sciences*. PhD thesis, Harvard University.

4. Rumelhart, David E.; Hinton, Geoffrey E.; Williams, Ronald J. (1986-10-09). *Learning representations by back-propagating errors*. Nature. 323 (6088): 533–536. Bibcode:1986Natur.323..533R. doi:10.1038/323533a0.

5. LeCun, Y. (1987). *Modèles Connexionnistes de l'apprentissage (Connectionist Learning Models)*, Ph.D. thesis, Universite' P. et M. Curie, 1987

6. Herbert Robbins and Sutton Monro *A Stochastic Approximation Method The Annals of Mathematical Statistics*, Vol. 22, No. 3. (Sep., 1951), pp. 400-407.

7. Krizhevsky, Alex; Sutskever, Ilya; Hinton, Geoffrey E. (June 2017). *ImageNet classification with deep convolutional neural networks* (PDF). Communications of the ACM. 60 (6): 84–90. doi:10.1145/3065386. ISSN 0001-0782.

8. *From not working to neural networking*. The Economist. 25 June 2016

CHAPTER 16

第 16 章

张量处理单元

　　本章将介绍**张量处理单元（Tensor Processing Unit，TPU）**，它是 Google 开发的一种用于超快速执行神经网络数学运算的专用芯片。与 GPU 类似，其想法是让专用处理器专注于超快速的矩阵运算，而不支持 CPU 常见的所有其他运算。另外，TPU 的另一个改进是从芯片上删除了对 GPU 中常见图形运算（栅格化（rasterization）、纹理映射（texture mapping）、帧缓冲运算（frame buffer operations）等）的所有硬件支持。可以将 TPU 看作用于深度学习的专用协处理器，聚焦于矩阵或张量运算。在本章中，我们将比较 CPU、GPU 以及第三代 TPU 和边缘（edge）TPU。本章还将包括运用 TPU 的代码示例。让我们开始吧。

16.1　CPU、GPU 与 TPU

　　在本节中，我们讨论 CPU、GPU 和 TPU。在讨论 TPU 之前，回顾下 CPU 和 GPU。

16.1.1　CPU 和 GPU

　　你可能对 CPU 有所了解，它是内置在每台计算机、平板电脑和智能手机中的通用芯片。CPU 负责所有计算：逻辑控制、算术运算、寄存器运算、内存运算等。它受制于众所周知的摩尔定律[1]，该定律指出，稠密集成电路中的晶体管数量大约每两年增加一倍。

　　许多人认为，我们目前处于一个无法长期维持这种趋势的时代，事实上，在过去的几年中，这种趋势已经减弱。因此，为了处理日益增长的可用数据量，如果希望满足对越来越快计算的需求，就需要一些附加技术。

　　一种改进方法来自 GPU。它是一种专用芯片，非常适合高速图形运算，例如矩阵乘法、栅格化、帧缓冲运算、纹理映射等。除了将矩阵乘法应用于图像像素的计算机图形学之外，

GPU 还被证明是深度学习的绝佳选择。这是一个有趣的机缘巧合：一个为某个目标创造的技术典范，却在与最初设想背道而驰，在完全无关的领域中取得了惊人的成功。

16.1.2　TPU

用 GPU 进行深度学习时遇到的一个问题是，这些芯片不光用于高速矩阵计算，还用于图形和游戏。考虑到 GPU 中的 G 代表图形（Graphics），这自是理所当然的！GPU 虽然为深度学习带来了令人难以置信的提升，但是在神经网络的张量运算中，芯片的大部分模块完全没有用到。对于深度学习来说，不需要栅格化，也不需要帧缓冲运算，更不需要纹理映射。唯一必需的是一种非常高效地计算矩阵和张量运算的方法。由于 CPU 和 GPU 是在深度学习成功之前就设计成型的，GPU 不是深度学习的理想解决方案也就不足为奇了。

在讨论技术细节之前，让我们首先聊聊 TPU v1 的起源。2013 年，Google Brain Division 的负责人 Jeff Dean 预估，如果所有拥有手机的人每天的通话时间仅增加三分钟，那么 Google 将需要两倍或三倍的服务器来处理这些数据（见图 16-1）。这是过度成功导致的力不从心，也就是说，巨大的成功导致了无法合理管理的问题。

显然，CPU 和 GPU 都不是合适的解决方案。因此，谷歌认为他们需要全新的东西，可以使性能提高 10 倍，且不会显著增加成本。TPU v1 就是这样诞生的！令人印象深刻的是，从最初的设计到生产仅用了 15 个月。你可以在 Jouppi 等人于 2014 年发表的论文[3]中找到有关此故事的更多详细信息，其中还涵盖了 2013 年 Google 对不同工作负载预测的详细报告。

名称	代码行数	层					非线性函数	权重数	TPUv1 每字节运算数	TPUv1 批处理大小	部署率
		全连接	卷积	向量	池化	总计					
MLP0	0.1k	5				5	ReLU	20M	200	200	61%
MLP1	1k	4				4	ReLU	5M	168	168	
LSTM0	1k	24		34		58	sigmoid, tanh	52M	64	64	29%
LSTM1	1.5k	37		19		56	sigmoid, tanh	34M	96	96	
CNN0	1k		16			16	ReLU	8M	2888	8	5%
CNN1	1k	4	72		13	89	ReLU	100M	1750	32	

图 16-1　2013 年 Google 不同工作负载预测[3]

让我们谈谈技术细节吧。TPU v1 是专用于超高效张量操作的**专用集成电路（Application-Specific Integrated Circuit，ASIC）**。TPU 遵循的理念是"以简为美"（less is more）。这一理念具有重要的意义：TPU 并不具有 GPU 所需的所有图形组件。因此，从能耗的角度来看，它们都非常高效，并且通常比 GPU 快得多。到目前为止，已经出现了三代 TPU。让我们回顾一下。

16.2 三代 TPU 和边缘 TPU

如所讨论的，TPU 是专门针对矩阵运算优化的特定领域处理器。矩阵乘法的基本运算是一个矩阵的行与另一矩阵的列之间的点积。例如，给定矩阵乘法 $Y = X*W$，计算 $Y[i, 0]$ 为：

$$Y[i, 0] = X[i, 0]*W[0, 0] + X[i, 1]*W[1, 0] + X[i, 2]*W[2, 0] + \cdots + X[i, n]*W[n, 0]$$

对于大型矩阵，此操作的顺序执行非常耗时。对于 $n \times n$ 矩阵，暴力破解的时间复杂度为 $O(n^3)$，因此对大型计算来说是行不通的。

16.2.1 第一代 TPU

第一代 TPU（TPU v1）于 2016 年 5 月在 Google I/O 上发布。TPU v1[1] 支持 8 位算术的矩阵乘法，专门用于深度学习预测，但不适用于训练。对于训练，需要执行浮点运算，将在后文中讨论。

TPU 的关键功能是"脉动"（systolic）矩阵乘法。让我们看看这意味着什么。记住，深度学习的核心是 $Y = X*W$ 的点积，例如，计算 $Y[i, 0]$ 的基本运算是：

$$Y[i, 0]=X[i, 0]*W[0, 0]+X[i, 1]*W[1, 0]+\cdots+X[i, n]*W[n, 0]$$

"脉动"矩阵乘法允许并行计算多个 $Y[i, j]$ 值。数据以协作的方式流动，实际上，在医学上，术语"脉动"是指心脏收缩以及血液在我们的静脉中有节奏地流动。这里的脉动是指在 TPU 内部产生脉冲的数据流。可以证明，脉动乘法算法比暴力破解算法低耗[2]。TPU v1 有一个在 256×256 核上运行脉动乘法的**矩阵乘法单元（Matrix Multiply Unit，MMU）**，因此一次可以并行计算 641 000 个乘法。此外，TPU v1 置于内部，无法直接访问。取而代之的是，CPU 充当主机，控制数据传输并将指令发送到 TPU，以执行张量乘法、卷积计算和应用激活函数。

CPU ⟷ TPU v1 间通信基于标准 PCIe 3.0 总线进行。从这个角度来看，TPU v1 在本质上更接近于**浮点运算单元（Float-Point Unit，FPU）**协处理器，而不是更接近于 GPU。但是，TPU v1 可以运行整个预测模型，以减少对主机 CPU 的依赖性。图 16-2 表示 TPU v1[3]。图中，处理器通过 PCI 端口连接，并通过标准 DDR4 DRAM 存储芯片获取权重。乘法运算发生在脉动处理的 MMU 内，然后将激活函数应用于计算结果。MMU 和激活用到的统一缓冲占用了大部分空间。有一个计算激活函数的区域。

TPU v1 采用 28 nm 工艺制造，管芯尺寸 ≤331 mm2，时钟速度为 700 MHz，片内存储器为 28 MB，4 MB 的 32 位累加器，以及 8 位的 256×256 脉动阵列。因此，我们可以获得 92TFLOPS（700MHz×65536，其中 65536 为乘数。对于矩阵乘法而言，这是一个了不起的性能。图 16-3 显示了 TPU 电路板和 MMU 执行的脉动矩阵乘法的数据流。此外，TPU v1 具有 8 GB 双通道 2133 MHz DDR3 SDRAM，提供 34 GB/s 的带宽。外部存储器是标准的，用于存储和获取预测过程中使用的权重。注意，TPU v1 的散热设计功率为 28~40 瓦，与 GPU 和 CPU 相比，这无疑是低功耗的。而且，TPU v1 通常安装在用于 SATA 磁盘的 PCI 插槽中，因此不需要在主机服务器中进行任何修改[3]。每个服务器最多可以安装 4 个芯片。图 16-3 显示了 TPU v1 芯片和脉动计算过程。

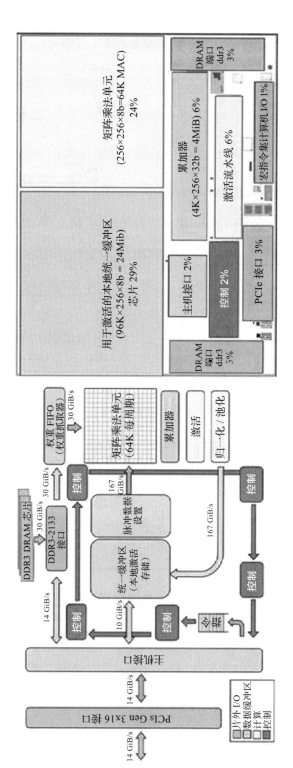

图 16-2 TPU v1 设计方案 [3]

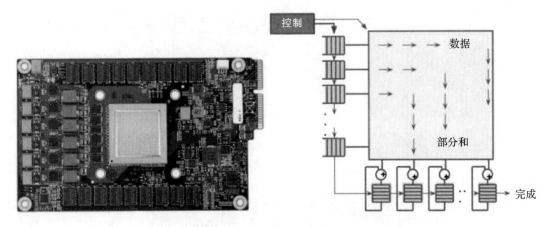

图 16-3　左侧为 TPU v1 板，右侧为脉动计算过程中的数据处理示例

如果你想了解对比 GPU 和 CPU 的 TPU 性能，可以参考文献 [3]，可以看出（见图 16-4）性能比 Tesla K80 GPU 高两个数量级。

图 16-4 显示了"屋顶"性能，该性能一直增长至峰值然后恒定为止。屋顶越高，性能越好。

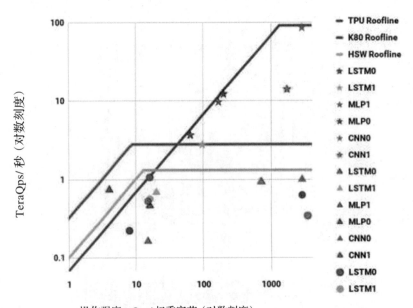

图 16-4　TPU v1 的峰值性能可比 Tesla K80 高三倍

16.2.2 第二代 TPU

第二代 TPU（TPU2）于 2017 年发布。其中，内存带宽增加到 600 GB/s，性能达到 45 TFLOPS（每秒万亿次浮点运算）。4 个 TPU2 排列在一个具有 180 TFLOPS 性能的模块中，然后将 64 个模块分组到一个具有 11.5 PFLOPS（每秒千万亿次浮点运算）性能的 pod 中。TPU2 采用浮点算法，因此既适合训练又适合预测。

TPU2 具有用于 128×128 核矩阵乘法的 MMU，以及用于所有其他任务（如应用激活函数）的向量处理单元（Vector Processing Unit，VPU）。VPU 处理 `float32` 和 `int32` 的计算。另外，MXU 以混合精度 16～32 位浮点格式进行运算。

每个 TPU v2 芯片都有两个核，每个板上最多可安装 4 个芯片。在 TPU v2 中，Google 采用了一种称为 bfloat 16 的新浮点模型。其想法是牺牲一些精度，但并不影响深度学习。降低精度可以改善 TPU v2 的性能，它的电源效率比 v1 更高。确实，可以证明，较小的尾数有助于减小硅晶体面积和乘法功耗。因此，bfloat16 使用相同的标准 IEEE 754 单精度浮点格式，但是它将尾数字段从 23 位截断为 7 位。保留指数位可保持格式与 32 位单精度范围相同。这可以做到在两种数据类型之间进行相对简单的转换。

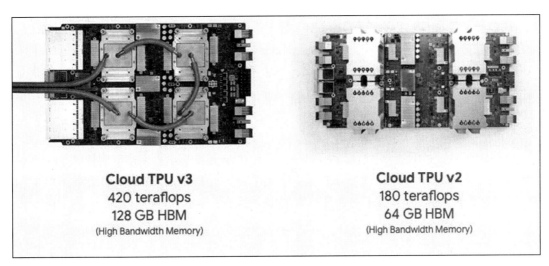

图 16-5　Cloud TPU v3 和 Cloud TPU v2

Google 可以通过 Google Compute Engine（GCE）和 Google Kubernetes Engine（GKE）来访问这些 TPU v2 和 TPU v3。另外，可以通过 Colab 免费使用它们。

16.2.3 第三代 TPU

第三代 TPU（TPU3）于 2018 年发布[4]。TPU3 比 TPU2 快 2 倍，它们被分组在 4 倍大的 pod 中。总体而言，性能提高了 8 倍。Cloud TPU v3 pod 可以提供超过 100 PFLOPS 的

计算能力。

　　另一个令人印象深刻的提升是 2018 年发布的 Cloud TPU v2 pod alpha 版本可达到 11.5 PFLOPS。截至 2019 年，TPU2 和 TPU3 的生产价格不同。TPU2 和 TPU3 如图 16-6 所示。

图 16-6　Google 在 2019 年 Google I/O 上发布了处于测试版的 TPU v2 和 v3 pod

　　TPU v3 板包含 4 个 TPU 芯片、8 个核；液体冷却。Google 已采用源自超级计算机技术的超高速互连硬件，以极低的延迟连接数千个 TPU。每次在单个 TPU 上更新参数时，所有其他参数都将通过用于并行计算的 reduce-all 算法获得通知。因此，你可以将 TPU v3 视为当今可用的最快的超级计算机之一，其中包含成千上万的 TPU 进行矩阵和张量运算。

16.2.4　边缘 TPU

　　除了已经讨论过的三代 TPU，Google 还在 2018 年宣布了在边缘运行的特殊 TPU。该 TPU 特别适合物联网并在移动和 IoT 上支持 TensorFlow Lite。至此，我们结束了对 TPU v1、v2 和 v3 的介绍。下面我们将简要讨论 TPU 的性能。

16.3　TPU 性能

　　讨论性能总是很困难，因为首要的是，我们需要定义要测量的指标，以及用作基准的工作负载集。例如，Google 报告了一个令人印象深刻的基于 ResNet-50[4] 的 TPU v2 线性扩展曲线（见图 16-7）。

　　此外，你可以在网上找到 ResNet-50[4] 的比较结果，其中针对 ResNet-50 训练的 Full Cloud TPU v2 Pod 比 V100 Nvidia Tesla GPU 快 200 倍以上，如图 16-8 所示。

　　2018 年 12 月发布了 MLPerf 计划。MLPerf[5] 是由许多公司创建的通用 ML 基准套件。目的是评估 ML 框架、ML 加速器和 ML 云平台的性能。

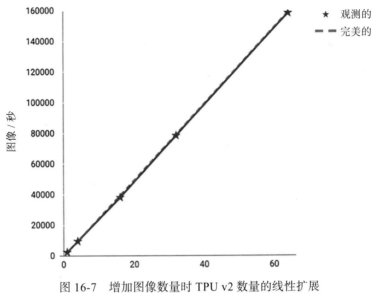

图 16-7　增加图像数量时 TPU v2 数量的线性扩展

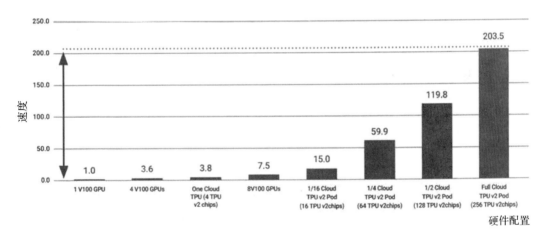

图 16-8　针对训练 ResNet-50 模型的 Full Cloud TPU v2 Pod 比 V100 Nvidia Tesla GPU 快 200 倍以上

16.4　如何在 Colab 中使用 TPU

在本节中，我们将展示如何将 TPU 与 Colab 一起使用。很简单，只需用浏览器访问 https://colab.research.google.com/，从运行时菜单更改运行时，如图 16-9 所示。

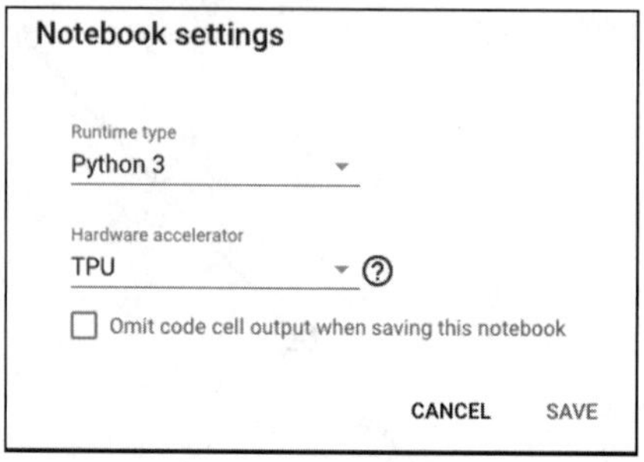

图 16-9   在 Colab 上设置 TPU 为运行时

16.4.1   检查 TPU 是否可用

首先，用下面的代码片段检查 TPU 是否可用，该代码片段返回分配给 TPU 的 IP 地址。CPU 和 TPU 之间的通信通过 `grpc` 进行：

```
import os
try:
    device_name = os.environ['COLAB_TPU_ADDR']
    TPU_ADDRESS = 'grpc://' + device_name
    print('Found TPU at: {}'.format(TPU_ADDRESS))

except KeyError:
    print('TPU not found')
```

Found TPU at: grpc://10.91.166.82:8470

已经确认 TPU 可用！现在，我们将继续探索如何使用它。

16.4.2   用 tf.data 加载数据

我们的目标是在 MNIST 数据上实现一个简单的 CNN（参见第 4 章），然后在 TPU 上运行模型。为此，我们必须使用 tf.data 库加载数据，需要定义一个训练函数和测试函数（参见第 2 章），如以下代码所示：

```
# training input function
def train_input_fn(batch_size=1024):
    # Convert the inputs to a Dataset.
    dataset = tf.data.Dataset.from_tensor_slices((x_train,y_train))
    # Shuffle, repeat, and batch the examples.
    dataset = dataset.cache() # Loads the data into memory
    dataset = dataset.shuffle(1000, reshuffle_each_iteration=True)
    dataset = dataset.repeat()
    dataset = dataset.batch(batch_size, drop_remainder=True)
    return dataset
```

```
# testing input function
def test_input_fn(batch_size=1024):
    dataset = tf.data.Dataset.from_tensor_slices((x_test,y_test))
    # Shuffle, repeat, and batch the examples.
    dataset = dataset.cache()
    dataset = dataset.shuffle(1000, reshuffle_each_iteration=True)
    dataset = dataset.repeat()
    dataset = dataset.batch(batch_size, drop_remainder=True)
    return dataset
```

其中有（x_train，y_train），（x_test，y_test）=mnist.load_data()。注意，drop_remainder=True 是一个重要参数，它强制批处理方法传递 TPU 期望的固定形状数据。注意，TPU v2 的 MMU 具有 128×128 乘法器。通常，通过将批大小设置为每个 TPU 核为 128，你可以获得最佳性能。例如，如果有 10 个 TPU 核，则批量大小将为 1280。

16.4.3　建立模型并将其加载到 TPU 中

截至 2019 年 11 月，TensorFlow 2.0 尚未完全支持 TPU。它们在 TensorFlow 1.5.0 中可用，并且在夜间版中可用。首先让我们看一下 TensorFlow 1.5 的示例，稍后将展示夜间版的示例。

 注意，在 TensorFlow 2.1 全面支持 TPUDistributionStrategy 已列入计划。2.0 的支持有限，该问题已在 https://github.com/tensorflow/tensorflow/issues/24412 中进行了跟踪。

所以，让我们定义一个标准的 CNN 模型，该模型由三个卷积层组成，与最大池化层交替，后跟两个稠密层，两个稠密层之间有一个随机失活层。为了简洁起见，省略了 input_shape、batch_size 的定义。在这种情况下，我们使用 tf.keras functional API（参见第 2 章）：

```
Inp = tf.keras.Input(name='input', shape=input_shape, batch_
size=batch_size, dtype=tf.float32)
x = Conv2D(32, kernel_size=(3, 3), activation='relu',name = 'Conv_01')
(Inp)
x = MaxPooling2D(pool_size=(2, 2),name = 'MaxPool_01')(x)
x = Conv2D(64, (3, 3), activation='relu',name = 'Conv_02')(x)
x = MaxPooling2D(pool_size=(2, 2),name = 'MaxPool_02')(x)
x = Conv2D(64, (3, 3), activation='relu',name = 'Conv_03')(x)
x = Flatten(name = 'Flatten_01')(x)
x = Dense(64, activation='relu',name = 'Dense_01')(x)
x = Dropout(0.5,name = 'Dropout_02')(x)
output = Dense(num_classes, activation='softmax',name = 'Dense_02')(x)
model = tf.keras.Model(inputs=[Inp], outputs=[output])
```

使用 Adam 优化器并编译模型：

```
#Use a tf optimizer rather than a Keras one for now
opt = tf.train.AdamOptimizer(learning_rate)

model.compile(
     optimizer=opt,
     loss='categorical_crossentropy',
     metrics=['acc'])
```

调用 `tpu.keras_to_tpu_model` 转换为 TPU 模型，然后使用 `tpu.TPUDist-ributionStrategy` 在 TPU 上运行。就这么简单，我们只需要通过 `TPUDistribution-Strategy()` 采取适当的策略，其余的一切都以我们的名义透明地完成：

```
tpu_model = tf.contrib.tpu.keras_to_tpu_model(
    model,
    strategy=tf.contrib.tpu.TPUDistributionStrategy(
        tf.contrib.cluster_resolver.TPUClusterResolver(TPU_ADDRESS)))
```

在 TPU 上的执行速度非常快，每次迭代大约需要 2 秒：

```
Epoch 1/10
INFO:tensorflow:New input shapes; (re-)compiling: mode=train (# of
cores 8), [TensorSpec(shape=(1024,), dtype=tf.int32, name=None),
TensorSpec(shape=(1024, 28, 28, 1), dtype=tf.float32, name=None),
TensorSpec(shape=(1024, 10), dtype=tf.float32, name=None)]
INFO:tensorflow:Overriding default placeholder.
INFO:tensorflow:Remapping placeholder for input
Instructions for updating:
Use tf.cast instead.
INFO:tensorflow:Started compiling
INFO:tensorflow:Finished compiling. Time elapsed: 2.567350149154663 secs
INFO:tensorflow:Setting weights on TPU model.
60/60 [==============================] - 8s 126ms/step - loss: 0.9622 -
acc: 0.6921
Epoch 2/10
60/60 [==============================] - 2s 41ms/step - loss: 0.2406 -
acc: 0.9292
Epoch 3/10
60/60 [==============================] - 3s 42ms/step - loss: 0.1412 -
acc: 0.9594
Epoch 4/10
60/60 [==============================] - 3s 42ms/step - loss: 0.1048 -
acc: 0.9701
Epoch 5/10
60/60 [==============================] - 3s 42ms/step - loss: 0.0852 -
acc: 0.9756
```

```
Epoch 6/10
60/60 [==============================] - 3s 42ms/step - loss: 0.0706 -
acc: 0.9798
Epoch 7/10
60/60 [==============================] - 3s 42ms/step - loss: 0.0608 -
acc: 0.9825
Epoch 8/10
60/60 [==============================] - 3s 42ms/step - loss: 0.0530 -
acc: 0.9846
Epoch 9/10
60/60 [==============================] - 3s 42ms/step - loss: 0.0474 -
acc: 0.9863
Epoch 10/10
60/60 [==============================] - 3s 42ms/step - loss: 0.0418 -
acc: 0.9876
<tensorflow.python.keras.callbacks.History at 0x7fbb3819bc50>
```

如你所见，在 TPU 上运行简单的 MNIST 模型非常快。即使我们的 CNN 具有 3 个卷积层和两个稠密层，每次迭代也仅需要大约 3 秒钟。

16.5　使用预训练的 TPU 模型

Google 在 GitHub TensorFlow/tpu 库（https://github.com/tensorflow/tpu）上提供了经过 TPU 预训练的模型集合。模型包括图像识别、物体检测、低资源模型、机器翻译和语言模型、语音识别以及图像生成。只要有可能，建议是从预训练模型开始[6]，然后对其进行微调或应用某种形式的迁移学习。截至 2019 年 9 月，表 16-1 中的模型可用。

表 16-1　GitHub 上可用 TPU 预训练的最新模型集合

图像识别、分割和其他	机器翻译和语言模型	语音识别	图像生成
图像识别： • AmoebaNet-D • ResNet-50/101/152/2000 • Inception v2/v3/v4 目标检测： • RetinaNet • Mask R-CNN 图像分割： • Mask R-CNN • DeepLab • RetinaNet 低资源模型： • MnasNet • MobileNet • SqueezeNet	机器翻译 （基于 transformer） 语义分析 （基于 transformer） 问答模型 Bert	ASR Transformer	Image Transformer DCGAN GAN

使用 GitHub 库的最佳方法是在 Google Cloud Console 上克隆它，并用 `https://`
`github.com/tensorflow/tpu/blob/master/README.md` 的可用环境。

你应该能够浏览图 16-10 所示的内容。如果单击 OPEN IN GOOGLE CLOUD SHELL
按钮，则系统会将 Git 存储库克隆到你的 Cloud Shell 中，然后打开该 Shell（参见图 16-
11）。从那里，你可以见到一个不错的 Google Cloud TPU 演示项目，用 TPU Flock(Compute
Engine VM 和 Cloud TPU）在 MNIST 上训练 ResNet-50（参见图 16-12）。如果你有兴趣查
看，这里将把该训练演示留给你。

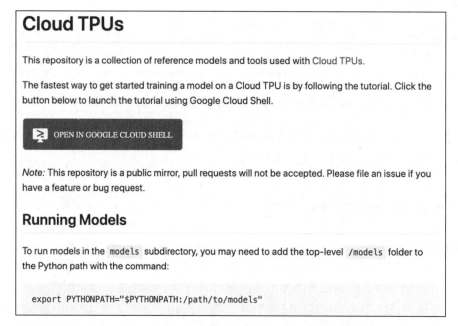

图 16-10　GitHub 上 TPU 预训练的可用最新模型集合

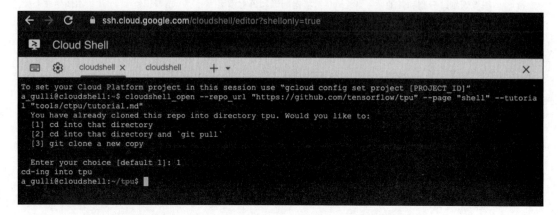

图 16-11　帮助克隆 tpu git repo 的 Google Cloud Shell

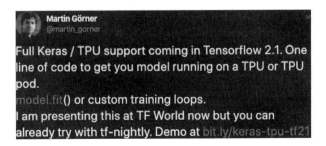

图 16-12 使用 TPU Flock 在 MNIST 上训练 ResNet-50 的 Google Cloud TPU 演示项目

16.6 使用 TensorFlow 2.1 和夜间版

从 2019 年 11 月开始，只有最新的 TensorFlow 2.x 夜间版才能获得全面的 TPU 支持。如果你使用 Google Cloud Console（`https://console.cloud.google.com/`），则可以获得最新的夜间版。很简单，进入 Compute Engine | TPUs |CREATE TPU NODE，版本选择器含有 "nightly-2.x" 选项。Martin Görner 在 `http://bit.ly/keras-tpu-tf21` 上有一个不错的演示（见图 16-13），用于对花朵图像进行分类。

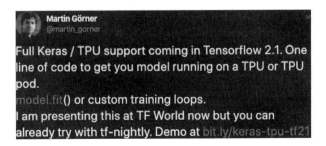

图 16-13 Twitter 的 Martin Görner 使用 Full Keras/TPU support

注意，Regular Keras 的 `model.fit()` 和自定义训练循环、分布式都被支持。可参考 `http://bit.ly/keras-tpu-tf21`。让我们看一下与 TPU 相关的代码中最重要的部分。首先是导入：

```
import re
import tensorflow as tf
import numpy as np
from matplotlib import pyplot as plt
print("Tensorflow version " + tf.__version__)
```

检测 TPU，并选择 TPU 策略：

```
try:
    tpu = tf.distribute.cluster_resolver.TPUClusterResolver()
# TPU detection
    print('Running on TPU ', tpu.cluster_spec().as_dict()['worker'])
except ValueError:
    tpu = None

if tpu:
    tf.config.experimental_connect_to_cluster(tpu)
    tf.tpu.experimental.initialize_tpu_system(tpu)
    strategy = tf.distribute.experimental.TPUStrategy(tpu)
else:
    strategy = tf.distribute.get_strategy()

print("REPLICAS: ", strategy.num_replicas_in_sync)
```

然后是 TPU 的使用，基于合适的 TPU 使用策略：

```
with strategy.scope():
    model = create_model()
    model.compile(optimizer=tf.keras.optimizers.SGD(nesterov=True,
momentum=0.9),
                loss='categorical_crossentropy',
                metrics=['accuracy'])
    model.summary()
```

简而言之，将 TPU 与 TensorFlow 2.1 一起使用非常简单，如果你想立即进行试验，则可以使用 TensorFlow 2.0 的夜间版。Martin 报告了其特定模型的典型运行时间：

❑ GPU（V100）：每轮 15 秒
❑ TPU v3-8（8 核）：每轮 5 秒
❑ TPU pod v2-32（32 核）：每轮 2 秒

16.7   小结

TPU 是 Google 开发的非常特殊的 ASIC 芯片，用于以超高速的方式执行神经网络数学运算。计算的核心是脉动倍增器，它可以并行计算多个点积（行 × 列），从而加快了基础深度学习运算的计算速度。将 TPU 视为深度学习的专用协处理器，它专注于矩阵或张量运算。到目前为止，谷歌已经发布了三代 TPU，另外还有一个用于物联网的边缘 TPU。Cloud TPU v1 是基于 PCI 的专用协处理器，仅做到 92 TFLOPS 和预测。Cloud TPU v2 达到 180 TFLOPS，并支持训练和预测。2018 年以 alpha 形式发布的 Cloud TPU v2 pod 可以达到 11.5 PFLOPS。Cloud TPU v3 在训练和预测支持上均达到 420 TFLOPS。Cloud TPU v3 pod 可以提供超过 100 PFLOPS 的计算能力。那是用于张量运算的世界一流超级计算机！

16.8　参考文献

1. Moore's law https://en.wikipedia.org/wiki/Moore%27s_law.

2. *Forty-three ways of systolic matrix multiplication*, I.Ž. Milovanović, et al., Article in International Journal of Computer Mathematics 87(6):1264-1276 May 2010.

3. *In-Datacenter Performance Analysis of a Tensor Processing Unit*, Norman P. Jouppi, and others, 44th International Symposium on Computer Architecture (ISCA), June 2014.

4. Google TPU v2 performance https://storage.googleapis.com/nexttpu/index.html.

5. MLPerf site https://mlperf.org/.

6. Collection of models pretrained with TPU g.co/cloudtpu.

推荐阅读

机器学习实战：基于Scikit-Learn、Keras和TensorFlow（原书第2版）

作者：Aurélien Géron ISBN：978-7-111-66597-7 定价：149.00元

机器学习畅销书全新升级，基于TensorFlow 2和Scikit-Learn新版本

Keara之父、TensorFlow移动端负责人鼎力推荐

"美亚"AI+神经网络+CV三大畅销榜冠军图书

从实践出发，手把手教你从零开始构建智能系统

这本畅销书的更新版通过具体的示例、非常少的理论和可用于生产环境的Python框架来帮助你直观地理解并掌握构建智能系统所需要的概念和工具。你会学到一系列可以快速使用的技术。每章的练习可以帮助你应用所学的知识，你只需要有一些编程经验。所有代码都可以在GitHub上获得。

机器学习算法（原书第2版）

作者：Giuseppe Bonaccorso ISBN：978-7-111-64578-8 定价：99.00元

本书是一本使机器学习算法通过Python实现真正"落地"的书，在简明扼要地阐明基本原理的基础上，侧重于介绍如何在Python环境下使用机器学习方法库，并通过大量实例清晰形象地展示了不同场景下机器学习方法的应用。